天气学原理

朱益民　姜勇强　谢倩　黄小刚　陈中一　编著

气象出版社
China Meteorological Press

内 容 简 介

本书是在充分总结多年的教学实践经验和吸收天气学最新研究成果的基础上,根据新一代人才培养方案相关要求,针对当前大气科学专业本科教学的新特点和新要求编写而成。本书主要内容包括大气环流、中高纬天气系统、热带-副热带天气系统、中小尺度天气系统和大型降水过程等,系统阐述了天气系统的结构、生消、维持机制以及不同尺度天气系统之间的关系和相互作用等。

本书可作为高等院校大气科学专业及相关专业的本科教材,也可作为海洋、地理、水文、农林、水利、环境、航空、航海等相关专业教学、科研和业务人员的参考书。

图书在版编目(CIP)数据

天气学原理 / 朱益民等编著 . —北京:气象出版社,2019.8(2024.6 重印)

ISBN 978-7-5029-7004-8

Ⅰ.①天… Ⅱ.①朱… Ⅲ.①天气学 Ⅳ.①P44

中国版本图书馆 CIP 数据核字(2019)第 150050 号

Tianqixue Yuanli

天气学原理

出版发行:气象出版社	
地 址:北京市海淀区中关村南大街 46 号	**邮政编码**:100081
电 话:010-68407112(总编室) 010-68408042(发行部)	
网 址:http://www.qxcbs.com	**E-mail**:qxcbs@cma.gov.cn
责任编辑:黄红丽	**终 审**:吴晓鹏
责任校对:王丽梅	**责任技编**:赵相宁
封面设计:博雅思企划	
印 刷:三河市百盛印装有限公司	
开 本:720 mm×960 mm 1/16	**印 张**:27.5
字 数:539 千字	
版 次:2019 年 8 月第 1 版	**印 次**:2024 年 6 月第 3 次印刷
定 价:95.00 元	

本书如存在文字不清、漏印以及缺页、倒页、脱页等,请与本社发行部联系调换。

前　言

　　《天气学原理》是在国防科技大学气象海洋学院天气学课程十几年建设和发展的基础上,充分总结多年的教学实践经验和吸收天气学最新研究成果,根据新一代人才培养方案相关要求,针对当前大气科学专业本科教学实践的新特点和新要求编写而成。本书主要内容包括大气环流、中高纬天气系统、热带副热带天气系统、中小尺度天气系统和大型降水过程等,系统阐述了各种天气系统的基本特征、结构、生消及维持机制,以及各种不同尺度天气系统之间的相互关系和作用。在编写过程中,坚持理论联系实际和天气学与动力气象学相结合的原则,力求内容体系完整,物理概念清晰,重点突出,深入浅出,通俗易懂,并尽量反映当前国内外天气学发展的新理论和新成果。

　　本书第1、2、3章由谢倩编写,第4、6章由朱益民编写,第5章由陈中一编写,第7章由黄小刚编写,第8、9章由姜勇强编写。由朱益民对全书进行统稿,并最后审定。

　　国防科技大学气象海洋学院各级领导和机关对本书编写给予了大力支持,大气科学与工程系天气气候教研室的各位同事长期以来为天气学原理课程和教材建设付出了艰辛劳动,对本教材的编写提出了许多宝贵的意见,在此一并表示衷心的感谢。

　　由于编者水平有限,书中不足之处在所难免,望读者批评指正。

作者

2019 年 5 月

目　录

第 1 章　气团和锋

气团和锋分别是天气学中最经典的概念之一。早在 20 世纪初,以皮叶克尼斯 (V. Bjerkness)为代表的挪威学派通过分析欧洲(尤其是北欧)较为稠密的地面观测网资料,提出了气团和锋的概念,创立了极锋理论学说。极锋理论的提出是天气学发展史上的里程碑,使人们认识到大气中最激烈的天气多发生在冷暖气团的过渡区,也就是锋面上。中纬度地区锋活动频繁,锋的侵袭常常是引起激烈天气变化的原因。本章介绍气团与锋的概念、类别、结构特征及锋生和锋消等。

§1.1　气 团

1.1.1　气团的概念

天气分析实践发现,虽然在同一时间各地区大气物理属性,如温度、湿度和稳定度等,都存在差异,但是就广大区域而言,在水平方向上仍存在物理属性比较均匀、水平梯度小的大块空气,其水平范围可达几千千米,垂直高度可达几千米到十几千米,常常从地面伸展到对流层顶,这种对流层内水平方向上物理属性比较均匀的大块空气称为气团。同一气团中,各地气象要素的垂直分布(稳定度)几乎相同,天气现象也大致一样。

例如图 1-1-1 是 2005 年 3 月 9 日 20 时 850 hPa 上的等温线,图中可以看出,在亚洲东北部 50°N 以北的大范围地区,等温线相对较稀疏,温度梯度小,该地区上空活动的就是温度属性比较一致的气团,35°N 以南地区的大气也有类似的特点,这些地区上空活动的也是温度属性比较一致的气团。还可以看出南北气团的温度属性差别很大。

1.1.2　气团的形成和变性

气团是在大范围性质比较均匀的地球表面和适当的环流条件下形成的。由于大气的物理属性受地球表面影响很大,因此,性质比较均匀的广阔地球表面,是形成气团的首要条件,例如广阔的海洋、巨大的沙漠、冰雪覆盖的陆地等都是有利于气团形成的均匀下垫面。其次,稳定少动的环流条件使大范围的空气在这样的下垫面上能停留或缓慢移动,有足够长的时间通过一些物理过程与地球表面进行水汽和热量交换,逐渐获得与地球表面相适应的相对均匀的物理属性,水汽和热量分布得比较均

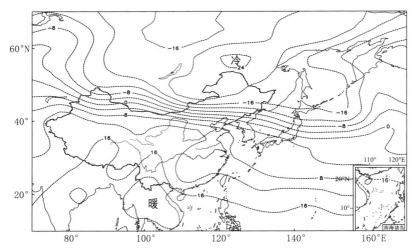

图 1-1-1　2005 年 3 月 9 日 20 时 850 hPa 等温线(单位:℃)

(根据 NCEP 资料绘制)

匀,从而成为气团。例如,准静止的反气旋环流有利于气团的形成,这是因为反气旋内气流可以使大气中温度、湿度水平梯度减小,使大气的物理属性在水平方向上更趋均匀,如常年存在的太平洋副热带高压、冬季的西伯利亚高压等都是有利于气团形成的适当流场。

大气与地球表面主要通过以下物理过程实现水汽和热量的交换:

辐射:辐射是空气与下垫面、空气与空气之间交换热量的一种方式。它是使大范围空气获得比较均匀的温度和决定气团温度高低的因子之一。高纬度为冰雪覆盖的地区,由于雪面放射长波辐射的能力很强,近地面气温低,气层稳定,乱流、对流不易发展,故辐射对于这一地区气团的形成具有重要的意义。

乱流和对流:乱流和对流可以把低层空气获得的热量和水汽带到上空,从而使较厚气层的属性都受到下垫面的影响。在低纬度地区,由于近地面气温高,气层不稳定,乱流和对流易于发展,因而它们在低纬度地区气团形成过程中所起的作用显得比较突出。

蒸发和凝结:蒸发和凝结是空气与下垫面、空气与空气交换水分和热量的方式之一。它们能使大范围空气普遍地获得或失去水分,从而直接影响着气团的湿度;同时,通过蒸发吸热与凝结放热,又间接地影响了气团的温度和稳定度。

大范围的垂直运动:出现大范围下沉运动时,空气往往增暖变干,而且温度直减率减小,空气比较稳定;出现大范围上升运动时则相反,空气往往降温变湿,而且温度直减率加大,空气稳定度比较小。

气团最初形成的地区,称为气团源地。气团在源地形成以后,如果环流条件发生变化,则会离开源地移动到一个新的地区。随着下垫面性质的改变,通过上述的物理过程,气团的属性也将发生相应的变化,这种气团属性的变化称为气团变性。旧气团变性的过程就是新气团形成的过程。

1.1.3　气团的分类

气团的分类法,按着眼点不同,主要有地理分类法和热力分类法两种。

（1）地理分类法

气团是在一定的地理环境下形成,因此,它的属性也必然会带上气团形成源地的特性。地理分类法就是按气团的形成源地来分类的。气团可分为 4 大类:在全年都是冰雪覆盖的北(南)极地区形成的气团称为北(南)极气团,又称冰洋气团;在靠近极圈的高纬广大地区形成的气团称为极地气团;在副热带高压及其以南的广大信风区内形成的气团称为热带气团;赤道地区形成的气团称为赤道气团。其中极地气团、热带气团又可分为大陆性和海洋性两种。赤道气团只有赤道海洋气团,而没有赤道大陆气团。由于温度高低影响含水量的多少,因此,地理位置偏北的北方地区气团干冷且稳定,南方地区气团则相对暖湿且不稳定(见表 1-1-1)。

表 1-1-1　气团的地理分类及属性

源地	分类	物理属性
极地地区	冰洋气团	更冷、干、稳定
副极地地区	极地大陆气团	冷、干、稳定
	极地海洋气团	冷、干、不稳定
热带地区	热带大陆气团	暖、干、不稳定
	热带海洋气团	暖、湿、不稳定
赤道地区	赤道气团	暖、湿

（2）热力分类法

热力分类法是根据相邻气团之间的温度对比,或气团温度和气团所经过的地球表面温度对比来划分的。这样气团可以分为暖气团和冷气团两种类型。

按照相邻气团之间的温度对比这种分类,图 1-1-1 中北方的气团温度低,为冷气团,南方的气团温度高,为暖气团。按照气团温度和气团所经过的地球表面温度对比这种分类,当气团向着比它暖的地球表面移动时称为冷气团,冷气团所经之处气温将下降。相反,当气团向着比它冷的地球表面移动时称为暖气团,这种气团所经之处气温将升高。由于通常是北方气团南下,南方气团北上,所以按相邻气团之间的温度对比,或气团温度和气团所经过的地球表面温度对比来划分,其结果往往是一致的。

冷、暖气团是相互比较而存在,不是固定不变的,而且它们会依一定的条件,各自向着其相反的方面转化。例如,冷气团南下时通过对流、湍流、辐射、蒸发和凝结等物理过程会很快地把地球表面的热量和水汽传到上层去,逐渐变暖;同理,暖气团北上时也会逐渐变冷。

1.1.4 影响中国的气团

中国境内出现的气团多为变性气团。图 1-1-2 为冬夏中国气团的活动。

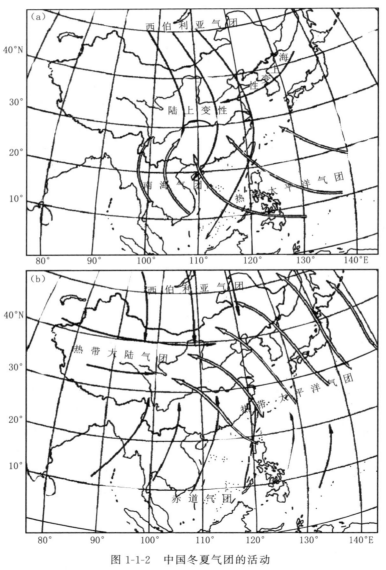

图 1-1-2 中国冬夏气团的活动

(a)冬季;(b)夏季

冬半年中国通常受极地大陆气团影响,它的源地在西伯利亚和蒙古,称它为西伯利亚气团。这种气团的地面流场特征为很强的冷性反气旋,中低空有下沉逆温,它所控制的地区天气干冷。当它与热带海洋气团相遇时,在交界处则能构成阴沉多雨的天气,冬季华南常见到这种天气。热带海洋气团可影响到华南、华东和云南等地,其他地区除高空外,它一般影响不到地面。北极气团也可南下侵袭中国,造成气温剧降的强寒潮天气。

夏半年,西伯利亚气团在中国长城以北和西北地区活动频繁,它与南方热带海洋气团交绥,是构成中国盛夏南北方区域性降水的主要原因。热带大陆气团常影响中国西部地区,被它持久控制的地区,就会出现重干旱和酷暑。1955 年 7 月下旬以及 1997 年 7 月至 8 月中国华北地区,受该气团控制后,天气酷热干燥,有些地方最高温度竟达 40℃ 以上。来自印度洋的赤道气团(又称季风气团),可造成长江流域以南地区大量降水。

春季,西伯利亚气团和热带海洋气团势力相当,互有进退,因此是锋系及气旋活动最盛的时期。

秋季,变性的西伯利亚气团占主要地位,热带海洋气团退居东南海上,中国东部地区在单一的气团控制下,出现全年最宜人的秋高气爽的天气。

§1.2　锋的概念

1.2.1　锋的概念

当不同物理属性的气团靠近,如冷、暖气团靠近时,密度大的冷气团通常会楔入暖气团的下方,于是冷暖气团之间形成向冷气团一侧倾斜的狭窄过渡区,这种不同物理属性气团之间倾斜的狭窄过渡区域,称为锋区或锋(如图 1-2-1 所示)。锋是三维空间的过渡区域,其长度与气团的水平尺度相当,可达几千千米,高度则和气团的垂直厚度相当,几到十几千米,而水平宽度相对气团上千千米的水平尺度来说要小得多,仅仅几十到几百千米,且自下而上宽度逐渐变宽。锋两侧气团物理属性的差异通常表现为冷与暖及干与湿性质的不同,在少数情况下也可表现为温度差异很小,而水汽含量差异却特别大。通过锋区的过渡,一个气团的属性逐渐转变成另一个气团的属性。因此和气团内相对均匀的水平梯度不同,锋区内要素的水平梯度较大。例如图 1-1-1 中,40°N 附近等温线密集的东西带状区域,就是 850 hPa 上南北不同属性气团的过渡区域,图中可以看出过渡区域水平宽度和长度的窄而长的特征。锋区温度梯度的大小,等温线的密集程度,反映了两侧其他属性差异的大小。

冷空气楔入暖气团的下方,所以,暖空气在锋的上方,冷气团在锋的下方,锋区与

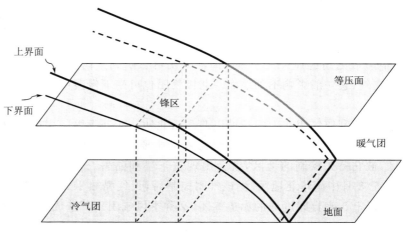

图 1-2-1 锋的三维空间结构

暖气团的界面称为暖界面或上界面,锋区与冷气团的界面称为冷界面或下界面。三维锋区与水平面或等压面相割的区域称为水平锋区,三维锋区与垂直面相割的区域称为垂直锋区。由于锋区宽度较窄,有时把过渡区近似看成没有宽度,三维的锋区就近似看成二维的锋面,地面附近的锋比较接近这种近似。地面图上上界面位置比下界面清楚,加上水平锋区较窄,因此通常将上界面与地面的交线作为地面图上锋的位置,称为地面锋线。

锋向冷气团一侧倾斜,决定了空中水平锋区总是位于地面锋线的冷区一侧,且随高度增加空中水平锋区离地面锋线越远。例如图 1-2-2 为 2008 年 1 月 28 日 08 时各等压面上等温线及地面锋线,图中可以看出,地面锋线位于华南沿海,850 hPa 上等温线密集区位于江南华南地区上空,700 hPa 上等温线密集区向北移到江淮流域,500 hPa 上则位于华北地区,随等压面升高水平锋区向冷气团一侧偏移。各层水平锋区偏移的程度,反映了锋倾斜的坡度大小,坡度越小,水平锋区随高度向北偏移越大。锋是不同属性气团的转换区,所以水平锋区、垂直锋区内都呈现出与气团内不同的要素分布特征,这些内容将在 §1.4 中介绍。

1.2.2 锋的类型

由于着眼点不同,有不同的分类方法。根据锋在移动过程中冷暖气团所占的主次地位可将锋分为:冷锋、暖锋、准静止锋和锢囚锋 4 种。根据锋伸展的不同高度,也可将锋分为对流层锋、地面锋和高空锋 3 种。根据气团的不同地理类型,又可将锋分为冰洋锋、极锋和赤道锋(热带锋)3 种。下面根据第一种分类法加以讨论。

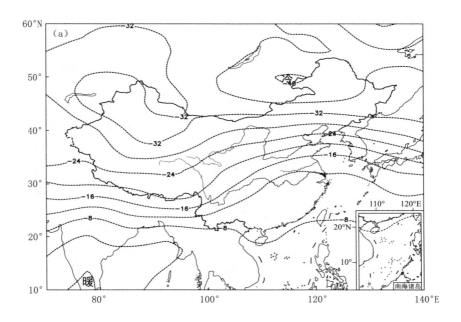

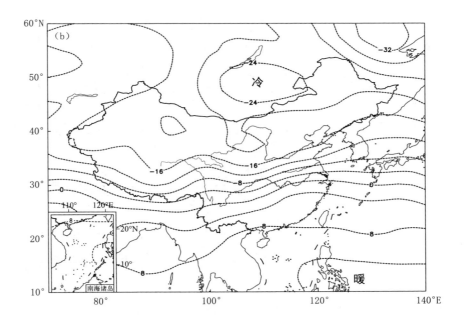

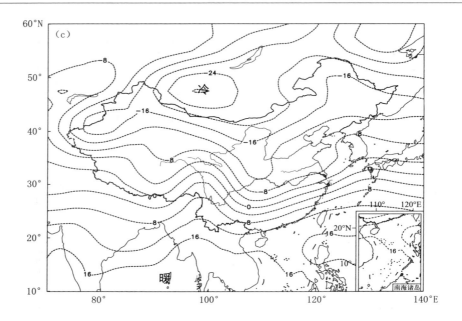

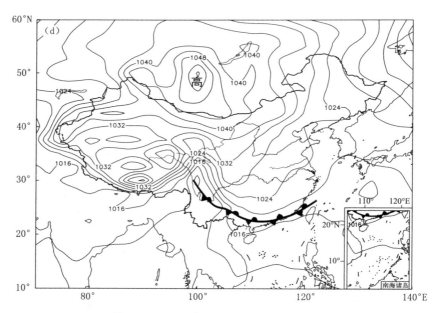

图 1-2-2　2008 年 1 月 28 日 08 时天气图

等压面上为等温线(单位:℃),地面图上为等压线(单位:hPa)

(根据 NCEP 资料绘制)

(a)500 hPa;(b)700 hPa;(c)850 hPa;(d)地面图

（1）冷锋

锋面在移动过程中,若冷气团起主导作用,推动锋面向暖气团一侧移动,这种锋面称为冷锋(图 1-2-3a)。冷锋通常东移南下,冷锋过境后,冷气团占据了原来暖气团所在的位置,使所经地区温度降低。冷锋在中国一年四季都有,尤其在冬半年更为常见。需要注意的是,气团在移动过程中,由于变性程度不同,或有小股冷空气补充南下,在主锋后,即同一气团内又可形成一条副锋。一般说来,主锋两侧的温度差值较大,而副锋两侧的温差较小。

（2）暖锋

锋面在移动过程中,若暖气团起主导作用,推动锋面向冷气团一侧移动,这种锋面称为暖锋(图 1-2-3b)。暖锋通常东移北上,暖锋过境后,暖气团占据了原来冷气团的位置,使所经地区温度升高。暖锋多在我国东北地区和长江中下游活动,大多与冷锋连结在一起,锋面的西段冷空气推动锋面向东南移动,为冷锋性质,锋面的东段暖空气推动锋面向东北移动,为暖锋性质,冷暖锋相连在一起的形式常出现在气旋中,构成锋面气旋。

（3）准静止锋

如冷暖气团势力相当,或因为地形阻挡,锋面移动很慢时,称为准静止锋(图 1-2-3c)。事实上,绝对的静止是没有的,在这期间,冷暖气团互相对峙,有时冷气团占主导地位,有时暖气团占主导地位,使锋面来回摆动。实际工作中,一般把 6 小时内(连续两张天气图上)锋面位置无大变化的锋定为准静止锋,或简称为静止锋。在中国的长江流域及华南地区常能见到冷暖气团对峙形成的准静止锋。而在中国的天山、秦岭、南岭和云贵高原等地区常见到冷锋由于受到高山阻挡而形成静止锋。

（4）锢囚锋

气旋中的冷暖锋在东移的过程中,如果西段东北－西南走向的冷锋移动速度比东段西北－东南走向的暖锋移动速度快,冷锋就会赶上暖锋,如图 1-2-4 所示。冷锋赶上暖锋意味着,冷锋后和暖锋前的冷空气将两锋之间的暖空气抬升到空中脱离地面,暖空气被锢囚到空中,冷锋后的冷空气与暖锋前的冷空气相遇,如果两侧冷空气属性差异明显,它们之间就形成新的锋面,这时更冷的冷气团同时抬升暖气团和较冷的气团,出现一个锋在另一个锋上滑升的现象,将这种暖气团、较冷气团和更冷气团(三种性质不同的气团)相遇时形成的交界面,称为锢囚锋。

很显然,锢囚锋比冷暖两种气团形成的锋要复杂。空间剖面图上原来两条锋面的交接点称为锢囚点。冷暖锋北段最先相遇,锢囚锋是冷性的还是暖性的取决于两侧冷气团的属性对比,如果暖锋前的冷气团比冷锋后的冷气团更冷,其间的锢囚锋称为暖式锢囚锋(图 1-2-3f);如果冷锋后的冷气团比暖锋前的冷气团更冷,其间的锢囚锋称为冷式锢囚锋(图 1-2-3d);如果锋前后的冷气团属性无大差别,则其间的锢囚锋

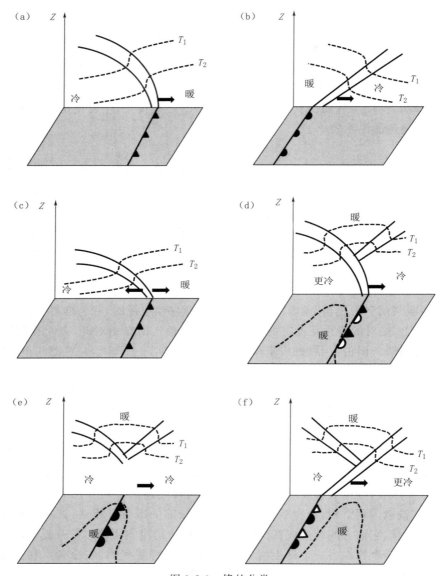

图 1-2-3　锋的分类

(a)冷锋;(b)暖锋;(c)准静止锋;(d)冷式锢囚锋;(e)中性锢囚锋;(f)暖式锢囚锋

称为中性锢囚锋(图 1-2-3e)。

　　冷锋追上暖锋是锢囚锋形成常见的一种形式,与锋面气旋的发展相联系。中国境内还有因锋面受山脉阻挡的原因导致两锋相遇形成的地形锢囚锋(南疆盆地、福建

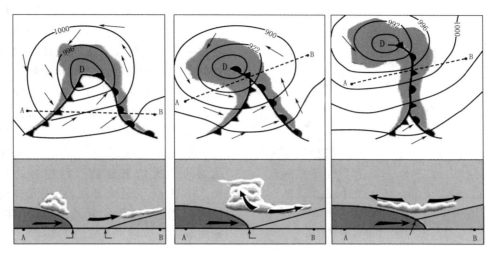

图 1-2-4　锢囚锋的形成

武夷山等地），和两条冷锋迎面相遇形成的锢囚锋（河套地区等）。

§1.3　锋面坡度

不同属性气团之间的过渡区域，既不是垂直，也不是水平的界面，而是向冷区一侧倾斜的界面，就是说锋具有坡度。锋面坡度是锋在结构上很重要的一个特征，锋面坡度大小直接影响锋附近冷暖空气的垂直运动，从而对锋附近的云及降水天气分布产生影响。

1.3.1　锋面坡度的形成

气团热力性质的差异使冷气团的密度大于暖气团，低层冷气团中气压大于暖气团，从而产生一个从冷气团指向暖气团一侧的水平气压梯度力，这个力使冷空气不断楔入暖空气的下方，抬举暖空气，于是形成向冷气团一侧倾斜的冷暖气团界面（即锋）。锋面倾斜并不难理解，问题是锋为什么能保持倾斜状态，而不会是水平面，最终暖气团完全位于冷气团上面？

冷空气不断楔入暖空气的下方，力图使冷、暖空气界面趋于水平。但是这种冷、暖空气的相对运动是发生在不停旋转的地球上，当空气质点在气压梯度力作用下，从冷空气一侧向暖空气一侧移动时，会受到地转偏向力的影响，而不断向右偏转，如图1-3-1所示。这样冷空气向暖空气下方楔入的移动逐渐减弱，直到气压梯度力和地转偏向力之间达到平衡，此时冷空气移动与锋线平行，没有向暖空气下方楔入的移动，

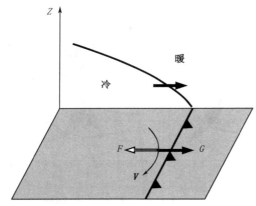

图 1-3-1　气压梯度力 G 和地转偏向力
F 平衡时的锋

冷暖空气之间的界面(锋面)保持稳定,呈向冷气团一侧倾斜的稳定状态。

锋面在气压梯度力与地转偏向力达到平衡时所具有的坡度称为锋面平衡坡度。由于气体的分子运动远较液体活跃,两气团之间的界面不像液体之间存在的界面那样清楚,而是表现为一狭窄的过渡区域。因此,界面所达到的平衡状态也是一种相对的平衡。不过,为了讨论方便,在研究锋面坡度时,通常都是分析平衡情况下的锋面坡度。

1.3.2　锋的不连续特征

锋是冷、暖气团之间的过渡带,由于锋区的宽度与长度相比很小,在比例尺很小的天气图上,这个过渡带显得极为狭窄,而在其两侧气象要素值却有很大的差异,因此,可将锋两侧的气象要素的分布看成是不连续的,也就是说,在天气图上可以把锋面看成为气象要素的不连续面。

通常,将气象要素的不连续分成两级来考虑。如果气象要素本身是不连续的,称为零级不连续;如果气象要素本身是连续的,而它的一阶空间导数是不连续的,则称为一级不连续。图 1-3-2 为垂直剖面图上锋附近温度场分布,图 1-3-3 为地面图上锋附近气压场分布,其中图 1-3-3a 为将锋看成有一定宽度的过渡区的情形(称为带状模型),图 1-3-3b 为将锋看成没有宽度的情形(称为线状模型,也称楔状模型)。可以看出图 1-3-3a 中,温度、气压及气压的一阶导数在锋附近的分布是连续的。当将锋近似

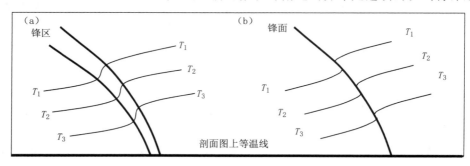

图 1-3-2　剖面图上锋附近温度场
(a)锋有一定宽度;(b)锋没有宽度

看成没有宽度时,上下界面变成一个面,锋附近温度和气压的连续性发生了变化,温度由连续变为不连续(称为温度零级不连续)(图 1-3-2b),气压一阶导数也由连续变为不连续了(称为气压一级不连续)(图 1-3-3b)。

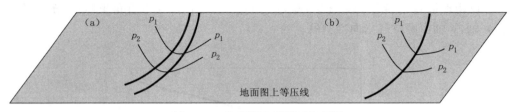

图 1-3-3　地面图上锋附近气压场

(a)锋有一定宽度;(b)锋没有宽度

在大气中,锋面作为一个不连续面必须满足下列两个条件:一是动力学条件,即通过锋面时气压应当是连续的。如以 p_L 表示从冷气团内趋近于锋面上某点的气压,以 p_N 表示从暖气团内趋近于同一点的气压,则 p_L 必等于 p_N,也就是 $p_L = p_N$,如果 p_L 不等于 p_N 则在无限小的距离内,气压差却为有限值,这样就会出现接近无穷大的气压梯度力,这在大气中的锋面附近是不可能的。

另一个是运动学边界条件,即通过锋面时,垂直于锋线的风的分量应当是连续的。如以 v_L 表示从冷气团中趋近于锋面上某点的风速的垂直分量,以 v_N 表示从暖气团中趋近于同一点的风速的垂直分量,则 $v_L = v_N$,如果 v_L 不等于 v_N,就会在不连续面附近出现接近真空或空气质点无限堆积的现象,这在锋面附近也是不可能的。

根据流体力学理论,满足这样两个条件时,锋面的移动速度应等于 v_L 或 v_N。这说明组成锋面的质点是不变的,或者说锋面为一物质面。必须指出,在实际大气中锋面是一个近似的物质面,锋上的质点可能离开锋面,锋两侧冷、暖空气质点也可能互相穿越锋面,这是在研究锋面时所应当注意的。

所以,锋的线状模型下,温度是零级不连续,气压是一级不连续(零级连续);锋的带状模型下,温度是一级不连续(零级连续),气压 2 级不连续(零、一级连续)。气压比温度的连续性高一级。

由于锋区宽度随高度逐渐变宽,因此,地面图上锋最接近锋线模型。为简化起见,气象上常用温度(或密度)的零级不连续面来模拟锋面。

1.3.3　锋面坡度公式

1.3.3.1　温度零级不连续时的锋面坡度公式

为了说明影响锋面坡度的因子,考虑最简单的情形,将锋面看成一种没有宽度的、倾斜的不连续面,在锋的两侧气象要素(温度、密度、沿锋面风速等)分布是不连续的,这种不连续称为零级不连续,这一最简单、最经典的是由 Margules 提出的锋面楔形模式,故称为 Margules 模式,在此基础上推导出的锋面坡度公式称为 Margules 坡度公式。

设物理量 Q 在锋面附近连续,即 $Q_L = Q_N$。 如图 1-3-4 取直角坐标,取锋面平行于 x 轴,y 轴由暖空气指向冷空气。

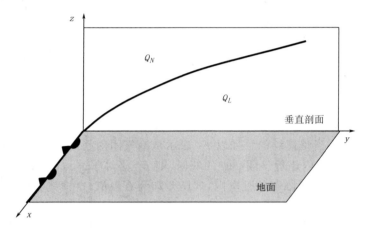

图 1-3-4 锋面楔形模式示意图

因为 $Q_L = Q_N$,所以 $\mathrm{d}Q_L = \mathrm{d}Q_N$。

在某一固定时刻有:

$$\mathrm{d}Q_L = \frac{\partial Q_L}{\partial x}\mathrm{d}x + \frac{\partial Q_L}{\partial y}\mathrm{d}y + \frac{\partial Q_L}{\partial z}\mathrm{d}z$$

$$\mathrm{d}Q_N = \frac{\partial Q_N}{\partial x}\mathrm{d}x + \frac{\partial Q_N}{\partial y}\mathrm{d}y + \frac{\partial Q_N}{\partial z}\mathrm{d}z$$

两式相减,有

$$\mathrm{d}Q_L - \mathrm{d}Q_N = \left(\frac{\partial Q_L}{\partial x} - \frac{\partial Q_N}{\partial x}\right)\mathrm{d}x + \left(\frac{\partial Q_L}{\partial y} - \frac{\partial Q_N}{\partial y}\right)\mathrm{d}y + \left(\frac{\partial Q_L}{\partial z} - \frac{\partial Q_N}{\partial z}\right)\mathrm{d}z$$

由于所取坐标 x 轴与锋面平行,有 $\left(\dfrac{\partial Q_L}{\partial x} - \dfrac{\partial Q_N}{\partial x}\right)\mathrm{d}x = 0$

于是有锋面坡度公式:

$$\mathrm{tg}\alpha = \frac{\mathrm{d}z}{\mathrm{d}y} = -\frac{\left(\dfrac{\partial Q}{\partial y}\right)_L - \left(\dfrac{\partial Q}{\partial y}\right)_N}{\left(\dfrac{\partial Q}{\partial z}\right)_L - \left(\dfrac{\partial Q}{\partial z}\right)_N} \tag{1-3-1}$$

锋面楔形模式的情形下,温度不连续,但是由不连续面的一般性质的讨论知,通

过锋面时,气压是连续的,故取 $Q=p$,代入坡度公式有:

$$tg\alpha = -\frac{\left(\frac{\partial p}{\partial y}\right)_L - \left(\frac{\partial p}{\partial y}\right)_N}{\left(\frac{\partial p}{\partial z}\right)_L - \left(\frac{\partial p}{\partial z}\right)_N}$$

应用静力平衡关系　　　　　　　$\partial p/\partial z = -\rho g$

上式可写为:　　　　　　$$tg\alpha = \frac{\left(\frac{\partial p}{\partial y}\right)_L - \left(\frac{\partial p}{\partial y}\right)_N}{g(\rho_L - \rho_N)}$$　　　　　(1-3-2)

再用地转关系　　　　　　　$fu = -\frac{1}{\rho}\frac{\partial p}{\partial y}$

代入(1-3-2)式,有　　　　　　$tg\alpha = \frac{f}{g}\frac{\rho_N u_N - \rho_L u_L}{\rho_L - \rho_N}$

上式称为 Margules 锋面坡度公式。

利用状态方程 $\rho = \frac{p}{RT}$,及 $p_L = p_N$,有

$$tg\alpha = \frac{f}{g}\frac{T_L u_N - T_N u_L}{T_N - T_L}$$

设

$$\Delta T = T_N - T_L$$

$$\Delta u = u_N - u_L$$

$$T_m = \frac{T_L + T_N}{2}$$

$$u_m = \frac{u_L + u_N}{2}$$

代入可得　　　　　　$tg\alpha = \frac{f}{g}T_m\frac{\Delta u}{\Delta T} - \frac{f}{g}u_m$

式中,$-\frac{f}{g}u_m$ 为冷暖空气等压面的平均坡度,约为几千分之一,比第一项小得多,故 Margules 锋面坡度公式可以简化为

$$tg\alpha \approx \frac{f}{g}T_m\frac{\Delta u}{\Delta T}$$　　　　　(1-3-3)

从简化后的 Margules 锋面坡度公式可以看出,锋面坡度的大小与所在地的地转参数、锋两侧的温度差、风速差以及锋的平均温度有关系。

(1)锋面坡度的大小与地转参数 $f = 2\Omega\sin\phi$ 成正比。由于地转参数随纬度的增大而增大,在其他条件不变时,锋面在高纬度地区的坡度要比低纬度地区大。当锋面

自北向南移动时,坡度逐渐减小,这是实际工作中常见的现象。

另外,在赤道地区 $\phi=0$,$\sin\phi=0$,$f=0$,则 $\operatorname{tg}\alpha=0$,这表明在赤道地区没有锋。在实际工作中也看到,许多锋面南下到我国南海地区后就逐渐趋于消亡。

(2)锋面坡度与锋两侧温度差成反比,锋面两侧温差愈大,坡度愈小;温差愈小,锋面坡度愈大。当无温差时,$\Delta T=0$,$\operatorname{tg}\to\infty$,$\alpha=90°$,实际上不存在锋面。

(3)锋面坡度与平行于锋的两侧风速成正比,风速差愈大,坡度也愈大。当锋面两侧风速差为 0 时,$\Delta u=0$,锋面坡度 $\operatorname{tg}\alpha=0$,锋面亦不存在。锋面存在时,$\operatorname{tg}\alpha>0$,因为 f,g,T_m,ΔT 均大于零,所以必须 $\Delta u>0$,即 $u_N>u_L$,也就是说,锋面两侧平行于它的地转风风速应具有气旋性切变。而且锋面坡度与锋两侧风速差值(即风切变)成正比。风速差值增大,锋面坡度亦增大;风速差值减小,锋面坡度亦减小。

然而,温差和风速差是相互联系的,当温差增大时,风速差也往往增大,有相互抵消作用。因此,锋面坡度也就改变得不多。

(4)锋面坡度与锋附近平均温度成正比,其平均温度愈高,锋面坡度也愈大。

因此锋面存在需要满足以下条件:

(1) $f\neq0$,赤道不存在锋面;

(2)平行于锋面的风不连续,且要求 $\Delta u>0$,即 $u_N>u_L$。

(3)锋面两侧的温度不同。

从锋面坡度还可以从另一个角度分析锋面坡度形成和维持的内在机制:

锋面两侧存在较大温差,构成压容力管,从而引起环流加速度产生环流(如图 1-3-5 所示)。压容力管引起的环流加速度产生的环流,即暖空气上升,冷空气下沉。下层从冷区流向暖区,上层从暖区流向冷区,使锋面向冷区倾斜。

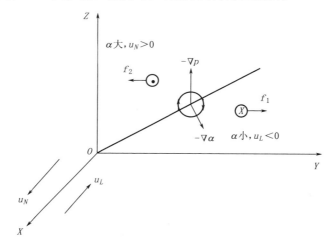

图 1-3-5　力管导致的环流加速度与偏向力矩导致的环流加速度达到平衡时的示意图

当锋面存在时,要求 $\Delta u > 0$,即 $u_N > u_L$。 一种典型的情况,$u_N > 0,u_L < 0$,如图 1-3-5 所示,那么它所受的地转偏向力在冷空气一侧从暖区指向冷区(f_1),在暖空气一侧从冷区指向暖区(f_2),它所构成的环流与力管项构成的环流正好相反。这样,随着锋区的倾斜,偏向力矩导致的环流加速度与力管导致的环流加速度达到平衡,锋面坡度就处于平衡状态。

1.3.3.2　温度一级不连续时的锋面坡度公式

在 20 世纪 30 年代,随着高空观测资料的不断增加,其观测结果认为锋面是一个倾斜的过渡带(带状锋模式),而不是具有突变性质的不连续面。随之带状(过渡带)锋模式逐渐替代楔形锋模式。带状锋模式发展的另一个重要原因是准地转理论的发展,以及该理论应用于锋面附近的垂直运动的诊断、气旋发展理论(Sutcliff,1947)和斜压不稳定理论的研究(Chaney,1947;Eady,1947)。在准地转模式中,大气的变量是连续的,而锋面被看成是具有明显梯度的区域,带状锋模式正适合这种观点。

在带状锋模式中,锋具有一定的水平宽度和垂直厚度,在锋的过渡带(锋区)中的水平温度梯度要比锋区的两侧大得多,水平温度梯度的强烈变化发生在锋区与锋区外侧的冷气团(或暖气团)边缘的比较窄的区域里。在空中,锋是具有一定宽度的过渡区,因而可以把它当作温度一级不连续来处理。过渡区还有两个边界:上边界和下边界,下面分别求出它们的坡度公式。

以"'"表示锋区中的要素值(图 1-3-6),"L""N"分别代表冷、暖气团一侧,上界面为锋区内与暖区的界面,坡度公式(1-3-1)中 L、N 换为锋区内"'"与暖区,下界面同理。由于通过锋的边界温度是连续的,可将式(1-3-1)中取 $Q = T$ 代入,于是上下界面的坡度为:

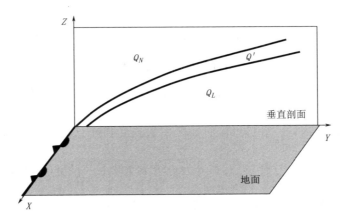

图 1-3-6　带状锋模式示意图

$$\text{tg}\alpha_i = -\frac{\left(\frac{\partial T}{\partial y}\right)' - \left(\frac{\partial T}{\partial y}\right)_i}{\left(\frac{\partial T}{\partial z}\right)' - \left(\frac{\partial T}{\partial z}\right)_i}, \quad i = L, N \tag{1-3-4}$$

用热成风关系 $\frac{\partial u}{\partial z} = -\frac{g}{fT}\frac{\partial T}{\partial y}$ 代入,得锋上下边界的坡度:

$$\text{tg}\alpha_i = \frac{fT}{g}\frac{\left(\frac{\partial u}{\partial z}\right)' - \left(\frac{\partial u}{\partial z}\right)_i}{\left(\frac{\partial T}{\partial z}\right)' - \left(\frac{\partial T}{\partial z}\right)_i}, \quad i = L, N \tag{1-3-5}$$

由于在温度零级连续的情况下,与锋线平行的风的分量 u 也是连续的,故可以用 u 作为 $Q(Q=u)$ 代入锋面坡度一般公式(1-3-1),有

$$\text{tg}\alpha_i = \frac{\left(\frac{\partial u}{\partial y}\right)' - \left(\frac{\partial u}{\partial y}\right)_i}{\left(\frac{\partial u}{\partial z}\right)' - \left(\frac{\partial u}{\partial z}\right)_i}, \quad i = L, N \tag{1-3-6}$$

仍用热成风关系式代入,有:

$$\text{tg}\alpha_i = \frac{fT}{g}\frac{\left(\frac{\partial u}{\partial y}\right)' - \left(\frac{\partial u}{\partial y}\right)_i}{\left(\frac{\partial T}{\partial y}\right)' - \left(\frac{\partial T}{\partial y}\right)_i}, \quad i = L, N \tag{1-3-7}$$

(1-3-4)式至(1-3-7)式给出了在温度为一级不连续时,坡度公式的不同表达形式,这些坡度公式反映了锋面坡度存在的条件,反映了锋区内外要素分布的约束关系。

由公式(1-3-5)可知,温度为一级不连续时,$\left(\frac{\partial u}{\partial z}\right)' \neq \left(\frac{\partial u}{\partial z}\right)_i$,是锋存在的条件,或者说,锋区内外平行于锋的风的垂直切变存在不连续。

由公式(1-3-7)可知,由于锋区内外,温度梯度是不连续的,即 $\left(\frac{\partial T}{\partial y}\right)' \neq \left(\frac{\partial T}{\partial y}\right)_i$。并且由于 y 指向冷区,$\frac{\partial T}{\partial y}$ 恒为负,而锋区中的温度梯度总是大于周围的温度梯度,因此 $\left(\frac{\partial T}{\partial y}\right)' < \left(\frac{\partial T}{\partial y}\right)_i$。这样,只有在 u 为一级不连续 $\left(\frac{\partial u}{\partial y}\right)' \neq \left(\frac{\partial u}{\partial y}\right)_i$,且必须 $\left(\frac{\partial u}{\partial y}\right)' < \left(\frac{\partial u}{\partial y}\right)_i$ 的情况下,锋才有坡度存在,或者说,锋区内外平行于锋的风的水平切变,锋区内大于锋区外的气团。

上述坡度公式通常并不用于坡度大小的计算,而主要用于理论解释坡度存在及

大小与什么有关,以及锋区两侧的冷暖气团(零级不连续时的锋面坡度公式)、锋区内外(一级不连续时的锋面坡度公式)要素分布的约束关系,这些约束关系将在"锋的结构"一节中用于解释锋面附近要素分布的特征。

实际中锋面坡度可以根据同一时刻各等压面上锋区的位置或等压面上锋区与地面锋线的位置的偏移程度,来定性地估计锋面坡度的大小。上、下层锋区或等压面上锋区与地面锋线距离越近,表明锋的坡度越大,反之,锋面坡度越小。空中锋区所在的高度与空中锋区与地面锋线偏移的水平距离之比就是锋面坡度的估计值。

据统计,在实际大气中,锋的坡度是很小的,冷锋的坡度约为 1/100～1/50,暖锋的坡度约为 1/200～1/100,准静止锋的坡度更小,约为 1/300～1/150。一般来说,在北方,由于 f 大,锋的坡度大一些,到了南方,锋的坡度往往更小。图 1-2-2 中所示锋的坡度是很小的。

§1.4　锋附近气象要素场的分布特征

锋是不同属性气团的过渡区,锋区两侧、锋区内外气象要素分布有显著的差异。了解锋附近温、压、湿、风等要素场的分布特征,是判别锋面存在、识别锋的类型、分析和预报锋面天气的依据。

1.4.1　锋附近温度场特征

1.4.1.1　水平锋区附近温度场特征

锋是不同属性气团之间狭长的过渡区,通过锋区的过渡,一个气团的属性逐渐转变成另一个气团的属性。因此,和气团内相对均匀的水平梯度不同,锋区内温度的水平梯度比其两侧气团中的大,等温线密集,这是锋最基本的特征,尤其低层等压面图上更加明显。气团内部水平温度梯度的量级一般为 1～2 ℃/100 km,而锋的水平温度梯度的量级则为 10 ℃/100 km。因此锋是一个强斜压区。

在图 1-2-2 可看到,锋区内等温线的分布相对密集(850 hPa、700 hPa 图上最显著),由于锋随高度向冷空气一侧倾斜,等温线密集带(锋区)也随高度向冷空气一侧倾斜。从图中还可以看到,锋区的走向与地面锋线基本平行,地面锋就位于 850 hPa 锋区的靠暖区一侧。随高度的增高,锋区的宽度变宽,等温线的密集程度有所减弱。锋较弱时,500 hPa 等温线的密集程度可能变得不明显,锋区变得不清楚。锋区温度场的这些特征,可以作为在天气图上定性估计锋面是否存在、锋的位置、强度和坡度大小的依据。如果一地区出现等温线密集,说明高空及地面有锋的存在,并可确定地面锋线的大致位置应在空中锋区等温线密集带的暖区一侧;等温线越密集,说明冷、暖气团温差越大,则锋越强。

　　锋的移动伴随有不同性质的温度平流,决定了锋的类型,所以可以根据等压面图上高空冷暖平流的性质确定锋的类型。一般来说,若在等压面图上锋区内有冷平流,则地面所对应的是冷锋;若有暖平流,则地面所对应的是暖锋;如果无平流或仅有弱的冷、暖平流,而且地面锋在 24 小时内又移动很少,则可定为静止锋。一条锋的移动有时并不统一,从而表现出不同的类型。图 1-4-1 中可见,西段位于河套附近的锋为冷锋性质,东段位于朝鲜半岛附近锋为暖锋性质,冷暖锋相连,锋区出现了波动,这种情形出现在锋附近风场有气旋式旋转的情形,这时锋与气旋结合形成锋面气旋。

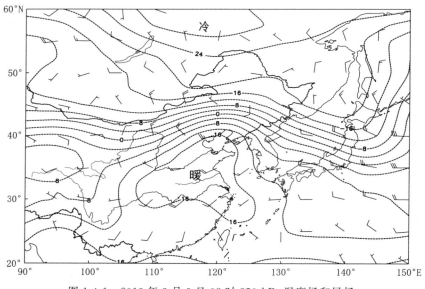

图 1-4-1　2013 年 3 月 9 日 08 时 850 hPa 温度场和风场

(根据 NCEP 资料绘制)

　　锢囚锋附近温度场分布比较复杂。锋在锢囚过程中,低层暖空气被挤压抬举到空中,所以锢囚锋附近的低空总有一暖舌存在,这一特征是确定锢囚锋的主要判据。暖舌与地面锢囚锋的位置关系,反映了不同性质锢囚锋的空中结构,可以用于确定锢囚锋的类型,若暖舌的位置位于地面锢囚锋前方为暖式锢囚锋,偏于锋线后方则是冷式锢囚锋,在锋的上空则中性锢囚锋(参见图 1-2-3)。在实际工作中,因测站密度不够,等温线分析又不那么准确,锢囚锋的类型通常难以确定。

1.4.1.2　垂直锋区附近温度场特征

　　图 1-4-2 为垂直于锋区剖面图上温度场特征的示意图。从图中可以看到:由于在冷、暖气团内部,温度的水平分布比较均匀,等温线在气团内部呈准水平,同值等温

线锋区附近高度有明显的变化,同值等温线的高度暖区比冷区高;在垂直方向上,由于暖气团位于冷气团之上,故锋区内温度垂直递减率很小,等温线近于垂直。图 1-4-2 中 a,b,c 三站的探空如图 1-4-3a,b,c 所示,可以观测到锋区内温度随高度增高,分别出现了垂直递减率很小、等温、逆温这三种情况。

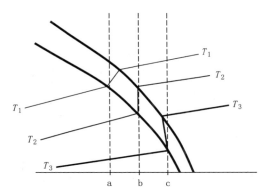

图 1-4-2　垂直剖面图上锋区附近温度分布　　　　　图 1-4-3　经过锋面的探空曲线

　　锋区内温度垂直梯度较小这一特征,还可以用锋面坡度公式(1-3-4)解释。

　　因为 y 轴指向冷区,有 $\left(\dfrac{\partial T}{\partial y}\right)' < \left(\dfrac{\partial T}{\partial y}\right)_i$,根据锋面坡度公式(1-3-4)必须要有 $\left(\dfrac{\partial T}{\partial z}\right)' > \left(\dfrac{\partial T}{\partial z}\right)_i$,或写为 $-\left(\dfrac{\partial T}{\partial z}\right)' < -\left(\dfrac{\partial T}{\partial z}\right)_i$,即锋区内温度的垂直递减率小,气团内温度随高度是递减的,所以锋区内可能出现递减率小、等温或逆温三种可能。

　　锋的上述性质常用来在 $T-\ln p$ 图上和剖面图上判定锋的位置。图 1-4-4a 是图 1-1-1 沿 120°E 的垂直剖面图。从图中可以看到同值等温线所处高度变化明显的区域,低层约在 40°—45°N,500 hPa 上约位于 50°N,该区域南北两侧有明显的热力差异,具有这样特征的倾斜区域,就是剖面图上的垂直锋区。图中还可以看到,在锋区不同的地方存在逆温、等温及递减率小的地方的现象。

1.4.1.3　垂直锋区附近位温场特征

　　在图 1-4-4a 的基础上,绘制等位温线如图 1-4-4b,同时绘制等温线和等位温线如图 1-4-4c。从图 1-4-4b,c 中清楚看到:在等温线高度也有明显变化这一特征所示的锋区中,等位温线密集,并向冷区倾斜,且近似与锋区平行。图 1-4-5 是剖面图上锋附近位温分布情况的示意图。

　　垂直锋区中等位温线的这一分布特征可利用位温公式 $\theta = T\left(\dfrac{1000}{p}\right)^{\frac{R}{C_p}}$,求出位

温随高度变化的表达式来解释。

对位温公式取对数有：

$$\ln\theta = \ln T + \frac{R}{C_P}\ln 1000 - \frac{R}{C_P}\ln p$$

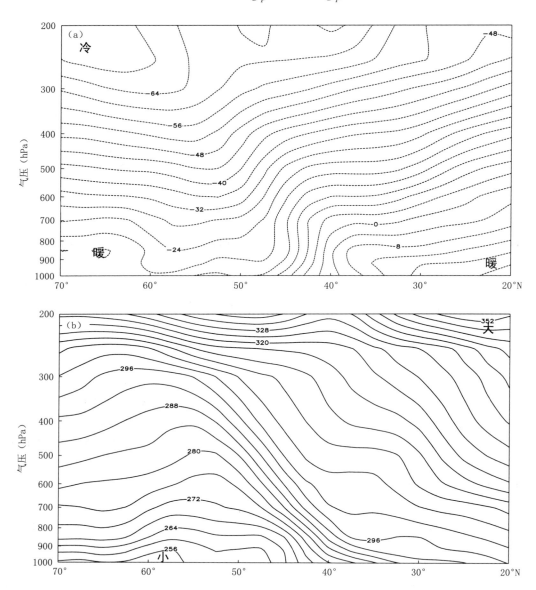

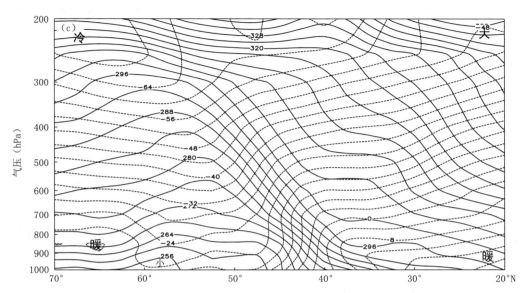

图 1-4-4　图 1-1-1 中沿 120°E 的垂直剖面图

实线表示等 θ 线(单位:K),虚线表示等温线(单位:℃)

(根据 NCEP 资料绘制)

(a)锋附近垂直剖面图上温度分布;(b)锋附近垂直剖面图上位温分布;

(c)锋附近垂直剖面图上温度和位温分布

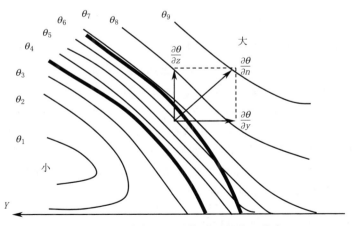

图 1-4-5　垂直剖面图上锋附近的位温分布

粗实线为锋的上下界面,细实线为等位温线

对上式取偏导数,得到位温的水平梯度和垂直梯度与温度的水平梯度和垂直梯度的关系如下:

$$\nabla_h \theta = \frac{\theta}{T} \nabla_h T - \frac{R}{C_P} \frac{\theta}{p} \nabla_h p$$

$$\frac{\partial \theta}{\partial z} = \frac{\theta}{T} \left(\frac{\partial T}{\partial z} + \frac{g}{C_P} \right) = \frac{\theta}{T} (\gamma_d - \gamma)$$

式中,$\gamma = -\frac{\partial T}{\partial z}$,表示空气在垂直方向的气温递减率,$\gamma_d = \frac{g}{C_p}$,表示是在绝热过程中干空气的温度直减率。

从上面两个式子可以看出,在等压面上水平位温梯度的方向与水平温度梯度方向完全一致,仅有数值上差异。在对流层中,一般情况下温度随高度递减,即 $\gamma > 0$,且通常 $\gamma < \gamma_d$,即 $\gamma_d - \gamma > 0$,故 $\frac{\partial \theta}{\partial z} > 0$,即位温随高度是增大的。由于锋区内垂直温度直减率特别小,即 γ 比较小,甚至出现等温甚至逆温($\gamma \leqslant 0$),因此,锋区内 $\gamma_d - \gamma$ 比气团中的值要大,所以 $\frac{\partial \theta}{\partial z}$ 值锋区内比气团内部大。

综上所述,锋区内位温三维梯度比气团内大得多,其方向由水平与垂直位温梯度合成。由此得出:等位温面随高度向冷空气倾斜,与锋面倾斜方向一致,且锋区内等位温线密集。

而等位温面的坡度为:$\operatorname{tg} \psi = -\frac{\partial \theta / \partial y}{\partial \theta / \partial z} = -\frac{\partial T / \partial y}{\gamma_d - \gamma}$

根据锋区温度梯度的量级,取 $\gamma = 0$,$\frac{\partial T}{\partial y} = -10 \, ℃/100 \, \mathrm{km}$,则 $\operatorname{tg} \psi = \frac{1}{100}$,与锋面坡度相近,故等位温线与垂直锋区近似平行。

在干绝热过程中,位温是一个保守(不变)的量,锋面附近的空气基本上沿锋面向上或向下滑动,其位温是保持不变的,所以,等 θ 线与锋面平行。由于锋附近常有凝结现象,所以在空气达到饱和后,位温 θ 就不再是保守量,因此,等位温线近似与锋面平行。在研究降水等问题时,通常采用假相当位温 θ_{se},因 θ_{se} 在干绝热过程和湿绝热过程中都具有保守性。分析表明,θ_{se} 在锋区内分布的特征与 θ 是基本相似的。

剖面图上位温的特征是确定锋的重要依据。图 1-4-4c 中同时根据温度线和位温线特征,更能较准确定垂直锋区的位置。

1.4.2 锋附近风、气压场场特征

1.4.2.1 温度零级不连续时锋附近的风场和气压场特征

地面图上锋区水平宽度最窄,接近温度零级不连续的情形。

　　在天气图分析实践中经常看到,地面锋线位于低压槽中,等压线通过锋面时有较明显的气旋性弯折,折角指向高压一侧,锋线附近风有气旋式变化。

　　用简化的 Margules 锋面坡度公式(1-3-3)来解释锋附近存在气旋性风切变的特征。公式表明锋面附近有 $\Delta u > 0$,即 $u_N > u_L$,考虑 $v_N = v_L = 0$,锋附近的水平风场可出现如图 1-4-6a 所示的五种可能的形式。考虑 $v_N = v_L > 0$ 或 $v_N = v_L < 0$,锋附近的水平风场分别对应图 1-4-6b 和 c 所示。可以看出锋附近的水平风场都呈现气旋性切变分布的特征,图 1-4-6a,b 和 c 分别对应准静止锋、暖锋和冷锋的情形,因此,地面图上锋附近风场有显著的气旋式变化。

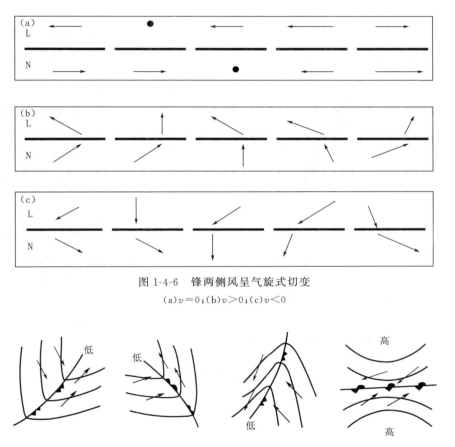

图 1-4-6　锋两侧风呈气旋式切变
(a)$v = 0$;(b)$v > 0$;(c)$v < 0$

图 1-4-7　地面锋附近常见的气压场、风场形势

　　既然地面锋线附近风的气旋性切变,根据风压关系,就不难理解等压线过锋有气旋性弯曲,地面锋线位于低压槽中。图 1-4-7 是我国地面锋附近常见的气压场和风场的分布情况,冷锋后多吹偏北风,锋前吹偏南风;暖锋前多吹东南风或偏东风,锋后

为西南风。由于地面摩擦作用,风偏离等压线吹向低压一侧,地面图上锋线是一条辐合线。

实际上,锋面并非真正的几何面和物质面,而是一个相对狭窄的过渡区。所以,不必将等压线在通过锋面时画一个尖锐的折角,只要有一定的气旋性弯曲即可。地面锋线位于气压槽中,因此,锋不能分析在高压脊里,而应将锋面分析在气压槽中。锋附近气压场、风场的这一特征是地面图上分析锋的位置的最重要、最常用的依据之一。

地面图上,锋位于气压槽中,但是气压槽中却不一定有锋,如热低压、地形槽,因为没有热力的差异对比,没有等温线密集的特点,所以这种槽中是没有锋面的。

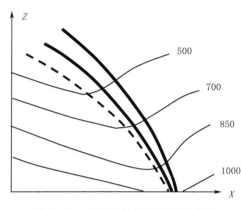

图 1-4-8　锋区和等压面剖面示意图

地面锋线位于气压槽中,高空锋区是否也位于高度槽中呢?观测分析表明,锋面位于气压槽中只是在近地面层较清楚,到高空就不明显了。在高空图上,高空锋区(等温线密集地区)并不在高度槽内,而是偏离高空槽线,且常位于槽线的前部,如图 1-4-8 所示。这种偏离现象和地面的气压形势及整层大气的温度场分布有关。高空锋区附近由于水平温度梯度大,故等压面上位势高度梯度大,即等压面的坡度大。所以锋区位于等压面坡度最大的地区,而高空槽位于等压面的最低点,坡度为零的地方,所以空中锋区并不在空中槽里,两者位置有偏离,且越到高空,槽越向冷区倾斜越大,槽偏离锋区之后方也越远,所以,空中锋并不位于空中槽中。

1.4.2.2　温度一级不连续时锋附近的风场和气压场特征

当锋为温度一级不连续时,根据坡度公式(1-3-7)可知,由于锋区内外温度水平梯度的不连续,故风的水平切变也不连续。

因为 $\left(\dfrac{\partial T}{\partial y}\right)' < \left(\dfrac{\partial T}{\partial y}\right)_i$,于是有 $\left(\dfrac{\partial u}{\partial y}\right)' < \left(\dfrac{\partial u}{\partial y}\right)_i$,

即 $-\left(\dfrac{\partial u}{\partial y}\right)' > -\left(\dfrac{\partial u}{\partial y}\right)_i$。

$-\dfrac{\partial u}{\partial y}$ 表示气旋性切变,所以锋区内气旋性切变大于周围地区,或反气旋性切变小于周围地区。

根据风压关系,气压场有类似的特征:锋区内等压线的气旋性曲率比锋区外大得多(图 1-4-9a,b),或锋区内等压线的反气旋性曲率比锋区外小得多(图 1-4-9c)。

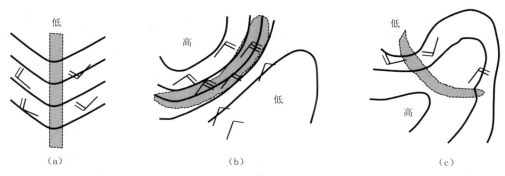

图 1-4-9　温度一级不连续时锋附近的气压场、风场特征

锋区水平温度梯度大,锋区上方热成风更加显著。根据坡度公式(1-3-5)可知,由于锋区内外温度垂直递减率的不同,故风的垂直切变也不同。

因为 $\left(\dfrac{\partial T}{\partial z}\right)' > \left(\dfrac{\partial T}{\partial z}\right)_i$,于是有 $\left(\dfrac{\partial u}{\partial z}\right)' > \left(\dfrac{\partial u}{\partial z}\right)_i$。

锋区中风的垂直切变也比两侧气团要大,故在锋区上空的对流层附近往往风速很大,甚至有急流存在。

图 1-4-10 为图 1-1-1 沿 120°E 剖面图,图中可以看到,锋区中风的水平切变和垂直切变均比气团中大,且锋区上方对流层顶附近有急流存在。

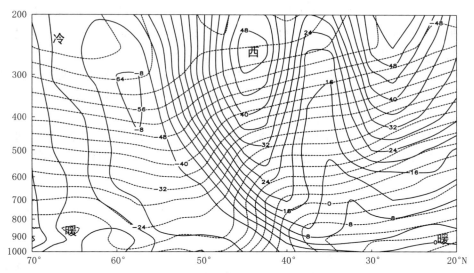

图 1-4-10　图 1-1-1 中沿 120°E 的垂直剖面图

实线表示纬向风 u 的等风速线(单位:m/s),虚线表示等温线(单位:℃)

(根据 NCEP 资料绘制,横坐标为纬度,纵坐标为气压,单位 hPa)

在垂直方向通过锋时,风向随高度变化与锋的类型相联系。冷锋为冷平流,故自下而上通过锋时,风随高度逆转,通常低层吹西北风,上层吹西南风(图 1-4-11a);暖锋为暖平流,故自下而上通过锋时,风随高度顺转(图 1-4-11b),通常低层吹东南风,上层吹西南风;准静止锋平流不明显,故自下而上通过锋时,风向变化不大或近似 180 度转变。

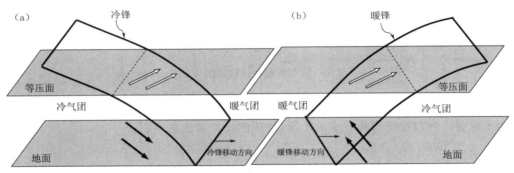

图 1-4-11　锋附近风随高度的变化

(a)冷锋;(b)暖锋

1.4.3　锋附近变压场特征

气压随时间的变化量称为变压。实际工作中应用最多的是三小时变压(ΔP_3)和二十四小时变压(ΔP_{24}),它们分别反映了气压系统最近 3 小时和 24 小时的移动和强度变化,因此,可用于分析气压系统短期内运动的趋势。

引起气压局地变化的因子主要是气压系统的移动和空气水平速度的辐合和辐散,以及空气水平运动所引起的密度平流。其次,由于气温日变化所形成的热力变化也有重要的影响。下面从锋的移动来讨论变压场的分布特征。

取随锋面一起的移动坐标系,且令 x 轴与锋面平行,锋面沿 y 轴的移动速度为 C_y,仍假定锋面为一物质面,则有 $P_L = P_N$,即 $P_L - P_N = 0$,对时间求微分并展开则得

$$\frac{\delta}{\delta t}(P_L - P_N) = \frac{\partial}{\partial t}(P_L - P_N) + C_y \frac{\partial}{\partial y}(P_L - P_N) = 0$$

移项后得

$$\frac{\partial P_L}{\partial t} - \frac{\partial P_N}{\partial t} = -C_y \left(\frac{\partial P_L}{\partial y} - \frac{\partial P_N}{\partial y} \right) \tag{1-4-1}$$

上式可用以讨论冷锋、暖锋和静止锋附近的气压水平分布与变压场的关系。

据(1-3-2)式,有

$$\frac{\partial P_L}{\partial y} - \frac{\partial P_N}{\partial y} > 0$$

故 $\dfrac{\partial P_L}{\partial t} - \dfrac{\partial P_N}{\partial t}$ 的符号主要取决于锋的移动速度 C_y 的方向。

冷锋情况下，锋向暖气团一侧移动，因 y 轴由暖指向冷区，有 $C_y < 0$，故 $-C_y\left(\dfrac{\partial P_L}{\partial y} - \dfrac{\partial P_N}{\partial y}\right) > 0$，即有 $\dfrac{\partial P_L}{\partial t} > \dfrac{\partial P_N}{\partial t}$，这就是说，冷锋后部的变压大于冷锋前部。

暖锋情况下，相反，$C_y > 0$，$-C_y\left(\dfrac{\partial P_L}{\partial y} - \dfrac{\partial P_N}{\partial y}\right) < 0$，即 $\dfrac{\partial P_L}{\partial t} - \dfrac{\partial P_N}{\partial t} < 0$，表明锋前的气压变化代数值要小于暖锋后。

静止锋情况下，因 $C_y = 0$，故 $\dfrac{\partial P_L}{\partial t} - \dfrac{\partial P_N}{\partial t} = 0$，所以锋两侧的气压变化差别不大。

(1-4-1)式还表明锋的前后变压差 $\dfrac{\partial P_L}{\partial t} - \dfrac{\partial P_N}{\partial t}$ 与移动速度 C_y 成正比，锋面移动越快，锋前后的气压变化差代数值也越大。

通常变压场在锋附近的分布如图 1-4-12 所示。暖锋前一般有较明显的负变压，锋后为弱的负变压（图 1-4-12a）。冷锋后一般为正变压，锋前为负变压（图 1-4-12b），在日变化的影响下，有时也可出现锋后负变压或锋前为正变压的情况，但锋的前后变压差 $\dfrac{\partial P_L}{\partial t} - \dfrac{\partial P_N}{\partial t} > 0$。静止锋两侧气压变化相近，其代数值也比较小。锢囚锋附近正负变压中心对称地分布于锋线的两侧。对于不同类型的锢囚锋来说，由于冷、暖锋相互迭置的上、下位置不同（参见图 1-2-3），零变压线的位置也有所不同。一般情况，

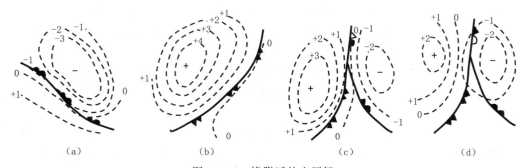

图 1-4-12　锋附近的变压场

(a)暖锋；(b)冷锋；(c)暖式锢囚锋；(d)冷式锢囚锋

暖式锢囚锋零变压线位于锢囚锋前部(850 hPa 上暖舌位于锢囚锋前部),见图 1-4-12c;冷式锢囚锋零变压线位于锢囚锋的后部(850 hPa 上的暖舌位于锢囚锋后部),见图 1-4-12d。

变压场的分布特点也可以这样简单理解:冷锋到达前,测站位于暖区,上空气柱变化不大,当冷锋过境后,测站上空的冷空气气柱逐渐替代原来的暖气住,气压就会升高,所以冷锋后有正变压;类似地可以理解暖锋附近变压的分布。

1.4.4　锋附近湿度场特征

水汽含量的多少也是气团的属性之一,冷、暖气团中湿度常有一定的差异。一般来说,暖气团来自南方比较潮湿的地区或洋面,气温高、饱和水汽压大、露点高;冷空气来自北方内陆,气温低、水汽含量小、露点温度也低,所以锋面附近往往出现湿度场的不连续。极锋中副冷锋的露点差异更为显著,因此,被称为露点锋。湿度场的这一特征,常是分析无降水锋面的依据之一。在有降水时,降水影响湿度,情况就比较复杂,锋前后露点差异可能不大,甚至冷锋后的露点比锋前还要高些,就不能据此分析锋面。

以上介绍的锋附近各要素场分布特征,是气团属性差异及移动造成,这些特征是实际工作中找出和确定锋的主要依据。需要注意的是,实际大气中气象要素受很多因子的影响,当其他因子影响较大或锋较弱时,锋附近的上述特征可能被掩盖,要素分布特征变得不明显,这使得实际工作中锋的分析变得困难和复杂。

§1.5　锋面天气

从天气实践中知道,锋面附近存在着大片云系和降水现象,且随季节、时间和地点的不同会有很大的差异。锋面附近云雨天气的出现与冷空气抬升暖空气密切相关,暖空气中通常湿度较大,被抬升后绝热冷却,水汽凝结就容易形成云和降水,因此锋面附近的云和降水主要取决于暖气团的水汽含量、上升运动和层结稳定度。层结稳定度影响降水天气的性质,当大气层结为对流不稳定时,表现出对流性天气、阵性降水的特征,可产生雷暴天气。由于这些因素随时间、地点而变化,所以锋面云系和降水千变万化。

尽管锋面天气变化多端,但是人们在长期的天气观测预报实践中找到一些共性,归纳出一些天气模式。本节主要介绍锋面附近垂直运动的情况,概要介绍锋面天气模式,供分析预报锋面天气时参考。

1.5.1　锋面附近的垂直运动

锋面附近的上升运动主要与下列因素有关:

(1)锋面两侧冷暖空气相对锋面的运动

如图 1-5-1,锋面为暖锋的情况,空气在暖区一侧垂直于锋面的运动速度为 v,锋面的移动速度为 C_y,锋面坡度为 $\mathrm{tg}\alpha$,则暖空气相对于锋面的运动分量为 $v-C_y$,由此相对运动将造成空气沿锋面的爬升或下滑。因锋面为一物质面,空气不能穿越锋面,其造成的垂直运动速度为:

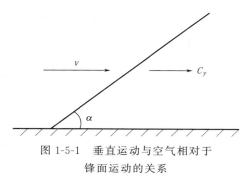

图 1-5-1　垂直运动与空气相对于锋面运动的关系

$$w=(v-C_y)\mathrm{tg}\alpha$$

对于冷锋,同样如此,当冷锋移动速度大于暖空气风速时,暖空气受锋面抬升产生上升运动;当冷锋移动速度小于暖空气风速时,暖空气将沿锋面产生下滑运动。

因此,垂直速度大小与空气运动和锋面运动的相对速度的大小以及锋面坡度成正比。

(2)锋与空中槽的相对位置

对一般空中槽来讲,槽前有上升运动,槽后有下沉运动,因此,如锋处于高空槽前,锋附近空气有上升运动;如锋处于高空槽后,锋附近空气有下沉运动。

(3)锋与冷暖平流的关系

通常暖平流伴有上升运动,冷平流伴有下沉运动。

(4)摩擦辐合作用

地面锋线位于低压槽中,摩擦使地面低压槽有辐合,产生上升运动。

综合上述,锋附近的垂直运动常见的有下面三种情况。对于暖锋来说,通常是冷暖空气两侧均有上升运动(图 1-5-2a);对冷锋来说,冷空气一侧通常为下沉运动,只是低层靠近锋线附近有微弱的上升运动,而在暖空气一侧有时整层皆为上升运动(图 1-5-2b),这种锋称为上滑锋;有时,冷锋的暖空气一侧高层为下沉运动,低层为上升运动,这种锋称为下滑锋(图 1-5-2c)。

1.5.2　锋面天气模式

1.5.2.1　暖锋

飞机探测和探空资料表明:暖锋上的云系常常是由几层云组成,云层之间夹有相当深的无云区,云系的廓线典型坡度比锋面坡度大一倍,云层的下部常与地面锋线一

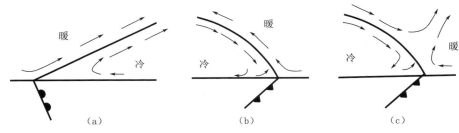

图 1-5-2　锋附近垂直运动示意图

(a)暖锋;(b)上滑锋;(c)下滑锋

致。降水发生在锋前还是锋后,主要根据暖锋低空的辐合强度和高空槽线的位置而决定。若暖锋低层辐合明显,且 700 hPa 槽线或气旋式曲率大的地方大致在地面暖锋上空,则暖锋前降水较大(图 1-5-3);若 700 hPa 槽线或气旋式曲率大的地方在暖锋后很远,而暖锋上空的 700 hPa 等高线又具有反气旋曲率,则降水将在暖区发展;同样,若暖空气层结不稳定,暖锋上也可发展积雨云和雷阵雨天气;相反,当暖空气很干燥,水汽含量很少时,锋面上可能只有中高云,甚至无云出现。

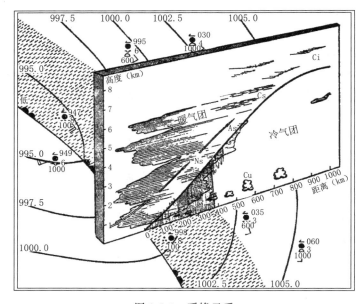

图 1-5-3　暖锋云系

1.5.2.2　冷锋

(1)第一型冷锋

这种冷锋的地面锋线位于高空槽前,是移速较慢的上滑锋。当暖气团是稳定的,水汽又比较充沛,则云系和降水的分布和暖锋大体相似,只是排列的次序相反,第一型冷锋云系主要在锋线后(图 1-5-4)。700 hPa 的高空槽线落在地面锋线的后面,如果暖空气比较湿而稳定,则锋前的天气由晴转为多云(中高云)天气,冷锋过后,风雨交加,700 hPa 高空槽过后大雨即停,转为中云天气,待 500 hPa 高空槽过后才会转为晴或高云天气。因冷锋的坡度比暖锋大(近 1 倍),所以云系和降水区的范围比暖锋窄,降水区的宽度平均为 150～200 km。在冷锋锋下,靠近地面锋线的地方,即锋线附近降水区内,同暖锋一样,常常有层积云、碎层云形成,并且有时也会出现锋面雾。

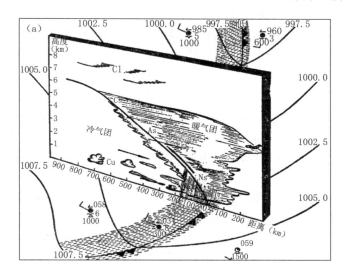

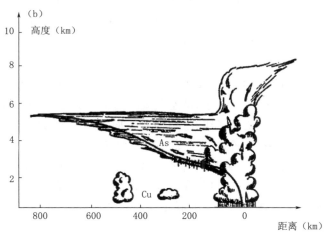

图 1-5-4　冬季和夏季第一型冷锋云系示意图

(a)冬季;(b)夏季

如果暖空气已层结不稳定,则在雨层云中可能发展成积雨云和雷阵雨天气。在暖空气处于对流不稳定状态时,云系中会出现积雨云,这也和不稳定暖气团下的暖锋类似,这种情况在夏天比较多见。从大量统计得到,第一型冷锋降水发生在 700 hPa 槽线与地面锋线之间的区域。在暖气团稳定但较干燥时,高寒地区,如严冬季节在东北和西北地区,锋上仅有卷层云,也有降雪。

(2)第二型冷锋

这种冷锋的地面锋线一般位于空中槽线附近或槽后,移速较快,是下滑锋。这主要是槽后冷空气冲击前方暖空气而致。锋面上下滑的暖空气使地面锋线附近产生强烈的上升运动,而且由于冷空气的冲击,移速快,在地表摩擦作用下,低层可形成一个"冷鼻"。在高层,锋往往处于槽后,冷平流也比较强,所以那里的暖空气沿锋面下滑,这种冷锋的天气冬夏差别很大。

在冬天(图 1-5-5a),如果水汽较充沛,层结也很稳定,锋前由较远处向锋线一般依次出现下列云系:卷云、卷层云、高层云或高积云、降水性高层云或雨层云或层积云等。高空槽和冷锋过后,偏北风加大,云层变薄,天气即转好。若冷锋前的暖空气比较干燥,则只有些层云,锋面过境只出现风沙或吹雪,能见度恶劣,带来降温,这种锋也称为干冷锋。

在夏半年(图 1-5-5b),暖空气比较潮湿,并且有对流不稳定,由于冷空气的冲击,在靠近地面的锋段上,形成强烈发展的积雨云,而在高层锋段上,则因暖空气下滑,通常无云,云系沿锋线而发生。云系的主体是一个狭窄的沿锋线排列的很长的积状云带,顶部常可伸展到十几千米以上,而宽度只有数十千米。第二型冷锋的降水通常是阵性的,可出现雷暴、冰雹,当它过境时,由于它的云系狭窄、移动快,所以往往是狂风暴雨、雷电交加的恶劣天气,但随着锋线一过,不久天空就豁然开朗,"迅雷不终日,骤雨不终朝"正是概括了这一"来去匆匆"的特点。

1.5.2.3 准静止锋

准静止锋云系可分为两类。常见的一类是有显著的降水,锋上暖空气有较强的上升运动,因为静止锋往往坡度较小,暖空气要滑升到距地面锋线一段距离才能有明显的降水,降水区不一定从地面锋线开始;但若锋面坡度稍大,地面辐合又强,降水区就可从锋线开始,雨区北界位置往往与 700 hPa 切变线位置一致,华南准静止锋、江淮准静止锋多属于此类。另一类是无降水或仅有层积云和雨量极小的零星降水,锋上暖空气较干,没有明显的云系出现,在锋面稳定层下有冷湿空气沿地形抬升而形成层积云,昆明准静止锋多属此类。准静止锋停滞某地区时,可使该地区产生连阴雨天气。

1.5.2.4 锢囚锋

锢囚锋是由冷锋赶上暖锋或是两条冷锋迎面相遇,把暖空气抬到高空而在原来

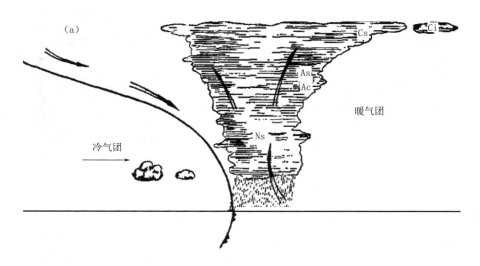

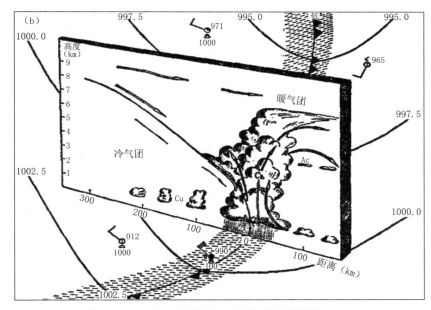

图 1-5-5　冬季和夏季第二型冷锋天气示意图

(a)冬季；(b)夏季

锋面下面又形成新的锋面(图 1-5-6)。它的云系也是由两条锋面的云系合并而成,所以天气最恶劣的地区及降水区多位于锢囚锋附近,云系多为高层云(雨层云)、高积云和层积云等。锢囚锋的外围多高云,如卷云和卷层云等。当锢囚锋随时间推移时,锋上云系由于暖空气被抬升的高度越来越高,云底高度也就越来越高,而云也就越来越

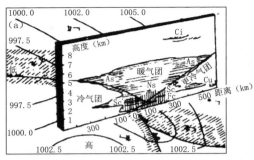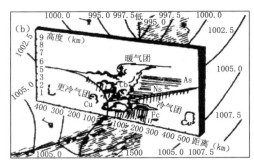

图 1-5-6　锢囚锋天气

(a)暖式锢囚锋天气;(b)冷式锢囚锋天气

薄,这时锋下的锢囚锋面上所形成的新云系就获得发展。

以上介绍了各种锋面的天气模式,即各种锋面天气的一般情况。但实际出现的每一条锋面天气都不一定和上面介绍的完全相同,即使是同一条锋面,天气也会随时间和地点的变化而变化。例如,冬季冷锋在北方时,云雨区常出现在地面锋线前面或锋线附近,但当它移到黄河流域以南后,由于暖湿空气加强,锋面坡度变小,云雨区就移到地面锋线后面,且范围扩大。所以,在分析锋面天气时,必须对具体的事物作具体的分析。

§1.6　锋的生消

大气中的锋不断经历着生成、发展和消亡的过程。简单地说,锋的生成或加强称为锋生,锋的减弱或消失称为锋消。锋生、锋消可从两方面来理解:一是从锋面的基本定义出发,锋生是指密度不连续性形成的一种过程,或是指已有的一条锋面,其温度(或位温)水平梯度加大的过程;锋消是指作用相反的过程。二是实际工作中更多分析锋在地面图上表现清楚的程度和锋附近天气现象、要素场(低槽、气旋性切变、变压差、露点差、气温差、云和降水)特征的变化,当这些特征表现得比前时刻更明显,锋面附近天气现象也加强时,就称为锋生,反之则称为锋消。这两种理解,在多数情况下是一致的,因为低层等压面上温度(或位温)水平梯度加大,力管环流加强,锋附近的要素场(如气旋性切变、变压差、气温差、露点差、云和降水)都会比以前明显。但是影响天气变化的因子很多,如气团稳定度、湿度分布等,也有天气现象与温度(或位温)水平梯度的变化关系并不一一对应,有时温度梯度加大并不一定导致天气现象更加严重。

锋生和锋消是三维空间的现象,实际分析预报工作中,常用几层等压面图和地面图配合起来以理解锋的空间结构,因此,从实际工作需要出发,仅考虑平面图上

（二维空间）的锋生与锋消。图 1-6-1 是 2009 年 3 月 11—13 日 850 hPa 的锋生过程的一个例子，图中看到 3 月 11—13 日，锋在南移的过程中加强，经历一次锋生过程。850 hPa 上近似东西向的等温线 3 月 11—12 日在长江流域变得密集，并在向南移到达华南地区的过程中，继续加密。下面主要从温度水平梯度加大或减小来讨论锋生和锋消。

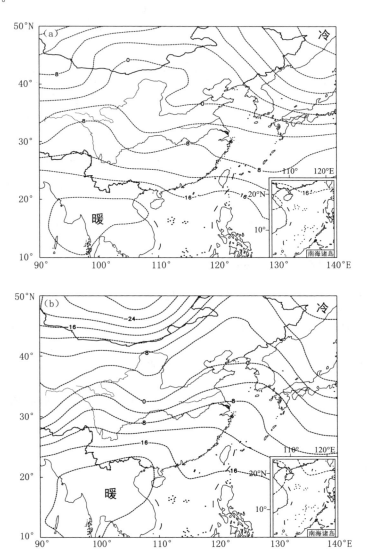

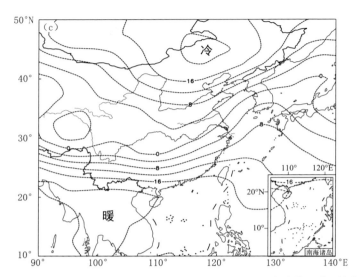

图 1-6-1　2009 年 3 月 11—13 日 850 hPa 的锋生过程(虚线为等温线,单位:℃)

(根据 NCEP 资料绘制)

(a)3 月 11 日 08 时;(b)3 月 12 日 08 时;(c)3 月 13 日 08 时

1.6.1　水平温度梯度变化的原因

在等压面上,等温线就是等位温线,用位温来讨论锋生更方便。

位温水平梯度绝对值的个别变化 $\frac{\mathrm{d}}{\mathrm{d}t}|\nabla_h\theta|$,就反映了等温线随时间的疏密随时间的变化,即锋的生消变化。当水平温度梯度加大时 $\frac{\mathrm{d}}{\mathrm{d}t}|\nabla_h\theta|>0$,有锋生;当水平温度梯度减小时 $\frac{\mathrm{d}}{\mathrm{d}t}|\nabla_h\theta|<0$,有锋消;$\frac{\mathrm{d}}{\mathrm{d}t}|\nabla_h\theta|$ 就是锋生消的判据,称为锋生函数。

令 $F=\frac{\mathrm{d}}{\mathrm{d}t}|\nabla_h\theta|$

取 x 轴平行于等位温线,y 轴指向冷区。

则在这个坐标中,$\frac{\partial\theta}{\partial x}=0$,

于是有
$$F=-\frac{\mathrm{d}}{\mathrm{d}t}\frac{\partial\theta}{\partial y}$$

将上式中的个别微商按 x、y、p、t 展开,并注意到 $\frac{\partial\theta}{\partial x}=0$,有:

$$F = -\frac{\mathrm{d}}{\mathrm{d}t}\frac{\partial \theta}{\partial y} = -\left(\frac{\partial}{\partial t}\frac{\partial \theta}{\partial y} + v\frac{\partial^2 \theta}{\partial y^2} + \omega\frac{\partial^2 \theta}{\partial p \partial y}\right) \qquad (1\text{-}6\text{-}1)$$

另外,将位温的个别变化展开,有 $\dfrac{\mathrm{d}\theta}{\mathrm{d}t} = \dfrac{\partial \theta}{\partial t} + v\dfrac{\partial \theta}{\partial y} + \omega\dfrac{\partial \theta}{\partial p}$

将上式两边对 y 求导,

得 $\qquad \dfrac{\partial}{\partial y}\dfrac{\mathrm{d}\theta}{\mathrm{d}t} = \dfrac{\partial}{\partial t}\dfrac{\partial \theta}{\partial y} + \dfrac{\partial v}{\partial y}\dfrac{\partial \theta}{\partial y} + v\dfrac{\partial^2 \theta}{\partial y^2} + \dfrac{\partial \omega}{\partial y}\dfrac{\partial \theta}{\partial p} + \omega\dfrac{\partial^2 \theta}{\partial y \partial p}$

将上式整理,代入(1-6-1),得等压面上的锋生公式

$$F = \frac{\partial v}{\partial y}\frac{\partial \theta}{\partial y} + \frac{\partial \omega}{\partial y}\frac{\partial \theta}{\partial p} - \frac{\partial}{\partial y}\frac{\mathrm{d}\theta}{\mathrm{d}t} \qquad (1\text{-}6\text{-}2)$$

这个公式表明:锋生受水平运动、垂直运动和非绝热变化的影响。下面分别讨论这三个因子对锋生的作用。

(1)水平气流的作用: $F_1 = \dfrac{\partial v}{\partial y}\dfrac{\partial \theta}{\partial y}$

由于 y 指向冷区, $\dfrac{\partial \theta}{\partial y} < 0$,所以当 $\dfrac{\partial v}{\partial y} < 0$ 时, $F_1 > 0$ 有锋生。这是因为 $\dfrac{\partial v}{\partial y} <$ 0 时,沿水平温度梯度的方向有气流辐合,等温线在一定的过程中将逐渐变密,因而有锋生(如图 1-6-2a,b);反之,当 $\dfrac{\partial v}{\partial y} > 0$ 时,即沿水平温度梯度的方向有气流辐散, $F_1 < 0$,有锋消(如图 1-6-2c,d)。

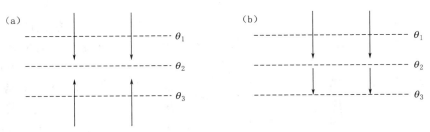

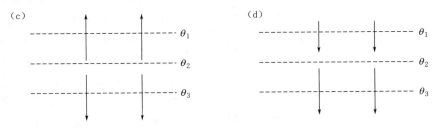

图 1-6-2　水平气流对锋生、锋消的影响

水平运动可以分解为平移、旋转、辐散和变形几个部分。其中造成大气锋生的是变形场。对称的变形场如图 1-6-3 所示,在 y 轴方向上空气有辐合,y 轴称为收缩轴,在 x 方向上空气有辐散,x 轴称为膨胀轴。当等温线与 x 轴正交时,沿温度梯度的方向上有辐散,因此有锋消作用。当等温线与 x 轴平行时,沿温度梯度的方向上有辐合,因此,有锋生作用。一般来说,当等温线与 x 轴的交角小于 $45°$ 时,有锋生作用;交角越小,锋生作用越强。大于 $45°$ 时,锋消作用越强。除了等温线与 x 轴正交的情况外,等温线的走向将逐渐趋于与 x 轴平行,变到有利锋生的情况。因此,变形场一般是有利于锋生的。

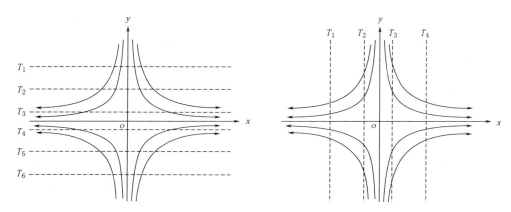

图 1-6-3　变形场中的锋生、锋消

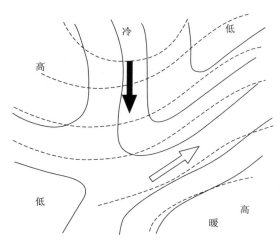

图 1-6-4　实际中常见的变形场中的锋生

实际大气中,单纯的变形场很少见,通常有旋转等别种移动叠加在它上面。如图 1-6-4 即为旋转叠加在变形场上的流场形势(鞍型场),是空中常见的锋生形势,此时,等温线将沿着槽线附近密集起来。

在中高纬地区大气准地转运动的情况下,受摩擦作用,槽是辐合,脊是辐散,因此,在"V"型槽中有利于锋生,在"V"型脊中则不利于锋生;同样,在低压中心前部,有利于暖锋锋生,在低压中心后部,有利于冷锋锋生;而鞍型场一般总是有利于锋生。

（2）垂直运动的作用：$F_2 = \dfrac{\partial \omega}{\partial y} \dfrac{\partial \theta}{\partial p}$

冷暖气团中的垂直运动不同，层结稳定度的不同，也会影响锋生锋消。

锋面附近的上升运动分布通常是暖空气上升，冷空气下沉，有 $\dfrac{\partial \omega}{\partial y} > 0$，当大气干绝热层结稳定时 $\dfrac{\partial \theta}{\partial p} < 0$，于是有 $F_2 < 0$，有利于锋消；当大气层结不稳定时 $\dfrac{\partial \theta}{\partial p} > 0$，有 $F_2 > 0$，有利于锋生。锋附近的上升和下沉运动对锋生消的影响，之所以与层结稳定度有关，是因为稳定层结与不稳定层结影响上升和下沉运动空气温度变化的幅度，从而对所到高度的空气层热力产生不同影响，继而影响到锋两侧气团的热力对比。例如在层结稳定的情形下，暖空气上升降温后的温度比到达高度的气温要低，而冷空气下沉增温后的温度比到达高度的气温要高，上升和下沉运动伴随的降温和增温，减小了到达高度上冷暖气团两侧的热力对比，所以稳定层结下，锋附近暖空气上升，冷空气下沉是使锋消的。层结不稳定常出现在湿绝热过程中，式中应该用 $\dfrac{\partial \theta_{se}}{\partial p}$ 代替 $\dfrac{\partial \theta}{\partial p}$，此时上升的暖空气降温少，温度比到达高度的气温还高，加上抬升后凝结释放潜热使暖空气增暖，加强了锋两侧的热力对比，因此，不稳定层结下，锋附近暖空气上升，冷空气下沉是使锋生的。锋附近由于稳定层结情形居多，所以锋附近的垂直运动通常是使锋消的。

地形引起的垂直运动也可引起锋的生消。例如干燥的冷锋从南疆盆地爬上青藏高原时，处在高空槽前的暖空气沿山脉抬升的速度大于槽后的冷空气，因为上升运动而引起的空气绝热冷却在暖空气中比冷空气更甚，于是，锋两侧的温度对比就减小，产生锋消，所以冷锋就不如在南疆盆地时明显。同理，冷锋从蒙古高原下到东北平原，从黄土高原下到华北平原，或从青藏高原下到四川盆地，都往往因为冷锋后的冷空气下沉比锋前暖空气更甚，下沉绝热增温在冷空气中也比暖空气为甚，于是锋两侧的温度对比就减小，产生锋消。

（3）非绝热加热项：$F_3 = -\dfrac{\partial}{\partial y}\left(\dfrac{\mathrm{d}\theta}{\mathrm{d}t}\right)$

非绝热加热（包括感热和潜热）分布不均匀时，也会影响锋的生消。如果暖空气获得的热量比冷空气获得的热量多，则温度梯度将加大，即 $\dfrac{\partial}{\partial y}\left(\dfrac{\mathrm{d}\theta}{\mathrm{d}t}\right) < 0$，$F_3 > 0$，利于锋生。反之则有利于锋消。

冷暖气团同它所在的地表之间总是有热量交换的。当冷暖气团位于性质不同的地表上时，也有可能出现锋生。例如在冬季，冷气团位于比它更冷的大陆上，暖气团位于比它更暖的海洋上,则冷气团将失去热量,暖气团将获得热量,因而锋就得到加强。但这种情况毕竟是少见的。一般来说,冷暖气团是位于性质相近的下垫面上,此时,气团的非绝热变化总是使两气团之间的温度分布趋于均匀,因而是有利于锋消的。例如锋移至暖的地表上时,由于冷气团的增温快于暖气团,锋就将消失。在我国特别是夏半年南下的冷锋常因这个原因而锋消。

如果空气中水汽含量比较充沛,则凝结释放的潜热对于锋生的影响也很大。一般来说,凝结主要出现在暖气团中,因而使暖气团增暖,有利于锋生。由于这种作用总是与垂直运动一起出现的,因而它可能部分抵消因垂直运动而引起的锋消作用。甚至它的锋生作用超过垂直运动的锋消作用。

综上所述,水平气流的辐合辐散对各层的锋生锋消的影响均较大,它的作用往往是主要的。空气的垂直运动一般造成锋消,在高层也可能有利于锋生。气团与下垫面之间的热量交换一般促使低层锋消,而凝结释放的潜热则造成中低层锋生。

1.6.2　锋附近的垂直环流及其对锋生消的影响

前面从运动学角度出发,考虑空气运动对等温线分布的影响。但是实际大气中,温度场和流场之间存在着相互作用,锋生是温度场和流场相互作用的一个动力学过程。等位温线分布改变之后,原来的地转平衡和热成风关系就遭到破坏,空气运动也随之发生变化,而这种变化又会进一步影响锋生。例如温度梯度加大后,风的垂直切变必然加大,在这个过程中,锋附近将出现地转适应调整所需的垂直环流。实际分析发现,在锋附近有对天气有直接作用和意义的横越锋面的非地转垂直环流存在。

20 世纪 60 年代 Sawyev 和 Eliassen 等人提出了动力锋生概念,分析了锋生的动力学过程。以变形流场作用使等位温线发生密集作为动力过程的开始。图 1-6-5a 中等位温线沿伸展轴密集,并假定各高度上都是一致,锋区在空间呈垂直形状(图 1-6-5b)。设锋区的走向与纬圈平行,x 轴(伸展轴)指向东,而 y 轴指向北。

运动学锋生导致水平位温梯度随时间增大,随之热成风平衡破坏。为了维持热成风平衡,风的垂直切变必须相应增大,即高层有西风加速,低层西风减速。根据地转偏差与加速度关系,高层西风加速必然强迫产生南风分量的地转偏差,低层西风减速则强迫产生北风分量的地转偏差,这种非地转风分量在锋区内远大于锋区以外地区(图 1-6-5b)。由于地转偏差在锋区内外分布不均匀,在低层锋区的暖边界有地转偏差辐合,其相应地区的上空则有地转偏差辐散,引起上升运动。与其相反,锋区的冷边界高层有地转偏差辐合,低层有地转偏差辐散,引起下沉运动,形成了垂直环流(图 1-6-5b)。这个垂直环流是垂直于锋区,故也称为横向非地转环流,又称为次级环流。

垂直环流出现以后,反过来对锋生又发生作用,由于低空的地转偏差辐合出现在

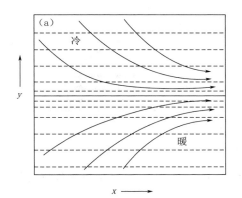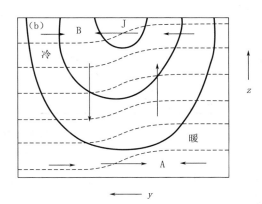

图 1-6-5　锋生伴随的垂直环流

(a)水平气流辐合利于锋生；(b)锋生后出现的垂直环流

锋区的暖边界 A 处（图 1-6-5b），而高空的地转偏差辐合位于高层锋区的冷边界 B 处，其结果使锋区倾斜。并且这种非地转风辐合还将促使低层的 A 处和高层的 B 处的锋区水平位温梯度进一步加大。然而锋区的中层，在冷、暖空气均为未饱和、层结稳定的绝热垂直运动条件下，则因暖空气上升绝热冷却，冷空气下沉增温，中层的地转偏差散度接近于零，垂直速度接近于极值，准无辐散与暖空气绝热冷却和冷空气绝热增温使中层锋区趋向锋消。

以上分析可见：当温度梯度加大时，即温度场锋生时，锋附近产生正环流；反之，当温度梯度减小时，即温度场锋消时，锋附近产生逆环流。

§1.7　地面摩擦和地形对锋的影响

地面摩擦和地形能使锋的移动速度、锋的坡度和锋附近的垂直运动发生变化，因而对锋面天气也有很大的影响。

1.7.1　地面摩擦对锋的影响

暖锋在移动过程中，近地面部分由于摩擦的影响，锋移动较慢，而上层则因风速较大，锋移动较快。这样，在近地面层中，锋的坡度就变小了，有时甚至会拖出一条长"尾巴"（见图 1-7-1a）。但这条"尾巴"不会维持太久，会因乱流混合而消失。在其消失的同时（如图中虚线所示的位置上），锋又复生成。这种现象看起来就像是锋在忽快忽慢地跳跃前进一样。

冷锋在移动过程中，因下段受地面摩擦影响，移动较慢，结果形成了向前突出的"鼻子"（见图 1-7-1b）。不过，这个"鼻子"出现不久，也会因乱流混合而消失，同样，在

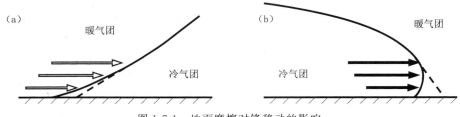

图 1-7-1　地面摩擦对锋移动的影响

(a)暖锋;(b)冷锋

其消失的同时,在如图中虚线所示的位置上,锋又会重新生成。看起来也好像锋在跳跃前进。

1.7.2　地形对锋的影响

地形是多种多样的,它对锋的影响也是复杂的,其中以山地的影响最为突出,下面简要介绍暖锋、冷锋遇山时的情况。

暖锋在越山的过程中,锋的坡度、移速、天气都有很大的变化。如图 1-7-2 所示,当暖锋临近山脊时,移速减慢,由于山坡的抬升作用,在迎风坡上空气的上升运动加强,云层增厚,降水加剧;在背风坡一侧,则由于空气沿山坡下滑,锋的坡度变小,部分锋段上出现了云消雨散的晴好天气。图 1-7-2c 是暖锋大部分已越过山顶的情况,这时主要的云和降水区出现在背风坡前一段距离处,迎风坡上剩下小块孤立的冷空气楔,短时间内,这里还有些降水,但小块冷空气不久就会因乱流混合而消失,降水也会很快停止。图 1-7-2d 是暖锋过山以后的情况,这时锋的移速加快,当其离开山脊较远时,它基本上恢复了原来的形状,云系和降水又会重新发展起来。

冷锋越山时锋的坡度、移速、天气等变化情况如图 1-7-3 所示。当冷锋移近山坡时,移速减慢,锋的坡度逐渐增大,位于锋与山脊之间的暖空气因受强烈推挤而急剧上升,于是云层的垂直发展加强,降水加剧,降水区也变宽(见图 1-7-3a)。往后,随着锋不断沿山坡上升,云与降水随之推向山顶,山的背风坡因受下降气流的影响,那里的云层将趋于消散,云区和降水区也就相应地变窄了(见图 1-7-3b,c)。当锋越过山顶以后,移速加快,当其离开背风坡一段距离时,云系和降水又大致恢复到越山前的情况了(见图 1-7-3d)。

冷锋遇山时,如果山比较高,那么受阻部分就不能很快翻过山去,甚至在山前静止下来,转变成准静止锋。天山准静止锋、云贵准静止锋主要就是这样形成的。

如果冷锋遇见山群,不仅锋的移速减慢,而且地面锋线因地形影响将发生变形,在山口的地方冷锋将首先突入,结果锋线也就变成弯弯曲曲的形状,如冷锋遇到南岭

图 1-7-2 暖锋越山时的情形

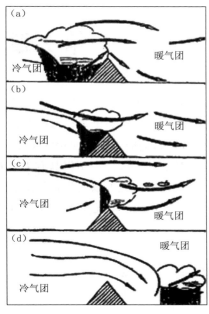

图 1-7-3 冷锋越山时的情形

地形时(见图 1-7-4)。如果山是孤立的,锋的两端就会绕山而过,并可能在山后相遇,形成地形锢囚锋(见图 1-7-5)。在锢囚过程中,由于暖空气被迫抬升,云和降水都会有明显的发展。这种情形在我国浙闽山地常可以见到。

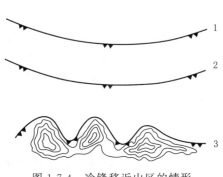

图 1-7-4 冷锋移近山区的情形

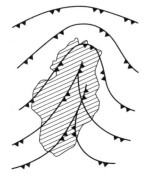

图 1-7-5 地形锢囚锋

第 2 章　温带气旋

　　气流和水流一样,常常有波状运动,有时还会形成闭合的涡旋环流(包括气旋式与反气旋式),具有旋度或涡度。气旋式与反气旋式旋转的涡旋环流分别简称气旋与反气旋,它们是造成天气变化的重要天气系统。因此,研究气旋和反气旋的发生和发展规律对做好天气分析预报具有重要意义。

　　气旋和反气旋可以发生在极地、中高纬和低纬等不同地区,可以有各种不同的时空尺度。本章主要讨论活动在中高纬地区的大尺度气旋的结构、天气及其发生、发展的一般规律。

§2.1　概述

2.1.1　气旋的概念

　　涡旋运动在大气中广泛地存在,尤其是对流层的中低层。大尺度气旋是指占有三度空间的、在同一高度上中心气压低于四周的大型涡旋。从风场看,在北半球,气旋范围内的空气作逆时针旋转,在南半球其旋转方向则相反,从气压场看,气旋对应为低气压(所以也称为低压)。气旋是从风场的特征来定义的,低压是从气压场的特征来定义的,大尺度气旋和低压是互称的。

　　气旋的水平尺度(范围)一般以其最外围一条闭合等压线的直径长度来表示。大尺度气旋的直径平均为 1000 km,大的可达 3000 km,小的只有数百千米。图 2-1-1 是气旋和反气旋的例子,图中可以清楚地看到,北半球气旋风场逆时针旋转,等压面高度低,水平方向有大小、垂直方向有厚度这些特征。

　　气旋有强有弱,而且同一个气旋也是不断变化的。气旋的强度一般用其中心气压值、中心涡度或最大风速等来表示。气旋中心气压值愈低,气旋愈强,反之,气旋愈弱。大尺度温带地面气旋的中心气压值一般在 970~1010 hPa 之间。发展得十分强大的气旋,中心气压值可低于 935 hPa。就平均情况而言,温带气旋的强度,冬季都比夏季要强。海上的比陆地上的强。气旋中心附近具有正涡度,涡度值的大小也表示气旋的强弱。一般来说,中心气压越低,气压梯度就越大,风力也越大,所以用中心气压值、中心涡度或最大风速等不同要素来表示气旋强度基本是一致的。

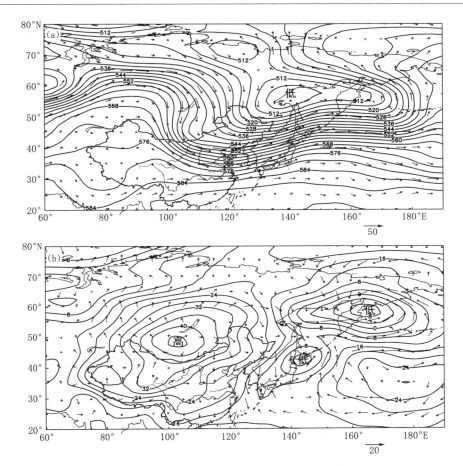

图 2-1-1　2009 年 11 月 1 日 08 时气旋、反气旋高低层的风场（单位:m/s）、

高度场（单位:dagpm）和气压场（单位:hPa）特征

（根据 NCEP 资料绘制）

(a)500 hPa 风场和高度场;(b)1000 hPa 风场和海平面气压场

2.1.2　气旋的分类

气旋通常按其形成和活动的主要地理区域或其热力结构的不同进行分类。

根据气旋形成和活动的主要地理区域,可将气旋分为温带气旋和热带气旋两大类;按气旋热力结构,可将气旋分为无锋气旋和锋面气旋两大类。

温带地区大气最显著的特征是其具有斜压性,锋面活动频繁,因此,活动在温带地区的气旋与热带气旋在结构和发展机制等方面有着本质的差别。热带气旋是无锋气旋,温带气旋则多为锋面气旋(如图 2-1-2),另外,还有锋前热低压、高空冷涡和地

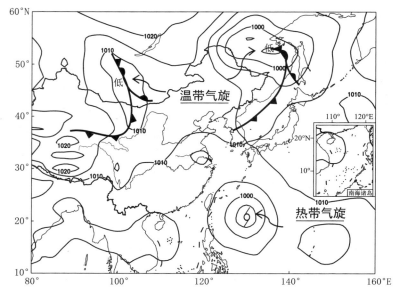

图 2-1-2   温带气旋和热带气旋(2005 年 8 月 30 日 08 时地面天气图)

(根据 NCEP 资料绘制)

方性气旋等无锋面气旋。温带地区的锋面气旋是本章讨论的重点。

不同热力属性的气旋之间,在一定的条件下常常是可以互相转化的。例如当锋面气旋处在消亡阶段时,转变为无锋面的冷性低压;而无锋的热带气旋或锋前热低压如有冷空气进入时,转变为锋面气旋。

2.1.3   气旋的生命史

1920 年,J. Bjerknes 和 Solberg 发现温带气旋容易在锋面上生成并获得发展,气旋中有冷暖锋,根据云和降水的观测还发现,暖锋云系与倾斜的锋面有密切的关系。从而提出了如图 2-1-3 所示的锋面气旋的经典模型。其突出特点是温带气旋形成于一条锋面上,在这里相邻两气团之间绝大部分温度对比集中形成一条狭窄的过渡层,按天气图尺度来看,实际上相当于一条温度或密度的不连续线。

图 2-1-3(a)为锋面气旋北部的东西向剖面,锋面没有到达地面,雨层云出现在暖空气中。

图 2-1-3(b)为气旋在地面上的分布,图中显示气旋表现为波状,"暖区"介于暖锋和冷锋之间。在锋面上有云和雨区,在气旋后部,冷空气南下抬升暖空气,形成冷锋锋后降水;在其前部,暖空气在冷空气上滑升,形成暖锋锋前降水,雨区范围比冷锋降水范围大。暖区形成扇形,冷暖锋交界处是气旋中心。整个气旋自西向东移动。

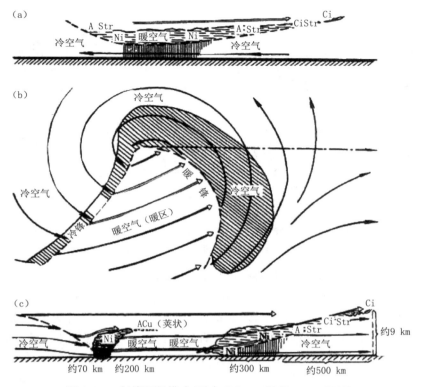

图 2-1-3　气旋理想模式(引自 Palmen 和 Newton,1969)

图 2-1-3(c)为穿越冷锋、暖区和暖锋的东西向剖面,图中显示,在暖锋上面,暖湿空气沿着倾斜的锋面爬升,并形成大片云层。在冷锋上空,高层冷空气运动比低层锋面移动快,空气有沿锋面向下运动的分量,结果锋面过境后不久,天空转晴。但地面冷锋处或地面冷锋前不远处,由于锋面对低层湿空气的抬升,而形成一条狭窄的降水带。

图 2-1-3 仅仅描述了温带气旋在其发展中期某个时刻的结构,实际大气中气旋的发生发展要有一个从生成到消亡的生命史过程,挪威学派的经典概念模式认为在气旋发生阶段,可以把它看成是具有气旋性切变的准静止锋上的一个小扰动,如图 2-1-4a,b。

初始小扰动一旦发生,暖空气稍稍上升到冷空气上面,波峰附近的气压就开始下降。在初始扰动发生以后,气压分布有利于在波峰附近形成一个气旋环流。这种环流的一个重要特点(如图 2-1-4c)是在波峰后面有一个从冷空气吹向暖空气的分量,而在波峰前面有一个从暖空气吹向冷空气的分量。冷锋向前行进和暖锋向东移动,使整个锋面波大致沿着摩擦层以上的暖区气流方向前进。随着初始扰动的振幅逐渐

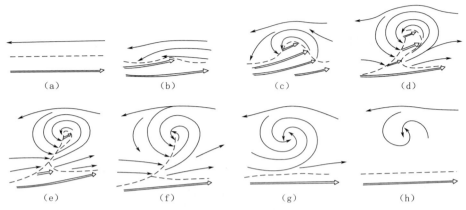

图 2-1-4　经典气旋发展的几个阶段(引自 Bjerknes 和 Solberg,1922)

(a),(b)初生阶段;(c),(d)快速发展阶段;(e),(f)成熟阶段;(g),(h)衰亡阶段

增大,同时气旋中心的气压不断降低,周围的环流增强。而且可以看到冷锋一般比暖锋移动得更快。最后冷锋追上暖锋,气旋进入到"锢囚"阶段,冷锋后、暖锋前的冷空气将气旋中心附近的暖空气完全从地面抬升到高空,所形成的锋称为锢囚锋(如图 2-1-4d)。在锢囚锋的两边,冷气团性质可以有所不同。气旋发展到下一个阶段时(如图 2-1-4e),冷锋追上暖锋的地方(即锢囚锋)离气旋中心越来越远,锢囚的范围扩大,气旋的范围也变大,并转变成对流层下部的一个大冷涡,但暖空气仍然在其上空。最后气旋大体上成为一个正压涡旋,这时它丧失了锋的特性,并且由于摩擦作用,气旋逐渐消散,整个过程结束。

　　这个概念模型很好地说明了在气旋发生、发展过程中能量的转换问题。在锢囚过程期间,最初范围很大的暖空气区域逐渐减小范围,并被入侵的冷空气所替代。在气旋中心附近,整个大气的重心降低了,相应位能减小,但同时气旋系统的动能却增加了。J. Bjerknes 和 Solberg 认为,这种能量转换作用适合于气旋发生的过程。只有存在一定的气团温度差异(锋面)的条件下,气旋的动能才能增加,在气旋变成完全锢囚的最后阶段,气旋不再发展,这被认为是由于气旋中心附近气团温度差异已经减弱,没有了有效位能的缘故。在这个阶段所有的暖空气都已经被抬升上去了,冷空气下沉并在低层扩展到气旋所占的整个区域。实际上,由于不能把气旋完全作为一个动力学和热力学的闭合系统,所以气旋发展中的能量过程要复杂得多。

2.1.4　气旋的活动

2.1.4.1　北半球气旋的活动

　　气旋源地不是均匀分布在温带地区,而是随地理区域和季节变化的。图 2-1-5

(a)

(b)

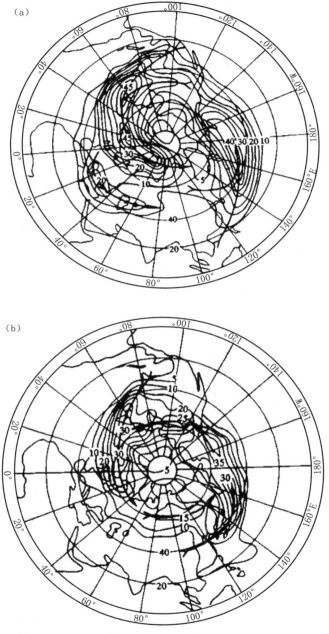

图 2-1-5 北半球地面气旋发生发展频率分布及主要路径

(a)1 月;(b)7 月

给出了 1 月和 7 月北半球地面气旋发生频率的分布及主要路径的统计。北半球气旋源地大致有如下几个特点。

(1)1 月和 7 月北太平洋和北大西洋有两个气旋发生最大频率中心,这就是半永久性的阿留申低压和冰岛低压所在地。亚洲、北美大陆北部及沿海的气旋分别向这两个频率中心移动。比较图 2-1-5 中 1 月与 7 月的情况,可以看到冬季气旋发生频率明显高于夏季,同时夏季的东亚气旋路径比冬季的偏北。

(2)气旋的源地分布基本上与纬圈平行,呈东西向,在洋面上特别在太平洋上尤为明显。

(3)气旋较多发生在巨大山地的背风坡一侧及其以东地区。北美的落基山、北欧的斯堪的纳维亚山脉、亚洲青藏高原的东面,都是气旋的主要发生地。

(4)海湾以及内陆湖泊在冬季温度较高,也很容易有气旋生成。地中海中的意大利半岛的两侧,黑海、里海、北美的五大湖区等都是著名的气旋源地。

2.1.4.2　东亚地区气旋的活动

图 2-1-6 是根据 1951—1960 年 10 年东亚(70°—140°E,20°—55°N)地区所出现的 1619 个温带气旋的统计资料制作的气旋发生频数百分率(即每 5 个纬度上低压发生的次数占低压总数的百分率)随纬度分布图。无论在冬半年或夏半年,东亚地区都出现两个百分率最大的地带。南面的一个位于 30°—35°N 之间,即我国的江淮流域、东海和日本南部海面的广大地区,习惯上,把形成和活动在这些地区的气旋称为南方气旋。南方气旋有江淮气旋(发生地主要在长江中下游、淮河流域和湘赣地区)和东海气旋(活动于东海地区,有的是江淮气旋东移入海后而改称的,有的是在东海地区生成的)等。北面的一个位于 45°—55°N 之间,并以黑龙江、吉林与内蒙古的交界地区产生最多,习惯上把形成和活动在这些地区的气旋称为北方气旋。北方气旋有蒙古气旋(多生成于蒙古中部、东部)、东北气旋(又称东北低压,多系蒙古气旋或河套、华北以及渤海等地气旋移到东北地区而改称,或在东北生成的)、黄河气旋(生成于河套及黄河下游地区)、黄海气旋(生成于黄海和由内陆移来的气旋)等。

气旋源地的这种分布,与东亚南北两支锋带是一致的。另外,处于太行山东侧的华北平原、日本海及巴尔喀什湖附近(贝加尔湖气旋),也是气旋发生较多的地区。我国大陆 110°E 以西地区很少有气旋发生。我国长白山区、朝鲜、日本北部也都是气旋发生相对少的地区。而在 20°N 以南就没有产生过锋面气旋。

将图 2-1-6a,b 比较可知,在冬半年和夏半年,气旋频数地区分布的形势是相似的,只是频数大小有所不同,北方气旋夏半年发生的频数比冬半年多,而南方气旋则冬半年发生的频数大于夏半年,而且南方最高频数带的位置也有较大的变动,这主要与行星锋区由冬季到夏季从南到北的移动有密切的关系。

东亚地区不同源地的气旋,移动路径也不相同。就全年的平均情况来看,气旋路

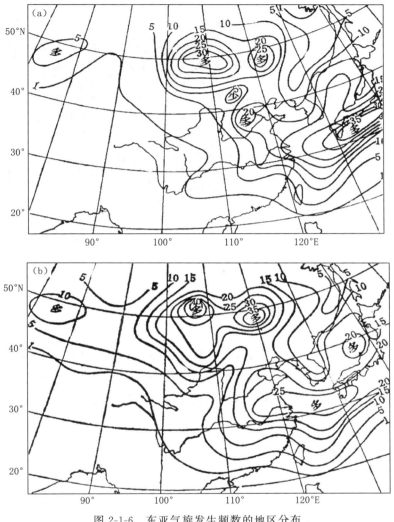

图 2-1-6　东亚气旋发生频数的地区分布

(a)冬半年;(b)夏半年

径主要集中在三个地带(图 2-1-7),最多的是在日本以东或东南方的洋面上,其次是在我国的东北地区,第三个是朝鲜、日本北部地带。锋面气旋的移动方向基本上沿对流层(500 hPa 或 700 hPa)气流的方向移动。

　　东亚锋面气旋的移动速度平均为 30~40 km/h。慢的只有 15 km/h 左右,快的高达 100 km/h。一般在气旋的初生阶段移动快,锢囚或消亡阶段移动慢;春季移动快,夏季移动慢。

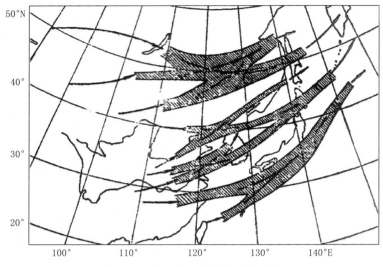

图 2-1-7　东亚锋面气旋的移动路径

§2.2　气旋的结构

气旋的生命史经历生成、快速发展、成熟(锢囚)到消亡四个阶段,在这个过程中伴随着冷暖空气的移动,冷空气抬升暖空气,并最终将暖空气抬离地面;伴随着位能向动能的转变;伴随着冷暖锋向锢囚锋的演变。在这个过程中气旋的热力结构、空间结构和动力结构也在发生变化。

2.2.1　气旋的温压场结构

以 1971 年 3 月 26—29 日一次北方气旋过程为例,26—28 日气旋中心 850 hPa 位势高度逐渐降低,26 日为 124 dagpm,28 日 20 时降低到 112 dagpm,29 日 08 时回升到 116 dagpm。为了解气旋发展不同阶段的热力结构,根据冷暖空气的移动及锋的演变特征,分别选 27 日 20 时代表气旋发展阶段,选 28 日 20 时代表气旋锢囚阶段。图 2-2-1 为 27 日 20 时发展阶段锋面气旋高、低层天气图,从 850 hPa 图上看到,低压中有明显的锋区穿过,冷空气位于气旋的西北部,暖空气位于气旋的南部,气旋温压场不对称明显;锋区等温线呈波状,暖区宽广,等高线与等温线交角大,低压西侧冷平流明显,东侧暖平流明显,分别对应冷、暖锋区。500 hPa 图上看到等高线与等温线类似呈现为波状,温度场稍落后于高度场,等高线和等温线交角没有低层大,地面气旋空中变为槽,且槽位于地面气旋的西北侧(冷区),且偏移明显。

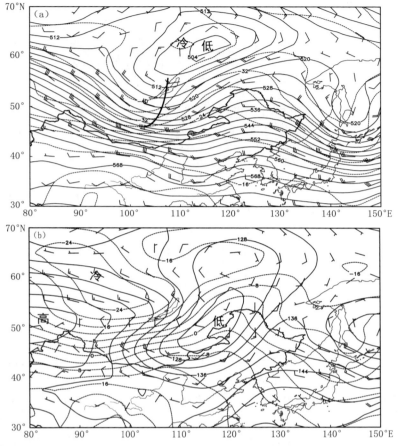

图 2-2-1　1971 年 3 月 27 日 20 时气旋发展阶段高、低层天气图

（根据 NCEP 资料绘制，下同）

(a)500 hPa；(b)850 hPa

　　气旋随高度的这种结构变化与其温度场密切相关。由于气压随高度降低的幅度冷区大于暖区，因此，高度场随高度会逐渐向温度场形势接近，低层闭合的高低压逐渐变为和波状等温线形势类似的槽脊系统，地面低压到空中变为槽，且低压中心（或槽线）位置逐渐向冷中心方向偏移（即向西北方向偏移），地面高压空中变为脊，逐渐向暖中心方向偏移，高空形成冷槽暖脊的形势。高低层系统形成这样的配置关系：即低压位于高空槽前脊后，高压位于高空槽后脊前。各高度上高低压中心的连线（中心轴线）倾斜，低压向冷区方向倾斜，高压向暖区方向倾斜（如图 2-2-2 所示）。

　　发展阶段气旋中心轴线倾斜的结构就是温压不对称结构的反映，显示大气的斜压性强。

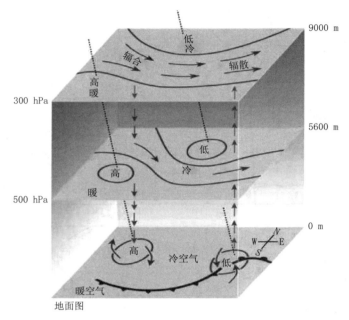

图 2-2-2　高低层系统的配置关系示意图(引自 Ahrens,2008)

　　冷锋赶上暖锋形成锢囚锋,标志气旋的发展进入锢囚阶段(图 2-2-3),气旋锢囚阶段结构和发展阶段相比有显著的变化。暖空气被两侧冷空气夹击,暖区范围逐渐变窄,并最终抬离地面,移出气旋中心,气旋中心逐渐被冷空气所占据。反映在低层850 hPa 图上为原来宽广的暖温度脊变窄,成为"暖舌",并偏离气旋中心,气旋中心逐渐被冷锋后的冷空气和暖锋前的冷空气所占据。锢囚阶段是气旋发展最强的阶段,闭合环流可达 500 hPa 上,空中槽发展为闭合的低压,冷温度槽也发展成闭合的冷中心,且冷中心与低中心趋于重合。温压不对称性的减弱,高低层低压中心位置偏移较小,天气图上看中心轴线已经接近垂直。

　　在气旋生命史过程中可以看到,冷暖空气的移动及锋面的演变使得气旋的温压结构由不对称向对称演变,空间结构中心轴线由倾斜向垂直演变。暖空气被抬离地面,斜压位能最大地释放转化为气旋发展的动能,气旋也就达到其发展的最强阶段,之后随着冷空气的侵入以及摩擦的影响,气旋逐渐填塞,结束生命的历程。

2.2.2　气旋上空的散度及垂直运动分布

2.2.2.1　散度、垂直运动分布的一般特征

　　将连续方程

$$\nabla \cdot \boldsymbol{V} = -\frac{\partial \omega}{\partial P}$$

(2-2-1)

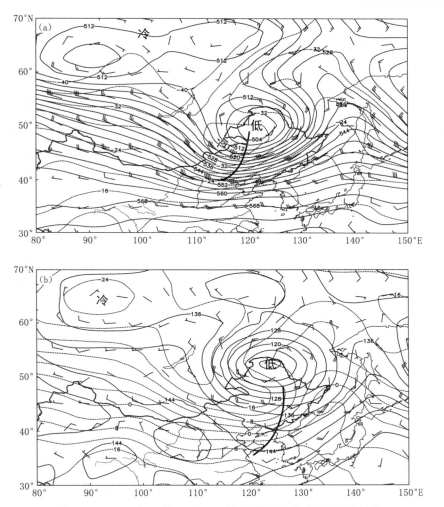

图 2-2-3　1971 年 3 月 28 日 20 时气旋锢囚阶段高、低层天气图

(a)500 hPa；(b)850 hPa

从 $p_0 \rightarrow p$ 积分，有

$$\int_{p_0}^{p} \frac{\partial \omega}{\partial P} \mathrm{d}P = -\int_{p_0}^{p} \nabla \cdot \boldsymbol{V} \mathrm{d}P \qquad (2\text{-}2\text{-}2)$$

$$\int_{p_0}^{p} \frac{\partial \omega}{\partial P} \mathrm{d}P = \overline{D}(p_0 - p)$$

式中，$\overline{D}$ 为 $p_0 \rightarrow p$ 气层平均的散度，$\overline{D} = \dfrac{\omega_p - \omega_{p_0}}{p_0 - p}$。

若 p_0 取在 1000 hPa，p 取在大气上界，则 $p = 0$，$\omega_p = 0$，就得到整个气柱的平均散度 $\overline{D}$ 为：

$$\overline{D} = -\frac{\omega_{P_0}}{1000}$$

而垂直速度为：$\omega_{P_0} = \dfrac{\mathrm{d}P_0}{\mathrm{d}t} = \dfrac{\partial P_0}{\partial t} + \boldsymbol{V} \cdot \nabla P_0 + w\dfrac{\partial P_0}{\partial z}$

考虑平坦地面，$\omega = 0$，大气是准地转运动的，$\boldsymbol{V} \cdot \nabla P_0 = 0$，这时气压的个别变化和局地变化量级一致，即 $\dfrac{\mathrm{d}P_0}{\mathrm{d}t} \sim \dfrac{\partial P_0}{\partial t}$，$\dfrac{\partial P_0}{\partial t}$ 可统计得到约为 10 hPa/d，即 10^{-4} hPa/s。这样，可得整个气柱的平均散度的量级为 $\overline{D} \sim 10^{-7} \mathrm{\ s}^{-1}$，而水平散度 $\nabla \cdot \boldsymbol{V}$ 的量级一般是 $10^{-6} \sim 10^{-5} \mathrm{\ s}^{-1}$，即整个气柱的平均散度的量级比某一层大气水平散度的量级要小一个量级，这表明整个气柱里必然是既有辐合，又有辐散，在垂直方向上散度的符号至少要更改一次，即低层辐合区上空必然选置辐散区（图 2-2-4a），低层辐散区上空必然选置辐合区（图 2-2-4b），在辐合辐散转换的高度层上，散度为零（称为无辐散层），且上下层的辐合辐散绝大部分相抵消了。Dines 首先发现大气中散度上下层补偿的现象，所以将散度垂直分布相反的分布规律称为 Dines 补偿原理。无辐散层一般在 600 hPa 左右。

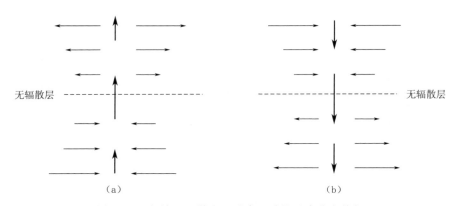

图 2-2-4　气旋上空散度和垂直运动的垂直分布特征

(2-2-2)式可以写为 $\omega_p = \omega_{P_0} - \displaystyle\int_{p_0}^{p} \nabla \cdot \boldsymbol{V} \mathrm{d}P$

考虑低层垂直运动较弱，$\omega_p \approx \displaystyle\int_{p}^{p_0} \nabla \cdot \boldsymbol{V} \mathrm{d}P$

上式表示，p 层上的垂直运动与 $p_0 \to p$ 气层散度的积分有关。由散度垂直分布的上下补偿的特征可知：若低层有辐合 $\nabla \cdot \boldsymbol{V} < 0$，在无辐散层以下，则 $\displaystyle\int_{p}^{p_0} \nabla \cdot \boldsymbol{V} \mathrm{d}P < 0 \to \omega < 0$，有上升运动，且上升运动随高度增大，并在无辐散层上达最大，在无辐散层以上，上升运动逐渐减小（图 2-2-4a）。同理，若低层有辐散，下沉运动，伴下沉运

动,并在无辐散层上达最大(图 2-2-4b)。

2.2.2.2　气旋的散度及垂直运动特征

由于无辐散层约在 600 hPa,所以用 300 hPa 代表高层,850 hPa 代表低层来看高低层的散度场分布,图 2-2-5 为气旋发展阶段(27 日 20 时)高低层的高度场和散度场,可以看到低层气旋中心附近有辐合中心,辐散则出现在高压区域,低层辐散、辐合中心分别与高压、低压中心位置基本一致;高空散度的分布特征与低层不同,辐散、辐

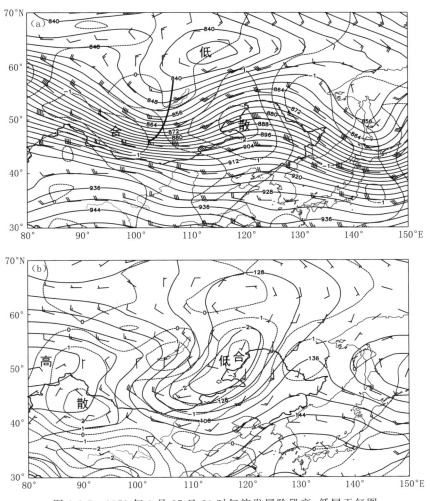

图 2-2-5　1971 年 3 月 27 日 20 时气旋发展阶段高、低层天气图

实线为等高线,虚线为散度等值线(单位:10^{-5} s^{-1},正值为辐散,负值为辐合)

(a)300 hPa;(b)850 hPa

合中心并不与高压、低压中心位置一致,而是槽前有辐散中心,槽后有辐合中心,高低空的辐合辐散相反,地面气旋中心辐合区正好位于高空槽前的辐散区的下方。

为更加清楚地反映出气旋附近散度高低层相反的垂直分布特征,作过气旋中心的散度、垂直运动的纬向垂直剖面图(图 2-2-6a,b),图中显示:气旋中心轴线向西(冷区)倾斜,地面气旋中心辐合区的正上方为高空槽前的辐散中心,并伴上升运动中心,低层反气旋辐散区的上方为高空槽后的辐合区,并伴下沉运动,无辐散层约位于 500 hPa。

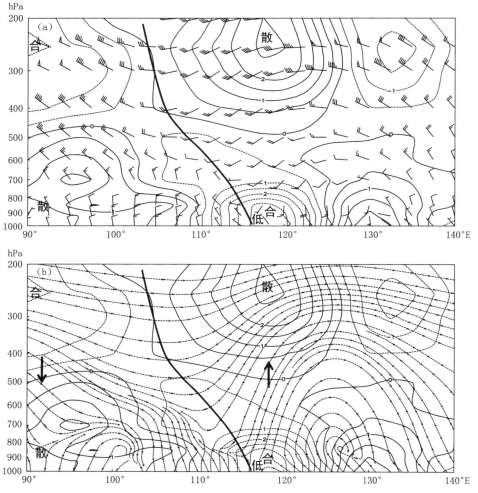

图 2-2-6　1971 年 3 月 27 日 20 时气旋发展阶段沿气旋中心的纬向(50°N)垂直剖面图

等值线为散度(单位:10^{-5} s^{-1}),粗实线为气旋中心轴线

(a)图中风为各气压层的水平风场;(b)图中流线为纬向运动与垂直运动矢量合成(数值放大了 80 倍)

　　将发展阶段气旋的结构综合如图 2-2-7 所示,地面气旋中有锋面,温度场与气压场不对称,冷中心位于气旋的西北侧,暖空气位于锋面的南侧,低压中心轴线向西倾斜,地面气旋位于高空槽前,气旋中心有辐合上升,上空为高空槽前有辐散,槽后空气辐合,且为冷空气伴下沉运动,到地面辐散形成高压。

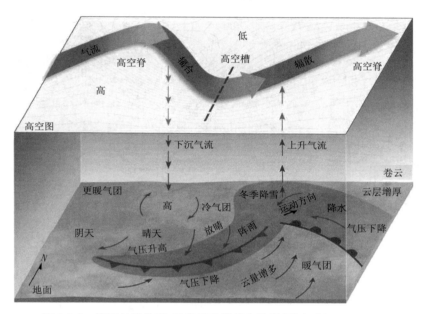

图 2-2-7　锋面气旋散度、垂直运动等综合特征(引自 Ahrens,2008)

　　锢囚阶段(28 日 20 时)高低层散度及垂直运动特征如图 2-2-8,2-2-9 所示,地面气旋中心辐合强度增强,随着高空槽发展为闭合低压,并逐渐与地面气旋中心接近,系统中心轴线逐渐由倾斜向垂直演变,原来位于地面辐合中心正上方的辐散中心及上升运动中心都逐渐向东移,空中辐散中心开始移出地面气旋中心的正上方,气旋上方的辐散减弱,如果此时整层仍有净的辐散,地面气旋将继续加强,直到整层没有净的辐散,甚至气旋上空也为辐合时,气旋进入衰亡阶段。

2.2.3　温带气旋中三维气流结构

　　将气旋中空气的水平运动、垂直运动结合,看冷暖空气的三维运动(称为气流输送带),有助于理解气旋中云和降水的分布。20 世纪 70 年代,Browning 等在分析总结大量锋面气旋卫星和雷达资料上云系和降水分布特征的基础上,提出了"输送带"的概念,建立了锋面气旋中的云系和天气的输送带模式,之后有关的研究又丰富和发展了输送带模式。输送带通常指以天气系统为坐标系的相对气流,在同一条输送带

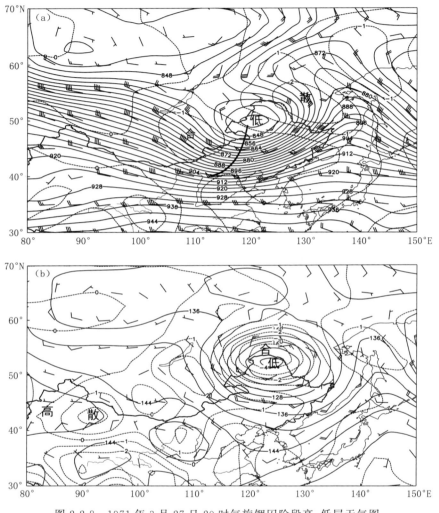

图 2-2-8 1971 年 3 月 27 日 20 时气旋锢囚阶段高、低层天气图

实线为等高线,虚线为散度等值线(单位: 10^{-5} s^{-1})

(a)300 hPa;(b)850 hPa

上气流的性质具有相似的特征,比如冷或暖,干或湿等。这些输送带对气旋的发展扮演着不同的角色,有不同的贡献,也对应着不同的天气。图 2-2-10 给出的是 Kocin 和 Uccellint(1990)给出的发展中气旋的输送带模式,Carlson(1991)利用等熵面上相对于气旋的空气运动轨迹分析也给出了类似的三股主要气流模型。

第一支来自暖区,称为暖输送带。低层冷锋前的暖空气由南向北运动,然后在暖

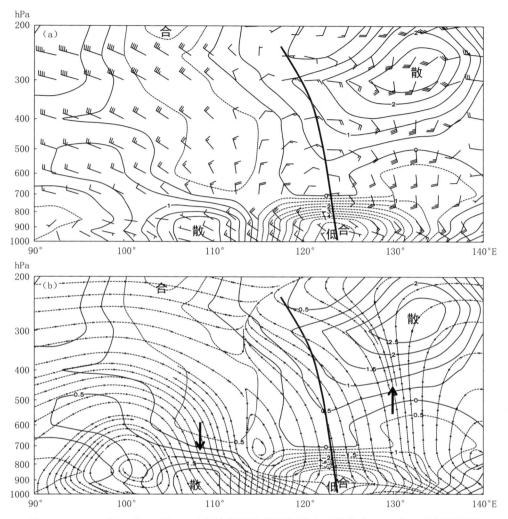

图 2-2-9　1971 年 3 月 28 日 20 时气旋锢囚阶段沿气旋中心的纬向(52.5°N)垂直剖面图

等值线为散度(单位：10^{-5} s^{-1})，粗实线为气旋中心轴线

(a)图中风为各气压层的水平风场；(b)图中流线为纬向运动与垂直运动(数值放大了 80 倍)矢量合成

锋上爬升，水汽凝结形成暖锋上云系，并继续以反气旋曲率上升，在地面低压中心东北的高层脊附近与高层气流会合。它与高空槽前冷锋上空的西南气流一起形成逗点云系。

第二支源自地面低压东北部的反气旋辐散气流，称为冷输送带，这股气流由东侧吹向低压，向西在暖输送带下方穿过，由于锋上降水和表面水汽蒸发，冷输送带具有一定湿度，冷湿空气先以气旋性曲率绕气旋中心北侧向西，绕低压中心气旋式上升，

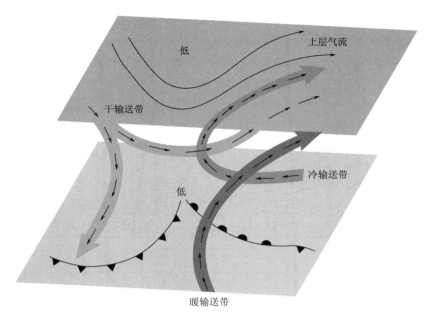

图 2-2-10　发展中气旋的输送带模式(引自 Kocin 和 Uccellint,1990)

之后转向东北与高层脊附近的暖输送带会合,或者位于暖输送带以下。伴随冷输送带的中低云,位于低压西侧及北侧使逗点云系的头部西伸。

　　第三支主要气流来自高空槽西北的脊线下游的对流层中高层的干冷空气。其中一部分呈反气旋下沉,移至地面冷锋西侧,促成冷锋后高压发展,天气晴好,也使冷锋后的降水边缘清楚。另一部分随高空西风气流流动,叠加在暖湿输送带上方,上层干冷气流叠置在下层暖湿气流之上形成高空的位势不稳定,影响锋面天气、降水的性质。

§2.3　气旋的天气

2.3.1　气旋的天气模式

　　锋面气旋的天气可以看成是以气旋的空气运动特征为背景的气团天气与锋面天气的综合。

　　锋面气旋在对流层的中下层主要是辐合上升气流占优势,因此,对应着云雨天气。但由于上升气流的强度和锋面结构的不同,以及组成气旋的冷、暖空气随季节和地区的差异,锋面气旋在不同的发展阶段会有很大的差异。流型基本相同的天气系统也可以有差异很大的天气分布。

在实际工作中,往往通过概念模型把云、降水分布与各种环流系统联系起来,获得一个大致轮廓,在此基础上再结合具体因素,如考虑地形的影响、下垫面的特征、季节的变化、气团的稳定性、水汽的多少,等等,加以修正。

下面是锋面气旋在不同发展阶段的天气模式。

(1)初生阶段

在锋面气旋的初生阶段,一般强度较弱,上升运动不强,云和降水等坏天气区域不大。但在暖锋前会形成云雨和连续性降水,能见度恶劣。云层厚的地方在气旋波顶附近。当大气层结不稳定时,暖锋上还可以出现阵性降水。在冷锋后,云和降水带通常比暖锋前要窄一些。

(2)发展阶段

在锋面气旋发展阶段,气旋区域内的风速普遍增大,气旋前部有暖锋天气特征,云系向前伸展很远,靠近气旋中心处云区最宽;离中心越远,云区越窄。气旋后部具有冷锋后冷气团的天气特征。但夏季冷气团中常有对流云发生。靠近气旋中心的一段冷锋移动较快,锋前及地面锋线附近为对流云及阵性降水。远离气旋中心的一段冷锋一般处于高空槽后,移动缓慢,锋后云雨区较宽。在气旋的暖区部分,其天气特点主要取决于暖区气团的性质:如果是热带大陆气团控制,由于空气干燥,一般无降水,至多只有一些薄的云层;如果是热带海洋气团控制,水汽充沛,则在层结稳定时出现层云或雾,层结不稳定时易有对流性天气发展。在发展强的气旋中,暖区可出现偏南大风,冷锋后的冷区则可能出现西北大风,在干燥季节,伴随大风会出现风沙,能见度变坏(图 2-3-1)。

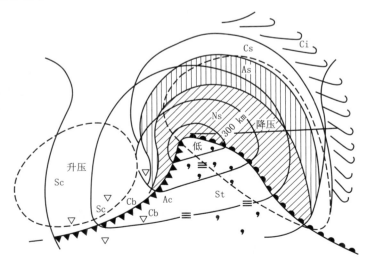

图 2-3-1　发展阶段的气旋天气模式

（3）锢囚阶段

当锋面气旋发展到锢囚阶段时，地面风速很大，辐合上升气流加强，在水汽充沛时，云和降水范围扩大，降水强度加剧，而云系比较对称地分布在锢囚锋两侧。

（4）衰亡阶段

当气旋进入衰亡阶段后，云和降水开始减弱，云底抬高。以后随着气旋趋于减弱消失，云和降水也随着逐渐消失。

以上讨论的仅是气旋天气的大尺度特征。20世纪60年代以来，随着雷达、卫星观测的增多，人们发现气旋的天气远不是那么简单，其中最明显的特征是云和降水具有中尺度结构，呈多带分布。

2.3.2　东亚气旋天气

2.3.2.1　北方气旋天气

北方气旋于蒙古境内初生时，其云雨情况因生成的具体形式而有所不同。如果气旋是在暖区低压上生成的，则因蒙古地区水汽含量一般较少，故主要为中高云天气，至多只有零星降水。如果气旋是由冷锋进入倒槽形成的，并且倒槽前部偏南气流来自较低的纬度，水汽含量多，那么也可以出现成片降水。

气旋初生以后比较强，还可以出现大风。在内蒙古的中部和西部为西北风，内蒙古东部为西南风，由于内蒙古多沙漠，下垫面和空气均较干，因而只要一有大风，就会引起风沙，造成恶劣能见度。这往往是气旋在内蒙古时的主要天气特点。

气旋进入东北以后，往往有所发展，成为青年气旋和锢囚气旋。随着气旋的发展，天气也有所发展。大风、风沙、降水或雷阵雨等均可出现，其中最强烈、最持久的还是大风现象。

当气旋在东北地区得到强烈发展时，在气旋范围内和它的周围都会出现大风。特别是东北的马蹄形地形，具有狭管作用，因而东北平原经常出现南偏西的大风。这种大风，在暖区中的等压线越近于西南—东北走向，气旋中心的气压越低，东边海上的高压位于35°N以北时，风力越大。如果气旋中心在黑龙江以北，则东北大部分地区会出现偏南大风，其中以四平至长春之间为最大，能达到40 m/s。

冷锋后多偏北和偏西风。地面的偏北风，在空中的冷平流强，空中等高线和地面等压线一致时，风速较大。冷锋后的大风一般都靠近锋线，并连成一片。当气旋强烈发展时，大风的范围可以很广。

无论是偏南风还是偏北风，冬春两季常能造成强烈的风沙或吹雪天气，使能见度变得很恶劣。

气旋位于东北时，降水的范围一般比较广。通常降水集中在气旋的北方冷空气区内。降水的强弱取决于气旋的强度及气旋暖区的空气来源。当气旋暖区开阔，空气来自偏西方向的大陆上,则空气比较干燥,降水强度小,甚至无降水。而当暖区较窄,空气来自偏南方向的海上,则空气潮湿,降水可能性大,降水强度也较大,气旋内的降水强度还与高空槽的强弱和移动有关。高空槽强、移动慢,则降水较强,持续时间也长。

2.3.2.2　南方气旋天气

南方气旋是造成江淮地区暴雨的重要天气系统之一。气旋生成后,在长江、淮河、黄河下游等广大地区都会出现云系和降水。降水区常出现在 700 hPa 槽线与地面锋线之间,夏季在锋面附近还可能引起雷暴天气。

入夏之前,一般大陆上比海洋上要冷。在气旋的东部,东南风把海上的暖湿空气输送到大陆,常因冷却而形成平流雾和平流低云,甚至出现毛毛雨,使能见度十分恶劣。

南方气旋在大陆上一般风速不大,入海后如果迅速发展,还可以产生大风。气旋的西部有西北大风,东部有偏南大风,风速的大小与气旋的强度有关。

2.3.3　锋面气旋的卫星云图特征

在气旋形成过程中,其云系变化在卫星云图上极为清楚,所以卫星云图的分析有助于判断气旋的生成和发展。

如图 2-3-2a 所示,当高空槽前与之伴随的逗点云系 A 逼近锋面云带 E、G 时,这时锋面云带变宽,最宽处 G(地面最大降压中心所在处),中高云变厚,范围变宽。云区北界向冷空气一侧凸起,表示原锋面上出现冷锋和暖锋结构。云带向冷空气一侧凸起部分即是地面气旋生成的地区。

地面气旋中心一般定在锋面云带的曲率从凹变成凸的部位(图 2-3-2b)。在波动气旋中气旋区的云系没有涡旋状结构。

当气旋发展到青年气旋阶段时,锋面云带(图 2-3-2c)的凸起部分更加明显,有一条条向四周辐散的卷云线,这表示对流层上部气流有辐散,同时在气旋中,高云区的后部边界表现有凹向低压中心的曲率,这是即将出现干舌的前兆。

在锢囚气旋阶段,云系出现螺旋状(图 2-3-2d),在锋面云带后面出现干舌,并逐渐伸向气旋中心。当干舌已经伸到气旋中心时,水汽供应切断,表示气旋不再发展。锢囚气旋涡旋云系中心与地面低压中心以及 500 hPa 低压中心重合。

当气旋发展到消亡阶段时,原涡旋云带断裂(图 2-3-2e),断裂处无云。涡旋云带里不再是高云而是积状或层状的中云或低云。与这种涡旋云系相对应,在 500 hPa 图上一般是个具有冷中心的气旋,地面则处在削弱着的低压中。这时锋面云带已同涡旋中心分开,并且在涡旋中心附近一般是无云的,或产生一些由于下垫面加热而形成的对流性云。

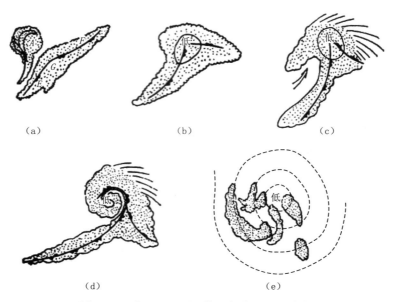

图 2-3-2　在卫星云图上锋面气旋云系的演变

§2.4　气旋发生发展理论

1919 年,J. Bjerknes 等人提出的极锋学说认为,相邻两气团之间的温度差异绝大部分集中在称之为锋的狭窄过渡层中,锋在外界扰动的影响下会产生波动,这种波动发展就形成了气旋。但波动学说对于气旋生成后中心的气压降低问题,未能给予有力的说明。

随着高空资料的增多,人们开始着眼于高空和地面之间的关系来研究气旋的发展。气象学者认为,由于地转偏向力的效应,要在低空出现一个气旋性环流,空气在水平方向必须有辐合。因此,为使地面气压降低,高空必须要有辐散,使整个气柱中流走的质量比低空辐合积聚的质量要多。

1937 年,J. Bjerknes 和他的合作者阐明了高空辐散场的基本性质,利用梯度风的关系,推出在高空槽前一般有辐散,把高层辐散和低层气压变化联系在一起。

1939 年,C. G. Rossby 根据绝对涡度守恒原理,推出了著名的长波公式。由于涡度局地变化是涡度方程中的主要项,因此,人们改用涡度来研究地面气旋的发展。

Sutcliffe 认为,气旋的产生与低层的辐合相联系,气旋低层的辐合还必须为高层的辐散所补偿,否则气旋仍然发展不起来,根据 1000 hPa 和 500 hPa 上散度的垂直分布可以来讨论气旋的发展。

许多人在 Sutcliffe 理论的基础上,提出了类似的利用 500 hPa 和 1000 hPa 等压面上涡度关系的预报模式。S. Petterssen 对于北美及其附近的很多气旋作了分析,发现大多数气旋的出现都与高空的正涡度平流赶上地面缓行冷锋或准静止锋有关。因此概括出这样一条规则:气旋发生于高空正涡度平流区叠加到低空斜压带上的时候和部位上,并且导出了讨论地面涡度变化的气旋发展方程。

对温带气旋的发展,人们从各个不同的角度进行了研究。有的从波动角度出发把气旋的发展看成是斜压波动不稳定发展的产物;有的从气压变化出发研究了大气柱中净的质量辐合辐散与气旋发展的关系;有的从涡度变化出发,用流场中的涡度生成来说明气旋的发展。气旋发展是一个三维空间的现象,气压变化与涡度变化也应当是统一的。下面从这个观点出发,来研究气旋发展的物理过程。首先从气压的时间变化、涡度的时间变化及垂直运动不同的角度讨论影响气旋发生发展的因子,然后分析温带气旋发生发展的过程,最后给出东亚气旋的发生发展类型。

2. 4. 1　气压倾向方程

由静力平衡关系,有地面气压的变化为

$$\frac{\partial P_0}{\partial t} = \int_0^\infty g \, \frac{\partial \rho}{\partial t} \mathrm{d}z$$

代入连续性方程,有

$$\frac{\partial P_0}{\partial t} = -g \int_0^\infty \rho \, \nabla_h \cdot \boldsymbol{V} \mathrm{d}z - g \int_0^\infty \boldsymbol{V}_h \cdot \nabla \rho \, \mathrm{d}z \tag{2-4-1}$$

由上式可知,地面气压的变化由整层净的辐合辐散(动力因子)及密度平流(热力因子)引起。如果整层有净的辐散 $\int_0^\infty \rho \, \nabla_h \cdot \boldsymbol{V} \mathrm{d}z > 0 \rightarrow \frac{\partial p_0}{\partial t} < 0$,地面气压降低,反之,地面气压升高;如整层有净的密度小的空气流入 $\int_0^\infty \boldsymbol{V}_h \cdot \nabla \rho \, \mathrm{d}z > 0 \rightarrow \frac{\partial p_0}{\partial t} < 0$,地面气压降低,反之,地面气压升高。

由于整个气柱的平均散度的量级比某一层大气水平散度的量级要小一个量级,说明地面气压只需要很小的净辐散量,即它只是整个气柱辐合辐散量大值的微差,而高空观测的精度有限,以至(2-4-1)式不能用于地面气压变化的定量计算,只能用于地面气压变化的定性讨论。

2. 4. 2　Petterssen 发展方程

2. 4. 2. 1　Petterssen 发展方程导出

S. Petterssen 对于北美及其附近的很多气旋作了分析,发现大多数气旋的出现都与高空的正涡度平流赶上地面缓行冷锋或准静止锋有关。因此,概括出这样一条规则:气旋往往发生于高空正涡度平流区叠加到低空斜压带上的时候。利用涡度方程以及高低层等压面上涡度变化与两层之间热力涡度变化之间的关系,可以导出讨论低层涡度变化的气旋发展方程。

高低层地转风之差,有 $\qquad \boldsymbol{V}_T = \boldsymbol{V} - \boldsymbol{V}_0$

于是有 $\qquad \zeta_T = \zeta - \zeta_0$

上式两边求 $\frac{\partial}{\partial t}$,有

$$\frac{\partial \zeta_T}{\partial t} = \frac{\partial \zeta}{\partial t} - \frac{\partial \zeta_0}{\partial t} \qquad (2\text{-}4\text{-}2)$$

而热成风涡度与高低层等压面之间的厚度有关

$$\zeta_T = \frac{g}{f} \nabla^2 h \qquad (2\text{-}4\text{-}3)$$

式中,$h = H - H_0$,为两等压面之间的厚度。

(2-4-3)式表明,如果两层等压面之间厚度水平分布均匀,则

$$\frac{g}{f} \nabla^2 h = 0 \rightarrow \zeta_T = 0$$

此时高低层涡度没有差别,也就是说,高低层涡度的差别由厚度不均匀,即热力不均匀引起。

将(2-4-3)式代入(2-4-2)式,得

$$\frac{\partial \zeta_0}{\partial t} = \frac{\partial \zeta}{\partial t} - \frac{g}{f_0} \nabla_p^2 \frac{\partial h}{\partial t} \qquad (2\text{-}4\text{-}4)$$

上式反映了低层涡度的变化 $\left(\frac{\partial \zeta_0}{\partial t}\right)$ 与高层涡度变化 $\left(\frac{\partial \zeta}{\partial t}\right)$、高低层之间热力涡度的变化 $\left(\frac{g}{f_0} \nabla_p^2 \frac{\partial h}{\partial t}\right)$ 之间的关系。

$\frac{\partial \zeta_0}{\partial t}$ 项:表示地面系统加强(>0)或减弱(<0);

$\frac{\partial \zeta}{\partial t}$ 项:为高层相对涡度改变率,即动力项;

$\frac{g}{f_0} \nabla_p^2 \frac{\partial h}{\partial t}$ 项:为热力涡度改变率,由地面至高层的厚度变化而来,即热力项。

以下分别讨论动力项和热力项对地面涡旋的影响。它们分别代表导致气旋发展与维持的涡度平流机制与热力机制。

2.4.2.2　动力机制(涡度平流机制)

由方程(2-4-4)可看出,在 $\dfrac{g}{f_0}\nabla_p^2\dfrac{\partial h}{\partial t}=0$ 的情况下,高层涡度增加将导致低层涡度的增加。

略去摩擦项,p 坐标中涡度方程可写为:

$$\frac{\partial \zeta}{\partial t}=-\boldsymbol{V}\cdot\nabla_p(\zeta+f)-\omega\frac{\partial \zeta}{\partial p}-(\zeta+f)\nabla\cdot\boldsymbol{V}-\left(\frac{\partial \omega}{\partial x}\frac{\partial v}{\partial p}-\frac{\partial u}{\partial p}\frac{\partial \omega}{\partial y}\right)$$

保留方程中的大项,涡度方程可以进一步简化为:

$$\frac{\partial \zeta}{\partial t}=-\boldsymbol{V}\cdot\nabla_p(\zeta+f)-f_0\nabla\cdot\boldsymbol{V}$$

为简化起见,Petterssen 将上层取在无辐散层,上式可进一步简化为

$$\frac{\partial \zeta}{\partial t}=-\boldsymbol{V}\cdot\nabla_p(\zeta+f) \tag{2-4-5}$$

则高层涡度变化项 $\left(\dfrac{\partial \zeta}{\partial t}\right)$,主要由涡度平流而来。实际上,由于 500bPa 接近无辐散层且被用来代表对流层平均气流,高层常就选在 500 hPa 上。

在自然坐标,水平平流项可以写为 $-\boldsymbol{V}\cdot\dfrac{\partial \zeta}{\partial s}$, 而 $\zeta=\dfrac{V}{R_s}-\dfrac{\partial V}{\partial n}$,若无风切变,则沿气流线的涡度变化由曲率项而来,如果不是在急流附近,通常用曲率的变化来表示涡度平流。

于是

$$\frac{\partial \zeta}{\partial t}\approx-\boldsymbol{V}\cdot\nabla_p\zeta\approx-V\frac{\partial \zeta}{\partial s}$$

故槽前脊后为正涡度平流,有 $\dfrac{\partial \zeta}{\partial t}>0$,则地面 $\dfrac{\partial \zeta_0}{\partial t}>0$,气旋将发展。反之,槽后脊前为负涡度平流 $\dfrac{\partial \zeta}{\partial t}<0$,则地面 $\dfrac{\partial \zeta_0}{\partial t}<0$,反气旋将发展。高空槽前有辐散,槽后有辐合,因此,高空槽前下方是有利于气旋生成发展的地区,当高空槽线移向地面低压时,是利于低压发展的。同理,高空槽后下方是有利于反气旋生成发展的地区。若高层不取在无辐散层,则散度项必须考虑进去。

上述结论是在未考虑牵连涡度平流,而仅考虑相对涡度平流中槽附近曲率涡度的影响得出的,在切变较大的急流附近也有较强的切变涡度平流区,正的切变涡度平流区的下方也是有利于气旋发展的,这将在与急流相关的内容中讨论。

2.4.2.3　热力机制

方程(2-4-4)中 $\dfrac{g}{f_0}\nabla_p^2\dfrac{\partial h}{\partial t}$ 为两等压面厚度 h 的拉普拉斯项,具有热力性质,故称

为热力涡度变化项。厚度的改变与空气柱中平均温度改变有关,由静力方程 $\dfrac{\partial h}{\partial p} = -\dfrac{R_d T}{pg}$,故

$$\int_p^{p_0} \mathrm{d}h = -h = -\frac{R_d}{g} \int_p^{p_0} T \mathrm{d}(\ln p)$$

$$\frac{\partial h}{\partial t} = \frac{R_d}{g} \int_p^{p_0} \left(\frac{\partial T}{\partial t}\right) \mathrm{d}(\ln p) \tag{2-4-6}$$

由热力学第一定律:$\mathrm{d}Q = C_p \mathrm{d}T - \alpha \mathrm{d}p$,所以

$$\frac{\partial T}{\partial t} + \boldsymbol{V} \cdot \nabla T + \omega \frac{\partial T}{\partial p} = \frac{1}{C_p} \frac{\mathrm{d}Q}{\mathrm{d}t} + \frac{\alpha \omega}{C_p}$$

记 $\gamma = \dfrac{\partial T}{\partial P}$,$\gamma_d = \dfrac{\alpha}{C_p}$,则上式可以写为

$$\frac{\partial T}{\partial t} = -\boldsymbol{V} \cdot \nabla T + \omega(\gamma_d - \gamma) + \frac{1}{C_p} \frac{\mathrm{d}Q}{\mathrm{d}t} \tag{2-4-7}$$

将(2-4-7)式代入(2-4-6)式有

$$\frac{\partial h}{\partial t} = \frac{R_d}{g} \int_p^{p_0} \left[-\boldsymbol{V} \cdot \nabla T + \omega(\gamma_d - \gamma) + \frac{1}{C_p} \frac{\mathrm{d}Q}{\mathrm{d}t} \right] \mathrm{d}(\ln p) \tag{2-4-8}$$

上式表明,温度平流项 $-\boldsymbol{V} \cdot \nabla T$、绝热变化项 $\omega(\gamma_d - \gamma)$ 及非绝热加热项 $\dfrac{1}{C_p} \dfrac{\mathrm{d}Q}{\mathrm{d}t}$,这些热力因子通过引起高低等压面厚度的变化、热力涡度的变化,来影响地面涡度的变化,影响气旋的发生发展。

将(2-4-5)式、(2-4-8)式代入(2-4-4)式,得到低层涡度变化的 Petterssen 发展方程:

$$\frac{\partial \zeta_0}{\partial t} = -\boldsymbol{V} \cdot \nabla_p (\zeta + f) - \frac{R_d}{f_0} \nabla_p^2 \int_p^{p_0} \left[-\boldsymbol{V} \cdot \nabla T + \omega(\gamma_d - \gamma) + \frac{1}{C_p} \frac{\mathrm{d}Q}{\mathrm{d}t} \right] \mathrm{d}(\ln p)$$

$$\tag{2-4-9}$$

下面对各热力因子分别进行讨论。

(1)温度平流项($-\boldsymbol{V} \cdot \nabla T$)

$$\frac{\partial \zeta_0}{\partial t} \sim -\frac{g}{f_0} \nabla_p^2 \frac{\partial h}{\partial t}$$

$$\frac{\partial h}{\partial t} \sim \frac{R_d}{g} \int_p^{p_0} (-\boldsymbol{V} \cdot \nabla T) \mathrm{d}(\ln p)$$

即温度平流的拉普拉斯 ∇^2 决定地面涡度的改变。在暖平流区 $-\boldsymbol{V} \cdot \nabla T$,升高气层的平均温度,即增加气层的厚度 $\dfrac{\partial h}{\partial t} > 0$,在暖平流最大区 $-\dfrac{g}{f_0} \nabla_p^2 \dfrac{\partial h}{\partial t} > 0 \rightarrow \dfrac{\partial \zeta_0}{\partial t} > 0$,

地面涡度增加,有利于气旋发展。反之,在冷平流区则地面反气旋涡度增大。

考虑典型温带气旋情况,如图 2-4-1 所示。在 A 处暖平流最强,B 处冷平流最强。在 A 区暖平流最大处,$-\boldsymbol{V} \cdot \nabla T > 0$,故暖锋前气旋式涡度增加。在 B 区冷平流最大处,$-\boldsymbol{V} \cdot \nabla T < 0$,故冷锋后气旋式涡度减小,即反气旋涡度增加。冷暖平流的大小可由 700 hPa 或 850 hPa 气流与厚度线的交角及厚度梯度来判断。

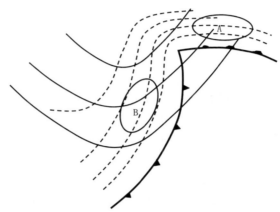

图 2-4-1 温带气旋的高层气流(实线)、中低对流层厚度线(虚线)
及暖平流(A)和冷平流(B)最大区示意图

事实上,温度平流在低压中心很小,并不使地面系统加强或减弱,而仅导致系统移动。地面低压的移动方向是由涡度最大降区往涡度最大升区。如图 2-4-1 所示,通常由最大冷平流区移向最大暖平流区。但对锋面初生气旋而言,低对流层暖平流可导致地面辐合及地面气压下降。温度平流虽然不能直接影响气旋的发展,但是温度平流可以通过影响空中槽的发展,槽前涡度平流的加大,来间接影响气旋的发展。

(2)绝热变化项($\omega(\gamma_d - \gamma)$)

$$\frac{\partial \zeta_0}{\partial t} \sim -\frac{g}{f_0} \nabla_p^2 \frac{\partial h}{\partial t}$$

$$\frac{\partial h}{\partial t} \sim \frac{R_d}{g} \int_p^{p_0} \omega(\gamma_d - \gamma) d(\ln p)$$

在大气稳定的条件下$(\gamma_d - \gamma) > 0$,且通常最大上升区发生在地面低压中心上空,低压中心周围较小,所以在中心 $\omega < 0$(最小),$\nabla_p^2 \omega > 0 \rightarrow \frac{\partial \zeta_0}{\partial t} < 0$,故低压区的上升运动使气旋式涡度减小或产生反气旋式涡度。

在层结稳定的情况下,上升运动降温导致高低层之间气层的降温,气层厚度减小,如果上层等压面没有变化,下层等压面就得升高,于是气旋性涡度减小。同理,在高压区有下沉运动,将导致气旋式涡度增加。因此,从绝热项看,上升运动对于气旋的发展起破坏作用,是对涡度平流和温度平流引起气旋发展的一种负反馈作用。但是气旋中的上升运动是伴随低层辐合,高层辐散而出现的,从动力的角度看,垂直运动对系统的发展又是有利的。

将连续性方程代入简化的涡度方程,有

$$\frac{\partial \zeta}{\partial t} = -\boldsymbol{V} \cdot \nabla_p \zeta + f_0 \frac{\partial \omega}{\partial p}$$

由于上升运动在无辐散层上最强,有 $\frac{\partial \omega}{\partial p} > 0 \rightarrow \frac{\partial \zeta}{\partial t} > 0$,故上升运动使低层气旋发展。这是因为无辐散层上最大上升对中下层空气柱有拉伸的作用,有利于气旋性涡度的产生,所以垂直运动的动力作用对低层气旋的形成又是有利的,从 ω 方程讨论气旋的发展正是基于这样的理由。实际上垂直上升运动通过对气柱的压缩、拉伸和影响辐散、辐合来调整高低层的涡度,通过上升降温来调整温度平流的影响,垂直运动扮演调节作用的角色。

中纬度低压区,大部分为未饱和,但在云区,$(\gamma_m - \gamma) < 0$,则绝热项成为正贡献,而非破坏作用。在中纬度气旋的不稳定区仅占相对小部分,故整个气旋区净作用仍是破坏气旋发展。但热带气旋不稳定区占大部分,故此项有利其发展,对热带气旋发展作用大。此外,由经验得知,要使中纬度气旋强烈发展,必须有副热带地区暖湿空气源源不断地供应,这说明绝热项的负作用在气旋发展时并不重要。显然,在其他过程导致气旋发展,云系形成之后,绝热项才开始起作用,而凝结潜热则在减小此项的负作用。

绝热项有利于背风面气旋的发展,对于南北向山脉,西风在迎风面上升产生反气旋涡度,在背风面下沉产生气旋涡度。

(3)非绝热变化项 $\left(\frac{1}{C_p}\frac{\mathrm{d}Q}{\mathrm{d}t}\right)$

$$\frac{\partial \zeta_0}{\partial t} \sim -\frac{g}{f_0} \nabla_p^2 \frac{\partial h}{\partial t}$$

$$\frac{\partial h}{\partial t} \sim \frac{R_d}{g} \int_p^{p_0} \frac{1}{C_p} \frac{\mathrm{d}Q}{\mathrm{d}t} \mathrm{d}(\ln p)$$

此项可改变降温率,故也影响绝热项。若空气开始为静止状态,由于冷热源的作用将产生相对涡度,使空气运动。若大气经常在某一地区获得热量 $\left(\frac{\mathrm{d}Q}{\mathrm{d}t}\right) > 0$,则称这个地区为热源;反之,若大气经常在某一地区失去热量 $\left(\frac{\mathrm{d}Q}{\mathrm{d}t}\right) < 0$,则称这个地区为冷源。

大气中非绝热过程主要有：①下垫面作用，冷、热源通过辐射、传导、乱流等过程使气柱冷却或加热；②水汽的凝结、蒸发等过程，使空气加热或冷却。

在热源地区的加热率最强处，有 $\nabla_p^2 \dfrac{\partial h}{\partial t} < 0 \rightarrow \dfrac{\partial \zeta_0}{\partial t} > 0$，有利于气旋发展；在冷源地区的冷却率最强处，有 $\nabla_p^2 \dfrac{\partial h}{\partial t} > 0 \rightarrow \dfrac{\partial \zeta_0}{\partial t} < 0$，有利于反气旋发展。因此，在冷大陆的暖湖面上，例如，冬季的里海、巴尔喀什湖、贝加尔湖、北美的五大湖区、地中海等地容易生成气旋，地方性热低压与下垫面的加热有关，而在冬季的西伯利亚—蒙古一带为最冷中心区，易于冷性反气旋发生发展。季风、海陆风、山谷风也是由地面冷热源产生和维持。此外，凝结加热对气旋的发生发展也具有重要作用，该项对我国南方气旋生成发展有一定的贡献，而对热带气旋凝结潜热则是其发生发展最重要的影响因子，最主要的能量来源。

可以看到，仅由热力因子形成的低压是无锋面的热低压，称为热低压，通常位于低层。加热的原因可能是暖平流，如锋前热低压；也可能是下垫面感热加热，在我国西北地区南疆盆地沙漠地区等地的地方性热低压就与下垫面感热加热有关，这种地方性热低压的日变化很大，往往一到晚上就消失了，并且少动，天气主要表现为干热风，尤其是在盆地，有时形成焚风；夏季大陆上范围很大的热低压（也称季风低压）则是夏季大范围陆地受热加热大气而形成。

热力因子中各项有相互影响抵消的作用。暖平流或下垫面加热空气有上升运动，而上升运动伴有绝热降温，但是上升运动又伴有潜热释放，可以看出，热力因子中各项有相互影响抵消的作用。

以上分析了影响地面气旋发展的涡度平流因子和热力因子，在不同地区这些影响因子的重要性会有所不同，气旋的热力性质和结构也不同。温带地区斜压性强，气旋形成最主要的因子是平流项，温带系统温压场不对称，温度平流强，且温压场不对称气压系统呈倾斜结构，槽前正涡度平流位于地面低压上空，有利于低压的发展，气压系统从暖空气上升冷空气下沉斜压有效位能的释放中获得发展的动能。而热带地区热量和水汽充沛，易于形成对流，凝结潜热是其发生发展最重要的影响因子和最主要的能量来源。

2.4.3 ω 方程

Charney 提出了根据等压面位势场诊断垂直速度的 ω 方程，即准地转 ω 方程，ω 方程和位势倾向方程构成准地转方程组，它是从控制大气状态最基本的物理定律推导出来的，它既能反映大尺度水平环流的变化机理及垂直运动的产生机理，同时又能揭示水平环流与次级环流之间通过不断地调整和适应保持准地转平衡状态。因此,20 世纪 70 年代,Holton 在《大气动力学引论》中把 ω 方程和倾向方程所组成的准地转方程组称为大气动力学的核心理论。下面用 ω 方程来解释地面气旋的发展。

2.4.3.1　ω 方程的导出

从简化的涡度方程 $\dfrac{\mathrm{d}\zeta}{\mathrm{d}t} = -f \nabla \cdot \boldsymbol{V}$,可知涡度的个别变化由散度引起。根据连续性方程 $\nabla \cdot \boldsymbol{V} = -\dfrac{\partial \omega}{\partial p}$ 知道,散度与垂直速度的垂直变化相联系。地面垂直运动弱,所以当中空有上升运动时,则低层上升速度随高度加大,相应有辐合,涡度加大,有利气旋的发生和加强。中空有下沉运动时则相反。垂直速度随高度的变化实际上是对气柱的拉伸和压缩,从而影响到地面涡度。两种最简单的情况如图 2-4-2 所示。因此,可以通过垂直速度场来讨论气旋的发展问题。为此下面给出 p 坐标系下的准地转 ω 方程。

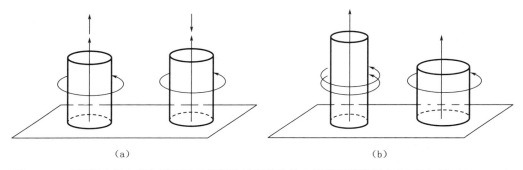

$$(a)\qquad\qquad\qquad\qquad\qquad\qquad(b)$$

图 2-4-2　对流层中层上升与下沉运动所导致的气柱拉伸和压缩及其涡度变化(引自 Hoskins,1997)
假如初始相对涡度为一个涡度单位,则此两种情况分别对应气旋和反气旋的发展
(a)为气柱拉伸、压缩前;(b)为气柱拉伸、压缩后

简化的准地转涡度方程如下:

$$\frac{\partial \zeta}{\partial t} = -\boldsymbol{V} \cdot \nabla_p (\zeta + f) - f_0 \nabla \cdot \boldsymbol{V}$$

利用 $\zeta = \dfrac{g}{f_0} \nabla^2 H = \dfrac{1}{f_0} \nabla^2 \Phi$,代入上式有

$$\nabla^2 \frac{\partial \Phi}{\partial t} = -f_0 [\boldsymbol{V}_g \cdot \nabla(f + \zeta_g)] + f_0^2 \frac{\partial \omega}{\partial p} \qquad (2\text{-}4\text{-}10)$$

热力学方程可写为 $\dfrac{1}{\theta} \left[\dfrac{\partial \theta}{\partial t} + \boldsymbol{V} \cdot \nabla \theta + \omega \dfrac{\partial \theta}{\partial p} \right] = \dfrac{1}{C_P T} \dfrac{\mathrm{d}Q}{\mathrm{d}t}$ $\qquad (2\text{-}4\text{-}11)$

对 $\theta = T\left(\dfrac{1000}{P}\right)^{\frac{R_d}{C_p}}$ 两端在等压面上取对数微分,并由状态方程,得

$$\frac{1}{\theta}\frac{\partial\theta}{\partial t} = \frac{1}{\alpha}\frac{\partial\alpha}{\partial t}$$

$$\frac{1}{\theta}\nabla\theta = \frac{1}{\alpha}\nabla\alpha$$

式中, $\alpha = \dfrac{1}{\rho}$ 为比容,代入(2-4-10)式并取准地转近似得

$$\frac{\partial\alpha}{\partial t} + \boldsymbol{V}\cdot\nabla\alpha = \frac{R_d}{C_P P}\frac{dQ}{dt} + \sigma\omega$$

式中, $\sigma = -\dfrac{\alpha}{\theta}\dfrac{\partial\theta}{\partial p}$,为静力稳定度,在稳定大气中, $\dfrac{\partial\theta}{\partial p} < 0$,故 $\sigma > 0$ 。

再由静力方程 $\dfrac{\partial\Phi}{\partial p} = -\alpha$,代入上式,得

$$\frac{\partial}{\partial p}\frac{\partial\Phi}{\partial t} = -\boldsymbol{V}_g\cdot\nabla\frac{\partial\Phi}{\partial p} - \sigma\omega - \frac{R_d}{C_P P}\frac{dQ}{dt} \tag{2-4-12}$$

以 χ 表示 $\dfrac{\partial\Phi}{\partial t}$,则涡度方程(2-4-10)式和热力学方程(2-4-12)可写为

$$\nabla^2\chi = -f_0[\boldsymbol{V}_g\cdot\nabla(f+\zeta_g)] + f_0^2\frac{\partial\omega}{\partial p} \tag{2-4-13}$$

$$\frac{\partial}{\partial p}\chi = -\boldsymbol{V}_g\cdot\nabla\frac{\partial\Phi}{\partial p} - \sigma\omega - \frac{R_d}{C_P P}\frac{dQ}{dt} \tag{2-4-14}$$

上述动力学、热力学方程中包含两个未知量,即 χ 和 ω ,消去 χ ,就得到 ω 方程,即通过 $\dfrac{\partial}{\partial p}$ (2-4-13)式 $-\nabla^2$(2-4-14)式,得

$$\left[\sigma\nabla^2 + f_0^2\frac{\partial^2}{\partial p^2}\right]\omega = -f_0\frac{\partial}{\partial p}[-\boldsymbol{V}_g\cdot\nabla(f+\zeta_g)] + \nabla^2\left[-\boldsymbol{V}_g\cdot\nabla\frac{\partial\Phi}{\partial p}\right] - \frac{R_d}{C_p p}\nabla^2\frac{dQ}{dt}$$

$$\tag{2-4-15}$$

上式称为 ω 方程,推导中已经假定①无摩擦;②涡度方程忽略垂直平流项、扭曲项及 $-\zeta\nabla\cdot\boldsymbol{V}$;③涡度为地转;④出现在系数时取 $f=f_0$;⑤ σ 在水平方向是均匀的,即 $\sigma(p)$ 。 (2-4-14)式只含有空间导数,因此,它是一个用瞬时 Φ 场表示的 ω 场的诊断方程。 ω 方程不像连续方程,它无须依赖风的精确观测就能算出 ω 的值。

设 ω 在 x 、 y 和 p 方向按正弦函数变化 $\omega = \omega_a\sin kx\sin ly\sin mp$ 。 这里波数 k 、 l 和 m 定义为 $k = 2\pi/L_x$, $l = 2\pi/L_y$, $m = \pi/p_0$, L_x 和 L_y 分别是 x 和 y 方向上的波长, p_0 是地面气压, m 为垂直方向半波长, ω_a 是振幅,则(2-4-15)式左端

可写为

$$\left[\sigma\,\nabla^2 + f_0^2\,\frac{\partial^2}{\partial p^2}\right]\omega = -\left[\sigma\left(\frac{2\pi}{L_x}\right)^2 + \sigma\left(\frac{2\pi}{L_y}\right)^2 + f_0^2\left(\frac{\pi}{p_0}\right)^2\right]\omega = -A^2\omega$$

上式表明,如果 ω 在 x、y 和 p 方向按正弦函数变化,有 $\nabla^2\omega \sim -\omega$。

下面讨论(2-4-15)式右边各项对垂直运动的影响。

2.4.3.2 动力机制

(2-4-15)式右端第一项为涡度平流随高度变化项。当涡度平流随高度增加(随气压减小)时,$\frac{\partial}{\partial p}[\boldsymbol{V}\cdot\nabla(f+\zeta)]>0$,有上升运动($\omega<0$);当涡度平流随高度减小(随气压增加)时,$\frac{\partial}{\partial p}[\boldsymbol{V}\cdot\nabla(f+\zeta)]<0$,有下沉运动($\omega>0$)。在地面低压中心附近,涡度平流很小(如图 2-4-3),而在其上空高空槽前为正涡度平流,并且正涡度平流在对流层高层达到最大,于是在这个地区涡度平流随高度增加,有上升运动。在地面高压中心,涡度平流也很小,而在其上空高空槽后为负涡度平流,于是在这一地区涡度平流随高度减弱,有下沉运动。

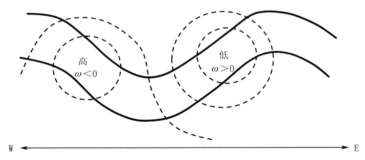

图 2-4-3 涡度平流随高度变化造成的垂直运动(取自 Holton,1992)

实线为 500 hPa 等高线,虚线为 1000 hPa 等高线

涡度平流随高度变化造成的垂直运动,其物理意义可以这样来理解:在地面低压中心 1000 hPa 上涡度平流很小,而上空 300 hPa 上为较大的正涡度平流。气旋性涡度增加,使风压场不平衡,在地转偏向力的作用下,必然产生水平辐散,为保持质量连续,将出现补偿上升运动,并且上升运动在对流层中层达到最大。由于这种垂直上升运动的拉伸作用,使得槽前对流层中下层气旋性涡度增加,相反地,脊前槽后则由于负涡度平流产生的下沉运动,使地面反气旋发展。

2.4.3.3 热力机制

(1)温度平流的拉普拉斯项

(2-4-15)式右端第二项为厚度平流(温度平流)的拉普拉斯项,应用静力方程可

以得到 $\nabla^2 \left[-\boldsymbol{V} \cdot \nabla \left(\dfrac{\partial \Phi}{\partial p} \right) \right] \propto \boldsymbol{V} \cdot \nabla \left(\dfrac{\partial \Phi}{\partial p} \right) = -\dfrac{R_d}{P} \boldsymbol{V} \cdot \nabla T$，所以暖平流区 $(-\boldsymbol{V} \cdot \nabla T >$
$0)$ 有上升运动，冷平流区 $(-\boldsymbol{V} \cdot \nabla T < 0)$ 有下沉运动。如图 2-4-4 中在地面低压中
心和高压中心之间的高空槽中，地转风随高度逆转，为冷平流区，应有下沉运动；在地
面低压中心之前，高压中心之后，高空脊上，地转风随高度顺转，为暖平流区，应有上
升运动。

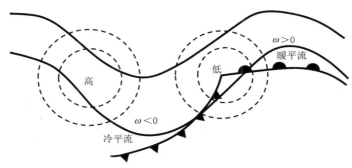

图 2-4-4　温度平流造成的垂直运动（取自 Holton，1992）

实线为 500 hPa 等高线，虚线为 1000 hPa 等高线

　　其物理意义是槽前暖平流使高层等压面升高，使风压场不平衡，在气压梯度力的
作用下产生水平辐散，为保持质量连续，将产生补偿上升运动。同理，在冷平流区应
有下沉运动。由温度平流产生的正涡度变化主要位于低压中心前方，负涡度变化主
要位于低压中心后方，因此，温度平流的作用主要使地面气旋发生移动。

　　(2)非绝热加热的拉普拉斯项

　　(2-4-15)式右端第三项为非绝热加热的拉普拉斯项。同样 $-\nabla^2 \dfrac{\mathrm{d}Q}{\mathrm{d}t} \propto \dfrac{\mathrm{d}Q}{\mathrm{d}t}$，所以，

在非绝热加热区 $\left(\dfrac{\mathrm{d}Q}{\mathrm{d}t} > 0 \right)$，有上升运动 $(\omega < 0)$；在非绝热冷却区 $\left(\dfrac{\mathrm{d}Q}{\mathrm{d}t} < 0 \right)$ 有下

沉运动 $(\omega > 0)$。在非绝热变化中，对气旋发生发展影响最大的是凝结释放的潜热。
凝结潜热由上升运动引起，反过来它又加快了上升速度，这种正反馈作用往往在中层
达到最大。因此，凝结潜热的释放对气旋的发展有重要作用，降水越大，这种作用
越强。

　　以上从不同的角度对影响气旋发生发展的因子进行了讨论，气压倾向方程表明
气压的变化由整层净的辐合辐散及密度平流引起；Petterssen 发展理论则把高低层
的涡度变化联系起来进行分析，突出了高低层系统的相互影响，把辐合辐散转换为涡
度平流及温度平流来进行讨论；准地转 ω 方程则是利用辐合辐散同垂直运动之间的
关系，垂直运动与涡度平流和温度平流的关系来分析气旋的发展。

比较 Petterssen 发展方程和 ω 方程,可以看到涡度平流、温度平流和非绝热加热项对气旋的影响结论是一致的,但两个方程还是有差别的。由于 ω 方程讨论的是影响 ω 的因子,因此,与辐合辐散相联系的 ω 垂直变化项、绝热变化项均移到 ω 方程的左边,不会出现在方程的右边,而 Petterssen 发展方程讨论的是直接反映低层气旋强度的局地涡度变化的因子,即体现了动力和热力因子带来的辐散,引起上升运动对低层气柱的拉升,有利气旋的发展,同时又体现了上升运动的降温,对低层气旋不利的影响。从这个意义上说,Petterssen 发展方程用于讨论气旋的发展比 ω 方程更加全面。

2.4.4　温带气旋发生发展过程及影响因子分析

为了更好地理解温带气旋发生发展过程及各影响因子在生命不同阶段发挥的作用,假定高低层初始是这样的状态:500 hPa 长波槽位于地面准静止锋上,如图 2-4-5a 所示,等高线与等温线平行,冷空气位于北侧,暖空气位于南侧,从地面向上有较强风速垂直切变,当有小的扰动或短波槽经过该地区,高低层将出现流型的不稳定(称为斜压不稳定)发展。

当一个小的扰动或短波槽经过该地区,流场变为如图 2-4-5b 所示,于是高空槽前有正的涡度平流,气旋性涡度增加,流场与气压场就不适应,在这附加的气旋性流场中就有气流向外辐散。同理,槽后出现辐合。而空中槽前的辐散将引起地面降压(地面标 L 的地区),于是低层风向低压区辐合,并上升以补充空中的辐散。同理,高层槽后的辐合引起地面气压升高形成高压,低层风从高压向外吹,上层空气下沉替代辐散的空气。于是形成空中槽前辐散,低层辐合,形成低压伴上升运动,空中槽后辐合,低层辐散,形成高压伴下沉运动。低层辐合的气流在地转偏向力的作用下,风呈现气旋式旋转,冷空气向南移动,暖空气向北移动,于是准静止锋西段转变为冷锋,东段转变为暖锋,气旋的中心形成于冷暖锋交界处,冷空气在冷锋后下沉,暖空气则沿暖锋锋上爬升,地面到 500 hPa 将出现冷暖平流,锋面气旋形成。此时结构及变压分布如图 2-4-6a 所示,高空锋区呈波动式,温度场落后于高度场。

地面气旋在高空槽前形成之后,这时气旋上空冷暖平流很弱,温度平流分布在气旋的东西两侧,气旋前部为暖平流,后部为冷平流,所以热力因子使地面气旋前部减压,后部加压(如图 2-4-6b),对气旋中心没有直接的影响,而是通过影响高空槽脊的发展来影响低层系统的发展。槽后气流将冷空气带到槽区,冷空气密度大将降低气柱高度,槽将加强,暖平流升高气柱高度,上层脊加强,温度平流导致高空槽脊的发展,曲率加大,加大槽前的正涡度平流及辐散、槽后的负涡度平流及辐合,地面降压和升压加大,地面系统获得发展。于是高空槽因冷平流而发展,地面气旋也因空中槽的

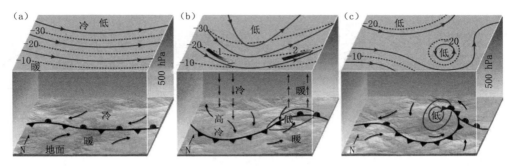

图 2-4-5　斜压系统发展过程示意图(Ahrens,2008)

发展而发展,高低层系统一起发展并移动。在系统发展的过程中暖平流上升,冷平流下沉,空气重心降低,斜压有效位能释放转化为气旋发展的动能。

随着地面气旋的发展,气旋上空的温度因上升运动而逐渐降低,这在气旋中心偏后地区最明显,因为这里同时有冷平流,所以温度槽离气旋中心愈来愈近。空中温度槽虽然仍落后于高度槽,不过两者有所接近。温压场的接近,也是斜压位能释放、斜压性减弱的表现。热力结构的变化,意味着空中槽离地面气旋越来越近,因此,系统的空间结构也在由倾斜逐渐向垂直演变。

当高空槽进一步发展,形成闭合的冷性低压,高空冷中心与高度场的低中心更加接近。地面气旋中冷空气侵入气旋南部,暖空气开始被抬离地面,气旋发展进入锢囚阶段(如图 2-4-5c)。因高空出现闭合中心,且冷中心与高度场的低中心接近,等高线与等温线的夹角已减小,温度平流减弱,斜压有效位能减小。因高空槽发展为闭合的冷性低压,且离地面气旋中心距离越来越近,天气图上看空中闭合冷低压已基本位于地面气旋的上方,高低层呈现垂直结构,因此,槽前的涡度平流也逐渐减弱并移出地面气旋中心上空(如图 2-4-6c),地面气旋发展有利条件逐渐减弱。此时高空槽和地面气旋都达到最强阶段。

最后,气旋中心与暖区的联系被切断,从地面气旋中心一直到对流层顶都为冷空气所占领。高空温压场已近于重合,成为一个深厚的冷低压(图 2-4-6d),涡度最大值已移到地面气旋中心上方。这时地面气旋也已变成一冷低压,锋面已移到气旋的外围,气旋中心轴线变得与地面垂直,造成气压变化的涡度因子及热力因子都迅速减弱,然后在地面摩擦、内部摩擦及向其他尺度的正压能量转换过程中使气旋进入衰亡阶段。

综上所述,气旋的发生发展是大气中的斜压位能在扰动触发下自发地将斜压有效位能转换成气旋发展动能的过程。初始扰动增长表现为正反馈过程或者说是不稳定发展,500 hPa 流型的改变导致了地面气旋上方涡度平流的增大,而地面气旋的发

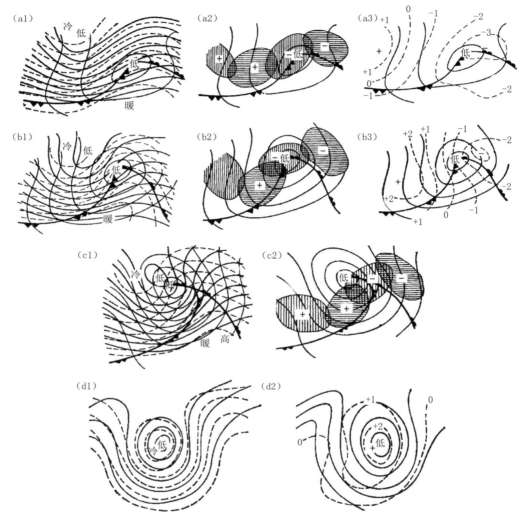

图 2-4-6　气旋各发展阶段高空温压场和地面变压区

a,b,c,d 分别为气旋发展的四个阶段

(a1~d1 中,粗实线为地面等压线,细实线为 500 hPa 等高线,虚线 1000~500 hPa 厚度线)

(a2~c2 中,竖线区为涡度因子引起的变压区,横线区为热力因子引起的变压区)

(a3~d3 中,是地面图,虚线为等变压线)

展加强了厚度平流,进而改变 500 hPa 的位势场和流场,不同高度上的相互反馈引起气旋加速不稳定发展。在高低层系统一起发展的同时,系统的热力结构也在逐渐发生变化,发展中伴随着暖空气上升,冷空气下沉,有效位能释放,于是斜压性逐渐减

弱,冷暖空气的运动带来气旋热力结构和垂直结构的变化,如发展阶段温压场不对称明显,强温度平流,倾斜的结构,有利气旋发展,这个阶段系统的斜压性强,而锢囚阶段,暖空气被冷空气抬离地面,温压场逐渐趋于重合,高低层系统近于垂直,和发展阶段相比,斜压性在减弱,涡度平流、温度平流都减弱,槽前正涡度平流不再位于地面气旋的上方,高低空系统都逐渐失去发展的有利条件。由于有效位能释放,斜压性的减小,没有了能量的供给,气旋最后进入缓慢的衰减阶段。可以看出锋面气旋的生成和发展过程,是冷空气抬升暖空气,气旋中心逐渐为冷空气所占据,并使低压中心向高空发展的过程,形式上是锋面锢囚的产物,实质上是动力过程引起冷暖空气质量重新分布的结果。

　　以上分析是给定一种高低层形势下,初始扰动引起地面气旋的生成和发展,实际大气中气旋可以由不同的高低层形势及初始扰动发展而来。J. Bjerknes 等提出的经典的气旋发生发展模型主要是基于对地面资料的分析得出,自高空探测和气象卫星发射以后,人们对气旋的三维结构和演变有了更深入的认识,发现了许多与经典气旋模式不同的类型。Petterssen 曾根据气旋发生发展的环流和天气形势,将气旋的发生发展分为 A 类和 B 类,提出了类型不同的气旋发生发展机制。

　　A 类与经典的锋面波动发展成气旋的过程类似,与平直斜压锋区的斜压不稳定有关。在气旋初生阶段,低层有较强的温度梯度,高空表现为平直环流,但没有明显的高空槽,因此涡度平流很小,低层先出现温压场扰动,然后逐渐向高空发展,才有高空槽出现。在气旋发展阶段高空槽与地面气旋保持相对稳定的距离,发展的最终结果达到经典的锢囚气旋,发展中具有明显的锋生现象,温度平流在这类气旋发展中起着决定性作用。

　　B 类气旋的发生发展的启动机制主要在高空,在气旋发生前有高空槽移来,高空槽前的强涡度平流,叠加在低层弱的锋区或暖平流区,而后地面气旋产生,在气旋发展过程中,高空槽与地面气旋的距离迅速减小,当气旋中心轴线近于垂直时,气旋发展到最强盛阶段,高空涡度平流开始时很大,接近气旋最强时平流量减小。温度平流的作用开始较小,随低层气旋的加强而增加。发展的最终结果也变成与经典锢囚气旋类似的热力结构。

　　应该说以上两类气旋的发展是具有共同点的,如气旋性闭合环流都是由低层向高层自下而上发展,气旋轴线都是由向西倾斜过渡到垂直,在气旋发展阶段都是高空温度场落后于高度场,最后变为近于重合。所不同的是触发机制,一个是从低层到高层,另一个是从高层到低层。

　　上述两类气旋的发生机制与挪威学派经典气旋发生模型是有区别的,B 类气旋的发生与挪威经典模型明显不同,就是 A 类气旋的发生也不是由低层不连续面上的扰动发展起来的,这类气旋的发展有长波槽伴随产生,因此,主要是斜压气流不稳定的产物。近年来人们提出了一种与经典锋面气旋模式非常类似的气旋发展类型,它是在前面大尺度气旋产生的锋面上发生波动或者在静止锋上波动而产生的,这类气旋的尺度较小(1000～2000 km),扰动与高空槽没有明显关系,扰动振幅主要集中在对流层下部,与湿润大气中的空气运动有密切关系,有明显的对流发生。这类气旋在欧洲大西洋沿岸,北太平洋和东亚梅雨锋上都有发生,关于这类气旋的发展机制还在研究之中。

2.4.5 东亚气旋的发生发展

由于东亚南北两支锋区的存在及地形的影响,使东亚气旋多发生在南北两个地区,而其生成过程又与典型模式略有不同。蒙古气旋可作为北方气旋的典型,江淮气旋可作为南方气旋的典型,黄河气旋介于两者之间,下面分别进行介绍。

2.4.5.1 北方气旋

主要介绍蒙古气旋。蒙古气旋一年四季均可出现,但以春秋季为最多。从地面形势看,其形成过程大致可分三类:暖区低压新生气旋、冷锋进入暖倒槽和副气旋生成北方气旋,以暖区新生类出现次数最多。当中亚细亚或西西伯利亚发展很深的气旋(其中有成熟的,也有锢囚的)向东北或向东移动时(图 2-4-7),受到蒙古西部的萨彦岭、阿尔泰山等山脉的影响,往往减弱、填塞。再继续东移过山后,有的在蒙古中部重新获得发展,有的则移向中西伯利亚,当它行抵贝加尔湖地区后,它的中心部分和其南面的暖区脱离而向东北方移去,南段冷锋则受地形阻挡,移动缓慢,在它的前方暖区部位形成一个新的低压中心,后来西边的冷空气进入低压,产生冷锋。同时在东移的高空槽前暖平流的作用下,形成暖锋,于是就形成蒙古气旋。

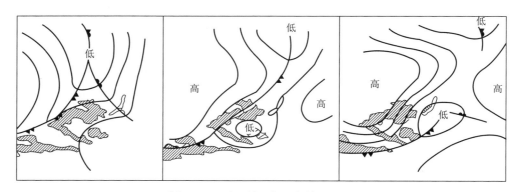

图 2-4-7　暖区低压新生气旋的过程

蒙古气旋形成的高空温压场特征是:当高空槽接近蒙古西部山地时,在迎风坡减弱,背风坡加深,等高线遂成疏散形势(图 2-4-8)。由于山脉的阻挡,冷空气在迎风面堆积,而在等厚度线上表现为明显的温度槽和温度脊。春季中国新疆、蒙古地区下垫面的非绝热加热作用使温度脊更为强烈。在这种形势下,蒙古中部地面先出现热低压或倒槽或相对暖低压区。当其上空疏散槽上的正涡度平流区叠加其上时,暖低压即获得动力性的发展。与此同时,低压前后上空的暖、冷平流都很强,一方面促使暖锋锋生,一方面推动山地西部的冷锋越过山地进入蒙古中部,于是蒙古

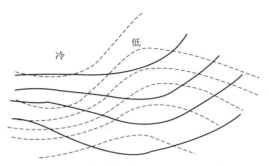

图 2-4-8　蒙古气旋发生的高空温压场
图中实线为 500 hPa 等高线,虚线为等厚度线

气旋便形成了。在此过程中,高空低槽也获得发展。

　　一般气旋所具有的天气现象都可以在蒙古气旋中出现,其中比较突出的是大风。发展较强的蒙古气旋,不论在其任何部位,都可以出现大风。内蒙古中西部,西南转西北大风就比较明显,辽宁的昭乌达盟和吉林的通辽市,西南大风最为明显,黑龙江的呼伦贝尔市,特别是阿尔山的东南大风更为突出。

　　蒙古气旋活动时,总是伴有冷空气的侵袭,所以降温、大风、吹雪、霜冻等天气现象都可以随之而来。由于这些地区降水少,而大风又多,故经常出现风沙,尤其是春季解冻后,植物还不茂盛,因而风沙出现最多也最严重,出现时能见度往往降到 1 km 以下。

2.4.5.2 南方气旋

　　主要介绍江淮气旋。江淮气旋一年四季皆可形成,但以春季和初夏较多。其形成过程大致可分为两类:

　　(1)静止锋上的波动

　　这类江淮气旋的形成过程与典型气旋的生成过程类似。当江淮流域有近似东西向的准静止锋存在时,如其上空有短波槽从西部移来,在空中槽前下方由于正涡度平流的减压作用而形成气旋式环流,偏南气流使锋面向北移动,偏北气流使锋面向南移动,于是静止锋变成冷暖锋。若波动中心继续降压,则形成江淮气旋。

　　(2)倒槽锋生气旋

　　如图 2-4-9 所示(虚线为地面等压线,实线为 500 hPa 等高线)。开始时(图 2-4-9a),地面变性高压东移入海后,由于高空南支锋区上西南气流将暖空气向北输送,地面减压形成倒槽并向东北伸展。这时在北支锋区上有一小槽从西北移来,在地面上配合有一条冷锋和锋后冷高压。其后(图 2-4-9b)由于高空暖平流不断增强,地面倒槽进一步发展并在槽中江淮地区有暖锋锋生,并形成了暖锋。此时,西北小槽继续东移,南北两支锋区在江淮流域逐渐接近。冷锋及其后部高压也向东南移动,向倒槽靠

近。最后,高空南北锋区叠加,小槽发展,地面上冷锋进入倒槽与暖锋接合,在高空槽前的正涡度平流下方,形成江淮气旋。如果在此过程中,北支锋区小槽及地面冷空气较弱不能南下时,单纯在南支槽的动力、热力作用下也可形成江淮气旋,但很弱。

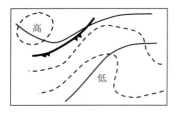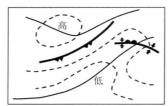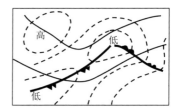

图 2-4-9　倒槽锋生江淮气旋形成过程
图中实线为高空图等高线,虚线为地面图等压线

　　倒槽锋生气旋的形成与典型气旋模式大不相同。其主要区别是:①典型气旋发生在冷高压的南部,东、西风的切变明显;而这类气旋是发生在倒槽中,具有西南风和东南风的切变。②典型气旋形成开始就存在有明显的锋面,高空气流平直,没有明显的槽;而这类气旋在形成之初无明显锋区,以后由于锋生,锋区才开始明显起来,但高空却有比较明显的槽。从上可见,典型气旋是在高空平直气流的扰动上发展起来的,而这类气旋则是在已有的高空槽上发展起来的。

　　江淮气旋是造成江淮地区暴雨的重要天气系统。迅速发展的江淮气旋并伴有较强的大风,暖锋前有偏东大风,暖区有偏南大风,冷锋后有偏北大风。

　　江淮气旋的雨区与典型气旋模式类似。暴雨在各部位均可发生。根据总结:如果气旋形成位置偏西,而向东移,又有低空切变线(850 hPa 及 700 hPa)与之配合,则雨区移向与气旋中心路径一致。如果气旋形成位置偏东,向东北移动,则除了在气旋中心有暴雨外,冷锋经过的地区也可产生雷雨或暴雨。

2.4.5.3　黄河气旋

　　黄河气旋介于蒙古气旋和江淮气旋之间,形成于黄河流域。其生成的形势,与江淮气旋类似,大致可以分为两种类型。一类是在 40°~45°N 高空有一东西向锋区,在锋区上有小槽自新疆移到河套北部地区,导致准静止锋上产生小的黄河气旋,这类气旋一般发展不大。另一类是在地面上由西南地区有一倒槽伸向河套、华北地区,此时若有较强的冷锋东移,且高空有低槽(或低涡)配合,当冷锋进入倒槽后,一般可产生黄河气旋。若我国东部及海上为副热带高压所控制,则气旋更易生成。

　　黄河气旋一年四季均可出现,以夏季为最多,它是影响我国华北和东北地区的重要天气系统。黄河气旋是夏季降水的重要系统,当其发展时可带来大风和暴雨。在其他季节,一般只形成零星的降水,主要是大风天气。

　　东移的黄河气旋一般不易发展,当其向东北方移动进入东北时,可以得到发展。

第3章　冷空气活动和冷高压

　　冷暖空气不停地运动带来了天气的变化,冷空气是影响天气的重要因子之一。一年当中,在不同季节冷空气强度不同,活动范围的大小也不同。冬半年冷空气十分活跃,强度非常强,范围大,由于我国常处在东亚大槽的后部,北方寒冷空气常常大规模南下影响我国,造成剧烈的降温和大风,这种冷空气来势凶猛,如汹涌的潮水一样,所以把这种大范围的强冷空气活动当达到一定强度时就称之为寒潮,有的国家称之为寒流。冬半年我国大部分地区的天气过程就表现为一次又一次的冷空气南下过程。在夏季,冷空气活动虽然没有冬季强,却也是引起降水、雷暴、冰雹等天气的重要因素。所以,认识冷空气的活动对我国天气的分析预报有着十分重要的意义。

　　本章主要介绍冷空气活动特点,与冷空气活动相联系的冷高压的特征以及寒潮天气过程。

§3.1　概述

3.1.1　冷空气强度的划分

　　强冷空气活动,最显著的特征就是使所经过的地方气温剧烈下降,以及与之相伴随的偏北大风,因此,冷空气的强度可以用降温幅度、最低气温、风力强弱及其影响范围大小等指标来衡量,降温幅度越大、风力越强、影响范围越广,说明冷空气强度越强。

　　寒潮是指大范围的强冷空气活动。中国气象局根据以上4个指标的强度,给出了发布寒潮警报的标准:当一次冷空气活动使长江中下游及其以北地区48小时降温10 ℃或者以上,最低气温在4 ℃或以下,陆地上三个大区出现5~7级大风,海面上三个海域伴有6~8级大风时,这种冷空气强度就达到寒潮标准,称为寒潮。没有达到以上标准,则称为较强冷空气或一般冷空气。

　　由于我国幅员辽阔,气候条件差异很大,各地用一个统一的标准来划分冷空气的强度显然不合适,因此,各地又常根据当地的具体情况、服务对象的需要,确定适合自己情况的寒潮警报标准。

　　按寒潮影响范围可以分为北方寒潮、南方寒潮和全国性寒潮。

3.1.2 冷空气的源地和路径

冷空气的源地,指的是冷空气开始形成和聚集的地区。冷空气的路径,主要指冷空气主体的移动路线。中国气象局根据多年资料统计得出,影响我国的强冷空气主要来自三个地区(见图 3-1-1),分别是:

新地岛以西的北方寒冷洋面,因该地区位于我国西北方,所以也称之为西北路冷空气,来自这个地区的冷空气最多,约占冷空气总次数的 49%,达到寒潮强度的次数也最多。

新地岛以东的北方寒冷洋面,也称北路冷空气,由于该地区位于我国大陆的偏北方向,冷空气必须在一定的环流形势下才能影响我国,所以来自这个地区的冷空气次数不多,约占 18%,但一般强度较强,由于这个地区的冷空气从源地到达我国的路程短,所以一旦该地区冷空气南下达到寒潮强度的可能性很大,能够达到寒潮强度的占该源地冷空气总数的比例最大。

冰岛以南的海面,也称西路冷空气,来自这个地区的冷空气次数也较多,约占 33%,但由于其比前面两个源地位置偏南,强度一般较弱,达到寒潮强度的比例较小。

除以上三个主要的冷空气源地之外,冬季西伯利亚和蒙古也是冷空气孕育形成的有利地区。

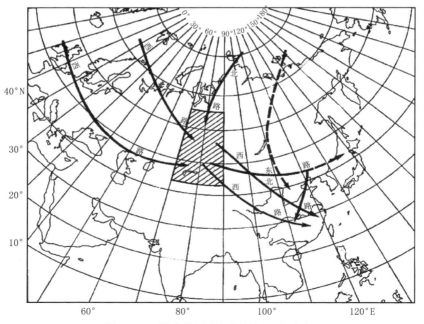

图 3-1-1　影响我国冷空气的源地和路径

在源地形成的冷空气,在南下过程中,会受到非绝热变化的影响,比如下垫面的加热,将使冷空气强度减弱;还会受到绝热变化的影响,如冷空气本身的上升下沉运动;新的冷空气的不断加入则会加强原来冷空气的强度。因此,冷空气在南下过程中会不断地发生变化。

从图 3-1-1 中还可以看到,无论来自于哪个源地的冷空气,在侵入我国前,95%都要经过 70°—90°E、43°—65°N 这样一个区域,由于这个区域是冷空气影响我国前的必经之路,称之为"关键区"。冷空气从关键区南下,又可以分为西北、西、东三条路径侵入我国。

(1)西北路(或者称为中路):冷空气从关键区经蒙古、我国河套地区,直达长江中下游及江南地区;

(2)西路:冷空气从关键区经我国新疆、青海,从青藏高原东侧南下;

(3)东路:冷空气从关键区经蒙古到达我国内蒙古及东北地区,以后其主力继续东移,但低层冷空气折向西南,经过渤海、华北,可直达两湖盆地。

不同源地的冷空气也会同时影响我国,有时是汇合后影响我国,有时是以不同的路径侵入我国,这时寒潮通常会比较强。

3.1.3　冷空气活动的时空分布特点

3.1.3.1　寒潮活动时间分布特点

冷空气活动通常冬半年活动频繁,强度强,但是达到寒潮强度的冷空气活动的次数各月有较大差别。图 3-1-2 为根据 1981—2010 年统计的我国寒潮和强冷空气逐月出现的次数。图中可以看出,寒潮和强冷空气最早都出现在 9 月份,最晚出现在 5 月份。一年之中寒潮活动频数的两个高峰出现在春秋两季,即 11 月和 3 月,其中 11 月最多。总的来说,寒潮春秋两季多,且秋寒多于春寒,最严寒的隆冬季节 12 月到次年 2 月反而不多。这是因为春秋两季是过渡季节,正是西风带剧变和大型平均环流调整期间,冷、暖空气势均力敌,相互更替频繁,天气形势多变,所以寒潮过程较多。冬季虽然冷空气供应充足,活动频繁,但天气形势变化小,本身气温就比较低,就不容易达到寒潮标准,故寒潮过程反而减少。夏季,我国大陆为暖气团所占据,暖空气居于优势地位,强冷空气很少能够侵入我国。但在我国西北、东北等地,冷空气活动仍较频繁,如果不考虑最低气温值这一限制,则西北地区夏季寒潮反较其他季节为多。

寒潮频次逐年也有差异,图 3-1-3 中看出,1961—2015 年间,平均每年有 5.3 次,其中 1966 年寒潮频次最多,为 12 次,1984 年、1985 年最少,仅为 2 次。从年代际时间尺度上来看,寒潮发生频次呈现出明显下降的趋势。

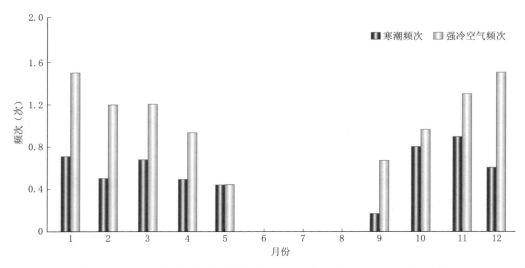

图 3-1-2　我国各月寒潮和强冷空气频次的季节变化(1981—2010 年平均)

(引自国家气候中心,2018)

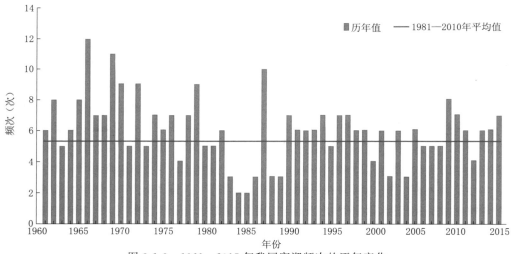

图 3-1-3　1961—2015 年我国寒潮频次的逐年变化

(引自国家气候中心,2018)

3.1.3.2　寒潮活动地区分布特点

中国寒潮每年频次空间分布呈现北多南少的特征(图 3-1-4)。东北、华北西北部和西北、江南、华南的部分地区及内蒙古等地平均每年寒潮发生频次在 4 次以上,其中东北地区东部和北部部分地区以及内蒙古大部、北疆北部等地一般有 10～15 次之多。

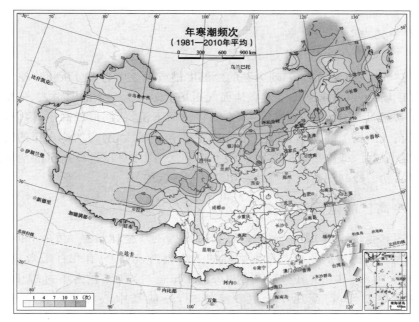

图 3-1-4　我国年寒潮频次的空间分布(1981—2010 年平均)

(引自国家气候中心,2018)

3.1.4　冷空气活动与天气

寒潮侵袭时,除气温剧降外,常伴有大风、风沙、降水等天气现象,春秋两季在江南地区,还可能有雷暴产生。

冬半年,强冷空气或寒潮过境时,突出的天气表现是:大风和剧烈降温,以及由于降温所带来的霜冻。寒潮冷锋过境后的急剧降温和暴风雪能导致河港封冻、交通中断、畜牧和早春晚秋作物受冻,给工农业生产、人民生活、军事活动造成巨大损失。寒潮大风在北方地区往往带来沙暴和吹雪,大风在干燥、土质疏松的北方地区扬起风沙,产生沙尘暴天气,其中尤以春季西北和内蒙古地区较多。冬半年寒潮降水与冷空气活动地区有关。淮河以北地区受寒潮侵袭时,很少降水,多在冷锋和空中槽过境前后有零星降水,在淮河以南则常常带来大范围的降水,有时还有暴雨和冻雨,当暖空气比较活跃时,也可在长江以南地区引起大范围雨雪。

夏半年,特别是夏季,冷空气活动一般达不到寒潮标准,但由于南方暖空气活跃,一般只要冷锋南下,就会形成雷雨降水,甚至冰雹天气。初夏降水主要在江淮流域,或黄淮下游,盛夏时则更偏西。初夏江淮切变线和梅雨锋的波动都离不开冷空气的活动。

§3.2　冷高压

强冷空气,在温度场上,表现为强的冷温度槽或强冷中心。分析强冷空气活动时的地面气压场,可以发现强冷空气在地面气压场上对应为一个范围很大、强度很强的冷性高压系统,因为冷空气的密度大,在高空槽后下沉,低层形成高压,因此,冷高压是冷空气在气压场上的反映。冷空气强度越强、范围越大,对应的冷高压的强度也就越强、范围也越大,即冷高压的强弱反映了冷空气势力的强弱,冷高压的活动反映了冷空气的活动。冷高压与冷空气是密切联系在一起的。

3.2.1　冷高压的范围和强度

从范围和强度上看,冬季欧亚大陆上的冷高压是全球最强大的,不但强度强,而且范围大。大的冷高压可与欧亚大陆的大小相当,小的只有几百千米;中心气压强度一般为 1040～1050 hPa,最高达 1083.3 hPa。冷高压在南下过程中,由于冷空气会在途中变性,冷高压中心气压会减弱,一般是中心位置愈偏北中心气压愈强。

3.2.2　冷高压的结构

冷高压通常有两种类型:一种是温度气压分布近于对称的准静止型冷高压;另一种是温压场分布不对称的移动型冷高压。

准静止型冷高压在冷空气源地多见。如冬季新西伯利亚、蒙古地区常出现这种高压。这类冷高压温压场比较对称,强度随高度减弱,500 hPa 以上就会变成冷低压或冷槽,由于温压场结构对称,所以这种高压移动缓慢或呈准静止状态。因为其少动,有利于冷空气积聚、冷却和加强。

当源地的冷高压移出源地南下,此时冷高压为移动型冷高压,这类冷高压是影响我国最多的冷高压。移动型冷高压温压场分布不对称。冷高压东部、东南部冷空气通常强度强、厚度较厚,为如图 3-2-1 所示的冷空气堆,冷空气东部厚,西部薄,冷空气堆在空中呈楔状。地面冷高压中心处

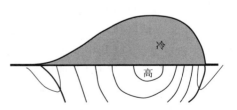

图 3-2-1　冷高压不同部位的冷空气厚度

在高空槽后脊前偏北气流中,冷高压低层为冷空气所占据,上层东半部为冷槽,有冷平流南下,西半部(后部)对应有暖脊,有暖平流北上。这也是冷空气呈楔状的原因。

　　冷高压中盛行下沉运动。下沉运动以高压东部和中心附近为最强,西部因有暖平流,下沉运动弱,甚至可能出现上升运动。

　　冷高压上空常存在逆温现象。冷高压上空出现的逆温现象主要由两个原因造成。一个是下沉运动形成的下沉逆温,它覆盖着冷高压的广大地区;另一个是由于地面强烈的辐射降温导致近地面层空气很冷而形成的辐射逆温。

3.2.3　亚洲冷高压的活动

　　图 3-2-2 是根据多年统计的亚洲冷高压活动的频数图。从图中可以看出,无论是冬季还是夏季,在高原东北侧到贝加尔湖西南侧,冷高压活动出现的次数都是最多

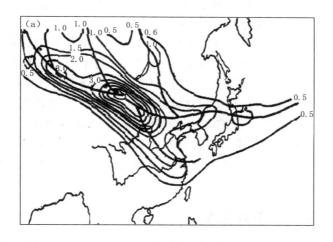

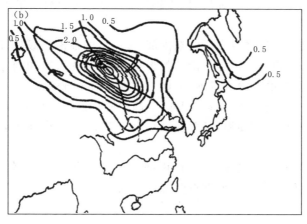

图 3-2-2　亚洲冷高压活动频数分布

(a)1 月;(b)7 月

的,最大频数轴线大体呈西北—东南走向,从新西伯利亚到我国河套地区一带。冬季,冷空气势力强大,冷高压活动可达到东南沿海地区;夏季,南方暖空气势力强,绝大多数冷高压活动在 40°N 以北。

冷高压在贝加尔湖到河套之间出现最多。这与东亚地区的地势、地形以及这种地形而形成的环流特点有关。在对流层中高层,中纬度盛行西风带。西风气流在中亚山脉、帕米尔、青藏高原地形的作用下,分为南北两支,北支气流沿地形折向弯曲形成脊;南支气流向南折向形成槽。冷高活动最频繁的地区正好就是北支脊前负涡度平流最强的地区。

同时,高原又起着隔断南方暖空气活动的作用,冷空气在高原北侧就异常活跃。所以高原东北侧到贝加尔湖西南侧正好是地形脊前、冷平流最强的区域,自然就是冷高压的形成和活动最有利的地区。

亚洲冷高压的移动南下主要有以下几种形式:①整体南下,整个高压有规律向东南移动。②脊伸展南下,或分裂南下,在这种情况下,高压中心基本不动,而是向某个方向或几个方向有明显的高压脊伸展突出,伸出的高压脊甚至可以脱离母体,形成新的小高压中心。影响我国的冷高压很多就属于第二种情况,当冷高压主体远在我国新疆、蒙古地区停滞少动时,其南部的强冷平流就不断地向东南扩展,伴随强冷平流的扩展,表现在气压场上就是冷高压脊向东南延伸,甚至在强冷平流作用下,会形成小的闭合高压单体,这种小高压单体在我国的华北、江淮地区的过渡季节 10—11 月和 5—6 月比较常见。

3.2.4　冷高压活动伴随的天气

冷高压的不同部位冷空气强度、厚度不同,空中对应的温度平流性质不同,伴随的天气有很大的差异。

冷空气活动主要出现在冷高压的东南部,冷高压的前沿一般都有冷锋存在,所以冷高压的东南部天气表现为冷空气活动的天气:即冬季为大风和剧烈降温,以及降温带来的霜冻,大风带来的沙暴和扬沙,淮河以南地区可出现降水。

由于冷高压中心盛行下沉运动,因此,冷高中心地区天空少云,天气晴冷,冷高压上空易出现逆温现象(下沉逆温、辐射逆温),由于天空少云,夜间辐射冷却强,清晨易形成辐射雾。

从冷高压的结构知,冷高压西部、西南部常处空中脊后,上空有暖湿气流沿冷空气楔爬升,所以冷高压西部、西南部有暖锋性质的天气。

§3.3　冷空气南下过程中的结构及变化

3.3.1　南下冷空气的降温强度的垂直分布

冷空气有一定的厚度,冷空气南下,地面和空中都会出现降温。而且冷空气越强,降温越大;冷空气越厚,降温层次越高。但是冷空气造成的降温幅度在各个高度上是不同的,总有一个高度上降温的幅度最大,这个高度称之为最大降温高度。最大降温高度通常既不在高空,也不在地面,而是常在 900～800 hPa 高度,在这个高度上,锋区强,冷平流最强,降温也最大。如图 3-3-1 为一次寒潮冷空气活动降温垂直分布,图中可以看到,最大降温高度出现在 900～800 hPa 的高度上,锋区中冷平流强,锋区过境降温幅度大,于是降温区随高度呈倾斜状态。

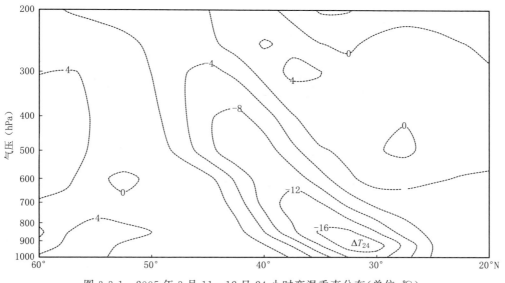

图 3-3-1　2005 年 3 月 11—12 日 24 小时变温垂直分布(单位:℃)

(根据 NCEP 资料绘制)

3.3.2　冷空气南下的三维路径

前面提到,冷空气在南下的过程中通常厚度会变薄,冷空气南下时,厚度的变化与其南下路径是气旋式还是反气旋式路径有很大关系。这可以用位势涡度守恒原理来解释:

$$\frac{\zeta+f}{\Delta p}=常数$$

即气柱的厚度 Δp 与气柱本身所具有的绝对涡度 $\zeta+f$ 成正比。

　　冷空气南下过程中，f 是减小的。如果气柱相对涡度 ζ 加大，流线呈气旋式弯曲，则气柱厚度 Δp 变化不大。若气柱相对涡度 ζ 减小，流线呈反气旋式弯曲，则气柱厚度 Δp 强烈收缩。因而，冷空气南下时的厚度变化取决于冷空气运动的路径的曲率。冷锋后的冷空气，除靠近气旋区外，在向南突出的冷高脊区大多数呈反气旋式运动，因而冷空气必然会扩散变薄。

　　图 3-3-2 是一次寒潮爆发过程中，冷空气在 290 K 的等熵面上分析的三维路径，数字分别是 12、24、36 小时后的高度。从图中可见，冷空气多半呈反气旋式弯曲，因而气柱垂直收缩，伴有相应的下沉运动。如图中中部的气块，36 小时从 630 hPa 下降到 900 hPa 左右。只有在东北部，有些路径呈气旋性弯曲，才基本上保持了其厚度，垂直运动不明显。这说明冷空气只有采取气旋式路径南下，才能保持其厚度。

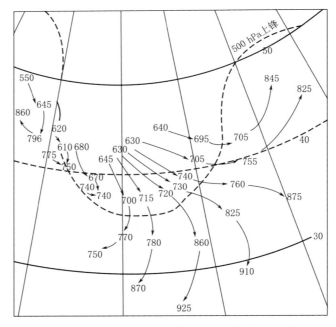

图 3-3-2　一次寒潮爆发过程中冷空气的三维路径(单位：hPa)

3.3.3　空中槽在冷空气南下中的作用

　　冷空气南下过程中除了以上提到的厚度会发生变化外，温度也会发生变化，冷空气南下过程中,一方面受下垫面的非绝热加热影响,会使空气不断增暖,同时,还受到由垂直运动引起的绝热变化的影响。由于空气增厚,对应上升运动,所以伴有降温,而空气收缩变薄,对应下沉运动,则伴有增温,而且这项的作用还相当大。

下面的例子,可以说明冷空气南下过程中,厚度变化所造成的温度的变化。有A、B、C 三个气柱,在 60°N 时厚度相同,顶高均为 500 hPa,相对涡度均为 0,如果三个气柱以不同的路径南下至 30°N(相对涡度分别为 $-\omega\sin30°$,0,$2\omega\sin30°$),三个气柱厚度发生了变化,由此带来的温度变化也非常大。取气旋式路径南下的气柱 C,在南下的过程中,厚度加大,顶高从 500 hPa 升高到 400 hPa,温度还下降了 16 ℃,而反气旋式路径南下的气柱 A,厚度收缩最大,升温也最多,达到 43 ℃(表 3-3-1)。

表 3-3-1　冷空气南下时厚度和气柱顶温度绝热变化

气柱	A	B	C
60°N 时气柱顶高(hPa)	500	500	500
30°N 时气柱顶高(hPa)	850	700	400
变温(℃)	43	27	—16

这说明极地冷空气取反气旋路径到达低纬时会变薄增温,而取气旋式路径南下时,既能保持冷空气的厚度,又不会使冷空气迅速变暖,甚至当路径的气旋式曲率很大时,还可能出现增厚降温。因此,冷空气南下如果没有伴随着槽的发展,即使是强冷空气,南下后也就变为弱冷空气了。

这也就是为什么实际大气中,强冷空气或寒潮爆发南下,往往也是一次高空槽发展加深成大槽的过程的原因。槽后的偏北气流不仅为冷空气南下提供了合适的环流条件,而且随着槽的不断发展加深,气旋涡度不断加大,使冷空气能保持一定的厚度和强度,在高空槽区和靠近地面气旋中心的冷锋锋后,甚至使冷空气变厚,温度降得更低。

了解冷空气南下过程中,厚度和强度变化的特点,就更容易理解寒潮与东亚大槽重建之间的关系。

§3.4　寒潮天气形势

大规模强冷空气活动的过程,称之为寒潮天气过程。强冷空气南下时,高低空对应的气压场、高度场形势称为寒潮天气形势。

寒潮是冷空气大规模南下,寒潮形成必须具备两个最基本条件。

(1)冷源条件

冷源条件是指在我国上游的西伯利亚和蒙古地区或西伯利亚东部雅库茨克地区附近,有强冷空气的聚集。要达到寒潮的降温幅度,必须有一定强度的冷空气,这就需要有冷空气酝酿和积聚过程,要求南北交换少,以达到冷空气的积聚,为冷空气向南爆发做准备。

（2）流场条件

流场条件是指能够引导大规模强冷空气南下入侵我国的合适流场。在大量冷空气积聚成强冷空气后,向南爆发,要求有大规模（大范围）的强西北风引导冷空气南下,所以,必须要有空中大槽的作用,这个高空大槽,一方面起引导冷空气南下的作用,另一方面有起保持冷空气的强度和厚度的作用。但一般开始时,并不就是大槽大脊,而是小槽小脊东移,这使冷空气得以积聚、扩大和加强,小槽小脊在东移过程中,逐渐发展成为大槽大脊,当达到东亚大槽平均位置时,新发展的大槽将取代原来减弱东移的东亚大槽,成为新的东亚大槽,完成东亚大槽重建,槽后的强冷空气则横扫我国大部地区,寒潮爆发。所以说,寒潮天气过程就是一次高空槽发展加深,东亚大槽重建的过程。

由此可知,寒潮天气过程可以分为前后两个阶段。一是酝酿阶段,即小槽逐渐发展成大槽;二是爆发阶段,即东亚大槽重建。寒潮的酝酿和爆发,与一定的天气形势有密切的联系。天气形势的变化是冷空气活动的表现,因此,实际工作中主要是通过天气形势来分析和预报寒潮。

由于不同源地冷空气,侵入我国时流场不同,因而寒潮表现出天气形势有所差别,根据天气形势的差别,可将寒潮分为三类:小槽发展型（经向型）、槽脊东移型（纬向型）和横槽型（又称阻塞高压崩溃型）。下面介绍这三类寒潮天气形势的主要特点。

3.4.1　小槽发展型

下面用 1971 年 12 月 17—20 日的一次寒潮天气过程来说明这类寒潮的特点。1971 年 12 月 17 日至 20 日,有一次寒潮侵袭我国北部地区。在冷空气影响下,内蒙古、东北、华北等地出现了剧烈的降温和大风。从表 3-4-1 中可见,大连 24 小时降温达 16 ℃,北京出现了 7 级偏北大风。由于这股冷空气进入华北以后,主力转向东去,因而对长江以南地区影响不大。

3.4.1.1　寒潮酝酿过程

在 13 日 08 时 500 hPa 天气图（图 3-4-1）上,整个欧亚呈两槽一脊形势,两槽分别位于 40°E 和 150°E,两槽之间为一宽脊,脊线在 85°E 附近。40°N 以南气流经向度不大。在喀拉海的上空有一个短波槽,槽后有一温度槽与之相配合,气温低达－44 ℃以下。这个短波槽在 700 hPa 图和 850 hPa 图上反映也很清楚,地面图上配合有冷锋和冷高压活动。15 日 08 时（图 3-4-2）500 hPa 上,短波槽已向东南移至西伯利亚西部地区,槽后和槽线上冷平流明显加强,槽线上等高线有明显的辐散。地面图上,冷高压中心已增强至 1036 hPa。16 日 08 时（图 3-4-3）500 hPa 上空中槽进一步加深。同时,由北欧断裂出来的一个高压与原来的高压脊打通,迅速成长起一个南北向

表 3-4-1　1971 年 12 月 17—20 日天气实况表

20日08时	19日08时	18日08时	17日08时	
-12　382　18　+02　-24	-12　388　20　+16　-25	-10　298　20　+33　-21	6　111　8　+01　-1	大连 (54662)
-15　4 01　10　+03　-30	-13　4 13　13　+12　-35	-8　316　10　+31　-32	-4　098　3　+09　-8	北京 (54511)
-6　369　-7　+17　2	-5　366　17　+12　-9	-1　246　11　+42　-7	5　130　11　+01　0	青岛 (54857)
6　316　5　+14　x　15	8　296　10　+18　2	5　212　2.5　+14　4	2　216　2　+06　1	上海 (58367)

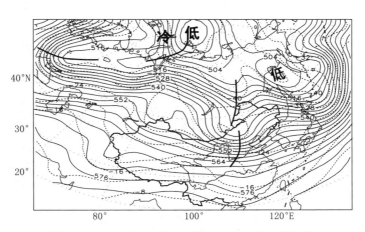

图 3-4-1　1971 年 12 月 13 日 08 时 500 hPa 天气图

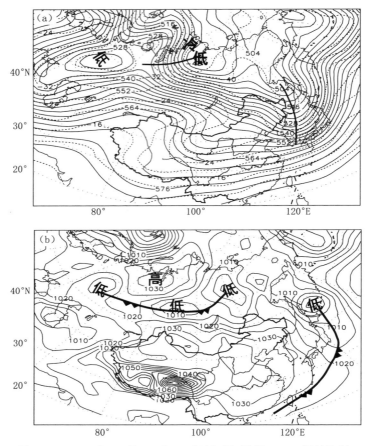

图 3-4-2　1971 年 12 月 15 日 08 时天气图(根据 NCEP 资料绘制)

(a)500 hPa；(b)地面图

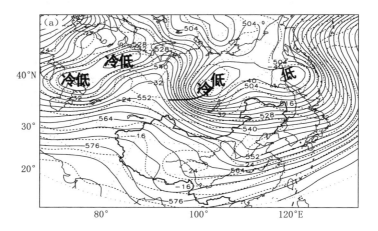

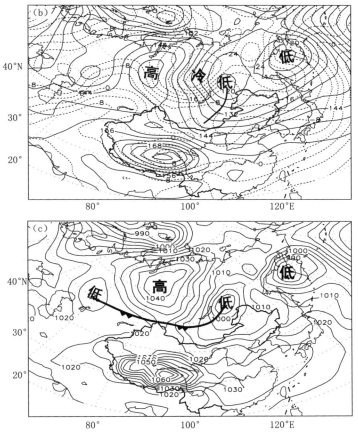

图 3-4-3　1971 年 12 月 16 日 08 时天气图

(a)500 hPa；(b)850 hPa；(c)地面图

的强高压脊,脊前偏北气流加强。850 hPa 图上,贝加尔湖附近的冷平流十分强烈,地面图上,冷高压中心已增强到 1049 hPa,冷锋锋后正三小时变压达 7.6 hPa。在这一段时间内,各层冷中心和锋区也在不断增强(见表 3-4-2),以上情况说明寒潮已经酝酿成熟。

表 3-4-2　冷中心最低气温值(℃)和锋区强度(℃/5 纬距)

时间　　　项目	地面最低气温	850 hPa		700 hPa		500 hPa	
		最低气温	锋区强度	最低气温	锋区强度	最低气温	锋区强度
14 日 08 时	−32	−29	8	−32	9	−46	8
15 日 08 时	−39	−30	14	−34	12	−48	12
16 日 08 时	−49	−39	18	−39	20	−48	12

3.4.1.2 寒潮爆发过程

17 日 08 时(图 3-4-4)500 hPa 上,低槽继续发展并南移至蒙古中部,寒潮冷锋已

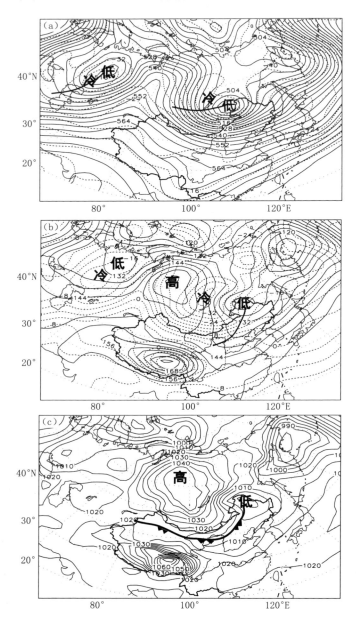

图 3-4-4 1971 年 12 月 17 日 08 时天气图

(a)500 hPa;(b)850 hPa;(c)地面图

进至我国东北至河套一线。以后,在冷空气南下至华北以后,主力转向东去。到 19 日 08 时(图 3-4-5)500 hPa 上,原来的小槽已发展成一个长波槽,并到达东亚大槽的平均位置;地面冷锋已东移至日本以东洋面,只有尾部扫过我国东南沿海,华北以南的广大内陆地区,因冷锋西段锋消而未受寒潮影响。

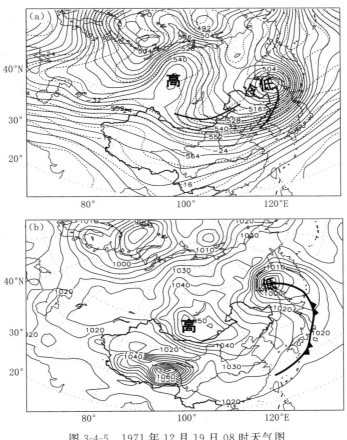

图 3-4-5　1971 年 12 月 19 日 08 时天气图

(a)500 hPa;(b)地面图

3.4.1.3　小槽发展型(经向型)寒潮过程的基本特征

(1)冷空气的源地多在欧亚大陆的西北部,并多取西北路径侵入我国

图 3-4-6 是这次经向型过程 500 hPa 上的空中槽和地面冷锋的综合动态,图 3-4-7 是 850 hPa 图上的 24 小时负变温中心(实心圆)和地面冷高压中心(空心圆)的综合动态图,图中可以反映出其源地和路径的基本特征。从图中可以看出,冷空气是从新地岛附近洋面出发,进入关键区后,再取西北路径侵入我国。但是并非所有经向型过

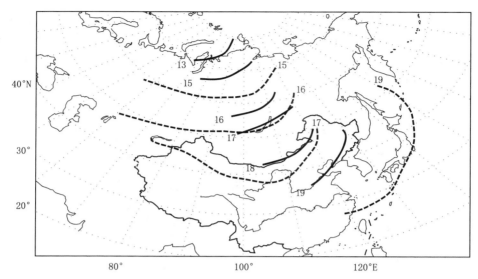

图 3-4-6　500 hPa 槽线、地面锋线过程综合动态
（实线：500 hPa 槽线，虚线：地面锋线）

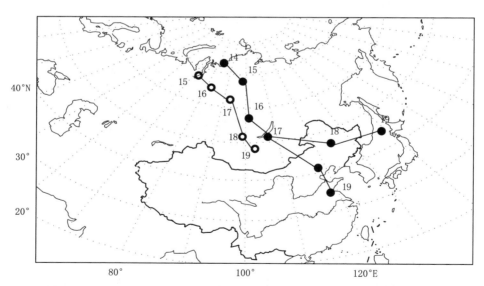

图 3-4-7　850 hPa 上 24 小时变温（实心圆）和地面冷高压（空心圆）综合动态

程的冷空气都是取西北路径影响我国的。有的经向型过程中，冷空气先移至我国新疆西部，再取西路径影响我国。在本型的个例中，可以看到冷空气先取西北路径侵入华北后，再转向东移入海。

（2）500 hPa 乌拉尔山地区有长波高压脊建立

从以上个例可以看出,在经向型过程的初期,由原来位于乌拉尔山地区的弱脊与北欧移来的高压打通,使乌拉尔山高压脊突然加强。由于这一高压脊的建立,使脊前至东亚大槽之间广大区域上空,建立起深厚的西北气流。位于欧亚大陆西北部的冷空气,就能在此气流引导下南下侵入我国。乌拉尔山地区高压脊建立时的位置,约在50°—80°E 之间,有时还可以更偏东一些,其位置愈偏东,冷空气影响的地区也愈偏东。这个高压脊建立后,如果跟随其前部低槽一起东移,脊线由西北—东南向,顺时针方向转为东北—西南向,在冷低槽（称为赶槽）冲击下,脊向东南方收缩,则可使冷空气直下江南,影响全国。如果高压脊稳定于 80°E 以西地区,或者发展成为稳定的阻塞高压,则脊前的小槽往往发展成为稳定的长波槽而不再东移,或变为东西向的横槽。在这种形势下,我国北部上空均为偏西气流,冷空气不再南下侵入我国,而在我国北部转向东去。可见,高压脊的位置及其发展移动情况,对寒潮的爆发、移动及其强度都有很大的影响。

（3）寒潮的爆发由不稳定小槽的发展所引发

由个例可见,寒潮的爆发是与 500 hPa 图上小槽发展并代替为东亚大槽的过程相伴随的。可以认为寒潮的爆发是由小槽的发展所引发的。

在欧亚天气图上,这个小槽最初出现在欧亚大陆西北部时,往往只是一个叠加在西北引导气流上的锋区中的小扰动,习惯上称为不稳定小槽。由于它的不稳定性质,只要具备一定条件,就容易迅速发展。

不稳定小槽的产生和发展,是冷空气酝酿和加强的反映,而它的发展又反过来促进了锋区和槽后偏北气流的加强,有利于冷空气侵入我国。把 500 hPa 图上槽线的演变过程与寒潮爆发过程联系起来,就可以看出上述的变化规律。

有时,位于欧亚大陆西北部的空中冷涡,在西北气流引导下侵入我国时,也可以爆发一次寒潮过程,这种形势也是经向型的一种。

根据以上特征,经向型过程的发展大致可有三个阶段:第一阶段是乌拉尔山高压脊的形成过程;第二阶段是从不稳定小槽出现到发展东移至西伯利亚西部地区的过程;第三阶段是低槽继续加深东移并到达东亚大槽平均位置,同时寒潮侵入我国的过程。但是这三个阶段不一定顺次出现,而有时是同时出现的。例如有时乌拉尔山地区高压脊的建立与不稳定小槽发展东移同时出现,有时不稳定小槽开始发展与寒潮侵入我国同时出现,有时乌拉尔山地区高压脊早已出现,而不稳定小槽是以后从高压脊西部越过高压脊才进入脊前偏北气流区的。

3.4.2　槽脊东移型

下面用 1970 年 11 月 11—15 日的一次寒潮天气过程来说明这类寒潮的特点。

1970 年 11 月 11—15 日,有一次寒潮侵入我国。11 日寒潮冷锋进入新疆北部,14 日到达江南,15 日进入南海。从表 3-4-3 可见,冷锋过境之后,各站气温在 24 小时内均下降 10 ℃ 以上,并伴有 6 级以上的偏北风,沿海有些地区风速达 20 m/s,东北平原在 12 日至 14 日出现了大范围降雪,13 日至 15 日江南地区也有大片降水,雨量最大达 53 mm(见图 3-4-8)。

表 3-4-3   1970 年 11 月 11—15 日天气实况表

15日08时	14日08时	13日08时	12日08时	11日08时	
					北塔山(51288)
					百灵庙(53149)
					成山头(54776)
					海门(58666)

3.4.2.1 寒潮酝酿过程

过程开始前,在 11 月 9 日 08 时 500 hPa 等压面图上(图 3-4-9)欧亚呈两槽一脊形势,槽线分别位于 45°E 和 120°E,脊线在 80°E 附近。西部的低槽中的冷空气,气温低达 −40 ℃。由于该槽是一个较稳定的长波槽,温度槽与气压槽近于重合,主要冷平流区位于槽前,所以,短期内低槽一般不会发展。

11 日 08 时(图 3-4-10)500 hPa 等压面图上,由于整个环流经向度减弱,原来位于 45°E 附近的低槽,变为移动性低槽,并向东移出,到达了蒙古高原西部,强度有所减弱。此时,温压场结构仍然不利于该槽的发展,主要冷平流区仍然位于槽前,槽后的暖平流区距槽线很近。但是,在该槽的西北方,有一股新的冷空气,最低气温为

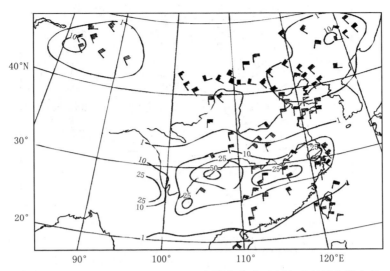

图 3-4-8　1970 年 11 月 11—15 日一次槽脊东移型寒潮过程最大降水量
（实线，单位：mm）和大风实况

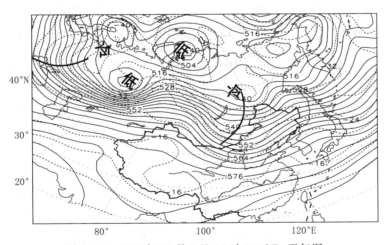

图 3-4-9　1970 年 11 月 9 日 08 时 500 hPa 天气图

-44 ℃，这个冷槽有与前者合并的趋势。地面图上，原在里海附近的冷高压在空中
槽前偏西气流引导下向东偏北移了约 20 个经距，强度也有所加强，中心气压由
1028 hPa 上升为 1039 hPa。

　　到了 12 日 08 时（图 3-4-11）500 hPa 等压面图上，两个低槽及与之对应的两股冷
空气相合并。合并后，低槽结构发生了重大的变化，500 hPa 低槽的槽后出现了大范
围的强冷平流。同时，槽后的高压脊也因互相叠加在中亚地区突然增强。这些现象

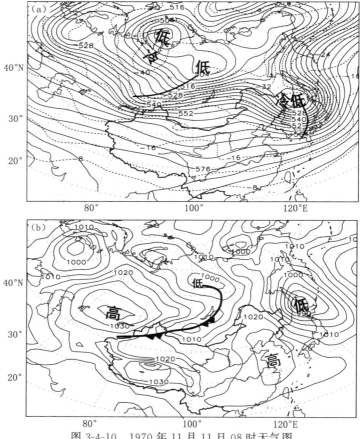

图 3-4-10　1970 年 11 月 11 日 08 时天气图

(a)500 hPa；(b)地面

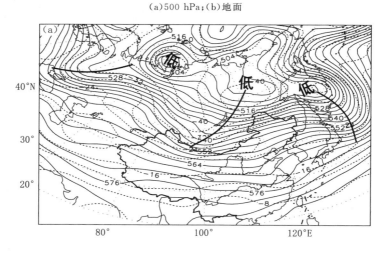

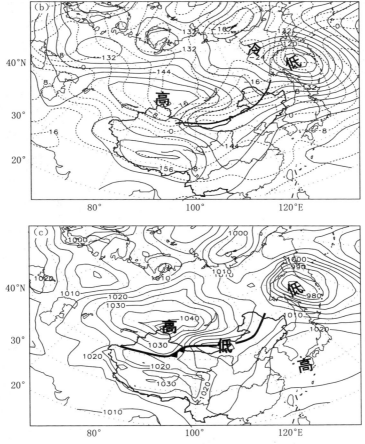

图 3-4-11 1970 年 11 月 12 日 08 时天气图
(a)500 hPa;(b)850 hPa;(c)地面

都有利于合并后的低槽加深和南伸。在地面图上,可以看到有两个 24 小时负变温中心和两个 24 小时正变压中心,都是分别来自蒙古西南和西北方向,并在蒙古高原汇合(见图 3-4-12)。在 850 hPa 图上,锋区和平流都迅速加强,地面图上冷高压中心在 24 小时内也猛增至 1052 hPa,冷锋走向逐渐顺转为东北—西南。这些迹象表明,这股强冷空气即将转向南下,侵入我国。

3.4.2.2 寒潮爆发过程

13 日 08 时(图 3-4-13)500 hPa 图上,位于蒙古中部的低槽继续加深南伸,槽后高压脊也随之东移加强。在槽后偏北气流的引导下,寒潮冷锋向南移动很快,13 日到达我国黄河、淮河之间,地面冷高压中心虽在蒙古西部山地滞留,但有一个分裂的高压已移至蒙古中部。

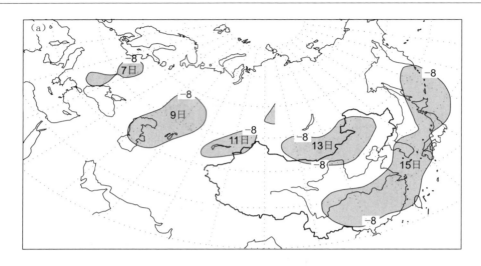

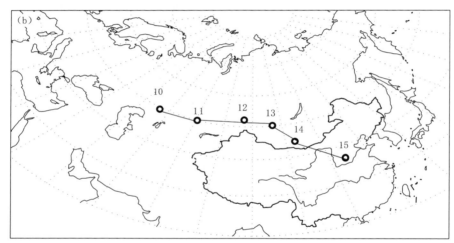

图 3-4-12　一次槽脊东移型寒潮过程综合动态

(a)850 hPa 24 小时负变温(单位:℃)中心移动;(b)地面高压中心移动

　　到 15 日 08 时 500 hPa 图上(图 3-4-14),东移低槽已经代替了原来的东亚大槽,槽底南伸到 30°N 附近。地面冷锋已进入南海,冷高压中心到达了河套地区,这次寒潮席卷了全国大部分地区。

3.4.2.3　槽脊东移型(纬向型)寒潮过程的基本特征

　　(1)冷空气的源地和路径偏西

　　图 3-4-15 是这次槽脊东移型(纬向型)寒潮过程 500 hPa 空中槽、地面冷锋和冷高压中心综合动态图,反映了纬向型寒潮过程的冷空气源地和移动路径的基本特征。

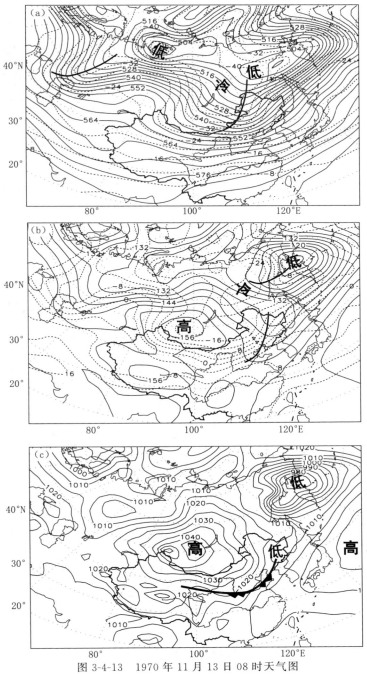

图 3-4-13　1970 年 11 月 13 日 08 时天气图

(a)500 hPa;(b)850 hPa;(c)地面

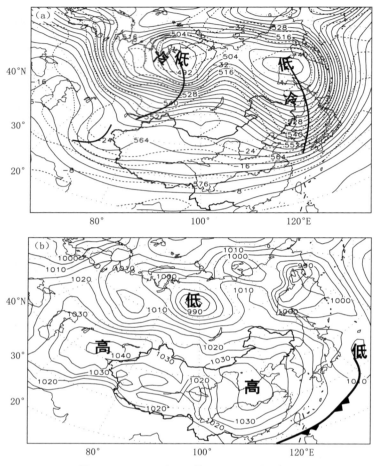

图 3-4-14　1970 年 11 月 15 日 08 时天气图

(a)500 hPa；(b)地面

　　从图中可以看出：在我国西部，纬向型的冷空气源地比经向型的要偏南，冷空气在到达我国新疆以前，基本上向偏东方向移动，移过蒙古西部之后，才折向东南。

　　由于纬向型冷空气的源地偏南，气温通常较其他型偏高，势力较弱，所以能形成寒潮的不多。但当有北路或西北路冷空气并入时，也可以形成强大的寒潮。例如，在本例过程中，由于西北路冷空气与西路冷空气在蒙古西部汇合，因而促使了这次寒潮的加强。

　　(2)冷空气由位于我国以西的低槽东移所引发

　　从 9 日 08 时 500 hPa 图上(图 3-4-9)可以看出，与经向型不同，引发纬向型寒潮

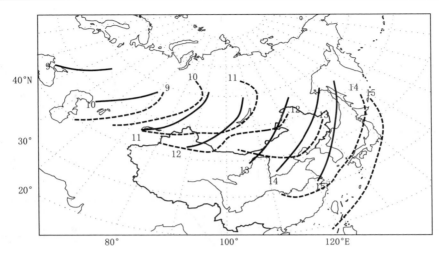

图 3-4-15　一次槽脊东移型寒潮 500 hPa 槽线、地面锋线过程综合动态

(实线:500 hPa 槽线,虚线:地面锋线)

的是已经具有相当振幅的空中大槽,这种槽的温度场与气压场近于重合,主要冷平流区位于槽前,在移到蒙古高原之前,低槽一般不会发展。只有在这种形势下,源地偏西的冷空气方能在槽前偏西气流引导下东移,然后在一定条件下折向南下,侵入我国。

引发寒潮的低槽有两种,一种是在长波调整时移出的长波槽,另一种是移动性的有一定振幅的低槽。西风带中东移的短波槽,一般只能带来小股冷空气活动,只有少数在特殊条件下才能引起寒潮爆发。

(3)中亚有高压脊发展

从 13 日 08 时 500 hPa 图(图 3-4-13)上看出,当低槽发展东移、冷空气折向南下时,中亚地区上空有高压脊发展。由于高压脊的发展,脊前偏北气流加强,促使低槽发展南伸,引导冷空气南下。此型高压脊的位置比经向型高压脊的位置偏南。

3.4.3　横槽转竖型

1965 年 12 月 22 日至 24 日,有一次寒潮侵入我国,随着寒潮冷锋的南下,气温急降并伴有 6 级以上的偏北风(见表 3-4-4)。此次寒潮过境,在内蒙古与华北地区,出现了大片风沙天气(见图 3-4-16),在东北东部、华北东部以及华南、四川、贵州等地,还降了雨雪。

3.4.3.1　寒潮酝酿过程

早在 12 月 16 日,就有冷空气在雅库茨克地区聚集并不断加强。19 日 20 时(图 3-4-17)500 hPa 图上,冷中心气温已低达 -48 ℃以下,850 hPa 图上,气温为 -36 ℃。

表 3-4-4　1965 年 12 月 22—24 日天气实况表

24日20时	24日08时	23日20时	23日08时	22日20时	22日08时	
-16 ⟲ 440 (⦶ -11 30 -25	-24 ○ 525 -06 30 -30	-17 ○ 552 +16 18 -26	-23 ● 511 +09 20 -31	-14 376 ⦰ +49 3 -20	-13 ⟲ 223 (● -05 35 -24	鄂托克旗 (53529)
-5 ○ 262 -11 4 -14	-13 ● 307 +00 18 -25 6	-12 ○ 253 +07 20 -24	-10 ● 226 +23 12 -17 1	172 ● +01 10 -8	0 ● 187 9 -13 -2	大连 (54662)
-3 ○ 323 -03 -20 -20	-5 ● 386 +03 $ -22	-3 ○ 352 5 7 +34 -15	1 ● 257 8 9 +56 -9	3 ● 181 +14 16 -1	4 ● 190 8 -2 20	郑州 (57083)
-4 ○ 330 +09 8 -12	-3 ● 327 +16 9 -12	5 ● 228 12 +46 7 1	5 ● 173 2 +22 7 1	10 ● 146 14 +28 7 3	13 ● 120 0.1 +06 13 1	上海 (58367)
13 ● 205 +10 10 10 1	18 ● 166 +31 13 17 1	23 ● 116 20 +15 21 10	21 ● 122 1.2 +08 21	21 ● 129 0.4 +07 21	20 ● 146 0.2 +03 20 0.5	湛江 (59658)

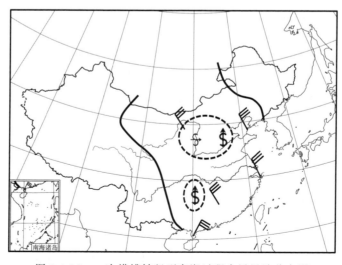

图 3-4-16　一次横槽转竖型寒潮过程大风风沙分布图

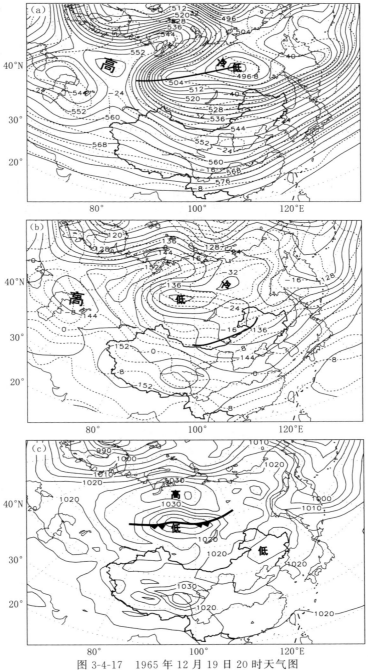

图 3-4-17　1965 年 12 月 19 日 20 时天气图

(a)500 hPa；(b)850 hPa；(c)地面

由于 500 hPa 图上乌拉尔山地区存在一个阻塞高压,并向东伸出一个接近东西向的高压脊,脊的南侧维持着深厚的偏东气流,冷空气在偏东气流引导下不断向西南方的西伯利亚西部输送。在 850 hPa 图上,可以看到一个自东北向西南伸展的冷温槽,槽区附近存在着指向西南的强冷平流。在地面天气图上,也有一个东北—西南向的高压带,高压前部为一近似东西向的锋系。

　　21 日 20 时(图 3-4-18)500 hPa 图上,横槽南压至贝加尔湖至巴尔喀什湖一线,锋区在 45°N 附近。地面图上,冷高压中心已增强至 1061 hPa,冷锋在 42°N 一线。由此可以看出,一股强大的冷空气可能侵袭我国。

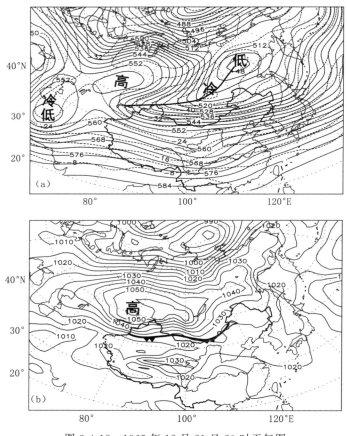

图 3-4-18　1965 年 12 月 21 日 20 时天气图
(a)500 hPa;(b)地面

3.4.3.2　寒潮爆发过程

　　22 日 20 时(图 3-4-19)500 hPa 图上,横槽槽后偏东气流已逆转为偏北气流,横槽东段已转为接近南北向的竖槽,西段不久亦将转竖。地面图上,冷高压长轴逐渐转为西北—东南向,中心强度已上升至 1076 hPa,冷锋的移动方向也由向东移动变为向东南而且速度加快,从 21 日 20 时至 22 日 20 时南移了 11 个纬距(平均 50 km/h)。

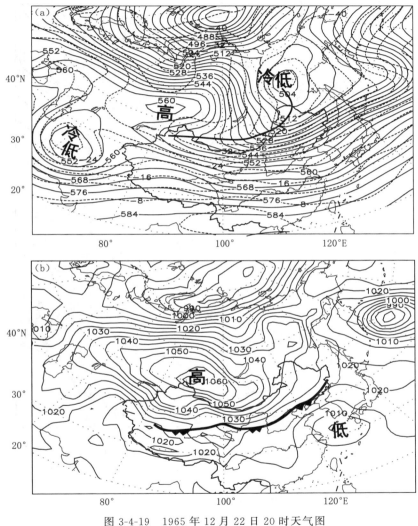

图 3-4-19　1965 年 12 月 22 日 20 时天气图

(a)500 hPa;(b)地面

　　23 日 20 时(图 3-4-20)500 hPa 图上,横槽已全部转变为竖槽,并与南支槽叠加而成一个强大的东亚大槽,在槽后的西北气流引导下,寒潮冷锋迅速南下,23 日 20时后即将进入南海。

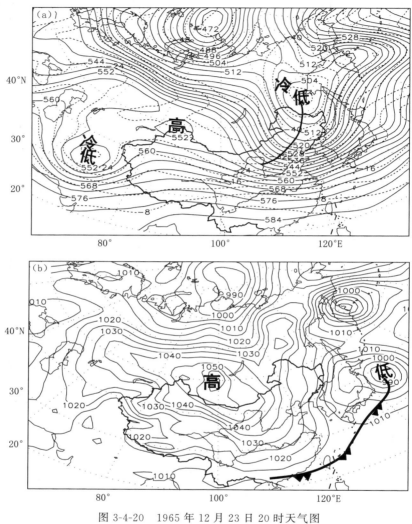

图 3-4-20　1965 年 12 月 23 日 20 时天气图

(a)500 hPa；(b)地面

3.4.3.3　横槽转竖型寒潮过程的基本特征

(1)冷空气的源地偏东

本型冷空气的源地多在中西伯利亚以东的内陆或北冰洋上。由于它位于我国大陆的偏北方向，所以在寒潮酝酿期间，冷空气先在偏东气流引导下向西输送，并往往与西来的冷空气汇合加强，然后折向东南，侵入我国。图 3-4-21 是本次过程中 850 hPa 的 24 小时负变温中心和地面冷高压中心动态图(图中符号与图 3-4-7 相同)。图中清楚地反映了本型过程中冷空气源地和移动路径的上述特征。

雅库茨克地区三面环山,北面开口面对北冰洋,冬季地面气温可低达－50 ℃以下,最有利于冷空气聚集和加强。但由于其位置偏东,冷空气常在平直西风引导下东去而不致影响到我国,只有在阻塞形势下,冷空气才能沿上述路径侵入我国。由于这个源地的冷空气气温低,从源地到侵入我国所经的路途短,因而其势力较强。

此型冷空气从关键区侵入我国后,多取西北路径活动。但当横槽位置偏西,侵入我国的冷空气主体进入新疆以西时,也可取偏西路径。当横槽位置偏东,冷空气则以图 3-1-1 中次要路径侵入我国。

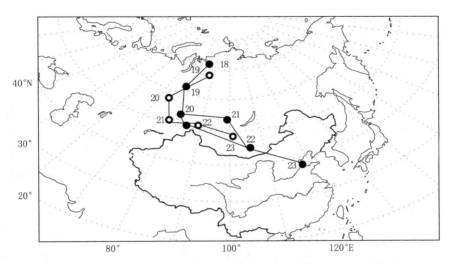

图 3-4-21 850 hPa 的 24 小时负变温中心及地面冷高压中心动态图

(2)乌拉尔山地区有阻塞高压,阻塞高压以东有横槽存在

19 日 20 时的 500 hPa 图(图 3-4-17a),可以代表这类寒潮在酝酿期间的环流形势。从图中可以看出,乌拉尔山地区阻塞高压向东北伸出一个高压脊,切断了正常的西风环流,使亚洲高纬度地区的气压场成为特殊的北高南低的形势。在此高压脊的南部,沿 60°N 有一东西向的横槽,分隔东风和西风两支反向锋区。在这种形势下,源地比较偏东的冷空气在横槽北侧偏东气流引导下向西输送。可见,这类寒潮的移动路径,主要是由上述环流形势所决定的。

(3)前期稳定,爆发时突然

由于阻塞高压比较稳定,所以在这类寒潮形势建立以后,直到阻塞高压崩溃、横槽转竖之前这段时期内,天气形势一直比较稳定。在本例中,19 日至 22 日,天气形势基本无大变化,横槽和空中锋区缓慢南压。据统计,这种天气形势一般可稳定 3～6 天,有时可达 11 天以上。在稳定期中,横槽一般每天只移动 1～2 个纬距,有的甚至处于准静止状态。在稳定期中,由于乌拉尔山地区阻塞高压阻挡了西风带中扰动的发展和东移,所以横槽以南地区为平直西风环流所控制。西风环流中多小波动活动,伴随小波动东移,锋区逐渐南压。在低层,从冷高压的母体中,常分裂出一个个小高压(高压脊)南下,每个小高压都带下一小股冷空气,造成持续性降温。

此型寒潮的爆发比较突然。比较 19 日 20 时和 23 日 20 时的 500 hPa 图,可以看出天气形势变化很大。乌拉尔山地区阻塞高压迅速向东南撤退并趋于消失,横槽已经转竖为东亚大槽,原来槽后的偏东气流与槽前广大地区的偏西气流均已消失,使我国上空转变为很强的西北气流,引导聚集在蒙古西北部的强冷空气侵入我国,突然爆发成为寒潮。

3.4.4　三类寒潮天气过程的共同特点

从三类寒潮的特点看,无论是哪一类寒潮都伴有槽的发展,且槽后均有发展的高脊,冬半年,我国大陆以东的东亚地区为平均槽的位置,而位于这个地区的东亚大槽不断地在进行着新陈代谢。每一次新陈代谢过程都有冷空气活动相伴随。从前述三类典型个例看出,在寒潮过程的初期,原来的东亚大槽开始减弱东移,随着寒潮的爆发,新的大槽又在东亚地区重建。发展的大槽槽后偏北气流引导冷空气南下,从而带来一次寒潮天气过程。因此,绝大多数寒潮天气过程都与冬季东亚大槽重建和半球长波调整相联系,这是各类寒潮的共同点。

不同的寒潮类型反映了大槽重建的不同形式。经向型是以发展的不稳定小槽代替原来的东亚大槽;纬向型是以东移的低槽代替东亚大槽;横槽转竖型则以横槽转为竖槽代替东亚大槽。除此之外,三类寒潮冷空气源地不同、影响我国的路径不同、冷高压南下的形式不同、寒潮爆发的流场不同,从而表现为不同的天气形势。

上述三类寒潮是根据大量寒潮个例概括总结出来的,反映了各类寒潮天气过程的共性。实际上每一例寒潮过程,除了具有这些共性之外,其天气形势及爆发过程都有自己的特点,和三类典型的寒潮过程完全一样的是没有的。对于每一次具体的寒潮过程,并不一定能完全理想地归入某一类型中去。因此,分析实际天气过程时,要注意具体情况具体分析,典型的寒潮天气模式可以作为参考。

第4章　大气环流

大气环流包含极其丰富的内容。广义地说,大气环流是各种形式、各种尺度的大气运动的总称。本章主要讨论全球范围、长时间平均的大气运动及其规律,即大范围大气基本运动状态。它的水平尺度在数千千米以上,垂直尺度可达十几千米以上,其时间尺度也较长,一般在两天以上。这些大尺度的环流,构成了大气运行的基本状态。它们是各种天气系统发生、发展和移动的背景,是全局性的东西。大气环流的形成是一个比较复杂的问题。影响它的因子很多,而这些因子之间又相互影响相互制约。研究大气环流状态及其变化,对于了解影响短期天气变化的天气系统的演变规律,制作中、长期天气预报,以及研究天气气候的特点及其形成都是十分重要的。

本章主要介绍大气环流的基本状态和季节变化特点,分析影响大气环流变化的基本因子及其之间的相互制约关系,以达到初步认识大气环流形成和维持的原因及其变化规律。本章以北半球对流层中西风带的环流为讨论重点。

§4.1　大气环流的主要观测事实

日常天气图上所见到的大气运动,是各种尺度大气运动迭加在一起的综合表现,要认识大气运行的基本状态,就必须略去尺度较小和维持时间较短的大气运动,通常为了略去大气环流的短期变化常采用时间平均的方法,为了略去各经度间的差别以突出南北方向的差异则常采用沿纬圈平均的方法,或同时采用这两种平均以反映大气运行的最基本状态。因此,本章主要采用平均图来讨论基本环流问题。人们常用冬夏两个极端季节的大气环流来研究大气运动基本状态,以 1 月和 7 月的多年月平均图分别表示北半球冬季(南半球夏季)、北半球夏季(南半球冬季)大气环流的状况。

4.1.1　平均温度场

大范围的空气运动与温度分布有密切的联系。图 4-1-1 是全球冬季和夏季平均温度场的经向剖面图,图中横坐标为纬度,纵坐标为高度,实线和虚线为等温线,粗断线为对流层顶,图中反映出温度随纬度、高度的变化特点。在对流层中,除 200 hPa 以上的热带区域外,无论冬、夏,在南、北两个半球上,平均温度都是由热赤道向两极降低的,并以中纬度地区水平温度梯度为最大。水平温度梯度最大区域从冬到夏是向极地方向移动的,强度冬季大于夏季。在 200 hPa 以上的热带地区以及中高纬度地区的平流层中,夏季,水平温度梯度由两极指向赤道,冷中心位于赤道地区的上空;冬季,除赤道地区为冷中心外,极地也有一个冷区,中高纬度地区为相对暖区。此外,无论冬、夏,低纬地区的对流层顶都远高于中高纬度地区的对流层顶,而且两者之间有明显的断裂现象。

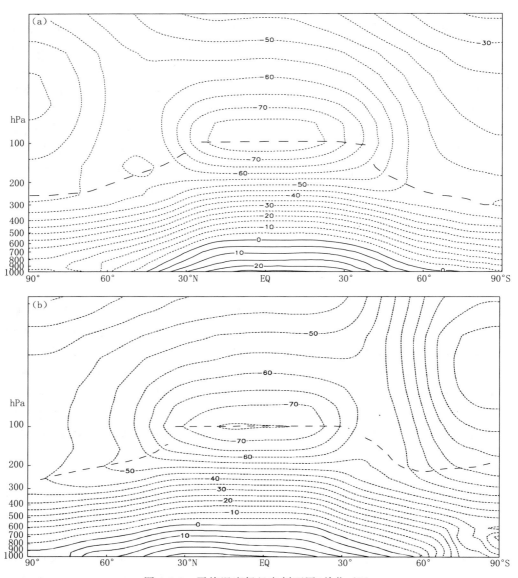

图 4-1-1　平均温度场经向剖面图(单位:℃)

(a:1 月,b:7 月,根据 NCEP 资料绘制)

　　平均温度场的上述特征,对大气环流基本状态的形成是有着十分重要意义的。对流层中,以纬向西风环流为主的基本环流状态以及高空的西风急流,都是与温度场的这些特征紧密联系在一起的。

4.1.2　平均水平环流

　　由于在中高纬度地区,大气的大尺度运动具有准地转的性质,因此,大气的水平运动可以通过气压场或高度场形势反映出来,下面从气压场、高度场形势来讨论水平环流的特征。对流层各高度上大气的水平运动不尽相同,为了了解各高度上环流特征,用海平面、500 hPa、200 hPa 分别代表对流层低层、中层和上层。图 4-1-2、图 4-1-3 和图 4-1-5 分别是北半球冬夏 500 hPa、200 hPa 平均等压面图和平均海平面气压场图。

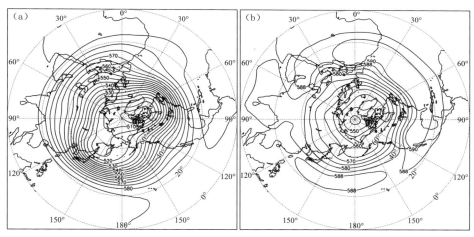

图 4-1-2　北半球平均 500 hPa 高度场

(a:1 月,b:7 月,根据 NCEP 资料绘制)

　　图 4-1-2、图 4-1-3 中显示了北半球对流层中、高层水平环流的最主要特点:冬季中高纬地区上空盛行着沿纬圈流动的宽广的西风,中高纬度地区 500 hPa 上空均为西风气流所控制。西风环绕极地而形成一个涡旋,称之为极涡,它是一个冷性闭合涡旋,冬季极涡中心并不位于极地,而是分裂为两个闭合中心,一个在格陵兰西侧与加拿大之间,另一个在亚洲东北部。宽广的西风带上,有行星波尺度的平均槽、脊。500 hPa 图上,中高纬度的西风带上有三个明显的槽:一是在亚洲东岸 140°E 附近,称为东亚大槽;二是位于美洲东岸 70°—80°W 附近的北美大槽;第三个是由欧洲白海向西南方向伸展的较弱的欧洲浅槽。在这三个槽之间,有三个较弱的脊。在较低纬度的西风带里,槽、脊的数目和位置与中高纬度带里的并不完全一致,其数目一般多于中高纬度。副热带地区,是一个环绕整个半球的高压带,有些地区高压带断裂,形

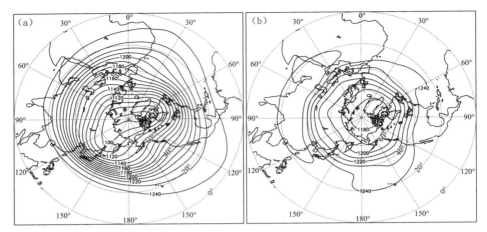

图 4-1-3　北半球平均 200 hPa 高度场

(a:1 月,b:7 月,根据 NCEP 资料绘制)

成几个高压中心。夏季,西风带显著北移,极涡范围缩小。极涡中心在极点附近,而不像冬季那样分裂为两个闭合中心。并且中高纬度地区的西风带上由三个槽转变为四个槽,其强度比冬季显著减弱。比较一下可以看出,北美大槽的位置由冬季至夏季没有明显变化,而东亚大槽却向东移到了堪察加半岛附近,欧洲东部的浅槽到夏季已不存在,但在欧洲西岸出现了一个浅槽,贝加尔湖附近地区也新出了一个浅槽,从而构成了夏季四槽的形势。低纬副热带高压带夏季较冬季明显,位置偏北,强度增强。200 hPa 图上的环流形势与 500 hPa 图上的基本相似,只是西风带范围更宽更大。冬季,三槽形势仍很清楚;而夏季,槽、脊显著减弱,除北美和东亚大槽外,其他系统都不十分清楚了。

　　中高纬度对流层中上层大气平均运动为自西向东运动,即西风带。图 4-1-4 为 500 hPa 上平均西风地转风速分布图,图中等值线为西风等风速线,可以清楚地看出西风带中西风风速大小的分布特征。

　　(1)存在着一个近乎与纬圈平行的环绕整半个球的强西风带,强西风带上有强风速中心。当风速大于 30 m/s 时,该气流就称为急流,强西风带是西风急流的反映。在每天的空中等风速线图上,无论是在西风带或是东风带,都存在着狭长形的急流区,这些急流区反映在平均图上就是强风带。强风风速中心的长轴是风速的轴线,可以看出强风速的轴线呈带状环绕北半球,它近似与纬圈平行。冬季,它有三个高值中心:两个强中心分别在日本东南方和美洲东岸,正好分别位于东亚大槽和北美大槽的南端,另一个弱中心在阿拉伯半岛附近;夏季为两个强风速中心。

　　(2)冬季西风带存在分支现象。冬季,有些经度上存在着两支强西风带,说明有

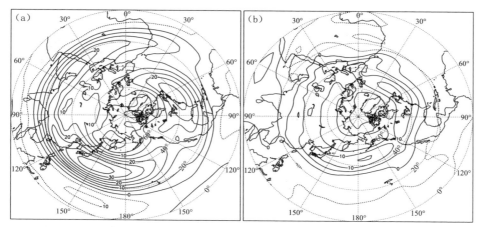

图 4-1-4 北半球 500 hPa 平均西风风速分布(单位:m/s)

(a:1 月,b:7 月,根据 NCEP 资料绘制)

两支西风急流存在,这一现象在亚洲特别明显,冬季西风气流分为南北两支,两支西风又在下游地区日本的东南方汇合,形成全球最强的强风速中心;夏季,整个半球上的西风显著减弱,强西风带向北移动,范围缩小,分支现象消失。

图 4-1-5 是北半球 1 月和 7 月的平均海平面气压场,反映了对流层低层大气运动基本特征。它们的显著特点是环流沿纬圈方向的不均匀性非常明显,整个气压场形势呈现为一个个闭合的高、低压系统,这表明低层大气基本的运动形式为涡旋运动。平均海平面气压图上这一个个高低压系统称之为大气活动中心。

冬季,北半球的主要活动中心是两个大低压和几个高压。一个位于阿留申群岛,与高空东亚大槽相对应,称为阿留申低压;另一个位于冰岛地区,与空中的北美大槽相对应,称为冰岛低压。大陆上为冷高压所占据,主要有两个:一个是亚欧大陆冷高压,另一是北美大陆冷高压。亚欧大陆冷高压是最强的,由于这个冷高压中心常常位于西伯利亚及蒙古地区,所以也称为西伯利亚冷高压或蒙古冷高压。副热带地区为纬向高压带,有两个主要中心,分别是太平洋副热带高压和大西洋副热带高压。副热带地区的高压也简称为副高,因此,两个副热带高压又简称为太平洋副高、大西洋副高。

夏季形势与冬季差别很大。最突出的差别是冬季大陆上的两个冷高压到夏季变成了两个热低压:一个是亚欧大陆热低压,它是最强的,中心在南亚大陆,这个低压又称为季风低压或印度热低压;另一个是北美大陆热低压,相对较弱,中心在北美西部。大陆上气压系统的这种季节变化尤以亚洲为最显著。冬季在阿留申和冰岛的低压,到夏季仍然存在,但比冬季弱得多。副热带地区的高压带到夏季显著北移,海上的两个副热带高压也变得非常强大。

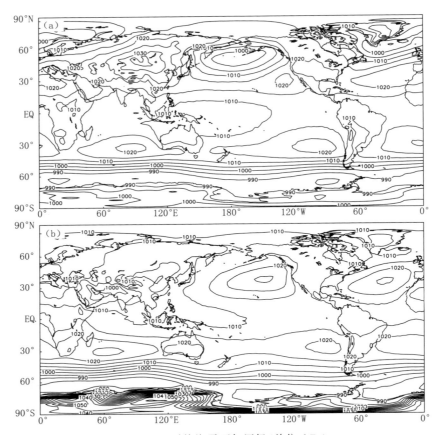

图 4-1-5 平均海平面气压场(单位:hPa)

(a:1 月,b:7 月,根据 NCEP 资料绘制)

比较冬夏的活动中心,可以发现有的活动中心是常年存在的,如副热带洋面上的副热带高压,还有阿留申低压、冰岛低压,它们冬夏都有。这种常年存在的活动中心称之为永久性活动中心;而有的活动中心却有显著的季节变化,如大陆上冬季为冷高压,夏季为热低压。这种随季节有显著变化的活动中心,称之为半永久性活动中心。

由于大气活动中心随季节变化,与之相联系的风场也随季节而有明显的变化(如图 4-1-6)。大范围地区盛行风风向发生明显的季节性变化,这种风称为季风。世界季风区分布很广,例如亚洲的南部和东部、东非的索马里和西非的几内亚附近沿岸、澳洲北部和东南部沿岸、北美洲东南岸以及南美洲巴西东岸等地区,都是比较著名的季风区。其中以亚洲季风区为最强盛,范围最广,是最显著的季风区。随着冬季和夏季海平面气压场上活动中心的变化,冬季为西伯利亚冷高压,我国东南沿海地区位于冷高压东南部,盛行东北季风,夏季为热低压,盛行西南季风。

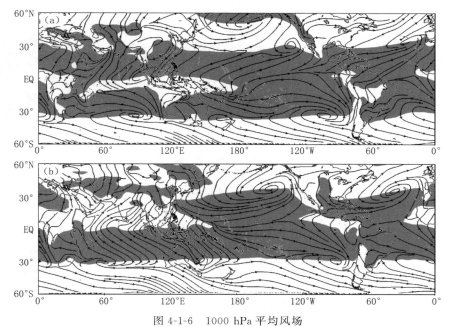

图 4-1-6　1000 hPa 平均风场

(a:1月,b:7月,阴影为东风区,其余为西风区,根据 NCEP 资料绘制)

　　副热带高压带则是相对较稳定的,常年维持,与之相联系的风场也相对稳定,在其向赤道一侧是全年都是比较恒定的偏东气流,由于其风向恒定,不随季节变化,称之为信风。"信",有守信用的意思,即恒定、不变。在几百年前,海上的国际通商船只主要就是借助于信风来进行贸易,故信风又称为"贸易风"。北半球低纬地区洋面上常年盛行东北信风,南半球低纬地区洋面上常年盛行东南信风。

　　综合上述,从北半球平均环流的情况可以看出,除了近地面层的水平环流显著地分裂为一个个闭合环流系统外,在对流层中则是以环绕极地的西风环流为主要特点。南半球的情况类似,也是在近地面层为一个个闭合环流系统,而对流层中则是具有槽脊波动的环绕南极的西风,只是带状西风与纬圈更接近平行。海平面平均气压场的分布特点和季节变化,显示了下垫面海陆热力差异对大气环流的影响作用,是大气环流形成的重要因子之一。

4.1.3　平均纬向环流

　　平均纬向环流也就是大气的平均东西运动情况。500 hPa 上大气运动以纬向运动为主,存在一个大范围的纬向绕极西风带。为了进一步了解纬向风的南北方向及垂直方向的分布特征,图 4-1-7 给出了沿纬圈平均的平均纬向风速的经向剖面图,图中为等风速线,剖面图中清楚地显示了纬向风随高度和纬度的变化。

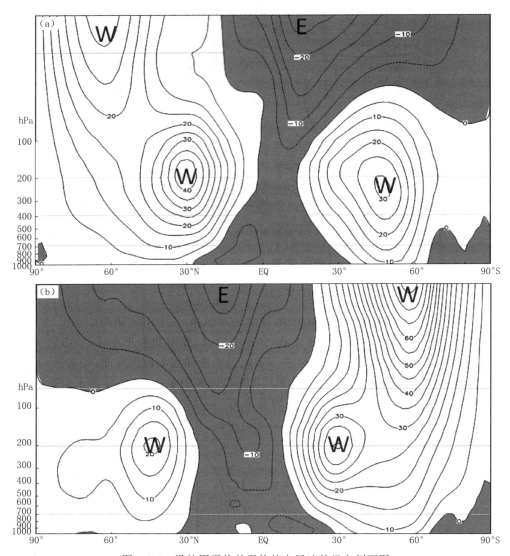

图 4-1-7 沿纬圈平均的平均纬向风速的经向剖面图

(a:1 月,b:7 月,阴影为东风区,其余为西风区,根据 NCEP 资料绘制,单位:m/s)

由图 4-1-7 看见,极地地区低层,无论冬、夏均是浅薄的弱东风层,它的厚度和强度都是冬季大于夏季,例如北半球的东风风速冬季为 2 m/s,夏季为 1 m/s。在中纬度地区,整个对流层中,从地面起向上均为西风,西风层占有的纬距随高度而增宽,西风风速随高度而增大,在对流层顶附近有一个强西风中心区,西风风速达最大值,这正是每天对流层中所出现的西风急流在平均图上的反映。虽然由于经过时间和沿纬圈的平均,其风速值有时达不到急流的强度,但是可以认为它确实是平均西风急流的所在。北半球冬季,平均西风急流中心位于 27°N 的 200 hPa 上,风速约为 40 m/s;夏季位于 42°N 的 200 hPa 到 300 hPa 之间,风速约为 15 m/s。南半球情形类似,只是平均西风急流的位置由冬到夏向极地方向偏移较少,强度减弱得也少一些。西风层的上空为东风层,夏季转换高度约在 50 hPa 上,冬季由于西风风速强大,转换高度更高一些。赤道及其附近地区,无论冬、夏,均为很厚的东风层,在夏季比冬季宽。赤道东风和中纬度西风的界限(零等风速线),在对流层中下层是随高度向赤道方向偏斜的,也就是说,东风层宽度随高度而缩小。在赤道东风层中,也有平均东风急流。

　　根据以上近地面层平均纬向风的分布,如果不考虑经向风速,近地面层有纬向风三个风带,即极地东风带、中纬度西风带和低纬度信风带。按准地转运动关系就很容易得出如图 4-1-8 所示的与此三个风带相应的四个地面气压带,即极地高压带、副极地低压带、副热带高压带与赤道低压带。近地层纬向风带与气压带相间排列,通常称它们为"三风四带"。

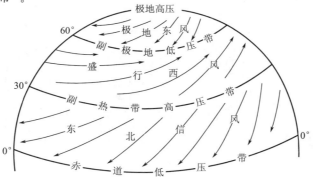

图 4-1-8　近地面层的风带与气压带分布示意图

　　以上是沿纬圈平均的纬向风速分布的情况,反映了各纬度上纬向风速分布的平均情况。它们与各经度上的情况有些差别,尤其在近地面层,有时差异还较大。例如,在季风盛行的南亚地区,夏季近地面层并不是东北风而是浅薄的西南季风(见图 4-1-6)。

4.1.4　平均经圈环流

　　经圈环流,指的是经向运动分量(南北运动)和垂直运动(上升、下沉),这两种运动在经向剖面图上组成的垂直环流圈。平均经圈环流就是沿纬圈平均后的经圈环流,体现了平均的经向运动、垂直运动随纬度的分布特点,反映了大气的南北交换。

　　图 4-1-9 是北半球平均经圈环流图。从图中可以看到,沿经线方向有三个环流圈:从南往北分别叫作哈得来(Hadley)环流圈、费雷尔(Ferrel)环流圈和极地环流圈。

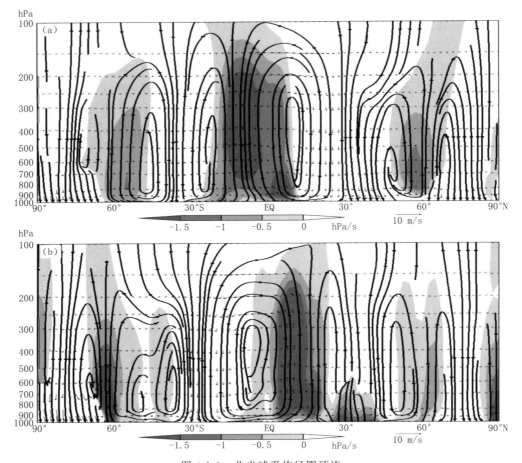

图 4-1-9　北半球平均经圈环流

（a：1月，b：7月，阴影为上升运动区，其余为下沉运动区，根据 NCEP 资料绘制）

低纬地区的 Hadley 环流和高纬度地区的极地环流圈，都是从纬度较低的地区上升，而在纬度较高地区下沉的环流圈，如低纬地区的 Hadley 环流是赤道地区上升，在副热带地区下沉，这种从纬度较低的地区上升、而在纬度较高地区下沉的环流圈为正环流圈（也称为热力直接环流圈）；中纬度地区的 Ferrel 环流则是一个与之相反的环流，从较高纬度地区上升，而在较低纬度地区下沉，所以也称为逆环流圈（也称为热力间接环流圈）。

低纬的 Hadley 环流，从赤道地区上升，在副热带地区下沉，其下沉支对应为平均副热带高压所在的位置，在北半球，Hadley 环流低层为由副热带高压带吹向赤道的偏北风，高空对应的是由赤道吹向副热带地区的偏南风。它是三个环流圈中最强的。

中纬度地区的 Ferrel 环流圈强度较 Hadley 环流弱,极地环流圈最弱。

冬季环流圈比夏季的强,所占范围也较大。夏季,三个环流圈的位置都比冬季的靠近极地,而在近赤道地区,则为南半球伸展过来的部分信风环流圈所占据。南、北半球相比,北半球的环流圈冬、夏强度和位置的变化都比南半球大。北半球由冬至夏,经圈环流向北移动大约 10 个纬距,与此同时,最大上升运动区和最大下沉运动区也相应北移 10 个纬距左右。例如,图 4-1-10 中,冬季最大下沉区在 20°—30°N 之间,而夏季移到 30°—40°N 之间;最大上升区由冬至夏则从 40°—50°N 间移到了 50°—66°N 之间。

如同平均纬向环流一样,平均经圈环流表示的也是某个季节沿纬圈的平均情况,代表了大多数地方经圈环流的特点,但是有的地方与平均情况并不一样,甚至相反。例如中纬度地区,各经度上并不都是逆环流圈,而往往是沿整个纬圈正、逆环流圈相间出现。低纬度的正环流圈也并不是各个经度上都一样,如我国青藏高原所在的经度范围内,夏季高原南侧低空盛行西南季风而高空则是东偏北风,垂直环流圈与平均环流圈是相反的(如图 4-1-10),它的形成与青藏高原有关。夏季,青藏高原相对于其南侧低纬度地区是一个热源,因而上升运动出现在青藏高原上空,而赤道附近却是下沉运动。

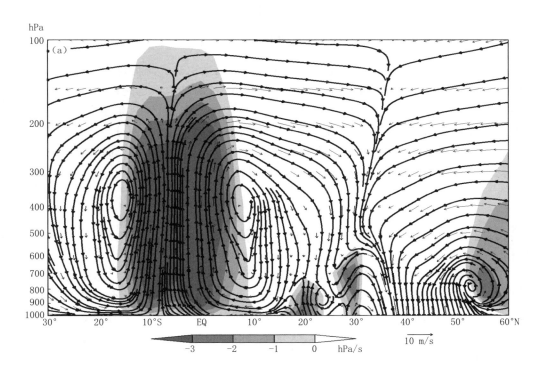

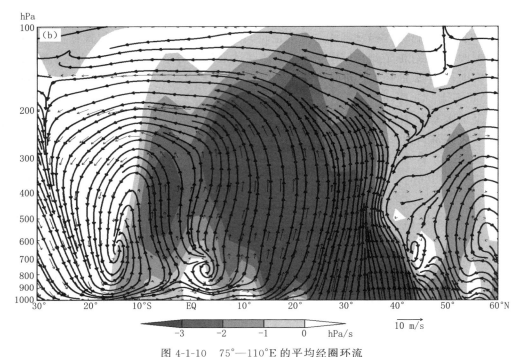

图 4-1-10　75°—110°E 的平均经圈环流

(a:1 月,b:7 月,阴影为上升运动区,其余为下沉运动区,根据 NCEP 资料绘制)

　　综合上述各种平均场可知:在对流层中,大气温度由热赤道向两极递减,而且温度梯度是不均匀的,以中纬度地区为最大。大气运行的基本状态是以纬向环流为主的,大气中的这种纬向运动是不均匀的;在对流层中上层,东、西风带中存在着急流,表明纬向运动的南北不均;而大型槽、脊的扰动,则是纬向运动东西分布不均的反映;近地面层,气压带断裂,呈现为永久性或半永久性的活动中心,也是纬向运动不均匀的表现。大气中的平均经圈环流是很微弱的,仅低纬度地区的 Hadley 环流圈比较显著。

§4.2　大气环流的形成和维持

　　以上给出的大气环流的这些基本事实,是大气运动表现的状况。为什么大气会表现为这样一种运动状态?为什么大气运动形式具有多样性?为什么在其基本运动形式——纬向环流中,既包含有经向环流,又在纬向基本气流上迭加有涡旋运动?全球大气环流为什么以纬向运动为主?大气运动的能量从哪里来?这些问题都涉及大气环流形成的原因。

　　由于大气环流形成的复杂性,到目前为止,对大气环流的理论认识还很不完善,还有待于进一步的研究。这里只就大气环流基本型式的形成和维持的原因作一些简单解释,定性地说明各种环流型式间的内部联系以及大气环流演变的规律性,以便初步理解大气环流的形成和维持。

　　地球大气不停息地围绕着地球并以一定的基本型式运动着。如果没有不断的能量供给,由于摩擦消耗,大气运动是不能维持的。究竟是什么因子影响大气环流?这些因子又是如何影响大气环流并维持着大气的运动?已有研究表明,影响大气环流的基本因子有:太阳辐射能分布的不均、地球自转、海陆和地形作用、摩擦作用以及大气本身的特性(可压缩性、连续性、流动性和地球大气所具有的特殊尺度)等。这些因子造成了大气的运动,而大气的运动也反过来影响着某些因子的作用;同时,大气内部各种运动型式之间也是相互影响、相互制约的。

4.2.1　热力驱动的环流——太阳辐射能南北分布不均匀对大气环流的影响

　　大气之所以能运动,是因为大气本身具有易于流动、受热膨胀、遇冷收缩的特性,当空气受热不均时,高温区膨胀形成低压,低温区收缩形成高压,于是空气就有自高压区流向低压区的运动。全球范围的大气运动,需要的能量是极其巨大的,大气的直接能源来自于下垫面的加热、水汽相变的潜热加热和对太阳辐射的少量吸收,而其最终的能源还是来自于太阳辐射,太阳辐射能南北分布不均匀是启动大气运动的初始动力,或者称原始动力。因此,太阳辐射能是地球上大气运动的能量来源。

　　把地球和大气视为一个系统——地气系统,这个系统吸收太阳的短波辐射,同时又向外层空间放出长波辐射。总的来说,地球大气系统获得的太阳短波辐射能量与其释放的能量是相等的,即地气系统的能量收与支是平衡的,只有这样,大气运动才能保持目前的准定常状态。虽然地气系统总体的能量收支是平衡的,但是就局地而言,获得的太阳短波辐射能与失去的长波辐射能量又是不相等的。

　　把吸收的短波辐射与放出的长波辐射的差,叫作净余辐射。在净余辐射为正值的地区,大气获得辐射能会增温;在净余辐射为负值的地区,大气失去辐射能将会降温。在净余辐射为零的地区,辐射能收支平衡,大气温度保持不变。

　　图 4-2-1 反映了地球大气获得的短波辐射能量、失去的长波辐射能量以及净余辐射能量随纬度分布的情况,从图中可以看出,南北纬度 30°之间的低纬度地区是净辐射能的获得区,中高纬度地区则是能量的失去区,净余辐射梯度是自南指向北的,净余辐射梯度最大处在 30°—60°之间的中纬度地区。由于在净余辐射为正值的地区,大气获得辐射能将会增温;在净余辐射为负值的地区,大气失去辐射能将会降温。因此,低纬地区温度将升高,中高纬地区温度将降低,赤道地区是热源,两极是冷源。

能量随纬度分布不均匀,加上大气本身热胀冷缩、易于流动的特性,根据绝对环流原理,就必然会出现如图 4-2-2 所示的热力环流。即赤道地区空气上升,两极地区空气下降,为了补偿这些气流,在大气下层出现向赤道的流动,上层则出现向极地流动,构成一个闭合的经圈环流,这就是英国科学家哈得莱(George Hadley,1684—1744)于 1735 年首先提出地球大气的热输送模型,或热对流模型。通过大气的吸收和放射,太阳的辐射能转换成了大气的有效位能,又通过力管的作用,有效位能释放转化为动能,引起了大气的运动。尽管 Hadley 环流理论过于简单,但其热力驱动大气运动的基本观点,即大气环流形成和维持的最终原始动力,来自于太阳辐射对地气系统加热分布不均,却是大气环流理论极为重要的基本观点。

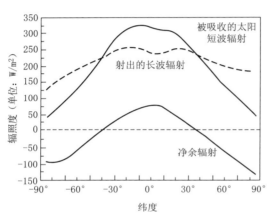

图 4-2-1 吸收太阳辐射、射出长波辐射及
净余辐射年平均值随纬度分布
(引自 Hartmann,1994)

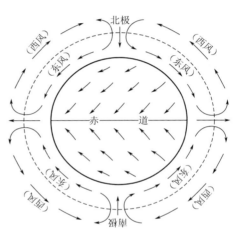

图 4-2-2 单一经圈环流示意图

这样的环流产生以后,赤道和低纬地区的热量便输向高纬和极地,使净余辐射梯度削弱,从而使热量收支平衡成为可能。热量分布不均匀产生了大气的运动,而大气运动又可以输送热量,使热量重新分布,使赤道与极地之间温差减小,热量重新分布的结果又会导致大气运动的改变,因此,大气运动状态与大气热力状态之间存在着相互作用、相互影响、相互制约。从长时间平均来看,实际大气满足热量收支平衡,即南暖北冷的温度分布及温度梯度保持准恒定状态。因此,最终大气运动与热量平衡两者之间将会达到相互协调一致,达到一种平衡的状态,这样两者才能够都保持为一种定常状态。观测事实中所看到的大气温度场的分布就是准定常情况下的特征:赤道暖而两极冷,中纬度净余辐射梯度最大处则对应为水平温度梯度最大的地区,从而构成了斜压大气,且以中纬度地区斜压性最显著。

　　观测事实证明单圈环流并不存在,单圈环流模式中大气只有南北运动,但是实际上大气环流的主要形式是以纬向运动为主,即使是经向环流,也不是单圈,而是三圈。显然,仅仅用太阳辐射能的地理分布不均匀是不能解释大气环流的各种事实的,太阳辐射只是为大气的运动提供了能量、提供了原始动力,至于大气运动的具体形式,还受到其他因素的作用。

4.2.2　旋转地球上的环流——地球自转对大气环流的影响

　　覆盖在地球表面的大气随地球绕地轴不停地旋转。因此,研究相对于地球的大气运动时,必须要考虑科氏力的影响。在北半球,运动的大气会逐渐向右偏,而在南半球要向左偏。因此,直接热力环流圈上空的一支向极地去的气流,在地球自转的作用下将逐渐转成偏西风,而低空向赤道流来的这支气流将逐渐转成偏东风。于是原来的单圈环流里的经向运动就变成以纬向运动为主,高层是西风,低层为东风。

　　考虑科氏力的作用后,大气运动方向发生了改变,由南北温度差引起的大气南北运动,转变为东西向运动。既然大气运动方向发生了改变,高层流向极地的气流就会因中途转向,从而到不了极地。同理,低层从极地向南流的气流,也到不了低纬地区。这样一来,向极地的热量输送便大大削弱了,它完全不能满足热量平衡的要求。同时,地面上全是一致的东风,不仅与观测事实不符,而且也与地气系统之间的角动量平衡不符。因为地面上如果全是东风,大气必然会对地球施加一个向西的切向力,由此力产生的力矩必削弱地球的角动量,而使地球自转的速度很快减慢下来。但事实却不是这样,从长期看,地球自转速度基本恒定。所以,地面上不能全是东风,也不能全是西风,必须是既有东风也有西风,而且由它们施加给地球的合力矩应基本相抵消,这样才能维持地球自转速度的恒定。由此看来,在整个半球上只存在一个单一的经圈环流是不可能的,必须有多个环流圈存在,并且地面上不能是单一的东风,而必须同时存在着东、西风带。

　　事实上,由赤道上升向两极流去的空气,在地转偏向力的作用下,经向速度不断减小,到30°纬度附近就几乎完全成为西风,而不能继续向极地流去(见图4-2-3a),经向方向产生经向辐合,后面流来的空气受到前面空气的阻挡,便在高空形成堆积,出现下沉运动,同时西风分量又在科氏力作用下产生附加的向赤道的分量,进一步加强了高层大气的堆积。另外,从高空向极地方向流去的空气还会因大气辐射而不断失热冷却。据计算,每天约冷却 1～2 ℃。空气从赤道到纬度 30°处,大约需 30 天,因此,高空向极地的这支气流到达纬度 30°处时,已经变得很冷了。这种堆积作用和冷却作用必使空气在纬度 30°附近下降,于是便在低层形成环绕纬圈的高压带,这便是前面大气环流基本事实中提到的副热带高压带。这个高压带是空气动力下沉造成的,因此,是干暖高压,副热带地区的干旱沙漠地带正是其作用的结果。空气下沉到地面后,在低层,会分为南北两支气流,其中一支流回赤道,形成从赤道到副热带地区的垂直环流,这个存在于低纬度地区上空的环流圈,正是所观测到的Hadley环流圈(见图4-2-3b)。所以,考虑太阳辐射能南北分布不均匀形成的单圈热力环流圈并不会伸展到极地,而是只伸展到副热带地区就下沉返回赤道了。从这个环流圈低空返回赤道的气流,在北半球为东北气流,因为这支风系很稳定,称为东北信风,相应地在南半球为东南信风;两支信风在赤道附近辐合,形成信风辐合带。

同理,极地低层向南流的气流,也到不了低纬地区,而是在60°纬度附近几乎完全成为东风,与副热带下沉支向北的一支气流相遇。由于两支气流性质不同,一支是暖湿的西南气流,一支是干冷的东北气流,两者之间形成锋面,即极锋。沿极锋滑升的暖空气,到高空后,也分为南北两支,其中一支流回极地,冷却下沉以补充极地低层向南流失的空气,这样在高纬形成一个闭合的正环流圈,这就是观测事实中提到的极地环流圈。在极锋向南流动的一支气流在中纬度也形成一个环流圈,即观测事实中看到的中纬度逆环流圈。

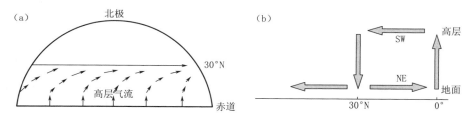

图 4-2-3　地转偏向力对气流运动方向的影响示意图(a)和低纬经圈环流示意图(b)

在大气运动中引入了科氏力,最早是1855年由William Ferrel提出的,并将单圈环流修正为三圈环流。认识到地球的旋转对大气运动的影响这是一个重大的贡献,它使原来一些无法理解的大气现象得以解释。鉴于Gorge Hadley和William Ferrel在大气环流研究中的重要贡献,于是把低纬地区环流圈和中纬度地区逆环流圈分别用他们的名字命名为Hadley环流和Ferrel环流。

对应于三圈环流,地面应有三个风带和四个气压带,在观测事实中已证明了"三风四带"的存在。对应于三圈环流,高空应有三个风带,即低纬和高纬地区为西风带,中纬度地区为由东北气流构成的东风带,但是,自从20世纪40年代以来,大量的观测事实都表明中纬度高空和地面流场一样为西风带,而且为强西风气流,这说明大气环流的形成和维持并不是简单的热力环流和考虑地球的旋转效应所能全部解释的。这是因为大气内部各种运动形式、各种平衡关系(热量平衡、角动量平衡、水汽平衡等)之间存在着相互影响、相互制约、相互协调的复杂过程。

大气的各种不同运动形式不是孤立地存在着,而是相互联系、相互制约的。大气环流是大气各种运行形式的综合。基本上是纬向的环流中包含着经圈环流,在旋转的地球上,纬向带状气流是不稳定的,常产生扰动,而呈纬向波状气流,西南气流与西北气流交替出现,即纬向气流上叠加着涡旋运动。这些涡旋运动和经圈环流输送着热量、水汽以及动量等,而输送的结果又导致大气环流状态的改变。因此,研究大气环流的形成和维持,必须注意到大气内部各种运动形式之间的关系以及它们之间的相互作用。

另外,大气运动与能量平衡之间是相互作用、相互影响、相互制约和相互协调的。从长时间平均来看,实际大气满足各种能量收支平衡,大气运动呈现为准定常状态,说明观测到的大气运动状态能够保证热量、角动量等物理量的平衡。所谓平衡指的是相对的平衡。大气环流就是在助长其发展和抑制其发展的两类因素的矛盾斗争中演变的。一方面,每个瞬间,每个地区,两类因素的作用是不平衡的,且随不平衡情况的不同,而有不同的环流状态;另一方面,任何一个地区又都不会出现某类因素一直占优势的情况,而是占优势的因素经常在一定条件下转化,这样就造成了长期维持的平均的环流状态。

从前面的分析中知道,热量分布与大气运动之间的相互作用,两者之间最终达到一种平衡的状态,大气运动使热量收支达到平衡,热量收支平衡使温度场准定常分布,温度场的准定常分布又使大气运动保持准定常,即大气运动与热量分布两者都能够保持为一种定常状态。同样地,大气中的角动量、能量、质量、水分等,虽然时刻都在不断交换、转换,但从长期看,这些物理量也基本上维持着收支平衡,没有显著的变动出现。在大气环流观测事实中给出的都是处于准定常状态下大气运动的特征,说明这种大气运动状态保证了热量、角动量等物理量的平衡,或者说要想达到各种关系的平衡,大气就必须是现在这种运动状态。因此,利用大气运动与能量平衡之间相互作用、相互影响、相互制约、相互协调的关系,就可以从能量平衡的角度来理解大气运动的多种形式存在的必然性。

4.2.3　从角动量平衡来理解东、西风带及三圈环流的形成和维持

单圈环流虽然使热量平衡成为可能,但是与之相联系的单一的纬向风场不能维持,即不能满足角动量平衡,因此,单圈环流是不存在的。这里主要从角动量平衡的角度,来说明东西风带及三圈环流存在的必然性。

4.2.3.1　角动量变化方程

大气的角动量也就是单位质量空气绕地轴旋转的动量矩。下面给出大气角动量的表达式。如图 4-2-4,设:M 为绝对角动量,m 为大气质量,ω 为地球自转角速度,U 为大气绝对纬向风速,u 为纬向风速,R 为地球半径,r 为大气所在纬度的纬圈半径,且忽略大气厚度。

　　那么,单位质量大气的绝对角动量可以写为:
$$M = rU$$
式中,大气绝对纬向风速 U,由两部分组成,一是
大气相对于地球的纬向风速 u,另一部分是地球
自转引起的牵连速度 $r\omega$,写为:$U = u + r\omega$。并
考虑到 $r = R\cos\varphi$。

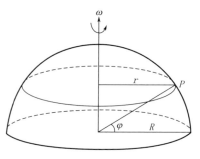

　　这样角动量就写为
$$\begin{aligned}M &= r(r\omega + u)\\ &= r^2\omega + ru\\ &= \omega R^2\cos^2\varphi + uR\cos\varphi\end{aligned}$$

图 4-2-4　　计算角动量示意图

　　可以看出大气的绝对角动量由两部分组成:第一项为地球自转角动量,也叫作 ω
角动量,地球自转角动量总是大于零的。第二项则是大气相对于地球的纬向运动而
具有的相对角动量,也叫 u 角动量。相对角动量的方向则与纬向风的方向有关:

　　当 $u > 0$ 时,纬向风为西风,相对角动量大于零,角动量称为西风角动量;

　　当 $u < 0$ 时,纬向风为东风,相对角动量小于零,角动量称为东风角动量。

　　对一定纬度上单位质量空气来说,ω 角动量是固定的,而 u 角动量大小、方向则
与纬向风的大小、方向有关,风速越大,角动量也越大。角动量的收支平衡,意味着纬
向风的准定常。

　　下面给出角动量变化方程。

　　根据力学原理可知:质点角动量的变化是由作用在质点上的力矩决定的。在纬
圈方向上作用于大气的力有两个,分别是东西向的气压梯度力和摩擦力,它们对地轴
的力矩造成绝对角动量变化,于是单位质量空气运动角动量变化方程可以写为:
$$\frac{\mathrm{d}M}{\mathrm{d}t} = \left(-\frac{1}{\rho}\frac{\partial P}{\partial x} + F_x\right)R\cos\varphi \qquad (4\text{-}2\text{-}1)$$

　　两边同乘以密度 ρ,就得到单位体积空气运动角动量变化方程:
$$\rho\frac{\mathrm{d}M}{\mathrm{d}t} = \left(-\frac{\partial P}{\partial x} + \rho F_x\right)R\cos\varphi \qquad (4\text{-}2\text{-}2)$$

　　方程左边角动量的个别变化可展开,并进行整理,可写为:
$$\begin{aligned}\rho\frac{\mathrm{d}M}{\mathrm{d}t} &= \rho\frac{\partial M}{\partial t} + \rho u\frac{\partial M}{\partial x} + \rho v\frac{\partial M}{\partial y} + \rho w\frac{\partial M}{\partial z}\\ &= \frac{\partial\rho M}{\partial t} + \frac{\partial\rho u M}{\partial x} + \frac{\partial\rho v M}{\partial y} + \frac{\partial\rho w M}{\partial z} - M\left(\frac{\partial\rho}{\partial t} + \frac{\partial\rho u}{\partial x} + \frac{\partial\rho v}{\partial y} + \frac{\partial\rho w}{\partial z}\right)\end{aligned}$$

　　由连续性方程有:
$$\left(\frac{\partial\rho}{\partial t} + \frac{\partial\rho u}{\partial x} + \frac{\partial\rho v}{\partial y} + \frac{\partial\rho w}{\partial z}\right) = 0$$

于是角动量的个别变化就写为：

$$\rho \frac{\mathrm{d}M}{\mathrm{d}t} = \frac{\partial \rho M}{\partial t} + \nabla \cdot (\rho M V)$$

上式表示了角动量的个别变化与局地变化和角动量通量项之间的关系。

把方程左边的这个展开式代入方程(4-2-2)，并将通量项移到方程右边，于是角动量变化方程可写为：

$$\frac{\partial (\rho M)}{\partial t} = -\nabla \cdot (\rho M V) + (-\frac{\partial P}{\partial x} + \rho F_x) R \cos\varphi \tag{4-2-3}$$

(4-2-3)式就是单位体积空气的绝对角动量的局地变化方程。

为了能够更加清楚地讨论这个方程中各项的意义和作用，将上式对体积 V 进行积分，并利用高斯公式将等式右边第一项的体积分化为面积分

$$\iiint_V \nabla \cdot (\rho M V) \mathrm{d}V = \iint_\sigma \rho M V_n \mathrm{d}\sigma$$

积分后的方程可以写为：

$$\frac{\partial}{\partial t} \iiint_v \rho M \mathrm{d}V = -\iint_\sigma \rho M V_n \mathrm{d}\sigma - \iiint_V \frac{\partial P}{\partial x} R \cos\varphi \mathrm{d}V + \iiint_V \rho F_x R \cos\varphi \mathrm{d}V \tag{4-2-4}$$

式中，σ 是体积 V 的表面面积，V_n 是垂直面积 σ 的速度分量，由体积内指向外为正。(4-2-4)式即是体积为 V 的大气角动量变化方程。式中左边项为大气绝对角动量的局地变化项，右边第一项为角动量的输送项，第二项为气压梯度力矩项，第三项为摩擦力矩项。(4-2-4)式说明角动量的局地变化表明局地大气角动量的变化是由角动量的输送、气压梯度力矩和摩擦力矩的作用引起的。

下面分别讨论各项物理意义。

(1)角动量输送项：$-\iint_\sigma \rho M V_n \mathrm{d}\sigma$

为了使这项的物理意义更清楚，将积分的体积 V 取为北半球某纬度 φ 以北的所有大气占据的体积，它像一个"极帽"状的大气(见图 4-2-5)，该体积由三个面所围成：纬度 φ 的垂直面、纬度 φ 以北的地球表面、大气层顶。按照这种取法，由于地球表面和大气层顶的垂直速度都为 0，大气层顶 $\rho = 0$，没有空气经过该面的出入，即沿这两个面的积分为 0，这样面积分只剩下沿 φ 垂直面的积分。对极帽状体积来说，角动量输送项只剩下经向输送，因此，角动量输送项又称为经向输送项。此时 V_n 垂直于沿纬圈的垂直面，当 V_n 为正值时，即北风时，有角动量从极帽流出，该区的绝对角动量将减少；当 V_n 为负值时，即南风时，有角动量流入极帽，该区的绝对角动量将增加。由此看出，南北风分量实现了角动量经向输送项。

(2)摩擦力矩项：$\iiint_V \rho F_x R \cos\varphi \mathrm{d}V$

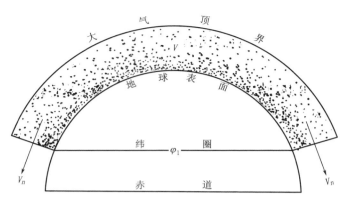

图 4-2-5　所取极帽状体积 V 的示意图

　　大气作为一个整体,大气间的内摩擦可以忽略,影响大气运动的摩擦力主要来自下垫面。由于摩擦力方向总与风向相反,因此,摩擦力矩的作用总是使得东西风带大气失去自身的角动量,即在摩擦力矩作用下,西风带失去了西风角动量(也就是西风带获得了东风角动量),东风带失去了东风角动量(也就是东风带获得了西风角动量)。

　　大气受到的摩擦来自于下垫面,地面与大气之间通过摩擦实现着角动量的交换。大气在东风带从地球获得角动量,地球失去角动量,西风带大气又把角动量还给地球,使地球和大气能够保持各自角动量的收支平衡,从而使地球及大气运动都保持恒定,这充分说明摩擦在地球大气之间角动量交换中发挥着重要作用,对大气环流具有影响。

　　(3)气压梯度力矩项: $-\iiint\limits_{V}\dfrac{\partial P}{\partial x}R\cos\varphi\,\mathrm{d}V$

　　这是气压梯度力矩引起的绝对角动量的变化。注意到 $\mathrm{d}V=\mathrm{d}x\,\mathrm{d}y\,\mathrm{d}z$, $\mathrm{d}x=R\cos\varphi\,\mathrm{d}\lambda$,则有:

$$-\iiint\limits_{V}\frac{\partial p}{\partial x}R\cos\varphi\,\mathrm{d}V=-\iiint\limits_{V}\frac{\partial p}{\partial x}R\cos\varphi\,\mathrm{d}x\,\mathrm{d}y\,\mathrm{d}z$$

$$=-\iint\limits_{\sigma_{yz}}\left[\int_{0}^{2\pi}R^{2}\cos^{2}\varphi\,\frac{\partial p}{\partial\lambda}\mathrm{d}\lambda\right]\mathrm{d}y\,\mathrm{d}z$$

$$=-\iint\limits_{\sigma_{yz}}\left(R^{2}\cos^{2}\varphi\Delta p\right)\mathrm{d}y\,\mathrm{d}z$$

式中, $\Delta p=\int_{0}^{2\pi}\mathrm{d}p$ 表示气压沿纬圈的积分。

　　在这项中,如果考虑地球表面是平的,没有山脉存在,那么,沿纬圈做一个闭合的纬圈积分,则该项积分为零,也就是对整个纬圈来说,气压梯度力矩为零,它不能引起绝对角动量的变化。但当纬圈上有山脉存在时,山的东西两侧的气压不相等,这时气压沿纬圈的积分就不为零。由于气压力矩是由于山的存在而造成的,所以气压梯度力矩亦称为山压力矩。

　　下面分析有山脉时,山压力矩的作用。

　　设沿纬圈只有一座山(图 4-2-6),山两侧的气压不相等。沿纬圈自西向东积分,则有:

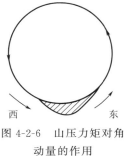

$$\Delta p = \int_0^{2\pi} \mathrm{d}p$$
$$= \int_0^w \mathrm{d}p + \int_E^0 \mathrm{d}p$$
$$= p_w - p_0 + p_0 - p_E$$
$$= p_w - p_E$$

图 4-2-6　山压力矩对角
动量的作用

　　最后所得的 Δp 应等于山西侧的气压减去东侧气压:$\Delta p = p_{西} - p_{东}$。 如 $\Delta p < 0$,则山压力矩的作用将使西风角动量增大,东风角动量减小;如 $\Delta p > 0$,则山压力矩的作用将使西风角动量减小,东风角动量增大。

　　通常,由于迎风坡气压总大于背风坡,西风带中总有 $\Delta p > 0$,东风带中总有 $\Delta p < 0$,所以这项的作用与摩擦消耗的作用相似,都会使东、西风带自身的相对角动量减小。山的存在实际上加大了下垫面摩擦,这就可以理解为什么山压力矩与摩擦力矩的作用会一致。

　　综上所述,无论是摩擦作用还是山脉作用,都是使西风带大气失去西风角动量,而使东风带大气获得西风角动量。长此下去,地面上的东、西风带都不能维持。然而基本观测事实是东风、西风基本上都能够维持定常,即角动量的局地变化就长期平均而言基本上是零,即角动量变化方程中,左边一项近似为零。这就说明方程右侧三项:经向输送项、山压项、摩擦项三项之和为零,三项之间保持平衡。因此,大气内部一定有角动量自东风带向西风带的输送,即东风带把通过摩擦、山压作用获得的西风角动量送往西风带,以补偿西风带丧失的西风角动量。只有这样才能保持东、西风带的常定。

4.2.3.2　大气内部角动量的输送

　　为了简单地说明角动量输送是怎样完成的,可暂不考虑南北两半球间的角动量输送,并且由于极地东风带的范围较小,厚度也很薄,在研究全球角动量平衡问题时也可不予考虑,而主要考虑角动量的输送在低纬度地区与中纬度地区之间的输送。这样,全球角动量的输送方向可用示意图 4-2-7 表示。图中表明,为了维持角动量的平衡,大气中必然存在着两种输送过程:一是水平输送过程,二是垂直输送过程。水平输送过程,是不断地把东风带中从地球上获得的西风角动量输送到西风带去,以维持东、西风带的基本常定;而垂直输送过程,则是在东风带不断地向上输送西风角动量,以供应水平输送之所需,同时在西风带又不断地把大气中聚集的西风角动量向下输送,还给地球。下面以北半球为例,来探讨这两种输送过程在大气中是怎样完成的,以及由于角动量的输送,大气环流将维持什么样的状态。

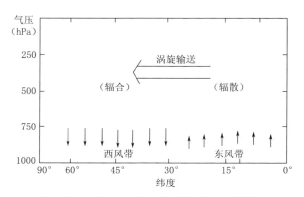

图 4-2-7　地球—大气系统之间东、西风带间角动量的输送方向示意图

(1)角动量的水平输送——经向输送

下面将角动量的经向输送项,即方程(4-2-4)右边的第一项展开来看,东、西风带之间角动量传送是如何实现的。由于垂直于沿纬圈垂直面的 v_n 与南北风 v 有如下关系: $v_n = -v$,所以经向输送项可以写为:

$$-\iint_{\sigma}\rho M v_n \, \mathrm{d}\sigma = \iint_{\sigma_{xz}}\rho M v \, \mathrm{d}x \, \mathrm{d}z$$

将 $\begin{cases} M = \omega R^2 \cos^2\varphi + uR\cos\varphi \\ \rho \mathrm{d}z = -\mathrm{d}p/g \\ \mathrm{d}x = R\cos\varphi \mathrm{d}\lambda \end{cases}$

代入上式,整理后得到

$$-\iint_{\sigma}\rho M v_n \, \mathrm{d}\sigma = \int_{p_0}^{0}\int_{0}^{2\pi} -(\omega R^2 \cos^2\varphi + uR\cos\varphi)v \frac{R\cos\varphi}{g}\mathrm{d}\lambda \, \mathrm{d}p$$

$$= \frac{2\pi R^2 \cos^2\varphi}{g}\int_{0}^{p_0}(\overline{uv} + \omega R\cos\varphi\overline{v})\mathrm{d}p$$

式中,"—"表示沿纬圈平均, p_0 表示地面气压。

设: $u = \overline{u} + u'$, $v = \overline{v} + v'$ 。 $\overline{u}$, $\overline{v}$ 是 u , v 的纬圈平均, u' , v' 分别为对应的距平,也就是涡旋运动的风速分量,由于 $\overline{u'} = \overline{V'} = 0$,于是有:

$$\overline{uv} = \overline{(\bar{u}+u')(\bar{v}+v')}$$
$$= \overline{(\bar{u}\,\bar{v}+u'\bar{v}+\bar{u}v'+u'v')}$$
$$= \overline{\bar{u}\,\bar{v}}+\overline{u'\bar{v}}+\overline{v'\bar{u}}+\overline{u'v'}$$
$$= \bar{u}\,\bar{v}+\overline{u'v'}$$

单位时间内,通过纬圈 φ 处的整层大气垂直面(xz 面)总角动量的经向输送 M_φ 就为:

$$M_\varphi = \frac{2\pi R^2 \cos^2\varphi}{g}\int_0^{p0}(\bar{u}\,\bar{v}+\overline{u'v'}+\omega R\cos\varphi\bar{v})\mathrm{d}p$$

上式反映了水平角动量的输送形式及其输送的角动量,第一项为平均经向风速 $\bar{v}$ 对平均 $\bar{u}$ 角动量的经向输送,它是靠平均经圈环流来完成的,所以也称平均经向环流通量;第二项为迭加在纬向环流中的涡旋运动 v' 对扰动 u' 角动量的经向输送,也叫作涡旋通量;第三项为平均经向风速 $\bar{v}$ 对 ω 角动量的输送。由于 $\bar{v}$ 上下层方向相反,而 ω 角动量上下层大小差别不大,因此,对整层大气的积分后,第三项接近于零。因此,角动量经向输送实际上主要是由前两项即平均经圈环流和涡旋运动这两种运动形式来完成的。

平均经圈环流之所以能经向输送平均 $\bar{u}$ 角动量,主要是因为高层西风比低层大,即平均 $\bar{u}$ 角动量上下层大小差别就很大,虽然上下层平均的经向风速方向相反,但对整层大气的积分后,仍然有净的西风角动量的经向输送。由于中高纬度大气是准地转运动,平均经圈环流比低纬地区弱,因此,平均经向环流通量低纬地区比中高纬地区大,在低纬地区的平均经圈环流,即 Hadley 环流向北输送平均 $\bar{u}$ 角动量。

纬向环流上叠加的大型涡旋运动是完成角动量输送的主要运动型式。涡旋扰动主要指的是平均基本气流上叠加的槽、脊、高低压涡旋系统。但是具有南北向轴线、东西对称的槽、脊或闭合涡旋,由于槽脊前后的角动量输送大小相等,而方向相反,沿纬圈平均以后,$\overline{u'v'}=0$,因此,并不输送角动量(图 4-2-8)。能够向北输送角动量的大型涡旋必须是具有东北—西南走向轴线的斜槽、斜脊或涡旋(图 4-2-9)。因为在斜的槽、脊或涡旋里,槽前脊后有较大的西风,而槽后脊前西风较弱,甚至是东风,沿纬圈平均后,有 $\overline{u'v'}>0$,即有净的扰动 u' 角动量向北输送。同理,呈西北—东南走向轴线的斜槽、斜脊或涡旋,沿纬圈平均后,有 $\overline{u'v'}<0$,会向南输送扰动 u' 角动量。因此,只有当大气纬向环流存在着轴线呈东

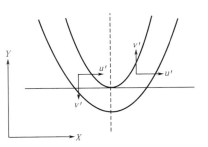

图 4-2-8　在东西对称的低压槽中涡旋扰动对角动量的输送为零

图 4-2-9 有利于角动量向北输送的斜的槽、脊和涡旋

北—西南走向的大型斜槽、斜脊或涡旋时,才能完成西风角动量的向北输送。东、西风带要想维持常定,角动量必须是从东风带向北输送到西风带,这就需要东北—西南走向的涡旋扰动,而实际大气中确实存在这种形式的涡旋扰动,正是这些涡旋扰动完成了角动量的向北输送。

在涡旋运动较强、平均经圈环流较弱的中高纬地区,纬向环流上迭加大型涡旋运动是完成角动量输送的主要形式,它的贡献超过了平均经圈环流的作用。而在平均经圈环流较强的低纬地区,角动量输送的平均经向环流通量和涡旋通量作用大小相当。

应当指出,大型涡旋运动不仅输送角动量,同时也输送着热量和水汽。中、高纬地区热量、水汽的南北交换(暖湿空气北上、干冷空气南下),也主要靠大型涡旋的输送完成的。

(2)角动量的垂直输送

大气主要是通过与地面接触,在地面摩擦的作用下,才失去或获得角动量,而且,东风带是大气西风角动量的获得区,西风带是消耗区。山压力矩的作用基本上也是如此,大气与地球的角动量交换主要在低层。然而,角动量的水平输送过程却主要出现在对流层上层,因此,要达到角动量的平衡,在低纬东风带必须有角动量向上的垂直输送,下层获得的角动量必须向上输送,以满足高层角动量向北输送所需,而在西风带必须有向下的垂直输送,这样才能补充低层消耗的角动量。

角动量的垂直输送主要是通过平均经圈环流来完成。垂直经圈环流之所以能垂直输送角动量,是与 ω 角动量随纬度变化有关的。低纬地区大气绕地轴旋转的半径大, ω 角动量也就大。例如信风环流圈(见图 4-2-10)大体上位于赤道至纬度 30°间,在赤道至纬度 15°区内是上升运动,向上携带角动量,而在 15°到 30°的纬带内是下降运动,向下输送角动量。由于 ω 角动量与 $\cos^2\varphi$ 有关,纬度愈低, ω 角动量愈大,因此,信风环流圈靠赤道一侧的上升气流向上携带的 ω 角动量,大于向极地一侧的下降气流向下携带的 ω 角动量,所以最终有净余的 ω 角动量向上输送。赤道附近上空获得的 ω 角动量在向北运动中,在绝对角动量守恒定律的支配下,将转化为 u 角动量,这样便补充了大型涡旋向北输送 u 角动量的需要。根据计算,信风环流圈可以完成热带所需要的大部分垂直输送。

同样的道理可以说明中纬度地区逆环流圈对角动量垂直输送的作用。逆环流圈靠极地一侧是上升气流,向上携带较小的 ω 角动量,靠赤道一侧是下沉气流,向下输送较大的 ω 角动量,因而有净余的 ω 角动量向下输送,然后又在低空向北的运动中转化为 u 角动量,以弥补地面西风带的消耗。虽然中纬度地区的逆环流圈很弱,但那里的 ω 角动量的向极梯度却较大,因此,也能完成所需要的输送。自然,极地东风带上空的直接热力环流圈,也向上输送 ω 角动量,并在上空向北运动中转化为 u 角动量,但它的输送量是很少的。

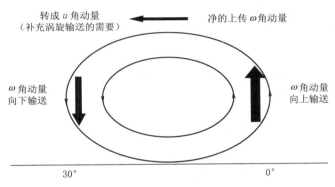

图 4-2-10　Hadley 环流圈对角动量的垂直输送示意图

必须指出,这些垂直环流圈当然也同时输送 u 角动量。上升气流中 u 角动量小,而从高层下沉气流中所具有的 u 角动量大,故造成 u 角动量有向下净输送。

一个较完整的角动量输送图像如图 4-2-11 所示,低纬东风带从地球获得角动量,通过经圈环流把角动量向上输送到高空,然后通过涡旋通量及平均经圈环流通量完成角动量从低纬向中高纬输送,中纬度逆环流又将角动量向下输送,以补偿低层西风角动量的消耗。角动量的输送使各地区角动量收支平衡,从而使大气运动保持常定状态。

4.2.3.3　东西风带存在的必然性

由前面的讨论可知,摩擦使东、西风带都减弱,大气运动就不能只是单一的东风带或西风带,否则大气和地球都不能呈现为定常状态,因而大气运动必须是东、西风带共同存在。东、西风带的存在是与角动量输送的空间分布特点有密切关系的。如果某个地区有角动量的聚集,这个地区就会出现较强的西风;反之,如果某个地区有角动量的流散,这个地区西风就会减弱,或者出现东风。通过计算实际大气角动量输送的分布,可以解释纬向风场分布的特征。

如图 4-2-12 所示是根据 1 月份北半球的实际资料计算的平均地转风对绝对角动量的向极地方向输送值分布。图中表明,角动量自南向北输送最大值出现在北纬 30°附近的 200 hPa 上空,显然 30°以北有角动量聚集(辐合),而且对流层中角动量的辐合,随高度增大;30°以南有角动量输送流散(辐散)。中纬度地区是角动量输送的辐合区,而且是辐合量随高度增大,在 200 hPa 高度附近最大,与之对应,中纬度上空就会出现西风,西风也随高度增大,且在 200 hPa 上最强,有西风急流存在,这说明中纬度上空的强西风是角动量输送的结果。低纬地区上空由于是角动量辐散区,就会出现东风。

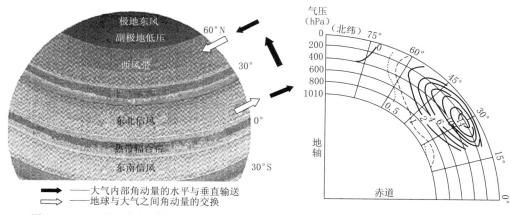

图 4-2-11　地球—大气系统之间角动量的交换　　图 4-2-12　角动量向极地方向输送分布图
以及大气内部角动量的输送示意图　　　　　　　(单位:10^{14} m·kg·s^{-2}·cm^{-2})

角动量不断地向中纬度聚集,中纬度西风应该不断增大,可是实际大气中,中纬度西风并没有无限地增大,这就意味着一定要通过摩擦消耗掉一部分 u 角动量,而消耗是由摩擦造成,只有当中纬度地面是西风时,地面摩擦才能消耗西风角动量。这就要求中纬度的地面一定是西风。

同理,低纬上空角动量水平输送流散将使那里不断失去角动量,要得到角动量的补充,这就要求低层必须是东风,只有是东风才能通过摩擦获得 u 角动量,然后输送到上空以补充上空失去的角动量。极地上空也有较弱的角动量输送辐散,因而那里的地面上也维持着东风。

这说明为了保持大气中各种关系之间的协调统一,大气运动不仅必须东西风共存,而且必须是观测所示的分布特征,即中纬度地区上下层都是西风,而且是西风强度随高度增大,高层有强西风;低纬地区低层是东风,高层东风。这就解释了大气的纬向风分布特点。

　　综上所述,东、西风带的存在,是大气环流内外因子相互影响、相互制约而达到协调统一的结果。大气在太阳辐射能和地转的影响下产生了环流,这种环流是以纬向为主的具有平均经圈环流的环流,并且在纬向环流上叠加着大型涡旋运动;通过大型涡旋运动和平均经圈环流对角动量的输送,使除赤道附近以外的对流层中、上层主要是西风,且以中纬度地区上空 200～300 hPa 附近的西风为最大,形成了平均西风急流;地面上则是三个风带,中纬度地区是西风带,高、低纬度地区是东风带。正是这样的风带分布和各种环流型式的结合,使绝对角动量维持着基本平衡。

4.2.3.4　三圈环流的形成和维持

　　根据研究得知,经圈环流的形成和维持是与三方面的因素有关的:一是太阳辐射随纬度而不同,即由赤道向两极减少;二是角动量向极地方向输送的辐合的垂直梯度;三是热量输送随纬度分布的不均。第一个因素的作用将造成直接热力环流,例如信风环流就主要是由这个因素造成的。中纬度地区虽然有很强的向极辐射梯度,有利于热力环流圈的形成,但是中纬度也有很强的涡旋运动,涡旋运动向中纬度地区输送角动量和热量,造成中纬度地区是角动量、热量输送的辐合区,为了保持大气内部各种关系的平衡,中纬度就必须维持一个逆环流圈。下面就从角动量输送、热量输送来说明中纬度逆环流存在的必然性。

　　先看角动量输送辐合随高度变化的作用。前面讨论过角动量输送空间分布不均匀对纬向风分布的影响,角动量分布的不均匀不仅影响纬向风的分布,也会影响经向垂直环流。实际的计算表明,中纬度地区是角动量输送的辐合区,其辐合量随高度而增大,在 200～300 hPa 高度上,即平均西风急流所在处,辐合达最大值。在准地转和准静力平衡的制约下,角动量输送的不断辐合,必然形成强大的并持续加强的西风,以及相应的不断增强的向极温度梯度。太阳辐射随纬度分布的不均,可以造成向极温度梯度,然而却不能满足其不断增大的要求。但是,如果这时中纬度有一个逆环流圈存在,即在较高纬度上升而在较低纬度下沉的垂直环流圈存在,就可以增加向极温度梯度。这是因为,逆环流圈靠赤道一侧是下沉气流,在绝热的条件下,空气下沉增温,使靠近赤道这侧的空气温度不断升高;而逆环流围的靠极地一侧是上升气流,空气将绝热冷却,使那里的气温不断降低(图 4-2-13)。所以,有了逆环流圈以后,就可以造成不断增大的向极温度梯度。同时,与逆环流圈中经向运动相应的地转偏向力 $f\bar{v}$ 在上层是指向西的,即 $f\bar{v} < 0$,它将削弱上层的西风,制约上层西风的继续增强;而在下层,与逆环流圈中经向运动相应的地转偏向力 $f\bar{v}$ 指向东,即 $f\bar{v} > 0$,它将加强地面的西风。

　　由此可以看出,逆环流圈起到两方面的作用:既能增强向极方温度梯度,以满足角动量向极方输送辐合的需要;同时又起到了削弱上空不断增强的西风,以及维持地面西风以免被摩擦耗散殆尽的作用。这两方面的作用正好有相互牵制作用,使环流

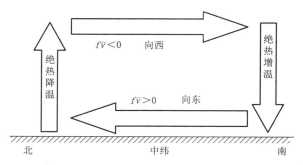

图 4-2-13　中纬度逆环流的作用

之间保持协调,而不会朝一个方向发展。有了逆环流圈,各种环流型式在内外因素的相互影响、相互制约之下,取得了协调统一的关系。因此,中纬度地区逆环流圈的存在是必然的。由此看来,中纬度上空的强西风是角动量输送的结果,逆环流上空经向运动相应的向西的偏向力,不足以形成偏东风,只能起到削弱上层西风的作用,这也说明了大气环流的形成与维持是各种因子共同作用、各种关系相互平衡的最终结果。

再来看第三个因素对平均经圈环流形成的作用。与角动量南北输送一样,热量南北输送的分布也是不均匀。热量的输送不仅通过经圈环流来进行,而且也通过大型涡旋来进行。在中高纬度地区大型涡旋的热输送是主要的。观测指出,在中纬度地区有最大的热通量。如以 B 表示涡旋热通量(见图 4-2-14),那么,最大值 B 所在纬度的靠极地一侧应有热通量的辐合 $\dfrac{\partial B}{\partial y} < 0$,而其靠赤道一侧应有热通量的辐散 $\dfrac{\partial B}{\partial y} > 0$。 由于热通量辐合区温度要升高,而辐散区温度要下降,因此,热量输送的结果将削弱向极温度梯度。在地转平衡和静力平衡的制约下,温度梯度的削弱必有热成风的减小,即高层西风减小,低层西风加大。逆环流圈中经向运动所引起的地转偏向力,正好起着削弱热成风的作用,因为它使上层的西风减弱和地面的西风增强,自然

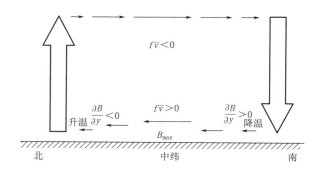

图 4-2-14　涡旋热通量输送的分布与中纬度逆环流

二者的差值——热成风便减弱了。同时,逆环流圈中的垂直运动造成的绝热增温和冷却,又起着恢复向极温度梯度的作用。可以看出逆环流圈也是起到两方面的作用:既起着削弱热成风的作用,以满足热量向极地方向输送辐合造成的向极温度梯度削弱的需要;同时垂直运动造成的绝热增温和冷却,又起着恢复向极温度梯度的作用。这两方面的作用也有相互牵制作用,使环流之间保持协调,而不会朝一个方向发展。所以,为了维持涡旋热通量与环流间的平衡关系,中纬度地区也必须有逆环流圈存在。

　　综合上述三个因子的共同作用可知,低纬度地区应当是一个直接热力环流圈,即正环流圈。中纬度地区虽有很强的向极辐射梯度,利于直接热力环流圈的形成,但同时那里也有很强的涡旋运动,并造成角动量输送辐合的垂直梯度和热通量的极大值,而要求形成逆环流圈以维持平衡;三项因子共同作用的最终结果,是在中纬度地区维持一个较弱的逆环流圈。在高纬度地区,三项因子共同作用的结果是一个较弱的正环流圈。这样,在南、北半球上便分别出现了三个平均经圈环流。它与观测事实是一致的。由此可知,三圈环流的形成和维持是在太阳辐射随纬度分布不均以及地转效应的共同作用下,为保持大气环流内部的各种平衡关系所必需的。按照三圈环流建立的大气环流简单模式如图 4-2-15。

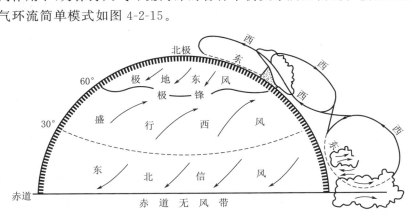

图 4-2-15　三圈环流模型及近地层三风四带的关系示意图

　　从以上关于东、西风带和三圈环流形成、维持的讨论中可以看出,太阳辐射随纬度分布的不均是造成大气环流的最基本因子。在它的作用下,低纬度地区将出现直接热力环流圈。而在中、高纬度地区,在地转的作用下,大气环流状态是以纬向为主的。这种纬向环流常常是斜压不稳定的,当它受扰之后,扰动会不断增长,发展成大型涡旋。大型涡旋出现后,便成了向极地方向输送角动量和热量的重要机制,通过它的输送,调节着向极温度梯度,并维持着中、高纬度地区上空的西风。同时,角动量和热量输送的不均匀分布,又要求中纬度地区上空维持一个逆环流圈,以保持大气环流内部的各种平衡关系。这样,便出现了三圈环流以及相应的地面东、西风带。除了大型涡旋以外,经圈环流也起着输送热量和角动量的作用,特别是对垂直输送有着重要作用。综合以上的分析可以看出,大气环流中的各种运动型式,如东、西风带、经圈环流、大型涡旋以及大气中的温度分布等,都不是孤立地存在的,而是相互依赖、相互影响的,它们互相作用,互为因果,以达到协调统一,从而表现为实际的大气环流。单一的大气运动形式不能实现各种关系的平衡,最终会因为摩擦消耗殆尽,不能满足角动量的平衡;单圈环流虽然可以使热量达到平衡,但是其相应的风场却不能保持恒定,也就是单圈环流不能在保持热量平衡的同时,保持角动量的平衡,因此,单圈环流不能够存在,大气最终调整为三圈环流。正是大气运动的多种形式及其相互影响,使各种关系也达到平衡。大气现在这种运动状态实现了各种关系的平衡,或者说要想达到各种关系的平衡,大气就必须是现在这种运动状态。而在这各种运动型式之间,大型涡旋运动起着尤为重要的作用。

上述关于大气环流基本状态形成和维持过程的认识,曾为模型实验和数值模拟试验所证实,由它们得到的结果也与观测事实基本相符。

4.2.4　海陆与地形对大气环流的影响——活动中心、平均槽脊的形成

考虑太阳辐射及地球自转形成的大气环流是没有经度间的差异的,但观测事实表明,在高空平均水平环流中,有明显的平均槽、脊经常存在于某些固定地区的现象,并且有明显的年变化;而地面图上的平均环流已远不是带状的纬向环流,而是一个个与海洋和大陆有密切联系的活动中心。这些现象的存在,是海陆与地形影响的结果。

地球上海陆相间、山峦起伏,它们对大气运动有重要的影响。由于海水的流动性,当它接受热量时,表面层的热量会传递到较深的水中去,以致海面温度不会增高很多;而当它失去热量时,深层海水的热量又会向上输送,致使海面温度不会降低太多。这样就造成了海面温度日变化和年变化都较小的特点。大陆情况恰好相反,它的增热和失热都只及于地面很浅的表面层,因此,地面温度既容易升高也容易降低,有显著的年、日变化。大气是通过辐射、乱流、凝结等过程从下垫面获得热量的,对于大气来说,夏季大陆是热源,它向大气供应热量;冬季,海洋成了热源,大陆却变成热汇(冷源)了。当然,下垫面对大气的加热作用,不能脱离大气的运动状态来讨论。不同的环流状态会或多或少地改变下垫面对大气的加热作用,但是,海陆的直接热力效应仍然是基本的。

北半球上的海陆大体上是东西向交替分布的。为说明问题简单起见,假设大陆为南北向的长条状,中间隔着海洋。设想空气自西向东运动,由于海陆对大气的不同热力作用,冬季大气经过大陆时,必将逐渐冷却,直至大陆东岸,温度达最低;继续向东到达海洋上空时,气温又因海洋的加热作用,逐渐升高,直到海洋的东部,温度达最高;再继续向东进入大陆后,气温又再次降低。这样,空气在自西向东行进中,便形成

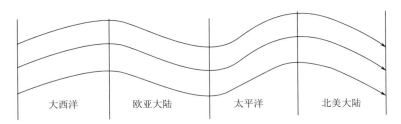

图 4-2-16　冬季海陆间等温线的分布模型

了如图 4-2-16 的温度场。在大陆东岸为温度槽,大陆西岸为温度脊。夏季正好相反,大陆东岸为温度脊,大陆西岸为温度槽。这种温度场模式基本上反映了实际大气在海陆热力影响下的温度场的主要特征,实际大气温度场与上述特征十分相似(如图4-2-17),说明温度场受下垫面热力影响较大。

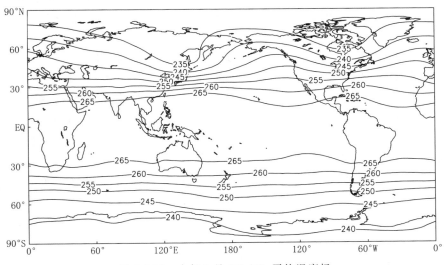

图 4-2-17　大气 1 月 500 hPa 平均温度场

(单位:K,根据 NCEP 资料绘制)

与此温度场相应的气压场形势是:冬季在大陆的东岸有低压槽,西岸有高压脊;夏季反之。事实上,冬季东亚大槽和北美大槽都位于大陆的东岸;夏季,东亚大槽离开了大陆东岸而向东移动了不少。这些事实说明,这两个大槽的存在是与海陆的热力作用有密切关系的。但是,它们的存在还不能完全用海陆热力效应来解释。因为,东亚大槽虽然有年变化,但其夏季位置仍在海洋上而并没有移到大陆的西岸;而北美大槽的位置冬夏并无多大变化。所以,单用海陆分布来解释这两个平均大槽是不充分的,还必须考虑地形的作用。同时也应看到,即使是海陆的热力效应,也要通过大气的运动来实现,而不会像上面所讲的那样简单。我国的气象工作者曾结合地形和海陆两者的效应,从理论上计算了冬季东亚大槽和北美大槽的强度和位置,其结果与实际情况相当近似。

上面分析了海陆热力效应对 500 hPa 及其附近高度上环流的影响,现在来看它对地面环流的作用。海陆热力效应对地面环流的作用,是使地面系统分裂成一个个高、低压活动中心。冬季,大陆是冷源,海洋是热源,因此,从热力效应来看,大陆上将形成冷性高压,海洋上将形成暖性低压;夏季情况刚好相反,大陆上利于暖性低压形成,而海洋上利于冷性高压形成。当然,地面气压系统的形成原因不仅有热力的,而且主要是动力的,但海陆的热力效应有一定的影响。例如,冬季广阔的东亚大陆上常常有强大的冷性高压停留和发展,而夏季又常有热低压形成,这些都是海陆热力效应的明显例子。

地形对大气环流的影响比较复杂,它不仅有动力作用,也有热力作用,而且其作用又随大气的运动状态而变化。北半球有两个最大的山系,一个是以青藏高原为中心的庞大的亚洲山系,另一个是以落基山为中心的北美洲山系。青藏高原的平均高度在 4 km 以上,占对流层的三分之一。东西宽达 3000 km 以上,南北长达 1500 km 左右,形似椭圆。落基山的高度虽比较低,但一般也在 2 km 以上,其特点是南北特别长,约达 5000 km,整个山脉呈长条状。这两个巨大的地形,对大气环流有明显的影响。

地形对大气环流在动力方面的影响,是迫使空气运动状态发生改变。例如,气流遇到高大的山脉时,由于山脉的阻挡,迎风坡空气堆积,气压升高;背风坡空气流散,气压降低。这样就造成了迎风坡的高压脊和背风坡的低压槽。此外,地形还可迫使气流绕流。盛行的西风气流流近青藏高原时,被迫分为两支,一支由高原北部绕过,形成高压脊,冬季我国北疆以及蒙古西部出现的高压脊,与这种绕流作用有关;另一支由高原南边绕过,形成低压槽,孟加拉湾地区 700 hPa 图上经常出现的低槽,与高原的这一作用有密切关系。

由于青藏高原的巨大,由它产生的扰动不仅出现在高原附近,而且能影响到高原东部很远的地方。根据理论计算,地形产生的扰动能使整个纬圈上出现三个波。模型实验也发现当西风风速增大到一定范围时,地形障碍物会引起行星波尺度的槽、脊,并且在第一个槽的南部还出现了急流(见图 4-2-18)。这些理论计算和模型实验,都说明大地形对平均槽、脊的形成起着重要作用。

大地形对大气的热力影响也是不容忽视的。近年来的研究发现,夏季以青藏高原为中心的亚洲高原区与以落基山为中心的北美洲高原区是两个热源中心区。这表明高原地表在夏季受热后,通过乱流输送给空气的热量是相当大的。这种加热作用,形成了青藏高原上空的大陆暖高压,以及东亚低纬度地区上空的与信风环流圈反向的季风环流圈(见图 4-1-9)。

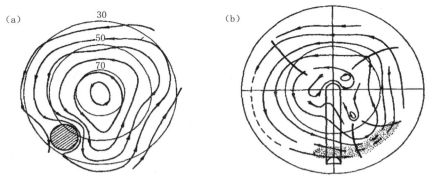

图 4-2-18　西风气流中放置障碍物的模型实验
(a)气流过圆形障碍物时的情况;(b)气流过长条形障碍物时的情况

　　总而言之,大气环流中的平均槽、脊的常定分布状态,是在海陆和大地形的共同作用下形成的。海陆的不均匀加热和大地形的动力扰动,不断地对基本的纬向风系发生作用,使大型扰动经常在固定的地区加强而成为平均槽、脊。应该注意的是,海陆和地形作用形成大型涡旋,而大型涡旋形成后又会反转来改变着海陆和地形对大气环流的影响,亦即它们也是相互影响、相互制约的。

4.2.5　摩擦的作用

　　摩擦包括大气与地面间的摩擦以及大气中的内摩擦,把大气看作一个整体,大气内摩擦就不必考虑,仅考虑大气与地面间的摩擦。
　　大气与地面间的摩擦主要起消耗大气动能、阻滞大气运动的作用。这种消耗,虽然在研究短期天气变化时,因影响不大可以忽略不计,但在研究大气环流的问题中,它却是一个不可忽视的重要因子。正是因为地球与大气之间的摩擦作用,才使得地球与大气之间的角动量得以交换,使地球与大气都能保持准定常的运动状态。前面的分析表明:摩擦在地球与大气之间角动量的交换中发挥着十分重要的作用。

4.2.6　大气本身的特征——大气的尺度特征、可压缩性、连续性、流动性

　　除了上述几个因子之外,大气环流所以具有前面所述的基本特征(准水平、准静力、准地转),则是与大气本身的特殊尺度有关的。影响天气变化的大气层主要限于近地面数十千米厚的大气,然而与大气环流有关的大气运动的水平尺度则与地球半径的尺度相当。因此,可以认为,地球大气是覆盖在地球表面上的一层很薄的空气。大气本身的这种特殊尺度规定了大气环流状态一定是准水平的;大气在垂直方向上基本满足准静力平衡,垂直运动很弱,其垂直速度仅是水平速度的百分之一,以水平运动为主。水平运动则满足准地转平衡。所以大尺度大气运动准水平、准静力、准地

转的特点,与大气本身的特殊尺度有关。这种运动的特性是研究大气环流时必须注意的重要性质。

此外,大气本身的可压缩性、连续性、流动性等特性,则是引起大气运动的内部原因,由于大气的这些特征,当大气温度分布不均匀时,大气才会产生运动。

§4.3　副热带及低纬地区的环流概况

在第一节观测事实里,介绍的主要是中高纬度西风带的情况,本节介绍副热带及低纬地区的环流概况。大量的分析研究表明,低纬大气环流对全球大气环流来说是非常重要的一部分。南北纬30°之间的地区占地球表面积的一半,而且是西风带角动量、热量的重要源地。因此,认识副热带及其以南低纬热带地区的环流特征是十分必要的。

4.3.1　平均水平环流

4.3.1.1　低层平均水平环流

图 4-3-1 是南北半球副热带及低纬地区 1 月和 7 月地面气压场和流场。

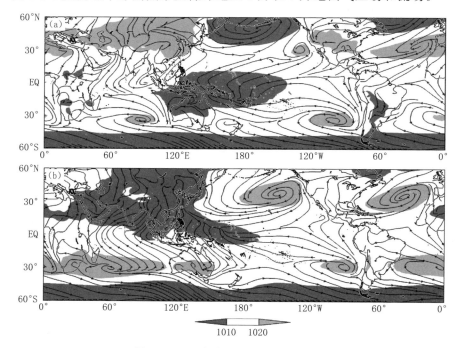

图 4-3-1　北半球月平均海平面气压场

(a:1 月,b:7 月,深色阴影区气压小于 1010 hPa,浅色阴影区气压大于 1020 hPa。根据 NCEP 资料绘制)

（1）半永久性活动中心与季风

全球几个主要的大陆上，有半永久活动中心随季节更替。例如欧亚大陆、北美大陆、澳洲大陆。北半球冬季，亚、非、北美大陆上是冷高压，其中以亚洲的势力最为强大，大陆冷高压南部宽广的东北气流就是著名的东北季风。而北半球夏季，从北非到南亚，大陆上由冬季的冷高压控制转为一个热低压控制，这一东西向的低压带南部广大地区的气流，也已由冬季的东北季风转变为稳定而强劲的西南季风。这是南亚环流最突出的季风现象。亚洲季风区也是全球范围内强度最强、范围最广的季风区。南半球1月是夏季，澳洲、南非和南美三个大陆上均为较弱的热低压；7月是冬季，澳洲大陆为较强的冷高压控制。冷高压北部的东南气流经常越过赤道影响东南亚及西北太平洋地区。

（2）副热带高压与信风

南北半球副热带地区的洋面上副热带高压常年存在，北半球太平洋及大西洋上的副热带反气旋中心分别在140°W和30°W附近，势力夏季要比冬季强大，中心位置也偏向西北。由于副热带高压常年存在，与之相联系的风就相对恒定，不随季节变化，称为信风。北半球副热带高压南侧全年是比较恒定的东北气流，即东北信风，南半球由于科氏力作用，方向与北半球相反，副热带高压逆时针旋转，其北侧全年是比较恒定的东南气流，即东南信风，中东太平洋广大地区为信风占据，是著名的信风区。

（3）赤道辐合带

在赤道附近，可以看到沿纬圈方向有一条基本上环绕地球的南北半球两支气流的汇合地带，这一行星尺度气流汇合带，叫作赤道辐合带（inter tropical convergence zone，简称ITCZ）。根据汇合的气流不同，将赤道辐合带分为信风辐合带和季风辐合带。两种辐合带气流辐合形式及位置随季节的变动也不相同。

中东太平洋及大西洋上为南北半球两支偏东信风以渐近形式汇合形成的辐合带，称为信风辐合带，其冬夏位置变化不大，基本位于4°—10°N附近；而北非-印度洋-东亚-西太平洋为季风辐合带，季风辐合带冬夏位置变动大。冬季北半球季风区宽广的东北季风越过赤道，随着地转偏向力的改变，向左逐渐转为偏西气流，然后与南半球的东南风汇合，辐合带平均位于10°S；夏季，南半球大范围的东南信风，越过赤道后，向右偏转为西南风，汇入亚洲大陆的热低压，在印度西北部辐合带最北可达25°N，这期间赤道西风的宽度可达20～25个纬距，厚度可达500 hPa。7—8月是赤道西风最强的月份。

赤道一侧气流越过赤道后，因地转偏向力方向改变而偏转成偏西气流，这种大范围气流方向转向地带，称赤道缓冲带。气流的转向使赤道附近出现西风，这种出现在赤道附近的西风叫作赤道西风。赤道西风与平均图上的低纬地区东风带不一致，表现出经度间的差异。

赤道辐合带由于对应有辐合上升,在卫星云图上,对应为一条走向与辐合带走向一致的云带;赤道辐合带气压场上则对应为低压带,故也称为槽或赤道槽。所以季风辐合带也叫季风槽,信风辐合带也叫信风槽。

4.3.1.2 高层大气平均水平环流概况

图 4-3-2 是 200 hPa 平均水平风流场,从图中可以看到:

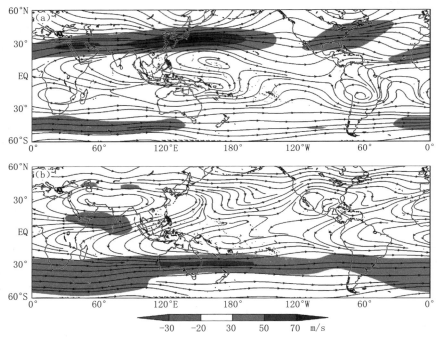

图 4-3-2 北半球月平均 200 hPa 流场

(a:1 月,b:7 月,根据 NCEP 资料绘制)

1 月,东西两个半球的环流差异很大。在东半球 0°—160°W 范围内,赤道两侧为两个反气旋环流带控制。北侧的反气旋环流带轴线在 10°N 左右,在西太平洋和印度洋上空各有一个大的中心。南侧的反气旋带轴线在 10°—20°S 之间,由一系列较弱的中心组成,赤道地区上空处于两个反气旋之间的偏东气流控制。西半球从大西洋向西到东太平洋,热带地区以偏西气流为主,只有南美大陆上空有一个弱的反气旋中心。

7 月,200 hPa 平均流场有了明显的变化。南半球反气旋带明显向赤道靠近,轴线约在 5°—10°S 之间。北半球北美大陆南部出现一个反气旋,东半球的反气旋带北移至 25°N 附近,中心在青藏高原到伊朗高原一带,这是北半球夏季最强大、最突出的环流系统。陶诗言等指出,这个暖性反气旋是大气的一个活动中心,在 100 hPa 最为强大,它的每一次振动,对流层上部环流便发生一次调整,中下层环流随之做相应的改变。此外,在北太平洋中部还有一个大波谷,呈东北-西南走向,对应的气压场是个高空槽,称为热带对流层高层槽(tropical upper tropospheretrough,简称 TUTT)。大西洋和南太平洋上空,有时也有这类波槽出现,平均图上不明显。

此外,两个半球反气旋向极地一侧分别存在着一支副热带西风急流,它们都在冬季最强,位置偏向赤道;夏季最弱,大都移到中纬度。

热带东风急流的强度比副热带西风急流弱得多,而且不是一个环球性环流,在冬季它只出现在印度尼西亚至非洲上空,夏季北移并延伸至太平洋西部,其垂直范围通常在 250～100 hPa,水平范围在 4°～20°N 一带,是一个持续性的环流带,位置、方向变化不大,平均最大风速出现在 150 hPa 附近。

4.3.2　副热带低纬地区的垂直环流

4.3.2.1　经向垂直环流

低纬地区经向垂直环流有以下特征。

(1)低纬全球平均 Hadley 环流冬强夏弱

全球纬向平均后,低纬平均经圈环流为 Hadley 环流,赤道附近较暖气流上升,到高层分别流向两极,在两半球的副热带地区下沉后,在低层又流回赤道,构成一个闭合环流。由于它是由大气温差直接造成的,南北温差愈大,环流愈强,所以在南北温差最大的冬半球最强盛,而在南北温差最小的夏半球不明显,且分别出现在赤道两侧。

图 4-3-3 是用质量输送流线表示的全球低纬度地区各个季节平均的经向环流图。从图中可见,总的来说,各个季节在赤道附近都是上升气流,它们到 200 hPa 左右即大量转向冬半球下沉,两个半球的冬季都存在一个完整的闭合环流圈。这种在较暖的地区空气上升,较冷的地区空气下沉的经向闭合环流即为 Hadley 环流。

(2)不同区域经圈环流存在差异

Hadley 环流是低纬的平均情况,代表了低纬地区大多数地方经圈环流的特点,但是大气实况比它复杂得多,各个地区经向环流都不尽相同,有的地方与平均情况并不一样,甚至相反,就北半球来说,季风区和信风区的差别尤为突出。亚洲南部到西太平洋地区为季风区,中东太平洋为信风区。季风区的垂直环流圈,由于低层与季风相联系,故称为季风环流圈;同理,信风区的垂直环流圈,称为信风环流圈。

1 月,在北半球出现强盛的 Hadley 环流的时候(见图 4-3-3),太平洋信风区虽然在 4°-10°N 的信风环流圈和平均的 Hadley 环流圈方向一致,但范围和强度小得多(见图 4-3-4)。而亚洲南部季风区的季风环流圈要比信风环流圈强得多(见图 4-3-5)。

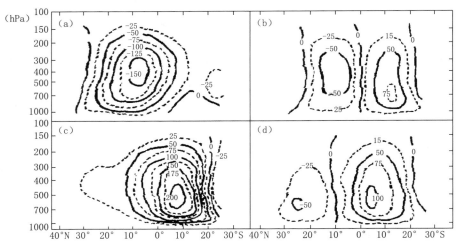

图 4-3-3　全球中、低纬度地区各季平均经向环流(质量流线单位:10^{12} g/s)
(a)12—次年 2 月;(b)3—5 月;(c)6—8 月;(d)9—11 月

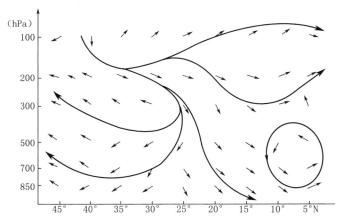

图 4-3-4　1 月 145°E—135°W 信风区平均经向垂直环流

这是由于海陆的热力差异加大了温度的南北梯度,因此,冬季风环流圈比信风环流圈强。

7 月,全球性 Hadley 环流在南半球(见图 4-3-3),北半球靠近赤道一带为其上升支,上升支以北 20°—30°N 之间为一个弱的 Hadley 环流。这时,太平洋信风区的垂直环流与此相似,30°以南也是与平均的 Hadley 环流方向一致的信风环流圈(见图 4-3-6)。但是,在亚洲南部季风区却差别很大,整个低纬地带北半球都是宽广的上升气

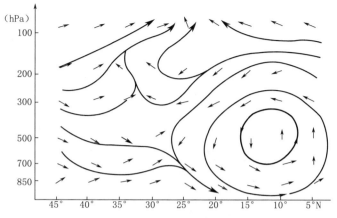

图 4-3-5　1 月 55°E —140°E 季风区平均经向垂直环流

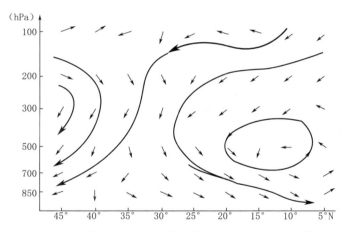

图 4-3-6　7 月 160°E —135°W 信风区平均经向垂直环流

流(见图 4-3-7),而在南半球低纬地区下沉,夏季季风区盛行的环流圈与信风区环流圈相反,所以纬圈平均后的 Hadley 环流夏季比冬季弱。

　　由此可见,太平洋信风区和亚洲南部季风区的经向垂直环流差异较大。太平洋信风区冬、夏季在 10°N 附近均为信风环流圈,只是夏季强盛,和全球模式相似;冬季较弱,和全球模式相差较大。相反,亚洲南部季风区冬季为一个强大的与平均 Hadley 环流一致的冬季风环流圈,而夏季则为一个宽广的上升气流,和全球模式相差很大。

　　应该指出,上述的经向环流还是概略的情况,近年来从赤道附近观测到的事实来看,经向环流的分布可能还要复杂得多。阿斯纳尼(Asnani)就曾按照一些事实从理

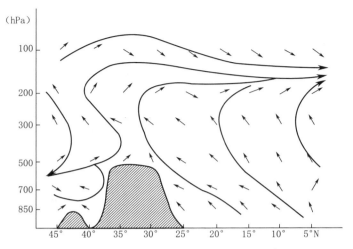

图 4-3-7　7 月 75°—110°E 季风区平均经向垂直环流

论上推论了赤道的经向环流模式。根据简化涡度方程：

$$\frac{\mathrm{d}(\xi_a^2)}{\mathrm{d}t} = -2\xi_a^2\,\nabla\cdot V$$

式中，ξ_a 为绝对涡度。由于 ξ_a 在北半球为正，南半球为负，赤道为零，因此，当空气质点趋向赤道时，有水平速度辐散，离开赤道时，有水平速度辐合。结果，在赤道两边的 Hadley 环流中，低空流向赤道的两支信风带产生辐散，高空就有气流辐合补偿，在赤道两侧造成下沉运动，而不是传统的热带天气学中认为的上升运动，从而组成了次一级的赤道经向环流圈（见图 4-3-8a）。在此基础上，阿斯纳尼还根据热带辐合带在两个半球的位置，给出的模式如图 4-3-8b，c 所示。从图中可以看到：

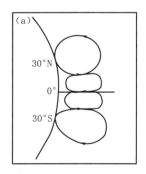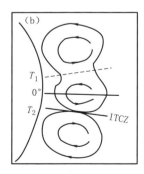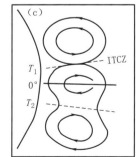

图 4-3-8　赤道附近的垂直环流模式

（1）在两个半球的 Hadley 环流之间有一个赤道经向环流圈，即赤道环流圈，其上升支不在赤道，而位于夏半球一侧，和这一半球 Hadley 环流的上升支相接。另一半球对应部分垂直运动较弱。而在赤道两侧,一边是上升,另一边是下沉,赤道上空垂直运动为零,这与卫星云图观测到赤道上空少云的现象一致。

(2)在赤道两侧 T_1、T_2 处为 $|\xi_a|$ 的极大值处,其中在夏半球 $|\xi_a|$ 较强,冬半球 $|\xi_a|$ 较弱。通常低层 $|\xi_a|$ 极大值处为低值系统。这种赤道两侧各有一槽的模式,要比传统的模式只有赤道上空为低槽的模式更接近事实。

(3)热带风暴——台风并不出现在赤道上,而和赤道有一定距离的事实,和 T_1、T_2 的位置也比较符合。

4.3.2.2　纬向垂直环流

低纬地区不仅经向存在着垂直环流圈,而且在纬向也存在垂直环流圈。

20 世纪 60 年代后期,皮叶克尼斯就提出了由于大尺度经向加热差异而驱动的纬向直接环流,即所谓沃克(Walker)环流。20 世纪 70 年代初期,克里希拉默蒂(krishnamurti)等又根据 200 hPa 的速度位势场推论了全球低纬地区的东西向垂直环流。图 4-3-9 给出了北半球冬季 15°S—15°N 和夏季 0°—30°N 地区纬向垂直环流示意图。从图中可见,不论冬季或夏季,全球低纬纬圈都存在几个相互连接的正、反闭合环流圈。

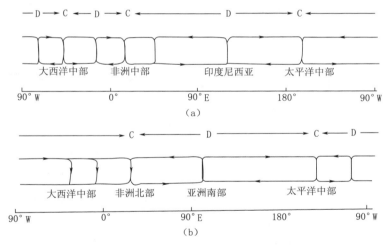

图 4-3-9　冬夏季纬向环流示意图

(图中 C、D 分别表示 200 hPa 辐合、辐散区)

(a)冬季;(b)夏季

沃克环流和 Hadley 环流一样,也是直接热力环流,它的上升支和下沉支气流都和大气的冷热源对应。夏季,孟加拉湾、南海及菲律宾以东附近洋面是个热源,北非和阿拉伯沙漠是辐射冷却区,东太平洋低纬度洋面是冷海水区,从而形成两个强大的纬向垂直环流圈。印度尼西亚、菲律宾附近旺盛的对流,造就了这些地区热带雨林天气。

4.3.2.3　经向垂直环流和纬向垂直环流的关系

经向和纬向垂直环流是大气运动的两个侧面,不是孤立活动的。而是相互配合、关联着的。比较两类环流就会看到,经向环流的上升支也是纬向环流的上升支,同样经向环流的下沉支也是纬向环流的下沉支。通过它们的有机联系,使得大气在经向和纬向运动方面得以调节。以西太平洋上空的上升支为例,这支上升气流除把能量带到高空以加强沃克环流东部的高空西风和南亚纬向环流圈的高空东风外,还将能量通过经向输送与中纬度发生交换。图 4-3-10 是西太平洋赤道北侧附近 5 个岛 200 hPa 平均南风风速距平 ΔV_5 和马克萨斯岛 200 hPa 西风风速距平 ΔU_A 的关系,显而易见,前者表示高空向北输送的强度,后者表示沃克环流高空西风的强度。由图可以看到,两者存在同期的反相变化,它表明当沃克环流强盛时,西北太平洋的经向输送减弱,反之,当沃克环流减弱时,经向输送加强。

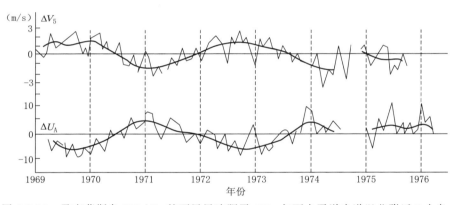

图 4-3-10　马克萨斯岛 200 hPa 的西风风速距平 ΔU_A 与西太平洋赤道以北附近 5 个岛
平均南风风速距平 ΔV_5 逐月变化及其 6 个月滑动平均曲线

季劲钧和巢纪平(1982)通过 β 平面定常的线性二维模式,从理论上也证实了纬圈环流和经围环流之间存在着相反的发展趋势,并且说明这种关系是对海表温度响应的结果。在太平洋低纬地区当海温为东暖西冷时,沃克环流减弱,Hadley 环流加强;反之,当海温为西暖东冷时,沃克环流加强,Hadley 环流减弱。

还必须指出,经向环流和纬向环流都只是为了分析方便而使用的方法,实际上纯粹的经向或纬向环流很少见到,大多数闭合垂直环流都是三维配置的,既有经向分量,也有纬向分量,只不过有的以纬向为主,有的以经向为主已。

4.3.2.4　夏季太平洋副热带低纬地区的三维环流

夏季,太平洋低纬地区的平均垂直环流,大体可分三个区域:150°E 以西的太平

洋地区属于季风环流区;170°E 以东为明显的信风区;150°—170°E 的中太平洋地区
为季风环流与信风环流的过渡区,或者说是两者的连接区。

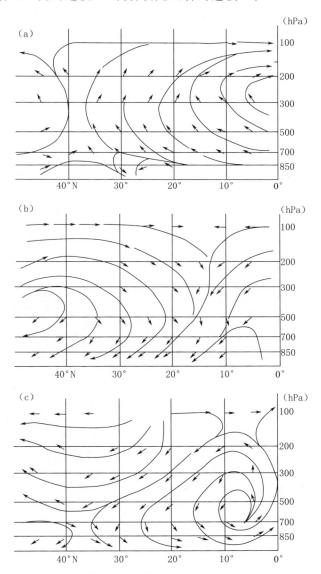

图 4-3-11   8 月太平洋低纬地区平均经向垂直环流(垂直速度已放大 200 倍)

(a)110°—130°E;(b)170°E—170°W;(c)160°W—130°W

从夏季太平洋副热带低纬地区的三维环流图中,可以看出,季风环流圈、信风环
流圈分别将季风区、信风区的高低层经向环流联系在一起(见图 4-3-11a、c)。季风

区,低层为偏南季风,高层为偏北风;信风区,低层为偏北信风,高层为偏南风。过渡区的经向环流特点是(见图 4-3-11b),20°N 以北为副热带反热力环流(Ferrel 环流),低层偏南风,高层偏北风;15°N 以南为信风环流。与信风环流直接关联的低层系统是太平洋高压的主体;与 Ferrel 环流和季风环流关联的低层系统是副高西伸脊或西太平洋高压。

水平环流则将季风环流圈与信风环流圈联系在一起。显然,连接季风环流与信风环流的水平环流,在低层表现为反气旋性环流(太平洋副热带高压),高层为气旋性环流(大洋中部槽)。太平洋中部高空槽,就是季风环流、信风环流以及 Ferrel 环流存在的必然反映。

沃克环流则将高低层水平环流以及季风环流圈、信风环流圈联成一个整体。从东亚及西太平洋地区上升,到高层,从南亚高压,沿大洋中部槽向东流去,到中东太平洋下沉,再从低层副热带高压,以东北信风的形式向西流去,形成东西向的闭合环流圈。

可见,高低层水平环流(低层太平洋副热带高压,高层大洋中部槽)、垂直经圈环流(西部的季风环流、东部的信风环流、中部的 Ferrel 环流)以及垂直纬圈环流(沃克环流)构成了夏季太平洋副热带低纬地区垂直环流与水平环流的有机整体(见图 4-3-12)。

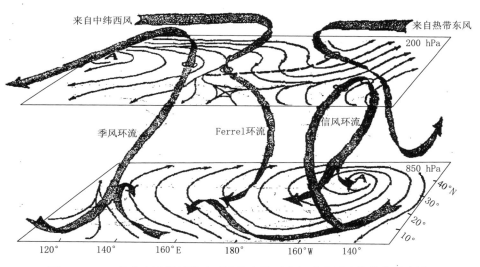

图 4-3-12 8 月北太平洋低纬地区平均水平环流与垂直环流的综合示意图

§4.4 西风带中的大型扰动

前面介绍的基本观测事实,是大气环流冬夏的平均状况,反映的是大气环流月季尺度的特点。其实即使在同一个季节,环流形势也是不断变化着的,这是由于在基本环流里叠加着大型扰动,这种扰动的发展和演变反映了大气环流的短周期变化,认识这些大型扰动的特点,是中短期天气分析预报的前提。

从观测事实中知道,对流层中上层盛行着纬向为主的宽广的绕极西风带,西风带弯弯曲曲沿纬圈运行,这种波状流型称为西风带波动。西风带的波状流型有时表现为大致和纬圈平行,这时环流以纬向西风分量为主,故称为纬向环流,或平直西风环流;西风带的波状流型有时则表现为具有较大的南北经向气流分量,有时甚至出现大型的闭合暖高压和冷低压,这种环流称为经向环流。

经向环流和纬向环流在空间分布和时间演变中经常是交替出现。某一广大地区为平直西风气流,而另一地区则出现经向环流。西风带环流随时间的变化主要表现为经向环流与纬向环流的持续及它们之间的转换。它们互相转换的基本原因可以理解为:如初始为平直西风环流,气流南北交换弱,由于南北太阳辐射强度的差异,西风带中温度梯度将加大,即锋区增强,有效位能增大,当受扰动作用,扰动因获有效位能释放得以发展成为大型扰动(大槽大脊),甚至可出现闭合系统(阻塞高压和切断低压),于是纬向环流转为经向环流;南北交换增强,南北向的水平温度梯度减小,有效位能转为动能,摩擦耗散动能,大型扰动逐渐减弱乃至消失,环流又恢复为纬向环流。

本节着重讨论对大气环流有重要作用的高空大型波动及闭合系统阻塞高压和切断低压的变化规律。

4.4.1　大气长波

4.4.1.1　长波的一般特征

西风带波动按波长可分为三类:超长波、长波、短波。

超长波波长在 10000 km 以上,绕地球一圈可有 1～3 个波,它是由地形和海陆分布的强迫振动引起,呈准静止,生命史 10 天以上属中长期天气过程。

长波通常指的是出现在对流层中上层,温压场比较对称(冷槽、暖脊结构),移速缓慢(有时呈准静止状态)的行星尺度波动,其强度随高度增强,对流层顶达最强,轴线位置随高度变化小。长波水平尺度在 3000～10000 km(通常 5000～7000 km),相当于波长 50～120 个经度(通常 60 个经度),绕地球一圈 3～7 个波(常为 4～5 个波),振幅 10～20 个纬距,平均移速每天小于 10 个经度,有时很慢,呈准静止状态,有时甚至会向西倒退。持续时间少则 3～5 天,多则可达十几天。长波的形成与地转参数 f 随纬度变化的效应有关。绝对涡度守恒情况下,当平直的西风气流受到任意的扰动,发生了南北向的运动,在地转参数 f 随纬度变化的效应下,平直的西风将转变成一列正弦波动,这就是长波。

短波的波长和振幅均较小,波长 1000 km 左右,移速快,维持时间短,出现在对流层中下层。一般来说,西风带短波常和地面图上锋面气旋相配合,温压场不对称,强度随高度减弱,轴线西倾。

西风带中的长波和短波,共存于西风带中,它们之间也会在一定条件下互相转化。例如,短波不断发展可以演变为长波,而长波逐渐减弱可以演变为短波。

长波在大气环流和中、长期天气预报中具有重要意义。长波是联系小范围天气系统和大气环流间关系的一个纽带,既是小规模(天气尺度以下)系统活动的背景,又将大尺度运动的特点以及大气环流型式的变化清晰地表现出来。所以实际天气预报中对长波非常重视。大气长波不仅成为近代大气环流理论上的一个重要方面,同时也是数值天气预报的基础。

4.4.1.2 长波的移动

采用波谱分析方法,可以把实际天气图上波形很复杂的西风带波动,分解为各种不同尺度波长的正弦波。当假定大气运动是正压和水平无辐散时,绝对涡度守恒,应用小扰动法,可以求得波动的移速。

$$C = \overline{u} - \frac{\beta L^2}{4\pi^2}$$

式中,C 为长波移速,$\overline{u}$ 为平均西风风速,L 为波长,$\beta = \dfrac{\partial f}{\partial y} = \dfrac{2\omega\cos\varphi}{R}$,为 Rossby 参数,$R$ 为地球半径。

表示西风受到扰动后,绝对涡度守恒情况下,由于纬度效应产生的大气长波的移动速度。从移速公式可以看出,长波的移速和平均西风风速 $\overline{u}$、波长 L、所在的纬度有关。

(1)叠加在基本西风气流上的长波,其移速总小于平均西风风速,西风风速越大,长波移速越大。

(2)长波的移速与所处的纬度有关(β),纬度高长波移动快,纬度低长波移动慢。

(3)长波的移速与波长的长短有关,波长越长移速越慢。

实际天气分析中可以体会到长波移动的这些特点。

如何理解高空大气长波移速的上述特点呢?在正压水平无辐散的大气中,槽脊的移动是由绝对涡度平流决定的。如槽前绝对涡度平流为正,槽后绝对涡度平流为负,则槽前进,反之,则后退。如槽前、槽后绝对涡度平流均为零,则槽静止。而绝对涡度平流由两项组成,一项是相对涡度平流,一项为地转涡度平流。因为在流线为正弦波的情形下,槽前相对涡度平流总是为正,槽后相对涡度平流总是为负。因此,相对涡度平流对槽移动的贡献总是使槽前进,且因其平流速度 u 为常数,故槽的移速即为平均西风风速 $\overline{u}$。又因为在流线呈正弦波的情形下,槽前为偏南风,地转涡度平流为负;槽后为偏北风,地转涡度平流为正。因此,地转涡度平流对槽移动的贡献总是使槽后退。因而它使得槽不能以 $\overline{u}$ 的速度东移,而只能以比 $\overline{u}$ 小的速度移动。随着波长的增加(但振幅不变),槽的强度减弱,相对涡度平流贡献减小,地转涡度平流对槽移速的作用相对地增大。当波长增至一定长度后,地转涡度平流的贡献与相对涡度平流贡献相等时,则槽静止。当波长更长,地转涡度平流的贡献超过相对涡度平流的贡献时,则槽后退。同时,又由于 β 随纬度增加而减小,所以在具有相同的经向扰动风的情形下,随着纬度的增加,地转涡度平流的作用将减小,因而波速增加。

令 $\overline{U} = \dfrac{L^2 \beta}{4\pi^2}$,

当 $\overline{u} = \overline{U}$ 时,$c = 0$,这时长波为静止波;

当 $\overline{u} > \overline{U}$ 时,$c > 0$,这时长波前进(东移);

当 $\overline{u} < \overline{U}$ 时,$c < 0$,这时长波后退(西移)。

$\overline{U}$ 称为临界纬向西风。对应的波长为静止波波长,可以写为:

$$L_s = 2\pi \sqrt{\frac{\overline{U}}{\beta}}$$

从上式看出,同一纬度,平均西风风速越大,该纬度上的静止波波长越长;风速相同时,静止波波长高纬度比低纬度长。

根据纬度和临界纬向西风风速 $\overline{U}$,可算出 L_s,如表 4-4-1 所示。

表 4-4-1　静止波波长 L_s(单位: km)与纬度和临界纬向西风风速 $\overline{U}$(单位:m/s)的关系

纬度 \ 西风风速	4	8	12	16	20
60°	3700	5300	6400	7400	8300
45°	3100	4400	5400	6200	7000
30°	2800	4000	4900	5600	6300

中高纬度对流层以上平均西风风速通常 20～30 m/s 以上,从表中可知,中纬度静止波波长约在 7000～8000 km。

根据静止波的个数:

$$n = 2\pi R \cos\varphi / L_s$$

可以算出相应的临界纬向西风风速 $\overline{U}$,如表 4-4-2 所示。

表 4-4-2　临界纬向西风风速 $\overline{U}$(单位:m/s)与纬度和波数的关系

纬度 \ 波数	2	3	4	5	6	7
30°	151	67	38	24	17	13
45°	82	37	21	13	9	7
60°	29	13	7	5	3	2

中纬度对流层以上平均西风风速通常 20～30 m/s 以上。而且是冬季强,夏季

弱,所以平均也就是 3～4 个准静止波。因而有"冬三夏四"之说。副热带平均西风要比中纬度地区小,都在 20 m/s 以下,尤其是夏季,所以副热带地区平均约有 6～7 个准静止波存在。

在定性判断长波的移动时,可将实际波长与相应纬度上的静止波波长做一比较,来判定波动是静止还是前进或后退。

由 $\overline{U}=L_s^2\beta/4\pi^2$,这时长波波速公式可写为:

$$C=\overline{U}\left(1-\frac{L^2}{L_s^2}\right)$$

当长波波长等于静止波波长时,$C=0$,为静止波;

当长波波长大于静止波波长时,$C<0$,波向西移动,西退;

当长波波长小于静止波波长时,$C>0$,波向东移动。

实际大气中,绝大多数情况下,平均波长都小于静止波波长,说明大部分波槽都是东移的,高空天气图上见到大多数就是这种东移的波。

4.4.1.3 长波调整

长波调整简单地说就是长波的变化,即当大气由一种稳定的环流状态转变为另一种稳定的环流状态时,长波个数和分布发生变化,称为长波调整。如小扰动不稳定发展成为长波,就使得长波波数增多,又如长波衰减成为短波,就使长波波数减少,这种变化势必造成槽脊位置发生移位。有时长波波数没有变化但长波已经过一次更替。长波槽脊的新生、阻塞形势的建立与崩溃、横槽转竖都属于长波调整过程。长波调整会引起的大槽大脊突然性转变,使天气形势发生重大转折。

长波调整伴有环流的变化,所以有时也叫环流调整。长波稳定也就对应环流稳定。长波调整是与长波稳定相对立的概念。在长波稳定时,大型环流很少变动,天气过程按一定的型式发展,预报起来容易掌握。当长波调整时,天气过程将发生剧烈变化,预报容易失败,所以无论从中期预报,还是从短期预报角度看,长波调整往往起着关键作用,天气分析预报中都很重视它。这种长波调整的周期往往是两周左右,预报长波调整,不仅要从该系统的温压场结构特征及其所在地区条件分析入手,而且要注意周围系统生消变化的影响;不但要注意紧邻的系统,而且要注意远处的系统,特别是关键地区内系统的变化。

4.4.1.4 大气长波与锋面气旋族

大气中的长波和短波与地面锋面气旋之间有着相互影响的密切关系。图 4-4-1 给出了这种关系。从图中可看出,每一个长波槽的前方对应着地面一串锋面气旋,气旋中的锋面呈东北—西南走向,这表明在长波槽的东侧,暖空气向北走得很远,而在槽的西侧,冷空气向南伸得很远。所以,大气长波反映了大范围的冷、暖气团的交换,长波振幅越大,冷、暖空气的交换越强烈。而在这交换过程中,锋面上有一连串的气旋族活动。

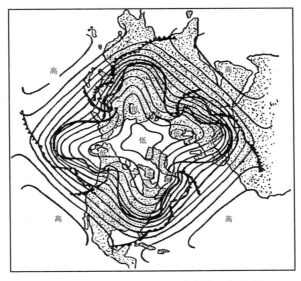

图 4-4-1　北半球高空长波槽与锋面气旋族

　　对于地球大气,如果没有空气的运动,则由太阳辐射不均所造成的锋区和地面锋带应当是纬向的,而且应当连续地围绕着整个半球。但事实上,地面锋带分裂成数段,有的地方强,有的地方弱,甚至锋消,而锋面走向也大多是东北—西南向的。这不仅和实际存在的海陆造成的经度间的加热不均有关,而且也和西风带中存在着大型波动直接有关。气压波的存在造成冷空气在槽后南下,暖空气在槽前北上。依绝对涡度守恒定律,槽后南下的冷空气在纬度效应下,它的相对涡度应增大。但是,冷空气在向南运动中,同时要向下沉,使低层发生水平辐散,而辐散将使涡度减小。所以,由于纬度和辐散的共同作用,不同地区的冷气流的相对涡度将发生不同的改变。比较之下,辐散作用在南下冷气流的右侧最强,向左逐渐减弱。因此,右侧冷气流的涡度变化以辐散作用为主,因而其涡度将减小,出现反气旋式涡度,而使其流线呈反气旋式弯曲;向左,纬度效应超过辐散效应,因而南下冷气流的涡度将增加,使流线呈气旋式弯曲。所以,在相对涡度的不同变化下,槽后

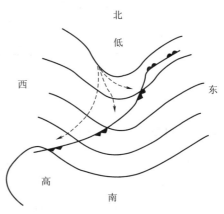

图 4-4-2　西风带波动与地面锋的关系

南下的冷空气便呈扇形铺开(见图 4-4-2),其厚度由左向右逐渐减小。由于冷空气的这

种运动,地面锋线便逐渐转成东北—西南向,并在地面形成反气旋的区域出现锋消,锋面坡度也自东向西逐渐减小。这样一来,锋带便不可能是连续地环绕着整个半球,而是变成数段锋面,每一段锋面及与其相联系的气旋和气旋族,正好是在长波槽的东方。

与冷空气南下的同时,低压槽东的暖空气顺着锋面上滑向北推进,并在高空辐散开。暖空气的向北和辐散运动将使其相对涡度减小,致使流线在高空呈反气旋式弯曲。与此同时,地面上则相应地出现锋面气旋,形成了冷锋和暖锋。这种过程在锋面上不断发生,便形成了处于各个不同生命阶段的一串气旋,即气旋族。

综上所述,可归纳出整个半球上空的三维流型模式,如图4-4-3所示。由于冷空气的向南爆发,地面上在气旋后部出现显著的反气旋式环流,并逐渐加入到低纬度信风带中;而热带区域的暖空气随着锋面气旋的活动,从高空被带至中、高纬度地区上空,在那里经辐射而逐渐冷却。这样,空气的水平环流和经圈环流相结合,就构成了一幅完整的冷、暖气团交换的图像,而这种交换显然是与西风带的长波扰动分不开的。

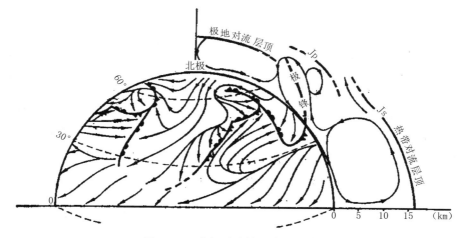

图 4-4-3   大气环流的三维流型模式

4.4.2   阻塞高压和切断低压

阻塞高压和切断低压,是对流层中上层西风带长波槽脊强烈发展形成的闭合的、对称的暖高压和冷低压,是西风带波动大幅度经向发展的结果。

当西风带中斜压不稳定波动强烈发展时,波动的南北振幅加大,空气的经向运动加强。当脊不断北伸,北上的暖空气伸到南下冷空气后部时,暖空气南部与南方暖空气主体的联系被冷空气切断,四周被冷空气所包围,使北伸的脊与南面的高压脊母体断开,在脊的北部形成闭合的、暖的高压中心,即为阻塞高压。

　　切断低压的形成是与阻塞高压形成相反的一个过程,当槽不断南伸时,高空冷槽与北方冷空气主体的联系被暖空气切断,使南伸的槽与北面的母体断开,在槽的南部形成闭合的、冷的低压中心,即为切断低压。

　　阻塞高压和切断低压常同时出现,流场形势常呈 Ω 状,由于它们的存在对上游移来的系统有阻挡的作用,使上游系统减速,所以人们常把阻塞高压和切断低压出现后的大范围的环流形势称为阻塞形势。

　　阻塞形势维持期间,对应大气环流稳定,因此,常有同类天气过程的连续出现,在天气分析预报中是很重要的环流背景系统。

　　阻塞形势的建立和消亡常常伴随着一次大范围甚至波及整个半球的环流形势的剧烈变化,是一次大范围环流形势的调整过程。冬半年寒潮爆发与阻塞形势建立、崩溃和不连续后退有密切的关系,因此,研究阻塞形势的建立、维持、崩溃是预报寒潮的关键问题之一。

4.4.2.1　阻塞高压

　　阻塞高压是高空深厚闭合暖高,但并非所有的闭合暖高都是阻塞高压,所谓阻塞高压,一般需要满足三个条件。

　　(1)对流层中上层要有闭合暖高压中心存在,且处于较高纬度(一般在 50°N 以北),表明南来的强盛暖空气被孤立于北方高空冷空气的包围之中;

　　(2)暖高压至少维持 3 天以上,在其维持时期内一般呈准静止状态,甚至可以向西倒退,即使向东移动,其移速也缓慢(小于 7～8 经距/天);

　　(3)在阻塞高压区域内,西风急流强度显著减弱,同时急流自高压西侧分为南北两支,绕过高压后再汇合起来,其分支点与汇合点间的范围一般要大于 40～50 个经距。

　　(1)阻塞高压的结构和天气分布特点

　　阻塞高压的结构可以从等压面图、垂直剖面图中反映出来。

　　垂直剖面图 4-4-4 中,实线为等压线,虚线为等温线,点虚线为高压轴线,粗实线表示对流层顶,双线表示锋区。图中对流层中上层(500 hPa 以上)等温线突起,同时等压线也突起的地方,就是暖性的阻塞高压所在的位置,从图中可以看出以下特点:阻塞高压是位于高空的深厚暖高系统,在它的两侧盛行南北向气流,其南侧有明显的偏东风。这个暖高压凌驾在近地面大规模浅薄变性冷高压后部上空,高压自下而上伸展到很高的高空,对应着高而冷的对流层顶,对流层下部高压轴线自下而上向西北方向倾斜,到高层轴线接近垂直。

　　由于阻塞高压的建立和较长时间的维持,西风带被分为南北两支,西来的系统如高空波动或地面气旋被阻停滞并逐渐消弱,或者波动重新加强、新生,沿两侧分支急流进行,这样就破坏了西风带波动的正常活动。根据这个特点可知,在阻塞高压控制区可形成较长时间的单调天气,一般说来,在阻塞高压及其东侧低压西部地区天气是

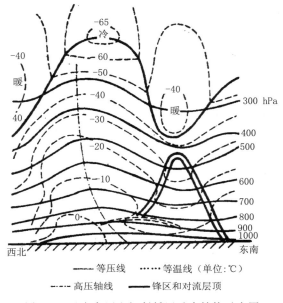

图 4-4-4 阻塞高压和切断低压垂直结构示意图

晴朗的,在其西侧及西部地区低压大部分地区(尤其是低压的东部和南部)是降水区。在阻塞高压东西两侧,由于盛行经向环流,西侧偏南风,东侧偏北风,南侧有明显的偏东风,所以天气表现是东西差异大,南北差异小。高压东部常有冷平流和下沉运动,低层为地面低压后部,天气以冷晴为主;高压西部一般是暖平流和上升运动,低层为地面低压前部,天气较暖而多云雨。高压的南北两侧为稳定的偏西气流,温度和降水的分布是东西差异小,南北差异大。

(2)阻塞高压的活动特点

阻塞高压具有明显的持续性、准静止性、区域性、季节性,根据特雷得(Treidl)对 1945—1977 年 664 个阻塞高压的研究结果表明其有如下特点。

① 持续性

664 个阻塞高压例子的平均持续时间为 12.1 天,但只占观测频率的 6.8%,持续时间为 6~10 天的次数占 51% 以上,其中以 8 天为最多,占所有例子的 11.8%,欧洲区域平均持续时间最长,北美加拿大区域最短,冬季持续时间长,秋季持续时间短。在一个以上地区,同时出现阻高,持续 7 天或更长一些时间则可称为多个阻高。多个阻高的平均持续时间为 16.8 天,33 年中有 85 个例子,其中的 41% 出现在春季,29% 出现在冬季,19% 在夏季,11% 在秋季出现。

② 准静止性

根据 540 个阻高例子的统计,发生在西风带里的阻塞高压,有半数以上在原地不大移动,过程位移不超过 15 个经度。

③ 区域性

北半球的阻塞高压,多出现在纬度 54°—59°N 纬度带内,以及北大西洋、北太平洋、欧洲沿岸、乌拉尔山、阿拉斯加等几个特定地区,图 4-4-5 为全年阻塞高压发生的频率分布。图上第一峰值区位于 0°—20°W(大西洋东部),第二峰值区位于 20°—40°E(西欧),第三峰值区位于 120°—160°W(东太平洋)。冬季和春季在大西洋东部出现最多,夏季欧洲区域成为出现最多的地区,除此之外,夏季在 60°—90°E 还经常出现阻塞高压,这是夏季所独有的,而且与我国夏季的天气气候有很大关系。秋季最大频率区又回到大西洋地区,我国上空很少有阻塞高压形成。

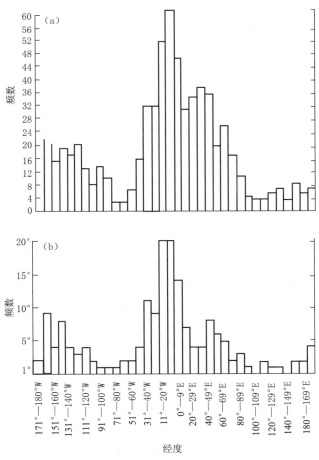

图 4-4-5　全年阻塞高压发生的频率分布

(a)全年;(b)冬季(1—3 月)

④ 季节性

一年中以冬半年为多见。出现次数最多的地区从冬到夏由大洋逐渐移向大陆；从夏到冬反之。夏季，亚洲大陆的东北部，雅库次克至鄂霍次克海一带，也常有阻塞高压形成和维持，通常称为鄂霍茨克海暖高或雅库次克暖高。亚洲东北部夏季月份出现多，欧洲秋冬月份出现多。

我国上空虽然很少有阻塞高压形成，但形成于其他地区的阻塞高压，由于改变了大气环流形势，也可以影响我国。影响我国的阻塞高压主要是：冬季的乌拉尔阻高和夏季的鄂霍茨克海阻高。冬季，欧洲多强冷空气活动，天气严寒，亚洲多为横槽，我国大部地区为横槽南侧的平直西风，多小股冷空气活动，小波较多，阻高崩溃，横槽转竖，东亚爆发寒潮。夏季，我国大部地区处于长波槽前，东北和华北地区，低层多气旋活动，但冷空气较弱，江淮地区多切变线和准静止锋活动。

(3)阻塞高压的形成与崩溃

阻塞高压通常是在以下三个条件下形成的。

① 大气处于斜压不稳定状态

这时，如果上游有冷空气爆发，便能引起高压脊发展而形成阻塞高压。具体过程是，在阻塞高压形成前，它的上游对流层中有一次强大的冷空气爆发过程，致使温度槽落后于气压槽，从而引起槽前脊后发生强烈的暖平流；与此同时，在平流层下部如 200 hPa 等压面图上，高压脊西都有冷中心出现，脊后是冷平流，于是，出现了暖平流随高度减小甚至转为冷平流的形势。这种形势有利于 500 hPa 图上高压脊区的反气旋式涡度增加和气压升高，因而使高压脊发展成阻塞高压。同时，由于脊后空气向北运动加强，在纬度效应下，反气旋式涡度也将增加。

② 长波系统趋于静止

在长波波长调整到静止波长或阻塞高压发生在超长波脊区时可以满足这一要求。超长波是与地形、海陆分布造成的强迫振动有关的，它们经常在特定地区出现。高压脊移到这些地区会停滞下来，并且由于斜压不稳定和强迫振动的相互激发而获得更大的发展。正是由于这个缘故，阻塞高压常常发生在某些特定地区。

③ 具备使北伸的脊与南部母体断开的条件

事实表明，并非所有的斜压不稳定波都能发展成阻塞高压，重要的条件是要有切断过程，只有这样，北伸的脊才能与南部母体断开，形成闭合高压。高压脊的切断过程，是西边的槽向东南方向发展，东边的槽向西南方向发展，而后形成 Ω 形的气压形势。无论是上游槽或下游槽的这种发展，都表明有冷空气从高压的西南部或从高压的东南部侵入，而不论从哪方侵入或同时从两方侵入，都能使高压脊北部的暖空气和其南方母体脱离，成为一堆孤立的暖空气，即阻塞高压。这种切断过程往往和非梯度风的出现相联系。如图 4-4-6 所示,高压脊前部出现了大片穿过等压线吹向高压的偏东风,为了满足梯度风平衡,在偏东风右方必然增压,左方必然减压,因此会使高压脊与母体断开。

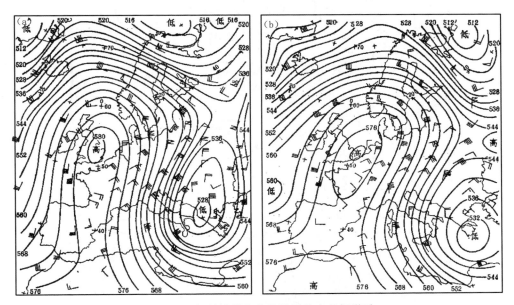

图 4-4-6　切断过程和非地转风的出现相联系

(a)1959 年 1 月 27 日 23 时 500 hPa 形势图;(b)1959 年 1 月 28 日 23 时 500 hPa 形势图

阻塞高压的形成过程,就是高压脊强烈发展的过程。概括起来有以下两种主要型式。

一种是经向发展型。这一型的阻塞高压是从比较平直的西风环流中,或是从已有的高压脊发展成的。图 4-4-7 是乌拉尔阻塞高压形成的经向发展型的例子。这一型的主要特征是:在阻塞高压形成前三天,位于欧洲沿岸的空中槽,因槽后有强烈的冷平流而获得显著发展,从而引起槽前暖平流增强,致使在 10°E 附近发展出一个高压脊(见图 4-4-7a)。这个高压脊在东移过程中继续发展。最后,因其下游贝加尔湖以西地区一直维持着一个稳定的空中低压区,槽线呈东北—西南走向,因此,发展着的高压脊便在乌拉尔山附近静止下来,并发展成为阻塞高压(见图 4-4-7b)。经向发展型的天气模式,可概括为图 4-4-8 的型式。

另一种是叠加型。它是由南北两个波带中的脊,因移速不同,最后移至同一经度区,相互叠加,振幅增大而发展成的。图 4-4-9 是欧洲沿岸阻塞高压形成的叠加型例子。这个例子是北面波带中的新生脊东移快,因而逐渐叠加到其下游南边波带中已

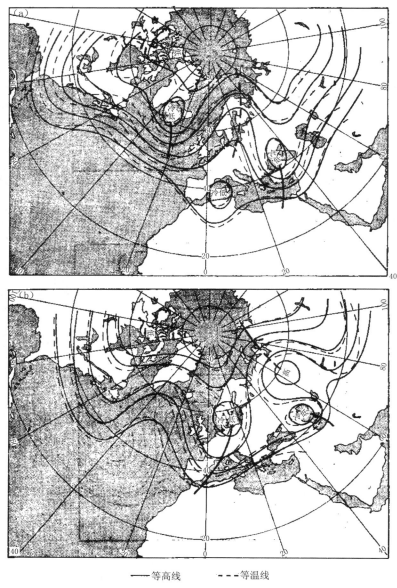

——等高线　－－－等温线

图 4-4-7　乌拉尔经向发展型阻塞高压形成过程的 500 hPa 温压场图

(a)形成前;(b)形成后

衰退的高压脊上,形成了阻塞高压。它的过程是:在阻塞高压形成之前,欧洲沿岸原已有一个衰老的阻塞高压,在它的上游和下游南边,空中槽中一般都有闭合低压中心

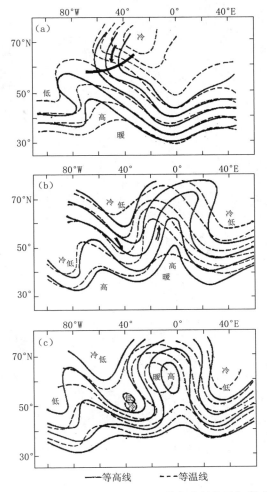

图 4-4-8　阻塞高压经向发展型形成过程的天气模式

出现(见图 4-4-9a)。此后,由于北美大陆上有冷空气侵入,使该地区发生了一次低压的重建过程,致使原来位于北美东部的低压槽向东移动,槽前的新生脊也随之向东移动,并在槽前暖平流的影响下获得发展。而这时南边的波动却比较稳定,所以,当北边新生脊东移发展时,其下游原已衰老的阻塞高压便东移并且与其南边两侧的槽或闭合低压脱离,这时,北边新生脊却追了上来,与南边两槽之间的位于大西洋东部的高压脊(原衰老的阻塞高压分裂出来的脊)叠加,出现了阻塞高压的重建(见图 4-4-9b)。与此同时,北边的空中槽也和南边的低槽叠加,因而造成了上、下游低槽稳定而有利于阻塞高压形成和维持的形势。叠加型的天气模式如图 4-4-10 所示。

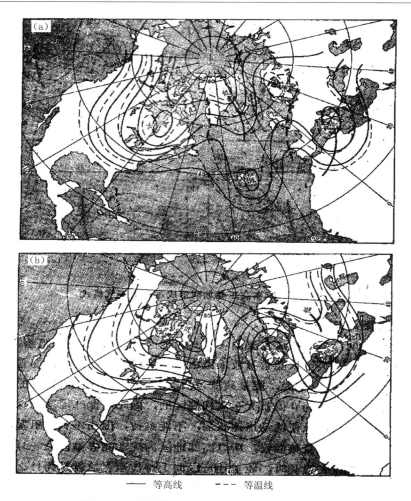

图 4-4-9　欧洲沿岸阻塞高压叠加型的形成过程

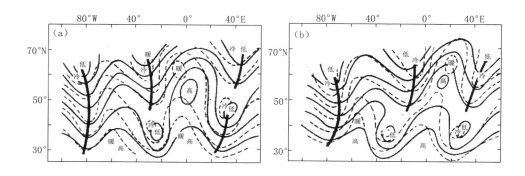

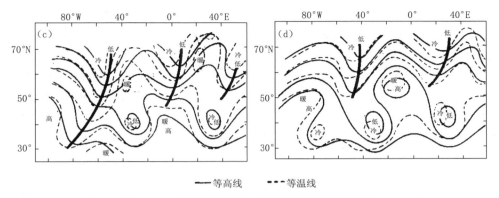

——等高线　- - - 等温线

图 4-4-10　阻塞高压叠加型形成过程的天气模式

　　阻高的崩溃,就是阻塞高压减弱的过程。阻塞高压维持相当时日后会崩溃消失,其崩溃过程基本上可分为两种型式:一种是消弱型,一种是后退型或称长波调整型。

　　阻塞高压消弱型模式如图 4-4-11,它的特征是:阻塞高压上游气压系统的经向环流减弱,变成东移的气压系统。这时,阻塞高压上游槽本身或是由此槽分裂出的小槽自西方向阻塞高压侵袭,并且槽前有显著的冷平流,因而导致阻塞高压的崩溃。

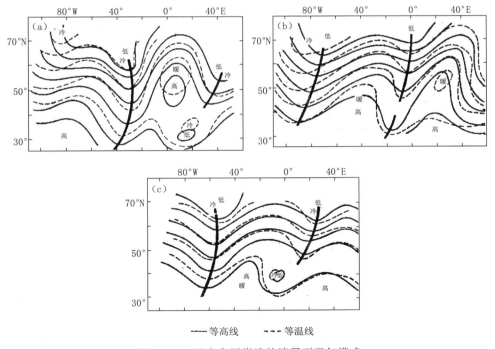

——等高线　- - - 等温线

图 4-4-11　阻塞高压崩溃的消弱型天气模式

阻塞高压崩溃的后退型模式如图 4-4-12,此型是由于长波系统重新调整,在阻塞高压上游新生了一个阻塞高压,而原有的阻塞高压就崩溃了。此型的主要特征是:在阻塞高压西面大槽的后部,有一股新鲜冷空气从西北方南下,随之出现了一个新低压槽,此槽在东移中不断加深,而原来的大槽则向东北方向移动,且强度大大减弱,因而引起了其前部阻塞高压的东移和减弱。此后,新生槽不断发展,槽前暖平流强盛,导致其前部生成一暖脊,并不断加强,最后在原阻塞高压所在位置的西面,发展成一个新生的阻塞高压,而原来的阻塞高压却崩溃消失了,看起来像是原阻塞高压的不连续后退一样。

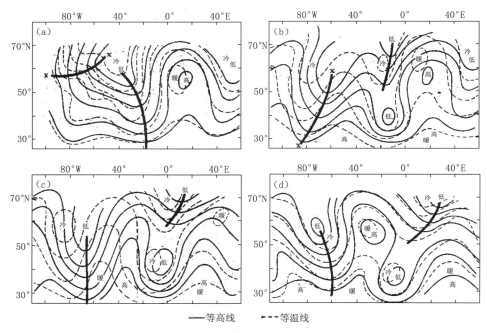

图 4-4-12 阻塞高压崩溃的不连续后退型天气模式

综合以上两种阻塞高压的崩溃型式可以看出,不论哪一型,高压的崩溃都表现为脊后暖平流的减弱并逐渐转成冷平流;从气压形势看,则是西面有小槽向高压逼近,亦即有正涡度平流在高压区出现,从而使高压崩溃。

4.4.2.2 切断低压

切断低压是出现在对流层中、上层具有气旋性环流的冷空气堆。它常常和阻塞高压一并出现,多在阻塞高压的南部,有时也可以单独出现,"切断"一词指其形成过程。与它相对应的地面图上,初始阶段,往往是一个冷性高压,随着切断低压的不断发展,地面图上逐渐也出现了低压环流。切断低压的垂直结构如图 4-4-4 所示。图中对流层中上层(500 hPa 以上)等温线向下凹,同时等压线也下凹的地方,就是高空、冷性的切断低压的位置。从图中可以看出,在对流层中切断低压是一个温压场基本对称的冷空气堆,四周为暖空气包围,并具有暖而低的对流层顶。这种对流层顶表明,低压上空的平流层中有下沉运动。由于下沉,空气绝热增温,因而造成暖而低的对流层顶。

在对流层中,低压东部低层辐合上升高层辐散;低压西部高层辐合下沉低层辐散。因此,切断低压的天气分布是东边多云雨,西边晴朗。从卫星云图上看,其云系分布呈绕低压中心的螺旋形,和一般的锢囚气旋云系分布近似。不过,切断低压的云系很少移动,或甚至向偏南方向推移,这是它区别于锢囚气旋云系的特征。

切断低压的形成往往和阻塞高压的形成相伴随。当西风带中的斜压不稳定波动发展时,北上的暖空气在一定的条件下发展为阻塞高压,南下的冷空气也常随之与北方冷空气母体脱离而形成切断低压。有时,切断低压也可以单独形成。切断低压的形成过程如图 4-4-13 所示。它通常形成在原已存在的具有很强涡度的空中低压槽区,或是出现在最大风速轴左侧具有强气旋式切变的地方。初始时,常先有明显的温度槽出现,温度槽落后于气压槽,气压槽后有冷平流,再往西则有暖平流(见图 4-4-13a)。这种温度平流的分布,利于空中低压槽的发展,因而使其逐渐演变为如图 4-4-13b 所示的形势。随着冷空气的南下和暖空气的北上,低压槽继续发展,最后槽西面的暖空气和槽东面的暖空气在槽的北面合并、连通,并使那里加压,这样,低压槽便被切断,槽内冷空气与北方的冷空气脱离,形成了切断低压(见图 4-4-13c,d)。

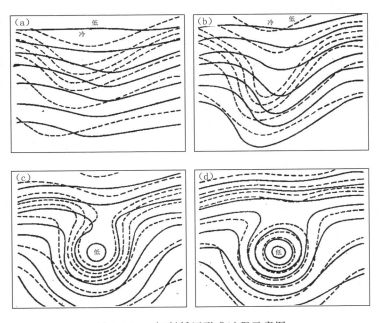

图 4-4-13　切断低压形成过程示意图

在切断低压的形成过程中,不仅有暖平流的作用使冷空气与其北方母体脱离,同时也有垂直运动的作用。冷空气在南下过程中,其垂直运动的分布是不均的,在切断低压的北方往往有强烈的下沉运动,有利于那里增温;而在切断低压内则有微弱的上升运动,使空气降温,这样,便促进了切断过程。切断低压形成后,能维持一段时间,且很少移动。以后因无冷空气继续供应,便逐渐填塞。

我国的切断低压常出现在东北地区,出现在这个地区的高空冷性涡旋,我国习惯上称其为"冷涡"或"东北冷涡",其多出现在夏末和春初。它或是由于乌拉尔阻塞高压形成时而伴随形成于贝加尔湖地区的低压移入的,或是当鄂霍次克海阻塞高压形成时,而在其西南侧即东北地区伴随生成的切断低压。后一种东北冷涡形成后,常在东北地区维持很长时日,甚至可达半月以上。有时东北冷涡是东移的槽发展成的,这种冷涡持续的时间较短,一般在两天左右。夏季,东北冷涡出现时,其西部的冷平流常使我国东北、华北地区发生接连数天的雷雨天气,是我国北方产生雷雨天气的主要天气形势之一。

4.4.2.3 阻塞形势的天气意义

阻塞形势是大气环流中的一个重要形势。阻塞形势是大气环流发展的一个特殊阶段,它的建立与崩溃常伴随着大范围环流形势的转变,是一次大范围环流形势的调整过程。标志着前一种大型天气过程的结束,新的大型天气过程的开始。

阻塞形势的建立过程就是纬向环流向经向环流大转变的过程,在这个转变过程中,天气过程也随之发生大的变动。

阻塞形势的维持则是经向环流的维持,经向环流最盛,环流形势表现为暂时相对稳定,这时西风急流受阻于阻塞高压西侧,被分为南北两支,然后又在阻塞高压东侧重新汇合,此时高压上游波动也受阻于阻塞高压西侧,致使阻塞高压下游西风带中波动减少,而呈现为宽阔的仅有一些短波活动的西风带,因此,这时只有小规模的冷空气活动,而无大规模的冷空气南下,与此形势相联系的天气过程的发展也维持一定时日。例如表现为锋区位于一定的区域,地面系统的移动维持着一定的方向,气旋或反气旋活动占优势的区域也比较固定,等等。阻塞形势的长时间维持,使某些地区长时间天气单调,或干旱少雨,或连阴雨。

阻塞形势的崩溃就是一次经向环流向纬向环流的转变,这种转变能影响很大范围环流形势的转变。冬季阻塞形势的崩溃,往往导致强寒潮的爆发。例如在乌拉尔阻塞高压崩溃时,其下游槽也开始减弱并东移,而槽的东移又往往造成一次东亚大槽的重建过程,东亚地区发生一次寒潮天气过程。

§4.5 急 流

中高纬度上空为宽广的绕极西风带,西风带上又有长而窄的强风速带,这种长而窄的强风速带就是急流。人们很早就从高云的快速移动中发现高空有强风存在,到了 1947 年,又从风的直接观测中证实了急流的存在。急流是风场的一个突出特征,是大气环流中的重要现象。在高、低层,在东、西风带中,在对流层、平流层中都有急流存在。一般把 600 hPa 以下出现的强风带称为低空急流,本节讨论的是与行星锋区相联系的大尺度的高空急流。它和对流层低层的气旋、反气旋的生成、发展与移动有着密切的关系。

4. 5. 1　急流的一般概念

急流是指对流层上层或平流层低层出现的强而窄的气流带,急流中心最大风速必须大于等于 30 m/s,它的风速水平切变量级为 5(m/s)/100 km,垂直切变量级为 5～10(m/s)/100 km。急流中心的长轴就是急流轴,沿着狭长急流带的轴线上可以有一个或多个风速的极大值中心,即强风速中心,也叫急流中心或大风核。急流轴在三维空间中呈准水平,多数轴线呈东西走向,但若急流与大型扰动相伴随出现,急流轴可能转成南北方向。总体而言,对流层上部的急流是弯弯曲曲环绕着地球的,某些地区强些,另外一些地区弱些,甚至在某些地区中断(即风速小于 30 m/s),有时出现分支,有时又有两支急流重新汇合起来(如图 4-5-1)。

急流是三维空间现象,急流的长度少则几千千米,长达上万千米。甚至环球一周。急流的南北宽度通常在几百到上千千米,有的地方宽,有的地方窄;而急流的垂直厚度却只有几千米。由于急流的南北宽度与其长度相比是十分狭窄的,其垂直厚度就更小,所以从总体来看,急流看上去像一条扁圆形的弯曲长管子,断断续续、弯弯曲曲地围绕着整个半球一周。急流越强,宽度越大,急流也越长。急流在水平宽度与厚度的差异,是由于大气本身水平与垂直尺度的差异所决定的。在一定纬度上空,急流中心最大风速愈强,急流的水平宽度愈宽,长度愈长,同一风速的急流带,在低纬的比在高纬的长些。

在对流层下部 600 hPa 以下,也常有强而窄的气流带,其中心最大风速、风速水平切变和垂直切变可能均达不到上述标准,而且尺度也比对流层上部的急流尺度小得多,可能仅是在一定地区范围出现的,因为它与暴雨、飑线、龙卷、雷暴等剧烈天气有密切关系,所以为了区别于对流层上部的高空急流,就把 600 hPa 以下出现的强而窄的气流称为低空急流。

通常采用等压面图上绘制等风速线的方法来分析急流。为了解急流在三维空间的结构,可以根据需要制作各种剖面图。经常使用的是沿经线所作的垂直剖面图,其上绘制等风速线、等位温线、锋区、逆温层、对流层顶等(如图 4-5-2)。从图中不仅可以看到急流区风场的垂直分布,还可以了解急流区温度场的特点、急流与锋面的关系以及急流区的对流层顶特征等。此外,还可以根据需要绘制多种形式的辅助图表,以

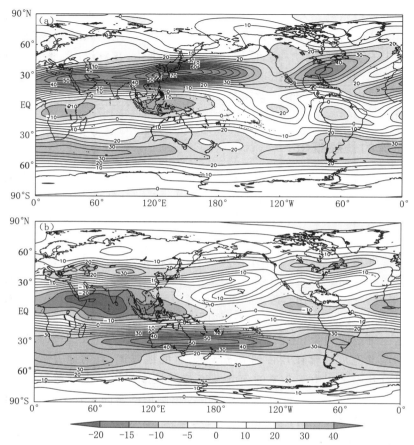

图 4-5-1　北半球 200 hPa 平均纬向风风速分布（单位：m/s）

（a：1 月，b：7 月，根据 NCEP 资料绘制）

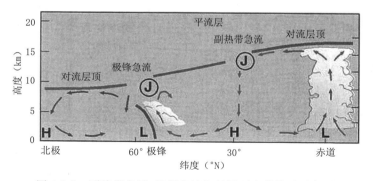

图 4-5-2　副热带急流、极锋急流与经圈环流的关系示意图

表示急流。

4.5.2　急流的种类

在对流层上层和平流层低层,现已发现的急流有以下几种。

4.5.2.1　温带急流

温带急流也称为极锋急流。它位于南、北半球中、高纬地区的上空(见图 4-5-2),最大风速层约在 300 hPa。在它下面,大气的斜压性很强,一般都有锋面配合。温带急流南北位移很大,因此,在平均图上(见图 4-5-3),是不明显的。但是,在每日的 300 hPa 图上却表现得很清楚。北半球温带急流,冬季平均位置在 40°—60°N 间,甚至伸到更低的纬度,夏季平均位置在 70°N 附近。它的平均高度,冬季约为 8～10 km,夏季约为 9～11 km。其厚度平均约在 3～4 km 范围内变化。温带急流中心的最大风速一般为 44～55 m/s,个别曾达到过 105 m/s,冬季强,夏季弱。

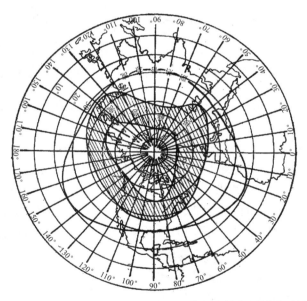

图 4-5-3　冬季平均副热带急流和温带急流的主要活动区域

4.5.2.2　副热带急流

副热带急流位于 200 hPa 上空副热带高压的北缘,即信风环流圈的北部上空(见图 4-5-2),最大风速层有时可高达 150 hPa。副热带急流对应的地面没有锋,但紧靠它的下方,即对流层中、上层,大气的斜压性却很强,有强大的锋区存在。副热带急流的位置在同季节内相对稳定(北美洲的变动较大),平均图上表现得很清楚(见图 4-5-3)。冬季,它位于纬度 24°—32°N 处,夏季则向高纬推移 10～15 个纬距左右,轴线基本上是东西向的。在副热带急流处,极地对流层顶和热带对流层顶断裂。副热带急流的平均高度为 11～13 km;平均厚度冬季为 7～12 km,夏季为 3～5 km;它的中心最大风速,冬季一般为 50～60 m/s,夏季则几乎减弱一半。位于我国东部和日本西南部上空的副热带急流最强,最大风速平均为 60～80 m/s,冬季可达 100～150 m/s,个别曾达到过 200 m/s。

平均来看,冬季北半球副热带急流围绕半球大致有三个波,波峰约在 30°—35°N 处,波谷约在 20°—25°N。最大风速出现在波峰,如 70°W 的北美、40°E 的中东、近 145°E 的东亚海岸等几处(见图 4-5-4)。

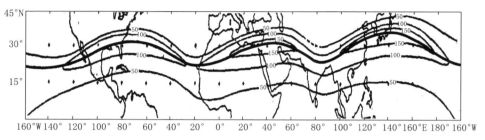

图 4-5-4　冬季 200 hPa 图上的平均副热带急流(细实线为等风速线,粗实线为急流轴)

我国习惯上称位于东亚的副热带急流为南支急流,而称温带急流为北支急流。

4.5.2.3 热带东风急流

热带东风急流位于热带对流层顶附近的 150～100 hPa 上空,副热带高压的南缘,其位置变动在赤道至南北纬 20°间,7 月最北,1 月最南。此急流的平均高度约为 18～20 km。最大风速平均约为 30～40 m/s,个别达到 50 m/s。热带东风急流以北半球夏季最显著。北非、阿拉伯半岛、印度、中南半岛等地区都常见,位置也十分稳定(见图 4-5-5)。夏季 7、8 月间,我国南海以及华南地区也有热带东风急流。

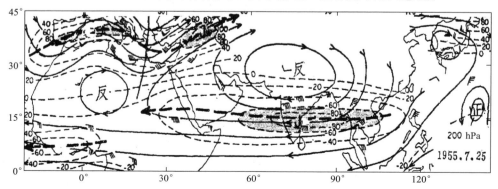

图 4-5-5　200 hPa 上的热带东风急流(实线为流线,虚线为等风速线)

严格来讲,作为一个稳定的现象,热带东风急流只在南亚最清楚最强,而它的下游(亚洲东部)和上游(非洲西部)都是较弱的,在大西洋和太平洋上则已不存在。东风强度随经度的这种显著差异,无疑是和海陆分布有关的。因为亚洲南部的赤道地区完全是海洋,而在 20°N 以北是大陆,且有强大的青藏高原存在,夏季,大陆上极强的地面增热,使得那里上空的反气旋伸展到很高的高度,而且强度很强,这就为其南部的东风急流提供了能量,使东风急流位置稳定而又持久,强风速往往持续很多天而不见减弱。

4.5.2.4　极地平流层急流

极地平流层急流位于纬度 50°—70°N 上空,其风向有明显的年变化:冬季是西风,夏季是东风,且冬季的西风远远强于夏季的东风,其平均最大风速可超过 100 m/s。冬季最大西风风速出现在 50~60 km 高度处,而在 20~30 km 高度上有一个次大风速中心,即通常所谓的极地黑夜西风急流。夏季最大风速高度比冬季更高些。

极地平流层西风急流的形成与冬季极地长期黑夜有关。大气在这期间因辐射持续冷却,而其南部平流层中的臭氧又直接吸热而使大气增温,因而造成了强大的指向极地的温度梯度,形成了西风急流。

4.5.3　急流的结构

极锋急流是与极锋锋区相伴而出现的,而副热带急流也往往是与副热带锋区同时存在的,所以了解极锋急流结构,必然同时要联系锋区的结构。

4.5.3.1　温度场结构

急流和温度场有密切关系。图 4-5-6 是一张极锋急流沿经线方向的垂直剖面图,图中实线为等风速线,虚线为等温线,图中粗实线标明了对流层顶及锋区的位置,从图中可以看出:温带急流位于对流层顶附近,急流的下方水平温度梯度很大,有很强很厚的锋区对应,急流中心大致就位于 500 hPa 锋区上方、对流层顶附近的暖区一侧。在急流的右下方(背风而立去看)是暖区,左下方是冷区,而在急流的上方,水平温度梯度恰好相反,转为右方冷,左方暖。急流的中心就位于锋区上方水平温度梯度为零的对流层顶附近。

急流与温度场的关系可以用热成风关系来解释:在对流层里,南暖北冷,有从南指向北的温度梯度,根据热成风原理,随高度升高西风分量将增大,越往上西风就越大,而且在平均温度梯度最大的地方,就是西风随高度增加最快的地方。因此,在对流层里西风随高度增大,水平温度梯度最大的锋区的上方,就是西风风速最强的地方,即急流的位置。平流层的温度梯度与对流层正好相反,西风向上减小,因此,急流的中心就位于对流层顶附近。

图 4-5-7 是一张副热带急流的结构的经向剖面图,可以看出副热带急流与极锋急流温度场结构有相似的地方:急流下方都对应有锋区,极锋急流对应极锋,副热带急流

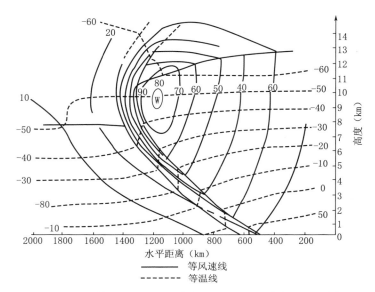

图 4-5-6　极锋急流温度场(单位:℃)和风场(单位:m/s)结构

对应副热带锋。但是,它们的结构也有一些不同的地方:副热带急流中心下方对应的副热带锋是空中锋,在对流层上部清楚,中下部几乎看不到。而与温带急流对应的锋区在对流层的中、下层,且地面上有极锋配合,急流随极锋的移动而移动。由此也可推知,温带急流的形成和加强与冷、暖气团的汇合有密切关系。副热带急流的形成不能简单地用冷、暖气团的汇合来解释,而主要是角动量输送的结果,与其相伴随的强大锋区,则和大型涡旋与经圈环流造成的热量输送以及空气温度的绝热变化有关。

　　温带急流和副热带急流常常合并成为一支强大的急流。这一现象在东亚最为明显。两支急流合并后,锋区变得更强,不仅温度梯度增大,而且锋区的宽度和厚度也都相应增大。例如我国东部海岸的急流,其对流层锋区的水平温度梯度常在 8℃/1000 km 以上,甚至可达 13℃/1000 km;而锋区宽度也常在 500~1000 km 以上。

　　与急流相对应的对流层锋区,在 200 hPa 和 300 hPa 图上表现为等高线的密集带,它们也是弯弯曲曲、忽疏忽密地围绕着整个半球,通常称为行星锋区(见图 4-4-1)。

4.5.3.2　风场结构

（1）急流区风场的水平分布

由图 4-5-6 可见,温带急流轴左右两侧的风速分布有强大的水平切变,而且左右两侧风速切变不对称明显。整个对流层极锋附近区域内,越接近锋,风速越大,风速最大值出现在靠近锋的暖区一侧。急流轴的右方是反气旋式切变,左方是气旋式切变,切变的绝对值不对称明显,最大风速北侧的锋区内风速的水平切变最大,远大于

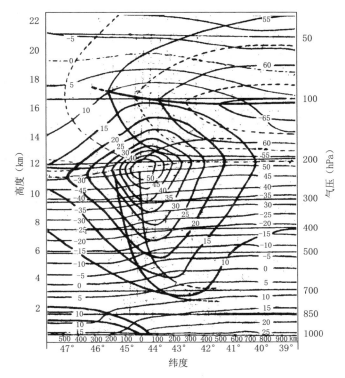

图 4-5-7　夏季副热带急流的温度场(细实线,单位:℃)和风场(粗实线,单位:m/s)结构

南侧。一般水平切变值为 20~30(m/s)/100 km,大的可达 44~60(m/s)/100 km,急流越强,水平切变也越大。

(2)急流区风场的垂直分布

急流区风速的垂直分布,是以很大的风速垂直切变为特征的。在急流轴的下方,风随高度不断增大,且以锋区中增大最快;而在急流轴的上方,风随高度迅速减小。平均风速切变一般为 5~10 m/s/km。在急流轴上方大约 5 km 处,急流轴下方大约 5.5 km 处,风速就减小为最大风速的一半了。急流越强,垂直切变越大。急流轴左右侧相比,一般是左侧(气旋式切变一侧)的垂直切变大于右侧。

与温带急流相比副热带急流风速的水平切变不对称不明显,而且最强的垂直风切变更偏于对流层上部。这一方面是由于与副热带急流对应的锋区偏于对流层上部所致,另一方面也和曲率的影响有关。副热带急流的最大风速出现在波峰,那里流线有反气旋式曲率,风速愈大时,曲率造成的惯性离心力作用也愈大,因而反气旋曲率流线处的风速比地转风大很多,这就造成了波峰附近的风速垂直切变在对流层上层比在下层大很多的现象。曲率对风速垂直切变的影响是很可观的,有时观测到垂直切变比热成风大三到四倍的情况。

此外,观测指出,急流的极大风速层并不是一个水平面,而是一个凹面,在急流中心附近高度最低,外围则逐渐升高。另外,急流轴虽大体上与等高线型式一致,但并不与其完全平行,而是常常相交的。一般来说,当急流轴呈波状弯曲时,其振幅比等高线的振幅大一些。

4.5.3.3　急流区的涡度、散度、垂直速度分布和次级环流

沿着急流轴风速并不是一般大小,而是有大有小,图 4-5-8 为西风急流轴大风中心处风速分布示意图,图中粗箭头为急流轴,实线表示为强风速中心,即大风核,大风核中心对应等高线密集;图中虚线为涡度分布,急流左侧为正涡度区,右侧为负涡度区;对应大风核的上游是气流的逐渐增速区,也叫急流的入口区,下游是急流出口区。

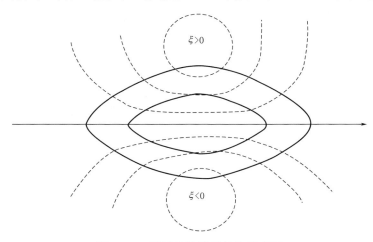

图 4-5-8　西风急流附近结构示意图

入口区,风速逐渐加大,有动能的增加,这就必须有力对它做功,这个力只能是气压梯度力,于是入口区有从高压向低压的运动,并且在急流轴上最强,这样在入口区的左侧就会有空气的辐合,右侧有辐散。空中辐散对应低层有辐合上升,空中辐合对应下沉运动,于是急流的入口区对应有右侧上升、左侧下沉的正环流圈,同理可知,在急流的出口区存在左侧上升,右侧下沉的逆环流圈。所以急流的左前方和右后方是利于出现云雨天气的区域。

4.5.4　急流的强度、位置变化与东亚环流季节转换

4.5.4.1　急流的强度和位置变化

与任何事物一样,急流也有它的生成、发展、消亡的过程。急流形成后,一般开始是逐渐加强。西风急流的加强与西风气流中出现波动有很大关系。波动振幅加大

时,急流也往往随之增强,而当波动振幅减小时,急流减弱。在基本上是平直的纬向气流中,很少看到很强的急流。

西风急流形成后,急流轴上的强中心是顺着气流前进的,但移速比风速慢得多。急流也因出现波动而向南或向北推移,并随着波动向东行进。在急流行进过程中,如遇到高大的地形(例如青藏高原)或是遇到深厚的高压系统(或低压系统)等阻塞形势时,急流会被迫分支,一支移向高纬地区,一支移向低纬地区,并在高大地形或阻塞形势以东重新汇合。分支使急流减弱,而汇合又使急流加强。因此,一条经线上常有几支急流同时共存的现象。

温带急流南北位移较大,其上经常出现振幅很大的波动,与此波动相应的地面上则有一系列锋面气旋活动(见图 4-4-1)。随着波动的发展,急流向南、向北推移得很远,它的强度变化也和锋两侧冷、暖气团的汇合和变性(即锋生、锋消)有密切的关系。

副热带急流在短期内位置变动较小,是一个稳定的急流,其上也有波动,即南支波动。副热带急流的位移主要表现在季节变动上。

不论是温带急流还是副热带急流强度、位置都随季节变化,从冬到夏都是向北推移的,而从夏到冬则向南推移,冬季位置最南,夏季位置最北。强度也随季节变化,冬季最强,向南扩展,夏季最弱,向北收缩。

4.5.4.2　东亚环流季节转换

东亚地区环流变化除具有以上基本特点外,还有本地区独有的特征。

图 4-5-9 是 500 hPa 各纬度的平均地转风风速的逐月变化,图中为等风速线,并标明强风速轴线(急流轴),(a)图为东亚地区情况,(b)图为北美地区情况。图中可以看出,东亚地区,1—5 月强西风都维持在冬季的平均位置,明显存在着南北两支强西风。6 月以后,只有北支西风,南支西风消失,一直维持到 9 月。9 月到 10 月又有一个大的变化,从 10 月起又出现冬季两支急流的情况。

从以上事实可以看出,冬季和夏季的大气环流型式是基本稳定的或是渐变的,它们占去全年相当长的时间,两者之间的春秋过渡季节是短促的,说明季节转换是在短促的时间内完成的(突变)。因此,东亚地区环流年变化中可以看到两次显著的变化,一次在 6 月,高原南侧西风带消失,原来两支西风变为一支;一次在 10 月,高原南侧西风带又重新建立。两次显著的变化不是渐变的,而具有突变的性质,所以也称 6 月突变和 10 月突变。6 月突变和 10 月突变都表明环流形势发生了显著的变化。北美地区则没有这些特点,仅表现为位置和强度的逐渐变化。

由于大范围环流形势是天气系统活动的背景场,天气背景的季节变化,根本上代表了天气气候的季节变化,因此,可以根据环流形势的这种变化,来划分一年中的季节。在气象上,以环流型式的基本特征划分的季节称为自然天气季节(或环流季节)。环流 6 月突变,标志环流季节夏季的来临。10 月突变,则标志环流季节冬季来临。

自然天气季节突出了环流变化与季节变化之间的关系,对天气预报业务工作有十分重要的指导意义。

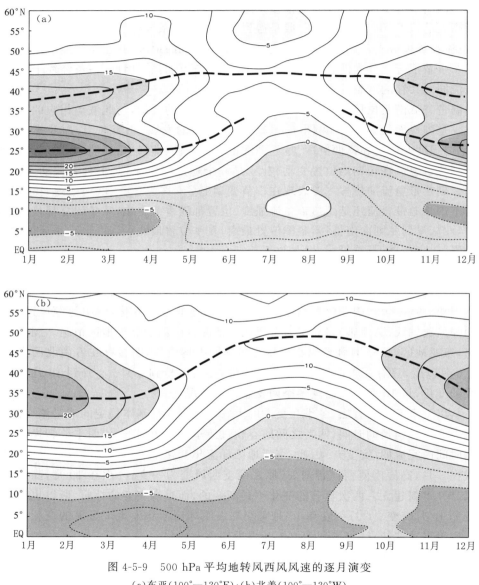

图 4-5-9　500 hPa 平均地转风西风风速的逐月演变

(a)东亚(100°—120°E);(b)北美(100°—120°W)

(等值线为等风速线,单位:m/s,粗实线为强风带轴线)

第 5 章 副热带高压

副热带高压是副热带地区最重要的大型天气系统之一,它的活动不但对中、低纬度地区的天气变化起着极为重要的作用,而且对中高纬度地区的环流乃至全球环流的演变也有很大的影响。特别是在夏季,位于太平洋西部对流层中低层的西太平洋副热带高压和青藏高原上空对流层高层的南亚高压直接影响着我国的天气。

§5.1 概述

在南北两半球的副热带地区,经常存在着一个高压带,就是通常所说的副热带高压带。由于受海陆地形等影响,副热带高压带一般都断裂成若干高压单体,这些暖性高压单体称为副热带高压,简称副高。副热带高压在平均图上表现为行星尺度的环流系统,在每日天气图上,尤其是对流层中下层的等压面图中,有时表现为天气尺度系统。对流层低层的副热带高压主要出现在海洋上。

5.1.1 南亚高压

南亚高压(又称青藏高压)是夏季活动在青藏、伊朗高原上空对流层顶附近比较稳定的行星尺度系统,它的形成主要是夏季副热带大陆,尤其是高原的巨大加热作用所致。夏季,南亚大陆和高原地区是个巨大的热源,被高原加热的空气出现辐合上升,上升空气到高层出现质量堆积形成暖性高压,同时出现辐散流出。

与对流层中低层相比,在 300 hPa 以上的对流层高层(图 5-1-1),情况就完全不同了。夏季(图 5-1-1b),低层在海上的高压到 200 hPa 就不见了,两个大洋中部变为低槽区(又称洋中槽),而在亚洲大陆南部与北美大陆南部地区,出现了强大的高压,分别称为南亚高压(又称青藏高压)和北美高压(又称墨西哥高压)。南亚高压是活动在南亚地区对流层上层的副热带环流系统,其水平尺度超过北半球圆周的一半,东西宽达 180 个经度而南北跨度不足 30 个纬度的狭长反气旋环流系统,其长轴基本与 30°N 纬圈平行,是北半球副热带地区最大的环流系统,其在 200~100 hPa 最强。1 月份(图 5-1-1a),南亚高压减弱移到菲律宾以东的洋面上空。

5.1.2 太平洋副热带高压和大西洋副热带高压

在对流层中下层(500 hPa 以下),无论冬夏,在太平洋和大西洋上都有一个副高

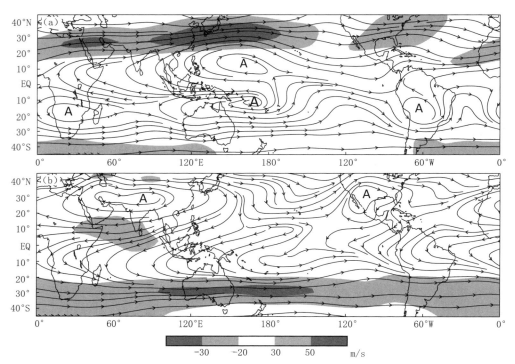

图 5-1-1　多年月平均 200 hPa 流场图(根据 NCEP 资料绘制)

(a)1 月;(b)7 月

存在,分别把它们称为太平洋副热带高压和大西洋副热带高压,其强度夏季强,冬季弱;其位置夏季偏北,冬季偏南。

在北半球多年平均海平面气压场图上(图 5-1-2),7 月,在副热带地区(30°N),太平洋和大西洋上分别存在两个行星尺度的高压系统,而欧亚大陆和北美大陆为热低压。太平洋副热带高压主体中心位于中东太平洋 30°N 以北,150°W 左右的位置。大西洋副热带高压主体中心位于 30°N 以北,西经 30°—50°W 的位置(图 5-1-2a)。

在 1 月的平均海平面气压场图上,冬季欧亚大陆、北美大陆夏季的热低压转为冷高压,而在北半球的副热带地区,太平洋和大西洋上的副热带高压仍然存在,但与 7 月份相比,位置偏南,强度明显减弱(图 5-1-2b)。

在对流层低层,在北半球的副热带高压主要活动在太平洋和大西洋上。在南半球主要活动在南太平洋、南印度洋和南大西洋上。副热带高压常年存在,但其强度和活动地域冬夏却有很大不同。北半球夏季,太平洋和大西洋的两个副热带高压特别强大,到了冬季,其强度大为减弱,活动地域也大为缩小。南半球副热带高压则表现为冬季强、夏季弱。

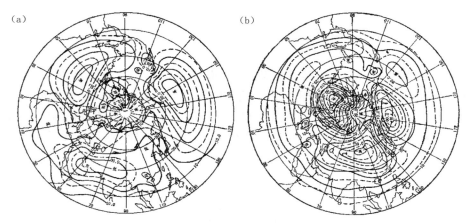

图 5-1-2　北半球多年平均的海平面气压场图

(a)7 月；(b)1 月

从北半球 500 hPa 平均高度图上(图 5-1-3)可以看出,副热带高压分别在太平洋东部、大西洋中部和北非有三个主要中心,在大西洋中部的中心与对流层低层的大西洋副热带高压相对应;在太平洋东部的中心与对流层低层的太平洋副热带高压相对应;另外,在大西洋西部的墨西哥湾,也有一个比较强的脊;在青藏高原有一个小的高压中心。在太平洋西部我国大陆东岸有一个比较强的脊,对应这一出现在西太平洋上空的副热带高压,称为西太平洋副热带高压,简称西太副高。西太副高对我国的天气和气候,特别是夏季我国大陆东部天气的影响非常大,在天气分析预报业务中一直受到特别关注。

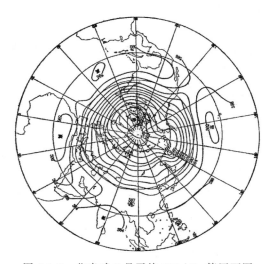

图 5-1-3　北半球 7 月平均 500 hPa 等压面图

§5.2　副热带高压的结构

　　副热带高压的结构是个很复杂的问题,南亚高压和太平洋副热带高压虽然都是副热带地区的大尺度高压环流系统,但由于其所在高度不同,形成原因不同,相应的结构也截然不同。不仅南亚高压和太平洋副热带高压不同,就是同属于南亚高压或太平洋副热带高压,由于其所在位置,进退的过程不同,其结构也有很大差别。

5.2.1　南亚高压的结构

　　南亚高压由于其所在经度范围不同,对我国天气影响也不同,通常将其分成三类。

　　(1)南亚高压东部型:100 hPa 上西风槽线在 60°—90°E,主要高压中心位于 100°E 以东;

　　(2)南亚高压西部型:100 hPa 上西风槽线在 90°—130°E,主要高压中心位于 100°E 以西;

　　(3)南亚高压多个中心型:100 hPa 上西风带无大槽大脊,65°—135°E 范围内,高压外形呈带状,在全过程中南亚高压中心多于两个且均不稳定。

　　各类型的温压场结构基本相同,但在南亚高压东、西部型时,散度、垂直速度、三维环流、天气差别很大。

5.2.1.1　南亚高压的温压场特征

　　图 5-2-1 是依据 1971 年 8 月 10—18 日一次南亚高压活动过程的实际资料作的温压场的结构示意图,图中实线为南亚高压位势高度场的距平等值线,虚线为温度场的距平等值线。从图中可以看出,南亚高压的温度场结构有如下特征:200 hPa 以下是暖性,300 hPa 有暖心;200 hPa 以上是冷性,100 hPa 有冷心。在气压场上,600 hPa 以下为热低压,600 hPa 以上为高压,150 hPa 最强。

5.2.1.2　南亚高压的散度和垂直速度分布

　　图 5-2-2 为 1971 年 8 月 10—24 日南亚高压的一次活动过程中的结构,其中11—18 日是东部型,14 日为东部型盛期(图 5-2-2a),19 日转为西部型,23 日为西部型盛期(图 5-2-2b)。在 100 hPa 图上辐散区对应上升运动,辐合区对应下沉运动。在东部型和西部型期间,它们的分布是相反的。东部型盛期(图 5-2-2a)100 hPa 高压中心东边是辐合下沉区,西边为辐散上升区;与此相反,西部型盛期(图 5-2-2b),高压中心东边是辐散上升区,西边是辐合下沉区,但东部型盛期或西部型盛期高压中心总是处在散度和垂直速度零线附近。

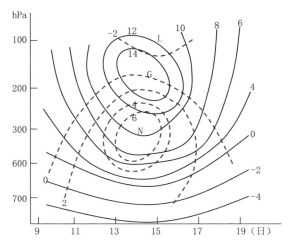

图 5-2-1　1971 年 8 月 10—18 日一次南亚高压过程的温度场和位势高度场距平时间剖面示意图

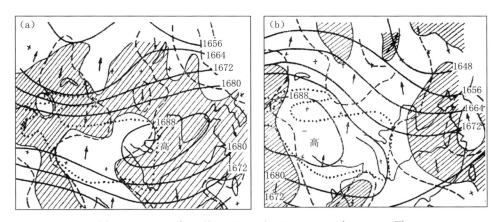

图 5-2-2　1971 年 8 月 14 日(a)和 23 日(b)20 时 100 hPa 图
粗实线为 100 hPa 等高线,粗虚线为垂直速度零线,实线为散度零线,
阴影区为辐合区,其他为辐散区,"↑"为上升区,"↓"为下沉区

5.2.1.3　南亚高压的三维流场

　　南亚高压东、西部型期间,其经向环流、纬向环流和三维流场结构也是不同的。

　　经向环流的主要特点是(图 5-2-3),南亚高压东部型时期(图 5-2-3a),高原中部盛行偏南气流,在高原南边 25°N 以南有顺时针环流。南亚高压西部型初期,该环流北移,环流中心达到高原上空的 30°N,这时 100 hPa 南亚高压也正在高原上空。南亚高压西部型盛期(图 5-2-3b),这时高压中心移到高原西部,高原上偏北气流加强,高原上空为一宽广的顺时针环流。因此,随着高压由东部型向西部型转换,高原南部顺时针环流圈北移,并稳定建立在高原上空,这时的经向环流类似于盛夏平均情况。

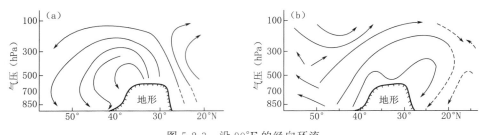

图 5-2-3 沿 90°E 的经向环流
(a)1971 年 8 月 15 日(东部型);(b)1971 年 8 月 23 日(西部型)

图 5-2-4 给出了沿 30°N 的纬向剖面。南亚高压东部型期间(图 5-2-4a),在高原东边存在一逆时针环流,尚未闭合,中心在 130°E 以东 500 hPa 附近。此后环流圈不断东进抬高,到西部型时(图 5-2-4b),已为一顺时针环流圈代替。上升区在高原,下沉区仍在 100°E 以东。高原西部有一逆时针环流圈,各型期间都稳定地存在。

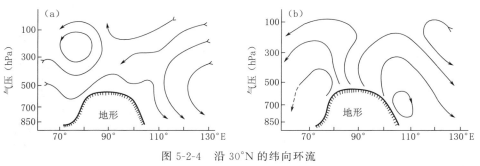

图 5-2-4 沿 30°N 的纬向环流
(a)1971 年 8 月 15 日(东部型);(b)1971 年 8 月 23 日(西部型)

从南亚高压东部型转为西部型的三维流场结构示意图(图 5-2-5)上可看出:①高原西边在两型中都一直维持着准纬向的逆时针环流圈;伊朗高压及印度热低压地区的晴空少云,与它的下沉支应有一定关系。②南亚高压中心在上升辐散区得到发展维持,在下沉辐合区减弱消失。③无论在哪一型,青藏高原上空始终以上升运动为主。

5.2.2 太平洋副热带高压的结构

5.2.2.1 太平洋副热带高压的流场结构

从平均图上看,北半球夏季,低层太平洋副热带高压的势力范围非常强大,几乎

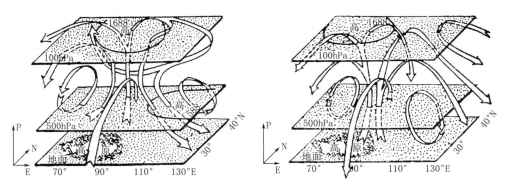

图 5-2-5　1973 年 8 月 11—24 日 100 hPa 高压由东部型转为西部型三维流场结构演变示意图

(a)东部型；(b)西部型

整个太平洋都为它所占据(图 5-1-1a)，高压中心位于东太平洋 30°—35°N,150°—160°W 附近,高压势力随高度逐渐减弱,到 200 hPa 高度,大洋中部已变为一个长波大槽(洋中槽)(图 5-1-3)。但西太平洋地区有所不同,7 月太平洋低纬地区 500 hPa 平均流场图上,低层的太平洋副热带高压西伸脊,随高度反而有所增强,到 500 hPa 高度上明显地出现较强的高压中心(图 5-2-6),位置在 25°—30°N,130°—140°E 附近,称其为西太平洋副热带高压(简称西太副高)。西太平洋副热带高压与低层东太平洋副热带高压主体相比,不仅在地理位置、高度不同,而且它们的环流结构和对天气的影响也有明显差别。

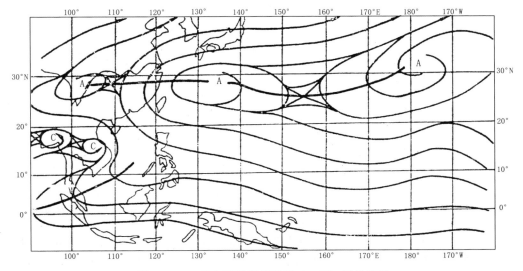

图 5-2-6　7 月太平洋低纬地区 500 hPa 平均流场

东太平洋副热带高压是典型的动力高压,高层辐合,低层辐散,高压环流以低层表现最为强大,高压中心和脊线附近盛行下沉运动。与其相联系的垂直环流是典型的信风环流(图 5-2-7),8 月东太平洋 170°W—150°W 平均经向垂直环流,赤道地区为上升运动,10°—40°N 之间的副热带地区下沉运动,这里的天气以稳定少变的信风天气为其特征。

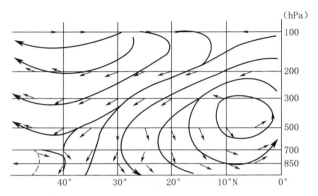

图 5-2-7 8 月东太平洋 170°W—150°W 平均经向环流

西太平洋副热带高压由于其形成维持的机制比较复杂,其结构在不同的进退过程中也存在很大差异。图 5-2-8 是 1979 年 7 月 25 日—8 月 15 日一次西太平洋副高进退过程的结构(喻世华,1999)。7 月 25 日—8 月 4 日是副高西伸北进期,8 月 3—4日发展最盛,此后副高减弱东退。

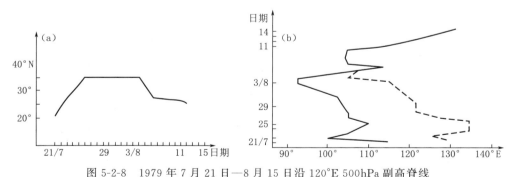

图 5-2-8   1979 年 7 月 21 日—8 月 15 日沿 120°E 500hPa 副高脊线

沿 30°N(a)500 hPa 588 dagpm(实线),(b)200 hPa 1256 dagpm(虚线)特征线随时间的演变

西太平洋副高的结构比较复杂,从副高的动力结构看,在发展西伸期和东退减弱期有着明显的不同。图 5-2-9a 给出了副高范围内各代表日的面平均散度场的垂直分布廓线。如图所示,在西太平洋副高西进前(7 月 21 日),500 hPa 以下为弱的辐合,

向上转为辐散。在副高西进期(7 月 29 日)转为中、低层辐散,300 hPa 以上高层为较强的辐合。副高减退期(8 月 11 日),又转为中、低层辐合,高层 300～200 hPa 出现明显的辐散,100 hPa 有较强的辐合。而与之对应的垂直运动(图 5-2-9b),对应于副高进退或稳定期的副高中心附近都是下沉的。这表明副高在西进过程中平均而言是由上向下输送质量,以供给副高发展的需要,而在副高减退时,高层辐散,中低层辐合仍伴随着下沉运动,但速率已明显减弱。

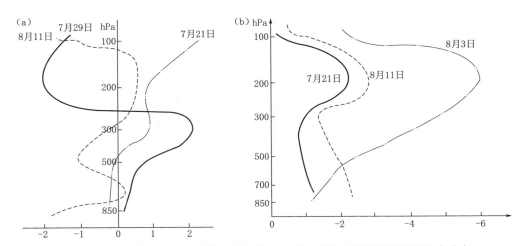

图 5-2-9　(a)西太平洋副高进退过程各代表日副高范围内面平均散度场垂直分布廓线(单位:10^{-5} s^{-1});(b)西太平洋副高进退过程各代表日的铅直运动廓线(单位:cm/s)

图 5-2-10 为 1979 年 8 月 3 日副高盛期的涡度场空间分布图。由图 5-2-10 可以看出:①500 hPa 副高中心附近负涡度向上是增加的,向下是减小的;300 hPa 以上负涡度中心较 500 hPa 向西北偏离。②500 hPa 在(105°E,30°N)附近出现另一个负涡度中心,强度较副高主体要小,这说明在我国西部大陆上还有一个次级副高中心。这种涡度场分布和实际天气图上副高的情况是一致的。但到 8 月 11 日副高减退时,涡度场的分布发生了明显的改变,如图 5-2-11 所示,500 hPa 副高中心附近(125°E,27°N)负涡度值最大,垂直向上明显减弱。

上述事实表明,西太平洋副高西进盛期与南亚高压打通,使西太平洋副高向上发展,副高表现为由下往上依次增强的形式,而在东退时,西太平洋副高和南亚高压又彼此分开,表现为副高在 500 hPa 上最强的特点。

盛夏,西太平洋副高的平均经向垂直环流如图 5-2-12 所示,西太平洋副高的平均经向环流,与东太平洋副高主体相比(图 5-2-7),环流方向正好相反。在 40°N 以南的副热带低纬地区,500 hPa 以下为偏南风,300 hPa 以上为偏北风。这是东亚夏季风环流的显著标志。图中有两个环流圈,其上升支分别位于 35°—45°N 和 5°—15°N

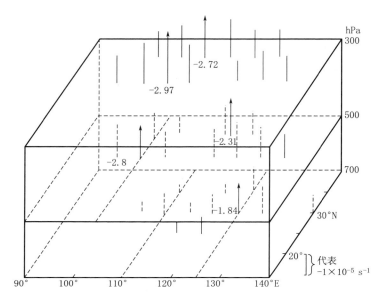

图 5-2-10　1979 年 8 月 13 日西太平洋副高盛期的涡度场空间分布图
（单位：10^{-5} s^{-1}，图上 1 cm 代表-1×10^{-5} s^{-1}，↑的长短表示涡度中心处的涡度值）

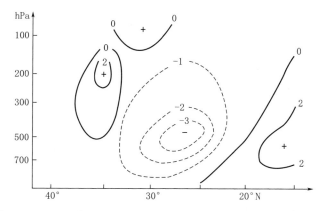

图 5-2-11　1979 年 8 月 11 日沿 125°E 涡度场分布（单位：10^{-5} s^{-1}）

地带，这里正是夏季东亚季风雨带和热带辐合带两带的平均位置。北圈环流的下沉支位于 20°—30°N 之间，这也正是西太平洋副高脊线活动最频繁的地带，这圈环流叫作东亚大陆季风环流或副热带季风环流，这也是西太平洋副高的垂直经向环流的一个重要特征。

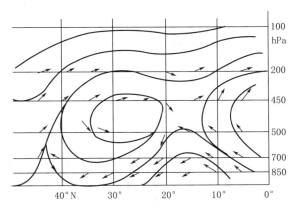

图 5-2-12　8 月东太平洋 130°—150°E 平均经向环流

5.2.2.2　太平洋副热带高压附近的三维气流结构

根据东亚副热带低纬地区的水平流场和垂直环流的情况,可综合给出副高所在区域及其附近的三维空间环流态势。图 5-2-13 是西太平洋副高西进期副高区域附近的三维环流示意图。

图 5-2-13　西太平洋副高西进期副高范围内三维环流示意图

副高西进期的几支环流如下。

第一支为副热带季风环流圈。来自副高西伸脊西北侧的西南上升气流到

500 hPa 以上转为东北风上升,300 hPa 以上转成南亚高压东伸脊北侧的西北气流上升,越过其脊线后转成东北下沉气流,到底层转东南下沉,这支下沉气流正好对应 500 hPa 上位于大陆上的副高中心,它是作为副高西伸脊的一支主要气流。

第二支为信风环流。来自低纬大气低层 ITCZ 的东南上升气流转东北下沉到副高(脊)内,它所到达的高度,在大陆上低于 500 hPa,而在海洋上,在 500 hPa 以上。

第三支气流为中纬度逆环流。它是来自 200 hPa 副热带急流南侧的偏西下沉气流。值得注意的是,这支下沉气流,在东亚大陆季风区不是直接下沉到副高内,而是在低层汇合到第一支气流的上升气流中,对加强副热带季风环流圈起了重要作用。在海洋上中纬度逆环流和低纬信风环流汇合下沉到副高内,对维持副高主体起重要作用。

第四支气流为热带季风环流圈。位于西太平洋副高的南侧,它是热带西南季风气流在南海—西太平洋 ITCZ 区上升到高空以后转向西南流向南半球去,它对副高的进退没有直接作用。

副高东退期,海上西太平洋副高主体的几支气流变化不大。但这时大陆上的环流发生了显著变化,副高北侧的中纬度逆环流与副热带季风环流分开,直接下沉到底层。大陆上的副热带季风环流圈不仅强度减弱,且其下沉支南移到 25°N 以南地区,它将导致副高减弱南退。

作用于大陆副高(脊)和海上副高主体进退的环流机制是不同的。对于大陆副高(脊),当中高纬逆环流和副热带西南季风气流汇合成一支巨大的上升气流时,副热带季风环流圈得以加强,通过它将南亚高压内的空气质量从对流层上部输送给其南侧的大陆副热带地区,使西太平洋副高得以西伸伸入大陆,信风环流从对流层低层注入对副高脊的西伸也有一定作用;当中高纬逆环流和副热带季风环流分开时,副热带季风环流圈减弱南移,这时尽管有信风环流下沉支作用,因其作用高度较低,强度亦相应减弱,这时大陆副高(脊)难以维持而减弱南移。而海上副高主体,位于东亚西风急流的南侧,中高纬逆环流强劲,这里已是信风区,信风环流作用高度亦较高,这两支强劲的下沉气流汇合作用于副高主体,副高强大而稳定少动。

综合海洋上的副高和大陆上的副高空间结构,可给出这样一个物理图像:低层副高主体位于中东太平洋,中层位于西太平洋,高层是南亚高压。大陆和海洋上的高压不仅所在高度不同,其结构性质也不同。大陆上的副高低层为热低压,高压在 500 hPa 高度以上出现,向上加强,到对流层上层成为一个强大的与温度场对应的热力性高压,而大洋上的副高则是在低层明显,在高压上空 300 hPa 以上则变成了相对低压区(大洋中部槽)。

§5.3　副热带高压的形成与维持

5.3.1　南亚高压的形成与维持

从平均图上可见(图 5-1-3),全球对流层高层副热带高压夏季位于大陆高原上空,南亚高压冬季位于菲律宾以东海洋上空,其与地球上的热源有很好对应,特别是夏季,南亚高压中心和它的东伸脊位于青藏高原及其东部亚洲副热带季风槽上空,高原和陆地的感热加热以及季风槽的潜热加热对其形成和维持有重要的作用。

无论冬夏就整个青藏高原平均而言都是热源。从地面向大气输送热量有三种形式,即地面有效辐射(L_R)、地面蒸发潜热(L_e)和湍流感热(S_H)。

地面冷热源(R)则为:

$$R = L_R + L_e + S_H \tag{5-3-1}$$

从青藏高原全年平均状况来说,在地面热源三个分量中,以湍流感热输送为最大,有效辐射次之,蒸发潜热最小(表 5-3-1)。在夏季的 7、8 月,地面蒸发潜热达到最大,但也比湍流感热小得多。冬季则以地面有效辐射为最大,湍流感热输送次之,青藏高原地面供给大气的总热量以春末夏初为最大,最小月份为 12 月。从冬到夏,地面总热量输送迅速增长,主要是由湍流感热输送造成的。

表 5-3-1　高原平均地面向大气输送的热量(单位:cal・cm^{-2}・d^{-1})

月 项目	1	2	3	4	5	6	7	8	9	10	11	12
湍流感热	43	89	162	255	300	291	240	198	164	130	66	27
有效辐射	167	167	167	167	167	162	162	162	162	162	162	167
地面蒸发潜热	2	4	21	21	28	78	86	75	29	4	4	2
地面向大气输送的总热量	212	260	350	443	495	485	418	385	355	295	232	196

青藏高原的加热作用促使其中、低空形成热低压,高空形成暖性的南亚高压。夏季南亚高压是一个热力性高压,青藏高原的非绝热加热对其形成起到决定性作用。夏季,南亚大陆和高原地区是个巨大的热源,被高原加热的空气辐合上升,上升空气到高层出现质量堆积,对流释放的凝结潜热加热大气,形成暖高,同时出现辐散流出,形成反气旋环流。夏季低层大范围的西南季风为高原地区提供了源源不断的暖湿空气及不稳定能量,使高原腹地中小尺度对流活动非常活跃,据统计,七八月份高原上对流云活动几乎占总云量的 80%,大规模的对流活动把地面的感热和低层的水汽潜热带到高空,补偿了高层空气由于大型交换和辐射冷却造成的热量、能量消耗。高层

大规模辐散运动的维持,也使得大尺度反气旋环流得以维持。因此,夏季高原热力作用是南亚高压在青藏高原上空形成和维持的根本原因。

5.3.2　太平洋副热带高压的形成与维持

　　太平洋副热带高压一年四季都存在,只是冬季半年位置偏南,强度较弱,而夏季半年位置偏北,势力更强大,它主要存在于对流层中低层。关于它的形成的经典解释是哈得来(Hadley)环流与费雷尔(Ferrel)环流的动力作用。赤道附近空气上升到高空后向高纬流去,由于地转偏向力的作用,向极地气流产生向东分量,到达纬度愈高,向东分速愈大,而向极分速愈小。这一结果造成高空空气质量的水平辐合,在副热带地区下沉,引起地面气压升高,乃至形成高压,地面产生水平辐散。此外,由于中纬度高空存在着西风急流,急流中的空气和向赤道侧的空气发生侧向混合,向赤道侧空气获得动量而加速,使得原来的气压梯度力不能平衡加速后的地转偏向力,空气遂往低纬方向运动,距急流愈远,这种侧向混合作用愈小,空气向低纬运动的分速亦愈小,结果在西风急流的向赤道侧产生空气质量的水平辐合,在副热带地区下沉,导致地面气压升高。这两支下沉气流分别为哈得来(Hadley)环流的北支下沉气流和费雷尔(Ferrel)环流的南支下沉气流,它们共同作用于副热带地区,从而形成一个暖性动力高压,即天气图上看到的大洋上的副热带高压。但 Hadley 环流要比 Ferrel 环流强得多,因此,太平洋高区的形成与维持,主要是 Hadley 环流存在的结果,即 Hadley 环流的动力下沉支是形成太平洋副高的主要原因。

　　对大洋上副热带高压的形成,热力作用也不能忽视。早在 20 世纪 50 年代黄士松分析了北半球副热带高压脊线平均位置逐日变化与大阳有效辐射强度最大值位置变动的一致性,指出北半球副热带高压的形成也有热力因素。西太平洋副热带高压还与其他冷、热源分布有关,并且冷热源位置、加热强度等都对副热带高压形成的位置和强度有一定影响。西太平洋副热带高压所在地区存在来自不同方向的四支气流的辐合下沉运动。第一支是 Hadley 环流来自赤道上空偏南气流的下沉运动,它主要存在于副热带高压的东部。第二支来自中高纬度高空的偏北气流。第三支从我国大陆东部上升的西南气流,其中一部分上升到中下层在 130°E 以西转为下沉气流,另一部分上升到高空,与高空西风气流汇合,到太平洋中部转为下沉气流。第四支是低纬度太平洋中部高空的东南气流,它主要在太平洋中部和西部地区下沉。这四支下沉气流汇合成巨大的质量辐合,补充了西太平洋副高中下层反气旋环流引起的空气质量辐散,从而维持了西太平洋副高的存在。

　　关于青藏高原热源对太平洋副高的作用,黄士松(1977)从高原上空与太平洋上空之间构成的力管场推论产生东西向的热力环流。图 5-3-1 所示在欧亚大陆及北非大陆上空整个对流圈内均为温度正距平,墨西哥上空在对流圈中下层亦有温度正距平,高原上空与大洋上空之间构成的力管场产生东西向的热力环流。T. N. Krish-namurti 所绘制的 1967 年夏季月份 200 hPa 上 25°S—45°N 范围内平均势函数及辐散运动流线图(图 5-3-2)上,南亚及墨西哥附近地区分别为质量源,大洋中部地区为质量汇,其间必存在行星尺度的东西向垂直环流,它与力管环流一致。从而可以推论有从青藏高原向东(西)的辐散气流与从墨西哥向西(东)的辐散气流,在太平洋(大西洋)上空产生水平质量辐合,从而对太平洋(大西洋)上夏季副高的形成和维持起着重要作用。这也部分地解释了在北半球夏季 Hadley 环流较冬季弱,而大洋上副高夏季较冬季强的事实。

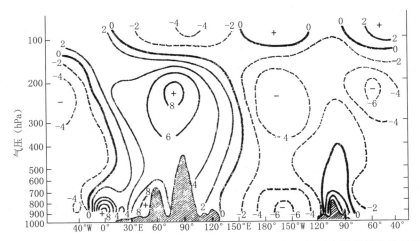

图 5-3-1　7 月沿 30°N 的平均温度(单位:℃)距平垂直剖面图(图中阴影部分为地形)

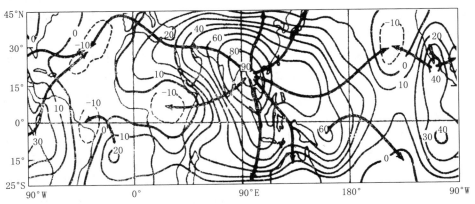

图 5-3-2　200 hPa 平均势函数等值线(单位:10^5 m²/s)

(粗矢线为平均辐散运动流线)

§5.4　副热带高压的活动

5.4.1　南亚高压的活动

5.4.1.1　南亚高压的季节变化

南亚高压存在着明显的季节变化,其气候平均路径为:冬季,从 10 月开始到翌年 4 月,高压中心位于菲律宾以东洋面,位置很少变动,强度比夏季弱很多。从 5 月开始,南亚高压中心向青藏高原作季节性转移,5 月到达中南半岛,6 月到达青藏高原上空,7 月移动到最西,强度也达到最强,中心位势高度平均比冬季高 240 gpm,高压的主要中心位于伊朗上空,但在青藏高原上空仍有一个副中心存在。8、9 月主要活动于青藏高原上空,强度略有减弱,10 月很快移入西太平洋。南亚高压脊线的平均位置 4 月在 15°N,5 月在 23°N,6 月在 28°N,7 月在 32°N,8 月在 33°N,9 月又回到 28°N附近。

南亚高压中心跳上青藏高原与东亚大气环流发生由春入夏的季节性突变有着密切联系。南亚高压初上高原的平均日期为 6 月 10 日,最早在 5 月 25 日,最迟为 6 月 29 日,但 80％以上的年份仍是在 6 月内。

南亚高压初上高原的路径有三条:第一条是从中南半岛向北然后再向西北移到青藏高原上空,这与多年的气候平均相似;第二条是从中南半岛向西然后从印度北部移到青藏高原上空;第三条是从中南半岛向西移到印度,再向西北移到伊朗高原,然后再东移到青藏高原上空。有时将第一条路径称为东路,约占总数的 2/5;将第二、三条路径称西路,占总数 3/5。从东路移上高原时,南亚高压中心在其后一段时间多在青藏高原东南部至云贵高原一带活动,而从西路移上高原时则多在青藏高原西南部至伊朗高原一带活动。

南亚高压移上高原标志着低纬冬季风直接热力环流的消失和夏季季风环流的建立,高原进入雨季。南亚高压移上高原还能引起东亚中纬度地区 500 hPa 等压面长波发生调整,伊朗高压脊移上高原,新疆低槽南伸并在青藏高原东侧发展加深,自西向东出现一次连续性降水过程。

南亚高压跳上高原的原因可以从动力作用和热力作用两个方面来探讨。一个是高原的热力作用,在南亚高压移上高原的前两候,青藏高原西部地面净辐射达到峰值并在整个盛夏维持在峰值附近振荡。另一个是动力作用,当高空移动性长波经长波调整与青藏高原上大地形和热源形成的静止性超长波正相叠加时,有利于南亚高压移上高原。

5.4.1.2　南亚高压的东西振荡

夏季,南亚高压中心并不是一直稳定在青藏高原上空不动,而是经常偏离平均位置,作一种准周期性的东西向位移,这种活动称为南亚高压的东西振荡,振荡的周期主要包括季节性、准双周和三天左右的振荡。

南亚高压东西振荡的结果改变着行星尺度流型,制约着大规模的天气分布和大尺度系统的变化规律。例如,南亚高压位置发生一次东西振荡,西太平洋 500 hPa 高压也会相应出现一次进退过程。

(1)南亚高压东西振荡的分型

根据多年资料统计的南亚高压中心活动位置,结合东亚降水分布的差异,以南亚高压主要中心的位置在 100°E 以东或以西可将其划为三种类型(图 5-4-1)。

① 东部型

西风槽线在 60°—90°E 之间,其中 70°—90°E 之间占 4/5。东部主要高压强大而稳定,中心位置在 90°E 以东,其中 100°E 以东占 4/5;90°—120°E 脊线走向呈东部偏北西部偏南,120°E 脊线在 33°N 以北(图 5-4-1a)。

② 西部型

西风槽线在 90°—130°E 之间,主要高压中心在 100°E 以西,90°—120°E 脊线走向呈西部偏北东部偏南(图 5-4-1b)。

③ 带状型

中高纬为大低压,西风带无大槽大脊,60°—135°E 范围内,高压外形呈带状,在全过程中高压中心多于两个,且均不稳定,高压脊走向同东部型(图 5-4-1c)。

夏季南亚高压平均位置虽然比较稳定,但每日天气图上的分布仍然是千变万化的,前述分型是不可能包含所有情况,但大体概括了夏季南亚高压三种主要的平衡状态。

(2)南亚高压东西振荡的成因

南亚高压东部型与西部型的转换主要与两个因素有关:一是大范围冷热源的配置和演变,主要是高原及其以东感热、潜热分布的影响;二是中高纬环流演变长波调整,特别是西风带长波与南亚高压相互作用。

① 南亚高压活动与青藏高原附近加热场的关系

青藏高原的热源不仅对南亚高压的形成有贡献,对南亚高压的东西振荡过程也有重要的作用。夏季在南亚高压中心附近的东西方向上,有两个主要加热中心,一个是高原地区以感热为主的加热区;一个是我国东部以潜热为主的加热区,位于长江中下游地区。一般前者比后者要强,所以南亚高压中心多稳定在青藏高原的上空。统计事实表明,100 hPa 南亚高压各型中,西部型是过程次数最多、维持时间最长的一种环流型,这说明高原热源对其形成和维持有着重要影响。而高原东部潜热释放可能是高压转为东部型的一个原因。在 100 hPa 西部型高压环流控制下有利于我国东部雨带的发展,雨带中所释放的凝结潜热超过高原加热的强度时,南亚高压由西部型

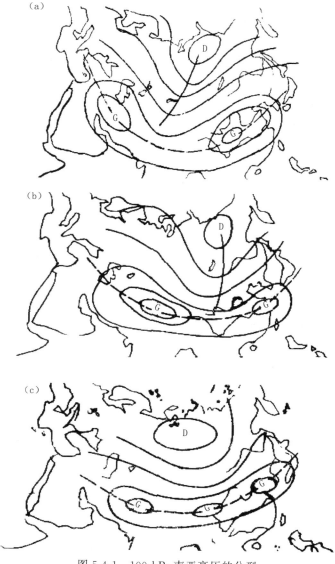

图 5-4-1　100 hPa 南亚高压的分型

(a)东部型;(b)西部型;(c)带状型

转换为东部型。在东部型高压期间,我国东部降水减少,高原上空感热加强,南亚高压再由东部型转为西部型。南亚高压由东部型向西部型的转换,高原的感热加热起重要作用,高原的潜热居次要地位,而西部型向东部型转换,100°E 以东的潜热作用变得明显,100°E 附近的高原感热也有作用。

可以把 100 hPa 南亚高压东西部型转换的物理机制概括为：热源（冷源）产生和维持高层上升辐散（下沉辐合）气柱，在上升辐散（下沉辐合）气柱的顶部产生负涡度（正涡度），使高压增强（减弱）。夏季高原是一个巨大的加热场，既有感热加热，又有潜热加热，前者为主。高原东部（包括长江中下游）常表现为加热场，但以潜热加热为主。因此，当高原地面感热减弱，尤其是高原东边有强烈的潜热发生时，100 hPa 高压中心也相应自西向东移动，由西部型转为东部型；反之，当高原西部地面的感热增强，高原东边潜热加热减弱时，100 hPa 高压中心跟着自东向西移动，由东部型变为西部型。南亚高压东、西部型之间，孕育着自身反复的因素，形成准周期振荡。南亚高压东部型和西部型之间存在着一个自身向对面转换的机制，从而使其转换呈准周期的性质，在西部型时，东亚是一个大槽，且高压东部为垂直上升运动，降水增强，潜热释放增强，使西部型转为东部型。转为东部型后，南亚高压东部为垂直下沉运动，抑制高原东部的降水，潜热加热减小，而使高原上的感热增加，使南亚高压又转为西部型。这种转换是准周期的，如长期为东部型，则高压的东部，我国大陆的东部以偏旱为主，反之，如长期为西部型，则我国大陆东部以偏涝为主。

② 南亚高压活动与西风带长波调整的关系

西风槽对南亚高压也有巨大作用，长波的调整是使南亚高压偏离高原的一个主要原因。100 hPa 南亚高压由西部型转为东部型是中高纬度长波调整的结果（陶诗言等，1964），如果中纬度西风带高原地区出现长波槽时，100 hPa 高压转为东部型；反之，高原地区长波槽减弱消失，100 hPa 高压转为西部型，至于何时转变则要看大的环流形势的配置。东部型高压时 70°—90°E 范围都是长波槽。相反，西部型高压时高原地区是长波脊。

图 5-4-2 是两次个例期间东半球 40°—50°N 的 500 hPa 平均高度廓线演变图。1969年 7 月南亚高压从西部型转为东部型，东半球高度廓线从双波型转为三波型，槽的位置分别位于 40°E，100°E 和 150°E 附近。1971 年 8 月过程相反，南亚高压从东部型转为西部型，东半球高度廓线从三波型转为双波型，高原上空为长波脊区。这两个个例说明，南亚高压型的转变在 40°—50°N 西风带上主要表现为高原上空长波槽脊的更替。

5.4.2　西太平洋副热带高压的活动

西太平洋副热带高压（简称西太副高）在对流层中层（500 hPa）表现最强大，是影响我国东部地区天气形势的关键系统之一。由于西太副高所占空间范围很大，所以分析其强度、范围、进退常用一些特定的办法（图 5-4-3）。分析副高南北进退时，常用副高脊线（或东西风分界线）做标志。分析副高东西进退时，常用 588 dagpm 等高线西脊点作标志，有时也以 588 dagpm 等高线作为特征线用以表征副高形态的变化。

5.4.2.1　西太平洋副热带高压的季节变化

西太副高是副热带高压带中的一部分，与北半球的行星风系、气压带一样，受太

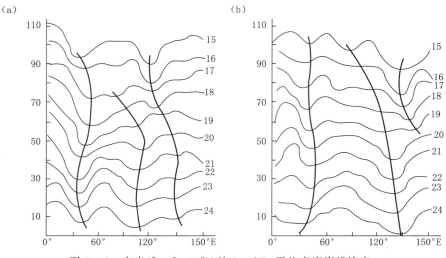

图 5-4-2　东半球 40°—50°N 的 500 hPa 平均高度廓线演变

(a)1969 年 7 月；(b)1971 年 8 月

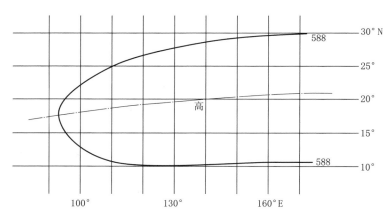

图 5-4-3　分析西太副高强度、范围、进退的参数

阳辐射和海陆热力差异的影响，也存在着盛夏位置最北、严冬位置最南的明显的季节变化，并且与东亚夏季风的进退密切联系。图 5-4-4 给出了 5—10 月 500 hPa 等压面 588 dagpm 等高线为代表的西太平洋副热带高压脊月平均位置。可以看出，5 月到 8 月西太副高北进，8 月份位置最北，8 月以后西太副高南退。

西太副高的北进与南退过程并不是匀速进行的，而是表现为稳定少变、缓慢移动与跳跃三种形式，在北进过程中也有暂时的南退，在南退过程中也有短时的北进，表现出南北振荡现象。图 5-4-5 是 110°—130°E 范围内西太副高脊线位置随季节的变

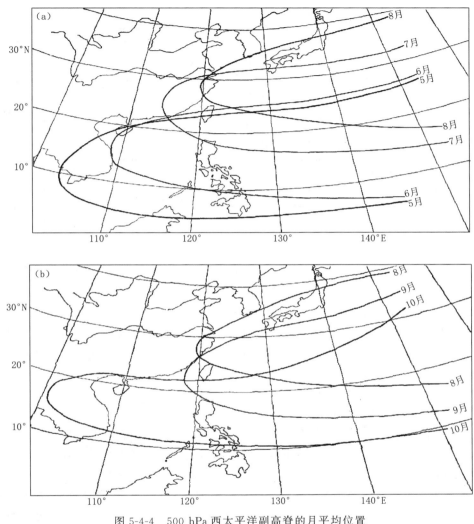

图 5-4-4　500 hPa 西太平洋副高脊的月平均位置

(a)5—8 月;(b)8—10 月

化。冬季月份高压脊线在 15°N 附近徘徊;随着季节的变暖,脊线开始缓慢北移;5月底至 6 月初,特别是 6 月中旬,出现第一次北跃,脊线突然北跃到 20°N 以北,并稳定在 20°—25°N 之间;到 7 月中旬,脊线再次北跃,到达 25°—30°N 之间;7 月底或 8 月初,副高脊线越过 30°N,达到一年中最北的位置;9 月起,副高开始南退,9 月上旬脊线回跳到 25°N 附近;10 月上旬再次南退到 20°N 以南地区。这是副高在一年中多年平均的季节性南北跳动,实际上各年都会出现有早有晚的现象。

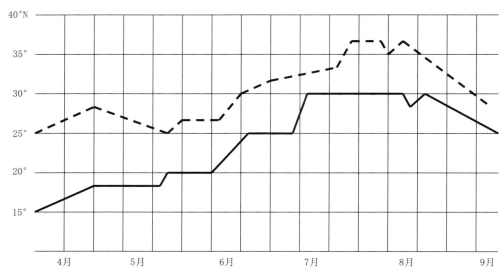

图 5-4-5　110°—130°E 范围内多年平均西太平洋副高脊线（实线）位置随季节的变化

（虚线为 115°E 以东我国大陆上主要雨带轴线位置的变化）

5.4.2.2　西太平洋副热带高压的中短期变化

西太平洋副热带高压在随季节作南北移动的同时，还有为期半个月左右的中期变化和一周左右的短期变化。西太平洋副热带高压的中短期变化是和其周围的天气系统互相联系、互相制约的。

（1）西风带环流系统的影响

① 短波槽脊活动影响

西风带槽脊对副高影响的程度决定于槽脊的强度。一般当西风带气流比较平直，其上多短波槽脊活动时，这些小槽小脊只能引起西太平洋副热带高压外围等高线变形，而副高脊线位置变化很小。但当西风带东移入海的槽脊发展为中等振幅的波动时，则可引起西太平洋副高的进退，槽移近时，副高东撤南退，脊移近时，副高西伸北进。副高这样一次进退过程一般为 5～7 天，属于短周期活动。副高本身也影响西风槽脊的活动。例如，当西风槽不太强而副高本身很强而且在增强西伸北挺时，副高可使移近的低槽北缩向东北方向移去，或使之变形由南北向槽转为东北—西南向槽或东西向的切变线。

② 长波调整与副高变化

从大范围的环流形势来看，副高主体位置与长波脊位置大体一致。因此，副高位置的显著变化应与副热带长波调整有关。北半球副热带高压不是一条连续的带，而是分裂成一些具有闭合高压中心的单体，这些闭合高压单体和其间的低压区就构成了夏季北半球副热带的流型，表现为 6～7 个波系，其稳定波长平均为 50～60 个经度。若某一时段波长与平均波长出现较大差异,则波动将逐渐调整到与平均波长相一致。另一方面,长波槽脊稳定下来的地区也可以有差异,因此,某一地区槽和脊的发生发展就会影响到其上、下游地区槽脊的变化,随着长波型发生调整,副高也就相应地出现进退变动。

图 5-4-6 为 1958 年 7 月 1—25 日东半球 25°—45°N 之间 500 hPa 槽脊位置分布图。7 月 15 日以前,在副热带范围内维持稳定的三波型式,槽线分别位于 45°E、105°E 和 150°E,而脊线的位置分别位于 10°E、70°E、130°E 和 175°E。在 7 月 15 日前后,副热带长波型发生一次大调整,表现在 7 月 10 日以后,东半球系统先后自西向东有后退的过程。在 7 月 10 日,15°E 的脊线退到 0°,此后 45°E 的槽线和 60°E 的脊也后退 10~15 个经度,随之 105°E 和 130°E 的槽线和脊线也出现后退的现象。由于这次副热带流型的调整,使得 7 月 20 日以后,东亚对流层中上部流型有很大变化,105°E 上空不复有槽线存在,而在 115°E 上空却出现脊线。因此,在 7 月 15—20 日,原来在高原上空的副热带高压单体和西太平洋上空的副热带高压都向华中上空移动,使得副高在中国东部大陆上建立。

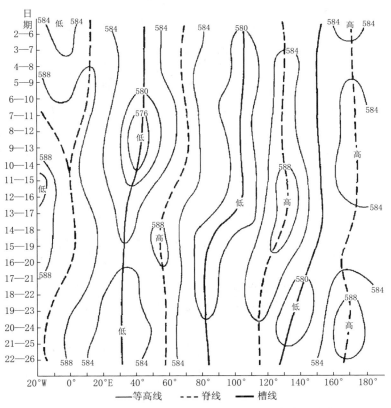

图 5-4-6　1958 年 7 月 1—26 日 500 hPa 槽脊位置分布

实线为等高线(单位:dagpm),粗实线为槽线,粗虚线为脊线在上述副热带流型发生调整期间,对流层中上层气压形势变化非常显著。在调整前,7月6—15日105°—110°E上空(图5-4-7a)维持着一个经向度较大的低槽,巴尔喀什湖为长波脊。此槽维持10天左右后,于7月16—17日流型开始变化(图5-4-7b),先在巴尔喀什湖附近出现了强烈的斜压过程,这表明该地区将有长波槽建立。由于长波要维持平均波长,即50~60个经度,故当75°E将有新的长波槽建立的同时,原来停留在105°E的低槽不复维持。7月20日以后(图5-4-7c),副热带流型的调整已经完成,在105°—125°E上空已经是脊的位置,副热带高压在沿海大陆稳定地建立起来。

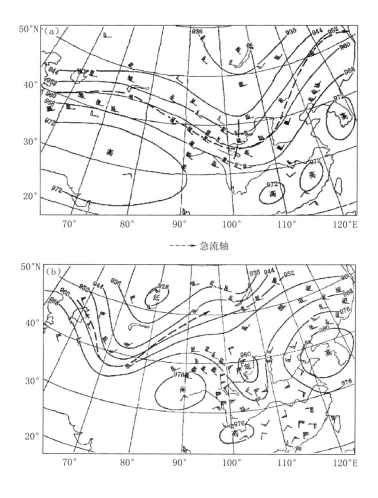

---→ 急流轴

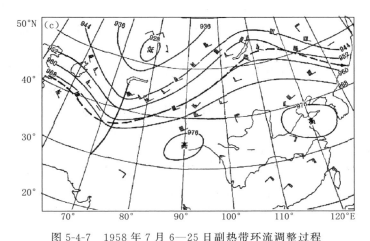

图 5-4-7　1958 年 7 月 6—25 日副热带环流调整过程

(a)1958 年 7 月 6—15 日 300 hPa 平均等高线分布(调整前);(b)1958 年 7 月 16—17 日
300 hPa 平均等高线(调整期);(c)1958 年 7 月 16—25 日 300 hPa 平均等高线(调整后)

　　副热带高压在中国大陆上的崩溃过程,也与副热带流型的调整有关。当在 80°E 巴尔喀什湖附近有脊生成发展,则在 110°E 附近将有低槽生成。这时,西太平洋副高将东撤至 140°E 附近的海洋上。这种调整往往在 2～5 天内就能完成,在调整过程中,西太平洋副高进退范围甚大,常达十几个经度,甚至数十个经度,长波调整后,一般可维持 10 天左右。表现为副高一次中期的变动。

　　由于副高和东亚夏季风经圈环流南部的下沉气流区相结合,当该环流南移后,副高也会随之南移,并再度与该环流南部的下沉气流区相结合。副高位于逆环流(指位于 40°N 以南的逆环流圈)的下沉支,在经圈环流处于相对稳定期间,随着该逆环流的南北摆动,副高相应也出现南北摆动;在经圈环流处于剧烈调整期间,对应其不同的调整方式,副高活动也具有不同的特点。

　　分析西太平洋副高在我国东部沿海地区的建立或撤退时可着眼于 80°E 一带是否有长波槽脊的建立与消失。而 80°E 附近长波槽脊的生消,按同样的长波调整的原理作出判断,也可从高纬度西风带长波系统的影响来考虑。当中高纬西风带的波动和副热带上的波动两者同位相时,中高纬西风带波动常能激发副热带的中短波强烈发展为长波,并能使副热带长波型稳定;当两者反位相时,则能抑制其发展。例如,当乌拉尔山地区有大低槽发展南移时,2～5 天后在 80°E 巴尔喀什湖地区将会有脊发展起来,随之使得东亚沿海有大槽发展,至使西太平洋副热带高压东撤南退;反之,当乌拉尔山地区有阻塞高压形成时,则在巴尔喀什湖地区会有长波槽发展,从而西太平洋副热带高压西伸北挺。

　　分析西太平洋副高的中期进退时,不仅要注意上游地区副热带长波槽脊的调整,也应密切关注下游地区太平洋中部槽的变化对西太平洋副高进退的影响。当太平洋中部槽在其平均位置稳定重建时,西太平洋副高也比较稳定,强度增强,逐渐西伸。在环流调整时,常常表现为原来的槽东移减弱,其西部有新的低压槽加深,引起大洋中部槽的"不连续后退"。在这过程中,西太平洋副高是逐渐西伸的。当150°E以东建立深槽时,此时西太平洋副高恰好西伸控制我国大陆,强度最强;当新槽位置在130°—140°E附近时,则副高强度减弱,断裂成两环,其主体东撤。

　　(2)东风带环流系统的影响

　　西太平洋副高南侧常有热带气旋活动,热带气旋对副高有一定影响。当热带气旋在副高南侧做自东向西方向移动时,副高亦将西伸北移;当热带气旋向偏北方向移动,当移到副高的西南方时,可使副高东退;当西太平洋副热带高压脊较弱,强热带气旋亦可从高压脊的南侧穿越高压脊北上而使副高脊断裂,副高主体东退。西面可形成一个小副高单体。

　　(3)南亚高压活动对西太平洋副高的影响

　　由于存在从南亚高压向东(西)的辐散气流,与从墨西哥高压向西(东)的辐散气流,使太平洋(大西洋)上空产生水平质量辐合,对大洋上副高的生成维持有一定作用。当100 hPa南亚高压从青藏高原移向东部地区时,500 hPa西太平洋副高西伸北上,反之,100 hPa南亚高压从东部地区移向青藏高原时,500 hPa副高东缩南撤。其过程是:当南亚高压东部型建立并向东北方向加强时,在脊线南边(35°N以南)的东北气流中产生下沉运动,随着东北下沉气流加强下传,表现在120°E经向环流图上由北向南的环流圈加强,西太平洋副高就在这环流圈的下沉区得到加强随之进入大陆。当南亚高压由东部型转为西部型,高原东边盛行西北下沉气流,这时沿120°E的由北向南的环流圈为由南向北的环流圈所代替,西太平洋副高随之减弱退出大陆。100 hPa南亚高压东、西部型建立比西太平洋副高进入或退出我国大陆要提前2~3天。因此,当100 hPa南亚高压东部型建立时,西太平洋副高将西伸入大陆;反之,100 hPa高压由东部型转为西部型时,西太平洋副高将东撤退入海上。

§5.5　副热带高压对我国天气的影响

5.5.1　南亚高压对我国天气的影响

　　南亚高压是一个行星尺度的天气系统,是夏季北半球副热带最重要的大气活动中心之一,影响着东亚地区大范围天气气候分布。由于南亚高压大而稳定,它的脊线变化比500 hPa西太平洋副热带高压脊更为规律而且易于确定,并且与中国夏季雨带的关系更为明确,是天气气候业务预报中的一个重要指标。

5.5.1.1　南亚高压脊线与我国夏季东部雨带的关系

南亚高压脊与我国夏季雨带的位置有密切的关系。资料分析表明,我国夏季雨带轴多位于南亚高压脊线至脊北 4～5 个纬度之内,其中 6—7 月最集中和靠近脊线,50% 以上的大雨带在脊线至脊北 4 个纬度,5 月最偏北,其中 50% 以上位于脊北 1～6 个纬度之间。南亚高压脊季节变化异常必然引起我国东部雨带的异常,并带来大范围的旱涝。当南亚高压脊线较早北跳过 25°N 时,梅雨开始偏早,而华南及江南则可能发生干旱。反之,迟年则对应着江南的雨涝。当南亚高压脊线较早北跳过 32°N 时,江淮梅雨结束早,长江流域易出现干旱。

5.5.1.2　南亚高压中心变化与梅雨的关系

南亚高压中心位置与长江中下游入(出)梅有密切关系。入梅前,南亚高压的中心一般在 27°—28°N 以南。梅雨开始时,南亚高压中心进入青藏高原并稳定在其上空,中心强度增加。当南亚高压中心北跳到 34°N 并东移出青藏高原,即南亚高压由西部型转为东部型时,梅雨结束,江淮进入伏旱期。

5.5.2　西太平洋副热带高压对我国天气的影响

西太平洋副热带高压对我国天气的影响,一方面是由于它本身的结构特点和变化产生的,另一方面是它与周围的天气系统,如季风槽、台风、气旋、切变线等,互相影响共同作用下造成。

5.5.2.1　西太平洋副热带高压的天气

由于西太平洋副热带高压联系着西风带、东风带、信风区和季风区,西太平洋副热带高压的不同部位,因结构特点不同,天气也不相同。

在副高中心及脊线附近区域,盛行辐散下沉,天气晴好。又因气压梯度较小,风力微弱,天气则更为炎热。长江流域 8 月份经常出现的伏旱,就是由于西太平洋副热带高压脊较长时间控制这个地区造成的。

在副高西部,当处于东退期时,往往伴有西风带槽东移,副高西侧的西风带槽前上升区往往有积雨云、积云,可造成大范围雷阵雨天气;当处于西进期时,受西南季风加强影响,在副高脊西侧气旋式切变区易产生雷雨天气。

在副高北部,常常对应于副热带锋区和强西风,多气旋和锋面活动或副高与大陆变性高压之间的切变线,上升运动强,对应有大范围的雨带和云雨天气。据统计,我国主要的雨带就位于副高脊线之北 5～8 个纬度处,其走向大致和脊线平行。

在副高南部的偏东气流区,一般天气晴好;当有东风带扰动和热带气旋活动时,常出现云雨、雷暴,有时有大风、暴雨等恶劣天气。

5.5.2.2　西太平洋副热带高压的季节进退与我国东部地区季风雨带进退的关系

雨带也标志着夏季风所达的位置,为季风的前缘。西太平洋副高位置的季节进退与我国东部地区季风雨带的进退有相对应的关系,对各地区雨季的起讫时间有一定程度的决定作用。

季风雨带一般处于 110°—130°E 西太平洋副热带高压平均脊线以北 5~8 个纬距处,从图 5-4-5 中 115°E 以东我国大陆上主要雨带轴线随季节的变化可见:

3 月到 6 月中旬,115°E 以东我国大陆上主要雨带轴线位于我国华南地区(27.5°N以南),这一段时间一般称为华南雨季。其中,3—4 月份,副高脊线在 18°N 以南的南海北部缓慢北进,华南降水量缓慢增长;5 月上中旬—6 月上旬,副高脊线到 20°N 以南,华南沿海一带雨量陡增,为华南前汛期,季风初到华南,夏季风建立。

6 月中旬,副高第一次北跳,越过 20°N,徘徊在 20°—25°N 之间,这时雨带北移,华南地区降水量迅速减小,华南前汛期结束,长江中下游地区的降水急增,江淮梅雨期,长江中下游梅雨期开始。

7 月中旬前后,副高第二次北跳越过 25°N,位于 25°—30°N 之间,黄淮雨季开始。

7 月下旬—8 月初,副高脊线北移到 30°N 以北,华北雨季开始,而长江中下游梅雨结束,长江中下游地区恰好在副高脊线附近,在较强的下沉气流控制下,进入盛夏伏旱期。

在 7、8、9 月,华南地区在副高脊线以南的热带东风区里,多受西太平洋台风影响,也出现一雨量集中期,称为华南受西太平洋台风影响而出现的台风雨季。

9 月,副高开始南退,雨带也同时南撤,副高脊线向南撤退过 25°N 以后,长江流域转入秋雨季节,脊线撤回到 20°N 以南,华南又多阴雨。

这是副高活动与华南雨季、长江中下游梅雨、黄淮雨季、华北雨季等我国东部雨带季节性移动的关系,但影响我国东部雨带季节分布和变化的系统绝不仅是副热带高压一个系统,如长江中下游梅雨中的特大暴雨,往往受到东亚夏季风、副高、北方西风带系统冷空气、来自高原的中尺度系统等多个系统共同作用。因此,在分析副高对我国东部雨带和天气的影响时,要全面系统地综合分析副高及其他天气系统的共同作用和影响。

第6章 热带天气系统

热带地区约占全球面积的一半,其中海洋约占 3/4,其净收入的热量是驱动全球大气环流的重要能量来源,同时高温洋面的水汽蒸发也是全球大气的重要水汽来源,因此,发生在热带地区的大气过程,不仅具有区域性的天气意义,而且对全球的大气过程具有重要的作用。热带大气由于所处地理纬度低,而且下垫面大部分为海洋,因此,它的动力条件、热力条件均不同于中高纬大气,相应的热带天气系统发生发展的能源机制、结构、天气分布以及活动的背景条件也都不同于中高纬天气系统,有其自身独特的特征。

§6.1 热带大气的基本特征和天气特点

6.1.1 热带大气的基本特征

(1)非地转运动强,热力参数水平分布均匀

从运动方程分析(略去黏滞力项)

$$\frac{\mathrm{d}\boldsymbol{V}}{\mathrm{d}t} = -f\boldsymbol{k} \times \boldsymbol{V} - \nabla\phi$$

在中高纬地区,对于大尺度的运动系统来说,$\dfrac{\mathrm{d}\boldsymbol{V}}{\mathrm{d}t}$ 惯性力项小,等式右侧两项平衡为准地转运动,因此,准地转概念被广泛应用。但是在低纬地区,由于方程中各项具有相同的量级,非地转运动强。

中纬度地区与低纬度 $\nabla\phi$ 的量级有:

中高纬:$O(\nabla\phi)_m \sim O(f_0 v_0) \sim 10^{-4} \cdot 10^1 \sim 10^{-3}$

低纬:$O(\nabla\phi)_l \sim O(v_0^2/L_0) \sim 10^2/10^6 \sim 10^{-4}$

如果用静力方程和状态方程作替换,并考虑到 P,ρ,T,θ,L 中纬度和低纬地区具有相同的特征值,那么

$$\frac{(\nabla\phi)_l}{(\nabla\phi)_m} = \frac{(\rho_0^{-1}\,\nabla P)_l}{(\rho_0^{-1}\,\nabla P)_m} \sim \frac{(\nabla P)_l}{(\nabla P)_m} \sim \frac{(\nabla T)_l}{(\nabla T)_m} \sim \frac{(\nabla\rho)_l}{(\nabla\rho)_m} \sim \cdots \sim 10^{-1}$$

就 ∇T,∇P,∇H,$\nabla\rho$,$\nabla\theta$ 而言,低纬地区比中高纬地区均要小一个量级,即热带天气图上等压线、等高线、等温线等都很稀疏,大气斜压性很小,近似于正压

大气。

(2)低层湿度大、温度高、静力稳定度小

热带地区下垫面大部分为海洋,并且温度高、蒸发快,所以低层盛行暖湿空气活动。干大气静力稳定度取决于$\dfrac{\partial \theta}{\partial z}$或$\dfrac{\partial T}{\partial z}$,湿大气静力稳定度取决于$\dfrac{\partial \theta_{se}}{\partial z}$即$\dfrac{\partial T}{\partial z}$和$\dfrac{\partial q_s}{\partial z}$。低层温度越高、越潮湿、水汽含量越大,稳定度就越小。据计算,热带大气低层的层结稳定度要比中高纬小$1\sim2$个量级,热带大部分地区的低层大气几乎总是不稳定的,即$\dfrac{\partial \theta_{se}}{\partial z}<0$。

6.1.2　热带天气的基本特点

(1)大尺度系统温压场形势弱、要素日变化大

中高纬地区一次大型天气过程在$2\sim3$天内或在半径近千千米的地面高低压系统中,ΔP可达$10\sim20$ hPa,ΔT可达$10\sim15$ ℃;而热带地区同样尺度的地面气压系统,如ITCZ、东风波之类的大尺度系统则要小得多,一次过程ΔP只有$2\sim3$ hPa,ΔT仅为$1\sim3$ ℃。

热带地区温度、气压等要素的日变化往往大于日际变化和季节变化。热带地区局地热力环流明显(山谷风,海陆风等地方性天气表现突出),往往掩盖了大尺度天气,这使低纬热带地区的天气分析预报也不同于中高纬的天气分析预报,在中高纬地区着重考虑波动的生成移动发展,而在低纬地区往往还要考虑局地热力环流的影响。

(2)中小尺度系统活跃、对流天气频繁

热带地区由于非地转运动强,辐合辐散强,垂直速度大,再加上水汽充沛、静力稳定度小,必然会使中小尺度系统活跃,积云对流天气频繁。在中高纬地区多为锋面、气旋等的系统性天气,以高层云、雨层云、层积云等的层状云为主,降水多为连续性降水;而在低纬地区往往是积云对流发展旺盛,多为对流性天气,多以积云、积雨云等对流性云为主,降水多阵性降水、雷暴,并且瞬时降水量大,降水急。

与中高纬地区天气系统发生发展的能源主要来自斜压有效位能不同,热带天气系统接近正压,其发生发展能源主要靠积云对流凝结加热。积云对流产生凝结释放潜热加热空气,加速空气对流活动,对流活动加强促使水平环流增强。在低纬热带地区,有组织的中小尺度积云对流释放的凝结潜热反馈是大尺度系统发生发展的主要能源。

§6.2　热带辐合带

赤道地区低层气压场上为赤道低压带,从流场角度来说,赤道低压带中的气流是

南北两半球流向赤道的辐合带,称之为热带辐合带或赤道辐合带(ITCZ)。热带辐合带是行星尺度的低纬系统。过去,人们只把它看作是气候上或统计中的概念,认为它是赤道地区一系列涡旋环流分布的平均结果。后来大量天气分析表明,它既可出现在气候位置上,也可偏离平均位置出现在其他地区。赤道附近地区有时还可看到两条辐合带云带并列存在,除了平均位置和强度存在月际变化外,还存在位置强度的中短期变化,有着明显的天气意义。从空间分布看,有的地区非常活跃、多变,有的地区稳定少变。南海—西太平洋地区就是热带辐合带最活跃多变的地区。据统计,西太平洋低纬地区(包括南海)是全球台风发生最多的地区,而这里的台风有 80% 以上是由热带辐合带上的扰动发展起来。盛夏,热带辐合带可北进到我国华南地区,直接造成该地区的剧烈天气。因此,认识热带辐合带的活动规律、了解它的强弱变化特点具有重要意义。

根据天气图上辐合气流的不同特征,热带辐合带可分成两种类型:信风槽型和季风槽型(见图 6-2-1)。信风槽型辐合带是由东北信风和东南信风相会而构成的渐近线形式的辐合带,主要位于北大西洋、太平洋中部和东部地区。季风槽型辐合带主要出现在南亚到西太平洋一带,其构成与季风紧密相联,主要特征是风向切变大。在北半球,季风槽型辐合带的北侧是东风或东北风,南侧是西风或西南风;南半球其向赤道侧是西风或西北风,向极地侧是东风或东南风。这种辐合带在由西风到东风的过渡区中,风速通常都比较小,也称为"无风带"热带辐合带。观测和分析说明,在西太平洋低纬地区,上述两种类型的辐合带都可以出现,且往往是交替出现。图 6-2-2 和图 6-2-3 是西太平洋上具有代表性的两类辐合带的低层流场。

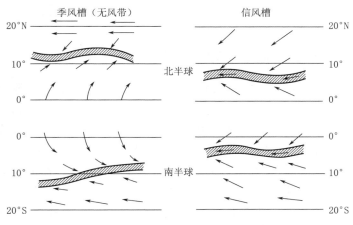

图 6-2-1　两种热带辐合带风场结构模式

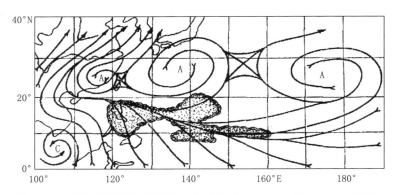

图 6-2-2　信风槽型辐合带例子(1970 年 9 月 20 日 08 时 700 hPa 流线)

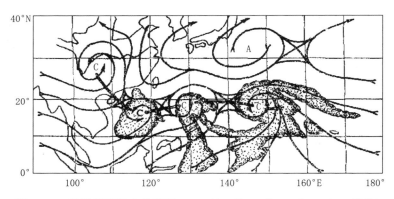

图 6-2-3　季风槽型辐合带例子(1968 年 7 月 21 日 08 时 850 hPa 流线)

6.2.1　热带辐合带的结构和天气

　　热带辐合带的结构随地理区域、海陆分布的不同,以及两侧气流特点不同而有多种形式。活跃在中南半岛和我国南海一带的热带辐合带,多属季风槽型辐合带。从垂直分布来看,其活动主要在对流层中下部。由于赤道西风大都出现在 500 hPa 以下,其上为深厚的东风层,所以赤道西风与副热带高压南缘的东风辐合,出现在对流层的中下层。由于偏东气流随高度向南和西南扩展,使东西走向的辐合带在垂直方向上向南倾斜,西北—东南走向的辐合带向西南倾斜。比较强的辐合上升气流就出现在这个斜面上,所以在地面图上常看到辐合带云带出现在辐合线的南侧或西南侧。图 6-2-4 是辐合带的低层流场及云区分布,对应的云系多为涡旋云系。

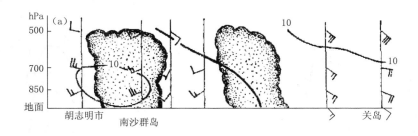

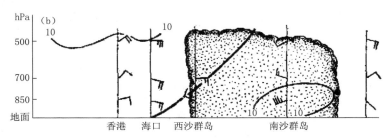

图 6-2-4　1970 年 8 月 1 日 08 时空中风(单位:m/s)剖面图
(a)东西向剖面;(b)南北向剖面

　　印度北部到中南半岛以至我国南海地区的季风槽辐合带,其两侧温差很小,北侧温度通常略高于南侧,然而南侧气流由于来自热带海洋,湿度一般都大于北侧。图 6-2-5 是戈德博尔(Godbole)等根据海洋船舶考察资料,对印度洋上热带辐合带结构的分析。从图中可以看到,辐合带随高度南倾,2°S 附近为赤道气流转换带,南半球的东南气流转为西南气流,越赤道气流在赤道附近产生弯曲。在赤道上则非槽非脊,是中性地带,称其为赤道气流转换带或赤道缓冲带。有时在赤道,气流形成涡旋,同样是中性系统,称其为赤道涡旋,有时天气图上用"E"表示。转换带与辐合带之间的 500 hPa 以下气层为赤道西风,且辐合带南侧有低空西风急流,辐合带北侧和赤道地区上空为干区(相对湿度<50%),辐合带南侧为湿区(相对湿度>80%)。南亚地区辐合带降水区宽度约为 200~800 km,日雨量常在 100 mm 以上。

　　太平洋和大西洋中部的信风槽辐合带,由于位置靠近赤道,又是南北两半球比较深厚的偏东气流的汇合,其两侧温度和湿度的差异很小,在不同高度上的位置近于重合,所以更不会具有锋面性质。

　　根据卫星观测概括出来的信风槽型热带辐合带模式如图 6-2-6。热带辐合带是由很多大小不同的对流云团组成的,云团与云团之间夹有大小不一的晴空区或少云区。云团直径一般在 100~1000 km 范围内,平均约为 4 个纬距;云团内又包含有若干个 10~100 km 大小的热带中尺度对流云群;而对流云群又是由直径 1~10 km 的

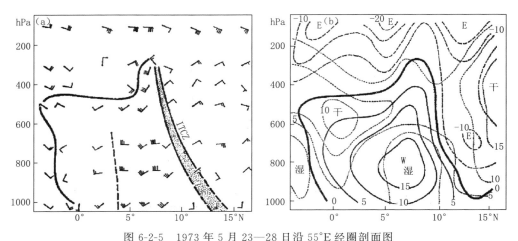

图 6-2-5　1973 年 5 月 23—28 日沿 55°E 经圈剖面图

(a)测风剖面分布；(b)纬向风速(实线，单位：m/s)和温度露点差(虚线，单位：℃)剖面分布

小尺度对流云单体所组成的(见图 6-2-6a)。辐合带南北垂直剖面上的环流如图 6-2-6b 所示，在赤道附近，信风边界层的湿空气摩擦辐合，在辐合带上，空气对流上升形成积雨云。在一定条件下，这些积雨云组成对流云团，形成大范围的上升运动。

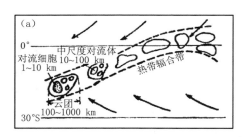

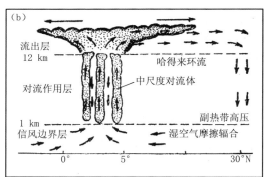

图 6-2-6　热带辐合带的天气学模式

(a)热带辐合带的云系结构；(b)热带辐合带南北剖面上的环流

在热带辐合带的对流云团里，天气非常活跃，常有雷暴阵雨出现。在中尺度对流云群的边缘，常有飑线活动，风力可达 8～9 级。在强烈发展的对流云中，有猛烈的湍流存在。云顶高度常达 16000 m，云中冻结高度在 5000 m 左右，在此高度以上飞行，常会出现积冰。故穿越热带辐合带的飞行一般应选在云下。

在同一条辐合带上，天气存在很大差别。从卫星云图上看，这是组成辐合带的各种尺度的云团活动的结果。但从流场看，这些云团又往往与各种尺度的热带扰动互

相联系着。大范围的降水和强烈的天气一般都出现在辐合最强或气旋式环流最强的
地方。

6.2.2　热带辐合带的活动规律

热带辐合带的出现,是地理上热赤道存在的结果,热带辐合带的活动与热赤道的
变迁有关。由于热赤道的月际位移,赤道低纬地区海陆分布和地表性质的差异,以及
辐合带两侧信风气流的强弱及其扰动变化不同,使热带辐合带既有明显的月际长周
期变化,又有明显的短周期变化。

6.2.2.1　热带辐合带的月际变化

在整个热带地区,热赤道的地理位置以 7、8 月最北,1、2 月最南;2—7 月表现为
北进,8 月—次年 1 月为南退。热带辐合带同样也具有这种随月份的改变而进退的
活动变化。但在不同的区域,辐合带的进退程度表现不同。图 6-2-7 是 2 月、5 月、8
月、10 月辐合带在梯度风高度上的平均位置。从图中可以看出,信风槽辐合带全年
位置少变,基本维持在 5°—10°N 之间。季风槽辐合带的位置变化与季风进退密切相
联。1—2 月其位置最南,平均在 10°—15°S。到 4—5 月季风槽显著北移,这期间,在
东印度洋到印度尼西亚以东一带的赤道两侧,各有一个辐合带并列存在。此后,南辐
合带消失在赤道南侧,北辐合带则随季风槽明显北上,7、8 月辐合带位置达到最北,
延伸也最广,西起北非西海岸,向东横贯北非大陆和南亚次大陆,通过我国南海北部
再向东南,一直伸展到菲律宾以东 140°E 附近的海上,最北端在印度西北部达 25°N。
9 月以后,再南退。10 月退到赤道北侧,赤道南侧又有辐合带形成。这以后,北辐合
带减弱消失在北半球,南辐合带便活动在南半球。

6.2.2.2　热带辐合带的短期变化

热带辐合带的短期变化,表现在位置的移动和强度的增强或减弱上。这些变化
主要取决于辐合带两侧的系统和气流的演变。在南海到西太平洋地区,组成两种类
型辐合带的基本气流有三支,即辐合带北侧的东—东北气流,辐合带南侧的西—西南
气流以及东南气流。这三支气流的任何一支发生变化,都会引起辐合带强弱或位置
的改变。

(1)辐合带南侧西—西南气流的变化

季风槽辐合带南侧西—西南气流的增强,会使辐合带加强北上。主要有三种
过程:

① 南半球东南信风增强,越过赤道转变成偏西风,使西南气流增强。北半球盛
夏,当南半球有强寒潮向赤道地区爆发时,常会出现这种情况。

② 印度季风低压加强东伸,常使中南半岛和我国南海地区西南风加强。

③ 赤道反气旋加强北上,亦会使其北侧西南气流加强,辐合带北上。

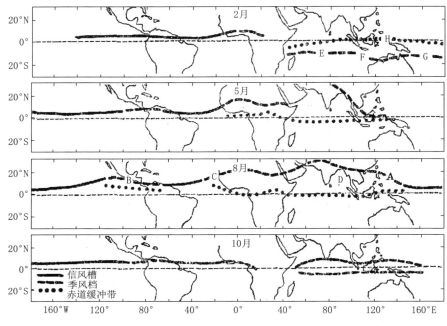

图 6-2-7 2月、6月、8月、10月全球热带辐合带分布

（2）赤道附近东南信风的变化

信风槽辐合带南侧的东南信风加强，也会造成辐合带加强北上。平均而言，这类辐合带主要出现在 150°E 以东地区，但在南半球东南信风加强时，越过赤道向西也可推进到 120°E 附近，且在 120°—150°E 间增强的辐合带云带上，常会有热带扰动发生发展。

（3）辐合带北侧偏东气流的变化

夏季，从中南半岛北部经我国南海到菲律宾北部一带，常会受赤道西风的控制和影响。当西风强度比较稳定，而西太平洋副热带高压加强西进时，随着偏东气流的加强，辐合带上辐合强度亦将增大。如果辐合带上原来存在涡旋扰动，在此情况下涡旋容易发展成台风。

6.2.2.3 热带辐合带的短期演变过程

对于西太平洋地区热带辐合带的短期演变过程，可分两个阶段或两种类型。

（1）不活跃阶段（信风槽型）

当来自南半球的东南信风减弱时，西太平洋地区的中低层多盛行北半球副热带高压南侧的东北信风。赤道西风只限于中南半岛一带，它与东风的汇合带在南海地区。这期间辐合带弱，位置偏南，在菲律宾以东地区靠近赤道。流场上主要表现为一条弱的来自南北两半球的信风气流（东北和东南风）间的汇合线。即辐合带呈信风槽型。辐合带上云系面积较小,分布散乱。这个阶段辐合带少有扰动发展,台风活动相对较少。

(2)活跃阶段(季风槽型)

当南半球经向环流发展,冬季高压势力增强并移向赤道地区时,其北侧东南气流增强,西太平洋地区出现大范围的西风和南风,原来低纬地区的偏东气流撤到 15°—20°N,辐合带北上呈季风槽型。由于南北半球气流的相互作用,在辐合带上水平风切变较大的地方开始出现一些气旋性涡旋环流,相应有大面积云团,在卫星云图上表现为一条东西向的稠密云带。这个阶段位于辐合带北侧的热带扰动,最易发展成台风。并且常常有几个热带扰动同时或相继发展成台风。多台风活动的流场特征,就是活跃型辐合带的存在。

这两种过程在南海、西太平洋地区往往是交替出现,而且活跃阶段一般总是伴随有该地区的季风爆发,不活跃期则伴有季风中断,其变化周期通常为两周左右。

6.2.2.4　热带辐合带的形成维持机制

热带辐合带出现在离赤道一定距离的热带洋面上,并且辐合带内常集中了许多深厚的积云,热带暖洋面和深积云对流的凝结潜热释放与辐合带的形成密切相关。

(1)海温的作用

海表面温度是海洋对大气最重要的影响因素之一,辐合带的位置往往与赤道附近的海温最大轴线一致。当空气移到暖洋面时,边界层中的蒸发、非绝热加热以及边界层中的摩擦辐合上升和湍流混合作用,可以使气团迅速变暖变湿,并在气流的下游使得洋面上的湿层不断加厚,到达一定程度,就开始凝结成云,每个云胞释放潜热加热大气。这种凝结加热和洋面加热,共同促使地面气压逐渐下降,而降低了的地面气压反过来又增加了摩擦辐合上升运动和暖洋面上云胞的进一步发展。如此反复作用,形成和维持了辐合带。

(2)第二类条件不稳定增长机制的作用

查尼(Charney)曾根据第二类条件不稳定机制提出了热带辐合带的增长机制。在辐合带两侧气流出现辐合或气旋性涡度带的地方,由于边界层的摩擦辐合作用,使空气流入而上升增强,产生水汽凝结释放潜热,水汽凝结潜热释放的结果,增强了对流层中上层的力管场,反过来又使低层辐合增强,这样使大范围对流云系不断地自激发展,以至形成一条辐合带。

§6.3　东风波

热带大气中存在着尺度很复杂的波。热带波动包括的范围很广,从波长大于 20000 km 的行星尺度的开尔文波,到波长不足 100 km 的边界层扰动。波长较长的扰动,如开尔文波、混合型罗斯贝—重力波以及热带行星波,主要位于对流层上部和平流层,周期比较长,而且具有垂直传播的特点,有向上输送波动和动能的作用,而混合型罗斯贝—重力波,还有从赤道向高纬输送热量的作用。波长较短的天气尺度热带波动主要位于对流层。在不同纬度或不同地区的热带波往往有不同的特点和不同的名称,如东风波、赤道波、辐合带波等,它们都是热带天气的制造者和运送者,而且都是产生在东风带里自东向西移动的波动,其中最具有代表性的就是东风波。

6.3.1　东风波及其结构特点

东风波是产生在副热带高压南侧深厚东风气流里自东向西移动的波动,与其相应的气压场是开口向南的倒槽。波槽线常呈南北向或东北—西南向。波前为东北风,波后是东南风。波长一般为 1500～2000 km,有的可达 4000～5000 km。东风波的主要特点如图 6-3-1 所示,波槽轴随高度向东倾斜,波动最强层次在 700～500 hPa间,海平面气压或风场往往不明显,有时地面图上不容易分析出来。强的东风波,地面图上有明显的负变压中心和阵性降水区配合。波前低层有辐散下沉运动,多为好天气,波后低层空气辐合上升,多雷阵雨天气。这种波的移动速度一般比低层基本气流慢。后来又概括出一种波速比基本气流快的东风波模式。这种模式的特点是,波前低层辐合有上升运动,多坏天气,波后低层辐散有下沉运动,天气较好。

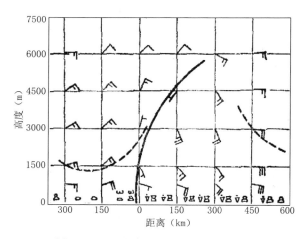

图 6-3-1　一次东风波过程的东西剖面

这两种模式结构可用位涡守恒原理给予解释:

$$\frac{\overline{\zeta_a}}{\Delta P} = \text{const}$$

即气柱的平均绝对涡度与气柱长度比为常数。考虑在低纬绝对涡度的大小主要取决于流线曲率,即波轴线上绝对涡度最大,向两侧逐渐减小。下面分两种情况讨论。

(1)基本气流(波槽附近的平均东风风速)大于波速

这种情况下,波后的空气将追上波槽线,移入气旋式曲率较大的区域,使气柱平均相对涡度增大,同时,在该过程中,空气向北运动,f 增大(见图 6-3-2a),这就要求 Δp 必须增大。而根据连续方程 $A\Delta p =$ 常数(A 是气柱底面积),Δp 增大必伴有面积 A 缩小,所以波后必有水平辐合。当空气柱越过槽线进入气旋式曲率减小的区域时,情况相反,故波前有水平辐散。

(2)基本气流小于波速

这种情况下,波槽线将追上波前的空气(见图 6-3-2b)。当波槽线接近前面的空气时,相对涡度 ζ 将增大,而 f 则随纬度变低而减小。但当波槽线逼近前面空气时,一般相对涡度 ζ 的增加比 f 的减小要大,总的效应是 Δp 增加,A 减小,即槽前水平辐合,槽后相反;如 ζ 的减小超出 f 的增加,总效应是 Δp 减小,A 增大,故水平辐散。

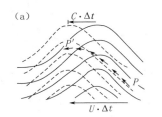 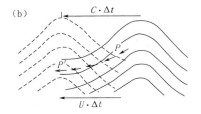

图 6-3-2　东风波和空气的移动速度比较

(实线是某时刻波的位置;断线是经过 Δt 时间后波的位置;连续的小箭头是空气移动路径)

(a)风速大于波速;(b)风速小于波速

可以推知,在波槽轴近于垂直的情况下,如低层风速大于波速,高层风速小于波速(图 6-3-3 中 a 线),则波前低层辐散,高层辐合,空气有下沉运动,多为好天气;而波后低层辐合高层辐散,空气有上升运动,多坏天气。同理,若风速在低层小于波速,高层大于波速(图 6-3-3 中 b 线),则情况相反。

以上两种结构不同的模式,坏天气有的在波前,有的在波后,对波轴来说,都是不对称的,所以叫不对称的东风波模式。

活动在西太平洋地区的东风波结构,如图 6-3-4 所示。从图中可以看出,

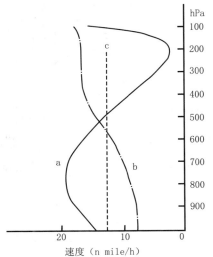

图 6-3-3　基本气流随高度的变化(相对于波速 C)

经向风最强层次出现在 850～700 hPa,振幅达 6 m/s,东风波厚度可扩展到 300 hPa 左右,300 hPa 以上出现反气旋环流,其温度结构在波的上层 500～200 hPa 为暖区, 500 hPa 以下的波轴附近及其东部为冷区。整个波槽区低层均表现为辐合,但以波轴附近及其前方辐合最强,300 hPa 以上为辐散区。相应的垂直速度分布也是波轴及其前方上升运动最强,云雨区主要出现在波轴及其前方区域。平均日降水量为 10～20 mm。

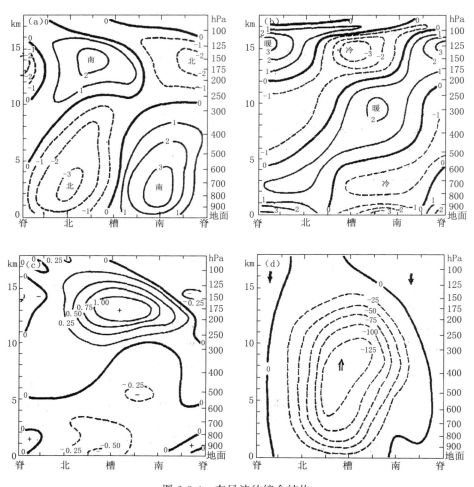

图 6-3-4　东风波的综合结构

(图中横坐标上标示的脊、北、槽、南分别表示 850 hPa 东风脊线、偏北风盛行、槽线、偏南风盛行处)

(a)南北风(m/s)分布;(b)温度偏差(℃);(c)水平辐合(10^{-5} s^{-1});(d)垂直速度(hPa/d)

西太平洋东风波的云系结构多为不对称型,而且常呈涡旋状分布。太平洋中部向西移动的东风波,在其西移过程中结构会发生明显变化。最初,波轴随高度向东倾斜,随着波动的西移,波轴渐趋垂直,当波动西移到达季风区时,波轴随高度便稍向西倾。相应的温湿云雨区也随波槽线的这种变化而由波后移到波前。西太平洋地区东风波结构的这种变化,是由基本气流垂直切变随经度的变化引起的。西太平洋东西部,纬向风垂直切变正好相反。在东部季风区,中低层是东风,风速随高度减小,到高层转为西风,这种风场结构与经典东风波模式相同,而在西部季风区,低层是西风,高层转为东风,云雨区在低层波槽线附近及前方。

6.3.2 东风波活动及其对我国天气的影响

从西太平洋到南海地区的高空东风带上,经常有东风波出现。每次波动通过时,都有不同程度的天气变化,影响我国华南沿海和东南亚地区。一般在波轴前方和波轴附近,有较长时间的对流天气出现。这是由于中高层东风随高度增强,高层波前辐散,波后辐合;而低层相反,波前辐合,波后辐散;所以坏天气出现在波前。

盛夏,副热带高压脊线常越过 35°N 以北,当太平洋副热带高压势力向西伸入内陆时,我国长江以南、云贵高原以东地区常会有东风波影响。少数位置偏北的东风波,甚至可影响到我国东部的 35°N 一带。东风波天气主要是对流云降水。一次东风波过程可持续有 24～36 小时的雷阵雨天气,强而深厚的东风波,可产生强烈的飑线和暴雨天气。由于我国夏季经常处于太平洋副热带高压西侧和西南季风的前缘部位,因此,每次移近或进入我国陆地的东风波,其运动特点和结构特点都会有所不同。对我国影响最大和最多的东风波有以下两种情况。

6.3.2.1 形成于我国东部沿海一带的对流层低层东风波

这种波往往出现在 700 hPa 以下的台风北部倒槽里,或台风北上消失后南部残存的低压区里,500～200 hPa 以上为副热带西风气流,且有西风槽自华西缓慢东移。低层波动与浓密云区大体同时在沿海一带出现,形成后缓慢西移,移速平均为 8～10 km/h。云雨区主要出现在 700 hPa 波后。这种在我国东部沿海形成的低层东风波,其特点是沿海一带为相对低压区(即或者有台风在 35°N 以北西行登陆消失,或者台风在 25°N 以南西行登陆),原在日本南部的低层副高加强西伸,使我国东部沿海东南风突然增大,以致形成一支东南风低空急流。在这支低空急流的左前方,气旋性涡度迅速增强,并出现波动。低空东南风急流不仅使波动产生,而且构成一条从热带海洋伸入陆地的水汽能量通道,使增强的气旋性涡度区出现较大范围的强对流云团,并随波动西移,造成所经过地区的大雨或暴雨。这种波动影响的地区往往可达长江流域和黄淮流域,是夏季值得重视的一种对流层低层东风波动。

6.3.2.2 对流层高层东风波

对流层高层东风波,一般在 400～200 hPa 表现最清楚。由于东风随高度增强,波轴一般也随高度渐向西倾,坏天气主要出现在波前。单由这种波动造成的天气一般并不强烈(见图6-3-5),如果在高层东风波下方的季风气流中有扰动存在,这种低空季风扰动与高层东风波动叠加在一起,往往会产生剧烈的天气。夏季,我国华南地区低层盛行西南季风,而高层为东北风。这期间可能有对流层高层东风波影响我国华南地区。

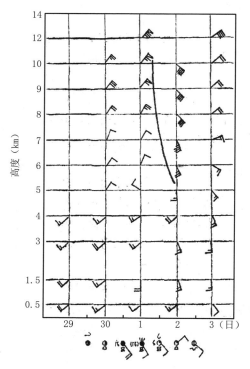

图 6-3-5　1958 年 6 月 29 日—7 月 2 日广州高空风时间剖面及天气实况演变

§6.4　赤道反气旋

赤道反气旋是指形成或活动在热带辐合带向赤道一侧里的对流层低层的反气旋。赤道反气旋的整个生命史约为两周左右。南海到西太平洋季风地区,是赤道反气旋经常出现的地方。盛夏,在西南季风北进或澳大利亚冷高压北侧强东南信风越过赤道期间,随着季风槽辐合带的北上,顺转风系的赤道气流转换带也会离开赤道推进北上。这时北上的转换带便具有了高压脊性质,如高压脊环流加强,就会出现闭合环流,即有赤道反气旋形成。此外,在 8、9 月东太平洋赤道冷海温区,也是赤道反气旋特别容易发展的地区。

6.4.1 赤道反气旋的结构和天气

从图 6-4-1 给出的一次南海地区赤道反气旋个例分析可以看出,其温度分布特点是 800 hPa 以下为冷区,800 hPa 以上表现为东南方冷,西北方暖的不对称型,中心轴线向西北(暖区)倾斜,反气旋环流位在 500 hPa 以下,以 850～700 hPa 最明显。赤道反气旋区以下沉气流为主,最强下沉区多位于反气旋南侧,下沉气流主要来自北部辐合带上空和菲律宾以东的暖洋面上空,那里正是热带气旋或台风发生发展的源地。

赤道反气旋一般总是与晴好天气相联系。从卫星云图上看,发展完整的赤道反气旋在云图特征上与副热带高压相似,对流云团和降水区大都出现在北部边缘的热带辐合带附近。

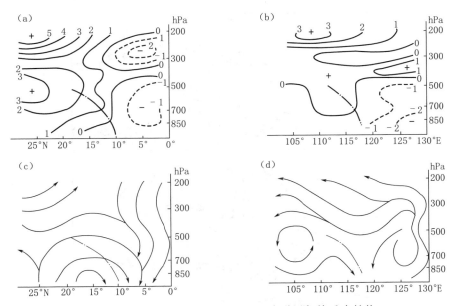

图 6-4-1 1980 年 8 月 3 日南海地区赤道反气旋垂直结构

(a)经向温度距平(℃)垂直分布;(b)纬向温度距平(℃)垂直分布;(c)经向垂直环流;(d)纬向垂直环流

6.4.2 赤道反气旋的形成和活动

赤道反气旋的形成过程大体有三种形式。

(1)在赤道气流转换带里形成

6—9 月,在季风区东部的赤道北侧,往往存在着顺转形式的气流转换带,这种转换带的流场性质,在离开赤道后表现为反气旋涡度带。若这一反气旋涡度带在外界流场影响下加强时,便形成闭合的赤道反气旋。这种赤道反气旋水平尺度较大,反气旋涡度带的尺度一般约 2000～3000 km,个别的可达 4000～6000 km。此时在其北侧有热带辐合带活动,而且比较活跃。

(2)副热带高压脊在赤道地区断裂形成

当热带辐合带在南海一带断裂时往往有副热带高压脊向西南伸,常与活动在北半球的赤道气流转换带接通,若这种形式在赤道附近被切断,则会形成赤道反气旋,并在它与原副热带高压之间再形成明显的辐合带。

(3)信风区南半球东南信风突然北进折向而形成

信风区南半球东南信风突然向北半球推进,由于其流场的反气旋式折向而形成。这种形式下形成的赤道反气旋水平尺度较小。藤田(Fujita)曾根据卫星资料,最先概括出了东太平洋上这种形势下赤道反气旋发生发展的六阶段模式(见图 6-4-2)。

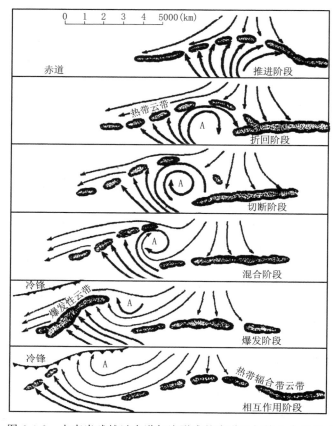

图 6-4-2　由南半球越过赤道气流形成的赤道反气旋生命史模式

① 推进阶段。大范围的南半球气流向北推进,使热带辐合带云带向北凸起,弯曲云带可向北进达 1000 km 之遥。在两半球气流相互作用具有较大水平风切变和气旋性涡度的地方,常有热带气旋发生发展。

② 折回阶段。在南半球气流进入北半球后的 1～3 天,在地转偏向力作用下,空气获得充分的反气旋性相对涡度,使气流开始折向南流动。热带云带变化很小。在推进阶段形成的热带气旋将移出辐合带云带。

③ 切断阶段。再经过一天左右,闭合的反气旋环流形成,并完全为来自南半球的气流所包围。热带云带开始断裂,并在反气旋中心区附近山现晴空区。

④ 混合阶段。随着热带云带的断裂,北半球信风进入反气旋南部,于是南北半球两支信风在赤道反气旋周围发生混合。

⑤ 爆发阶段。再过一天之后,进入反气旋南部的东北信风气流开始大量向西北方向推进,同时,来自南半球的气流沿赤道反气旋前缘也向西移动,继续把热带辐合带云带向前推进。南北半球两支信风气流联合推进,常常会产生一个具有气旋性涡度的强辐合区,使热带辐合带云带突然增强,形成"爆发性云带",在风场上可反映出来,且能产生暴雨。爆发性云带可维持 1～2 天,然后迅速分裂成一些孤立的小云团,或小碎片。

⑥ 相互作用阶段。爆发性云带分裂后,赤道反气旋以南仍然存在一股比较强劲的南—东南气流,可以阻挡中纬度冷锋往南移动,并在冷锋上产生波动。在冷锋与赤道反气旋之间发生相互作用。

赤道气流转换带在赤道附近建立和维持时,北侧的西风可扩展到偏北偏东的位置,这对南海热带辐合带的建立和维持是个有利条件。随着辐合带上辐合强度的增加,常有扰动发生发展,以至形成南海台风和西太平洋台风。但当有赤道反气旋发生发展并随转换带显著北上时,这期间辐合带上的扰动或台风也将北上,将导致南海热带辐合带的减弱和消失,使南海和中南半岛出现晴好天气。

§6.5　高空冷涡

夏季,在西北太平洋热带和副热带对流层上部,高空气旋活动频繁,因其在 200 hPa 以下是冷心结构,所以常称为高空冷涡。高空冷涡是夏季活动在大洋上空的重要天气尺度系统,平均在 200 hPa 上表现最为明显,活动也最频繁,这些冷涡集中出现在 22°N 附近的一条带状区域内,即大洋中部槽的平均位置附近。

6.5.1　冷涡的结构和天气特点

根据其云系分布特点,可将冷涡分成两类:第一类冷涡位于低层副高脊线附近,低层没有气旋性扰动配合,其云型特点是冷涡以南和以北各有一条弧形卷云带,涡旋中心是晴空区;第二类冷涡的低层,处在副热带高压与热带辐合带之间的偏东风气流里,冷涡的东南侧,低层有气旋性扰动存在,其云型特点是冷涡中心附近云量非常少,但在冷涡以东和以南有大范围对流云团。

对于具有第二类云型的冷涡,其空间结构可见图 6-5-1。高空冷涡在 200 hPa 最明显,200 hPa 以上为暖心结构,以下为冷心结构,冷涡中心附近上层辐合,下层辐散,对流层里盛行下沉运动,对流层中部为干燥的低位能大气,对应为晴好天气,冷涡外围是多云带,高层辐散,低层辐合,盛行上升运动,对流层中部有一条潮湿的高位能通道。

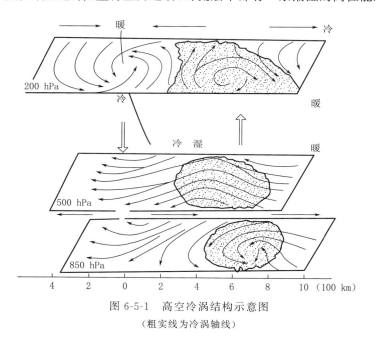

图 6-5-1　高空冷涡结构示意图
(粗实线为冷涡轴线)

高空冷涡的这种结构,对冷涡外围低层扰动的维持和发展是有利的,主要表现在:一是冷涡外围云带里提供了穿越对流层中部的通道,有利于维持强烈的上升运动和扰动的存在;二是冷涡中心附近的少云区里,提供了补偿的下沉运动,这也是扰动的存在和发展所必需的。

6.5.2　冷涡活动及其对低层扰动发生发展的作用

北太平洋上空的高空冷涡经常沿着对流层高层槽的槽线有规律地自东向西移动,平均移速为 15～20 km/h,当其移到西太平洋低纬地区邻近热带辐合带时,容易使辐合带上的扰动发展成台风。在盛夏季节,西太平洋发展着的扰动,大部分与冷涡外围云带有关,即冷涡的特定结构为台风的发展提供了一种有利背景条件。

高空冷涡向下发展,可诱发低层出现波动或涡旋的模式。图 6-5-2a 是中等强度的高空冷涡向下伸展的情况,涡旋只伸达 700 hPa,地面仅出现一个诱导槽或东风波。图 6-5-2b 是较强的高空冷涡伸达到地面,在低层东风急流中出现弱的气旋性涡旋。这种情况多出现在西太平洋地区。低层的波动或气旋一般出现在高空冷涡的东南方,这种地面系统是对流层上层气旋的一部分,不是独立存在的,也不会脱离高层气旋而单独移动,一般都随高空气旋向西移动。即使高空冷涡从西向东移动,地面的波动或涡旋也会顶着低层的东风而向东移动,在东太平洋地区就有这种情况。图 6-5-2c 是相应于图 6-5-2a 和 b 的高空冷涡云系模型。低空辐合和稠密云区位于地面系统东部,因为系统随高度向西北倾斜,所以在低空辐合区稠密云区之上,高空是辐散区。涡旋云系中的弯曲云线的走向一般与 700 hPa 上的气流方向一致。这些诱发出来的低层涡旋,甚至可直接发展成台风。其物理机制是:冷中心的高空涡旋向下伸及地面,在地面造成气旋性环流,地面的气旋环流再通过对流凝结,使高空变成暖心系统,最后加强成为台风。对西太平洋地区来说,这种情形虽然存在,但并不多见。

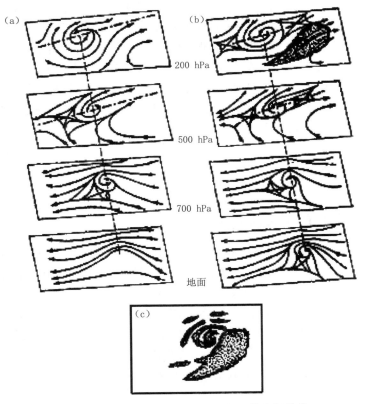

图 6-5-2 大洋中部高空槽中冷涡的三维空间结构

第7章 热带气旋

    热带气旋是生成于热带或副热带洋面上,具有暖心结构的次天气尺度强烈气旋性非锋面性涡旋的统称,是自然界中最具破坏力的灾害性天气系统之一。根据世界气象组织(WMO)统计,全球平均每年约有 80 个热带气旋生成,其中约三分之二形成于北半球,一半以上发生在北太平洋且大洋西部约为东部的两倍,其中西北太平洋和南海地区是每年各月都可能有热带气旋发生的唯一海域,约占全球的三分之一。而我国是受热带气旋影响最严重的国家之一,北起辽宁、南至海南的沿海一带每年都可能受到热带气旋的袭击,其中海南岛的影响期平均长达 348 天,每年 4—12 月都有热带气旋登陆我国,年平均约 7~8 个。20 世纪 80 年代以来,热带气旋带来的狂风、暴雨、风暴潮及其次生灾害(如洪水、内涝、泥石流、滑坡和巨浪等)每年给我国造成巨大的经济损失。热带气旋一方面给人类带来严重灾害,另一方面也会给某些地区带来益处,热带气旋登陆后也常常给农业带来所需要的雨水,可解除某些地区夏季的干旱,我国东南沿海夏季炎热伏旱常常由热带气旋的降水及其影响来缓和或解除。由于热带气旋对国民经济、军事活动、人民生命财产、交通等有着重要的影响,全球都极重视对热带气旋的监测预报。本章主要介绍热带气旋的概述、结构、发生发展、移动及其伴随的天气影响等问题。

§7.1 概述

7.1.1 热带气旋的定义及等级划分

    热带气旋(tropical cyclone)是对近地层中心附近最大平均风速超过 17.2 m/s 的热带风暴的统称,在不同的区域还有不同的称谓,在西北太平洋沿岸国家一般将强的热带风暴(近地层中心附近最大平均风速超过 32.7 m/s)称为台风(typhoon),在东太平洋、大西洋及加勒比海沿岸国家则称其为飓风(hurricane),在孟加拉湾和阿拉伯海区域称为热带风暴(tropical storm),在南半球的洋面上则统称为热带气旋。

    热带气旋等级的划分以其近地层中心附近最大平均风速为标准。中国气象局(CMA)将热带气旋等级分为热带低压、热带风暴、强热带风暴、台风、强台风、超强台风六个等级(此等级划分应用于 180°以西的西北太平洋海域)(见表 7-1-1)。日本气象厅(JMA)将热带气旋等级分为热带低压、热带风暴、强热带风暴、台风四个等级(此等级划

分应用于 180°以西的西北太平洋海域),其中将近地层中心附近最大平均风速大(等)于
32.7m/s 的热带气旋称为台风,其余等级与中国气象局一致。美国国家飓风中心
(NHC)根据萨菲尔-辛普森(Saffir-Simpson)分类法将热带气旋等级分为热带低压、热带
风暴、一级飓风、二级飓风、三级飓风、四级飓风和五级飓风七个等级(此等级划分应用
于 180°以东的中北太平洋海域、东北太平洋海域;北大西洋海域)(见表 7-1-2)。

表 7-1-1　中国气象局热带气旋等级划分表

热带气旋等级	近地层中心附近最大平均风速(m/s)
热带低压(Tropical Depression,TD)	10.8～17.1
热带风暴(Tropical Storm,TS)	17.2～24.4
强热带风暴(Severe Tropical Storm,STS)	24.5～32.6
台风(Typhoon,TY)	32.7～41.4
强台风(Severe Typhoon,STY)	41.5～50.9
超强台风(Super Typhoon,Super TY)	≥51.0

表 7-1-2　美国国家飓风中心热带气旋等级划分表

热带气旋等级	近地层中心附近最大平均风速	
	(kts)	(m/s)
热带低压(Tropical Depression)	≤34	≤17.2
热带风暴(Tropical Storm)	35～63	17.3～32.6
一级飓风(Category One Hurricane)	64～82	32.7～42.1
二级飓风(Category Two Hurricane)	83～95	42.2～49.0
三级飓风(Category Three Hurricane)	96～113	49.1～58.3
四级飓风(Category Four Hurricane)	114～135	58.4～69.6
五级飓风(Category Five Hurricane)	≥136	≥69.7

在世界气象组织的统一领导下,全球热带气旋活动区域设立了六个热带气旋区
域专业气象中心(tropical cyclone Regional Specialized Meteorological Centres ,
RSMCs)和六个热带气旋警报中心(Tropical Cyclone Warning Centres ,TCWCs)
(见表 7-1-3)。这些机构将负责发布所在区域(图 7-1-1)内热带气旋的最新信息,包
括热带气旋的位置、强度,尺度大小以及不同机构的预报结果等。

表 7-1-3　世界气象组织热带气旋区域专业气象中心和热带气旋警报中心

热带气旋区域专业气象预报中心(RSMCs)		
名称	所属国家	负责海域
迈阿密飓风中心	美国	加勒比海、墨西哥湾、北大西洋和东北太平洋

续表

东京台风中心	日本	西北太平洋、南海
新德里热带气旋中心	印度	孟加拉湾、阿拉伯海
留尼汪热带气旋中心	法国	西南印度洋
纳迪热带气旋中心	斐济	西南太平洋
夏威夷飓风中心	美国	中北太平洋
热带气旋警报中心（TCWCs）		
珀斯市	澳大利亚	东南印度洋
达尔文市	澳大利亚	阿拉弗拉海和卡奔塔利亚湾
布里斯班市	澳大利亚	珊瑚海
惠灵顿市	新西兰	塔斯马尼亚湾
莫尔斯比港	巴布亚新几内亚	塔斯曼海
雅加达市	印度尼西亚	包括苏门答腊、加里曼丹等岛屿在内的海域

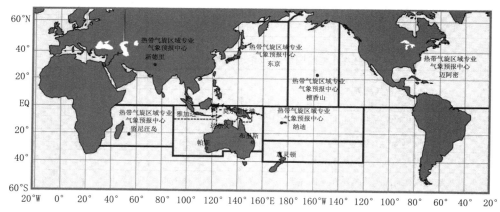

图 7-1-1　世界气象组织热带气旋区域专业气象中心和热带气旋警报中心分布及负责区域图

7.1.2　热带气旋的气候概况

要认识、研究、预报热带气旋，首先需要了解它的一些气候概况。

7.1.2.1　全球热带气旋的时空分布特征

据统计，全球每年有 80 多个热带气旋产生，其活动的地理分布主要集中在赤道两侧低纬地带的北大西洋、东北太平洋、西北太平洋包括南海、北印度洋（孟加拉湾、阿拉伯海）、南印度洋、澳大利亚及西南太平洋海域，东南太平洋和南大西洋则没有热带气旋发生。西北太平洋和南海是全球热带气旋发生数量最多的海区，这一海区的主要生成源地在南海中、北部、菲律宾以东到关岛，即 10°—25°N，110°—150°E 海域。该海区热带气旋发生的数量约占全球总数的 30.4%，而达到台风（飓风）强度的热带

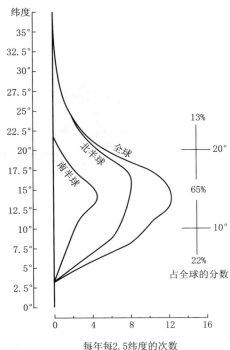

图 7-1-2　发展成热带气旋
的初始扰动的纬度分布

气旋数量为全球相应等级热带气旋总数的 35.7%。几乎所有的热带气旋都形成于暖的热带水域,其中 87% 在赤道两侧 20个纬度之间(图 7-1-2),但很少在纬度 5°以内。南北半球 10°—20°纬度带内最有利于热带气旋的形成,约占 65%,北半球可以一直向北延伸到 36°N,但 20°以外的较高纬区仅占 13%,10°以内约占 22%。南半球 22°S 以外就很少形成热带气旋了。在东南太平洋因海温较低,而南大西洋则因水域太窄且垂直风切变较强,一般无热带气旋生成。在南印度洋热带气旋形成的纬度相对集中,主要形成于 10°—17.5°S之间,而北大西洋的热带气旋则分散在10°—25°N 之间,其纬度较高。热带气旋分布的这种纬度差异与所处区域的环流特征有关。

热带气旋的形成季节一般都在夏半年,北半球热带气旋主要集中在 6—11 月,约占全年的 85% 以上,尤其集中在 7—9 月,约占全年的 70% 以上。而南半球则集中在 11 月至次年的 4 月,占全年的 92% 以上,尤其是 1—3 月,占全年的 63% 以上(表 7-1-4)。

表 7-1-4　热带气旋的全球分布(引自 Schreck et al. ,2014)

海区	资料年限	月份												合计	占全球百分比(%)
		1	2	3	4	5	6	7	8	9	10	11	12		
北大西洋	1981—2010	0.0	0.0	0.0	0.1	0.1	0.6	1.1	3.0	4.0	2.0	0.7	0.2	11.8	14.0
东北太平洋	1981—2010	0.0	0.0	0.0	0.0	0.7	1.9	3.6	4.2	3.6	2.1	0.3	0.1	16.5	19.6
西北太平洋	1981—2010	0.4	0.1	0.4	0.6	1.1	1.7	3.6	5.5	4.8	3.7	2.4	1.3	25.6	30.4
北印度洋	1981—2010	0.1	0.1	0.0	0.2	0.8	0.5	0.1	0.0	0.3	1.0	1.2	0.5	4.8	5.7
南印度洋	1981/82—2010	2.1	2.1	1.4	0.6	0.1	0.1	0.1	0.0	0.2	0.4	0.7	1.0	9.0	10.7
澳大利亚	1984/85—2010	2.2	2.3	2.0	1.5	0.3	0.1	0.0	0.0	0.0	0.1	0.5	1.2	10.2	12.1
西南太平洋	1980/81—2010	1.4	1.6	1.3	0.5	0.1	0.0	0.0	0.0	0.0	0.2	0.3	0.8	6.3	7.5
北半球	1981—2010	0.6	0.2	0.5	0.9	2.7	4.7	8.4	13.1	12.7	8.8	4.7	2.1	59.4	70.0
南半球	1980/81—2010	5.7	6.0	4.8	2.7	0.7	0.1	0.2	0.0	0.3	0.6	1.5	3.1	25.8	30.0
全球	1981—2010	6.3	6.2	5.3	3.6	3.4	4.8	8.6	13.2	13.0	9.4	6.2	5.2	85.2	100

　　从路径特征上看(图 7-1-3),北大西洋和西北太平洋海域的热带气旋能向北移动到副热带较高纬度,甚至在转向后进入西风带。而东北太平洋和南半球的热带气旋则主要在较低纬度活动,这与全球海温的分布特征十分吻合。

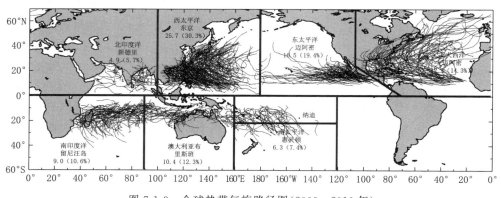

图 7-1-3　全球热带气旋路径图(2000—2010 年)

7.1.2.2　西北太平洋热带气旋的时空分布特征

　　西北太平洋热带气旋的源地主要在菲律宾以东洋面、关岛西南附近洋面和南海等区域。热带气旋频发区域随着时间有明显的季节变化,5 月以前主要集中在 5°—10°N,以后逐渐向北,7—9 月移到 15°—20°N,9 月以后又向南移。这与副热带高压及热带辐合带位置的季节变化相一致。

　　从关岛附近到菲律宾以东洋面和南海东南海域是热带气旋的加强区,向西北则转为减弱区,即靠近中国大陆和副高平均脊线(盛夏为 30°N 左右,初夏和初秋为25°—30°N)附近转为减弱区。中国大陆和 35°N 以北的中纬度洋面是主要减弱区,一般情况下热带气旋强度从登陆前 24 小时开始减弱,直到登陆后 30 小时;特别是从登陆前 6 小时到登陆后 12 小时,是热带气旋减弱最快的时段。在盛夏季节,热带气旋强度的减弱主要出现在中心登陆后 12 小时之内,而初夏和初秋,热带气旋减弱的时间持续较长,可达 30~36 小时或更长。

　　根据西北太平洋多年热带气旋路径分析,该区域热带气旋的移动大致可分为三条主要通道:一是受到低纬东风带以及地球 β 效应影响向西偏北方向运动;二是部分热带气旋移至中纬度时,受西风带或槽线影响,在海上转为东北东方向运动,最终变性为温带气旋;三是向西北西方向移动时,因登陆而减弱消失。此外也有部分热带气旋因移至较冷洋面上,受干冷空气侵入或强烈垂直风切变影响而减弱消失。由于季节不同,热带气旋路径主通道的地理位置也有所不同。

　　11 月—次年 4 月,主要有两条主通道,其中一条位于 10°N 附近,热带气旋西行进入南海,然后登陆越南或在南海消亡,少数登陆海南、广东。另一条在菲律宾以东的洋面上向东北转向,转向点一般在 20°N 以南。

5 月和 10 月下旬,热带气旋的主通道一条在 15°N 以南,热带气旋西行进入南海,然后登陆广东、海南,或经过海南附近洋面登陆越南北部,或在南海北部消亡;其中少数登陆广东的热带气旋在进入西风带后转向东北,可进入福建、浙江、江西甚至进入东海。另一条主要通道在菲律宾的东北海面上,热带气旋北上至台湾以东洋面转向东北,转向点一般在 20°N 附近。

6 月和 10 月的上中旬处于季节过渡时期,热带气旋的主通道一条在 15°N 附近,热带气旋西行进入南海后登陆海南、粤西、广西和越南,或在南海北部消亡。一条是西行进入巴士海峡后转向西北,然后登陆广东、闽南和台湾。另一条是热带气旋在台湾以东洋面上转向东北,转向点一般在 20°—25°N。登陆广东、福建的热带气旋之中,少数在陆地上转向东北,进入江西、浙江,甚至在长江口附近入海。

7—9 月是热带气旋活动最频繁的季节,其路径通道主要有三条:一条是热带气旋在 15°—20°N 间西行进入南海,然后登陆越南北部、广西、广东和海南,或在南海北部消亡;一条是热带气旋向西北方向移动,登陆台湾、福建、浙江和上海。登陆后大部分深入内陆消亡,少数转向北上,到长江口附近入海。有的紧靠沿海北上进入黄海,登陆山东半岛、河北、辽宁或朝鲜半岛。另一条是热带气旋在 125°E 以东洋面北上转向,转向点一般较北,在 26°—30°N。

西北太平洋上东支热带气旋路径主通道转向点的纬度随季节的变化与洋面上副热带高压脊线的平均位置随季节的变化相一致,热带气旋路径转向点在副热带高压脊线附近或稍南一些。

7.1.2.3 登陆我国热带气旋的时空分布特征

根据李英等(2004)利用中国气象局整编的《台风年鉴》和《热带气旋年鉴》资料统计,在 1970—2001 年共 32 年间,西北太平洋共发生热带气旋 863 个,年均 27 个,其中登陆我国 256 个(341 次),年均 8 个(11 次),占生成总数的 30%(40%)。

从登陆的时间分布看,1—3 月登陆数为零,7 月是热带气旋登陆最多的月份,8 月登陆数略小于 7 月,其余依次为 9 月、6 月、10 月、5 月、11 月和 4 月、12 月。其中在 4 月和 12 月登陆我国的热带气旋在 32 年间各只有 1 个,分别是 9103 号强热带风暴和 7427 号强台风。7—9 月是登陆热带气旋最活跃的季节,其间登陆数占总登陆数的 75%。

从登陆地的地区分布看,我国沿海从海南向北至辽宁均有热带气旋登陆。其中广东是登陆次数最多的地区,约占总次数的 35.2%,超过 1/3,其次是海南、台湾和福建,各占 17.9%、15.8% 和 14.4%,接下来依次是浙江、广西、山东、辽宁、江苏、上海和天津。而从登陆热带气旋的强度而言,其又有不一样的特征。登陆的近中心最大风速达八级以上的热带气旋中台风以上等级所占的比例数以登陆浙江和台湾为最高,福建、广东和海南次之,登陆广西、江苏、山东、辽宁等省(区)则只有热带风暴,而无台风以上等级。

§7.2 热带气旋的结构

7.2.1 描述热带气旋结构的坐标和控制方程

因热带气旋水平尺度上千千米,垂直仅 15 km 左右,故常用以热带气旋中心为原点的柱坐标系(r,θ,p)来描述其结构和伴随的环流,该柱坐标系对应的风场为(v_r,v_θ,ω)。假定热带气旋范围内的气象要素是轴对称的,即$\frac{\partial}{\partial\theta}=0$,则径向和切向的运动方程为:

$$\frac{\partial v_r}{\partial t}+v_r\frac{\partial v_r}{\partial r}+\omega\frac{\partial v_r}{\partial p}-\frac{v_\theta^2}{r}-fv_\theta=F_r-\frac{\partial\phi}{\partial r}$$

$$\frac{\partial v_\theta}{\partial t}+v_r\frac{\partial v_\theta}{\partial r}+\omega\frac{\partial v_\theta}{\partial p}+\frac{v_rv_\theta}{r}+fv_r=F_\theta$$

$$(7\text{-}2\text{-}1)$$

式中,F_r 和 F_θ 分别为径向和切向的黏滞力,ϕ 为位势高度。

热带气旋可以看作是对称的平衡流场,但在热带气旋不同的区域,其满足的平衡条件却各不相同,可以用罗斯贝数 R_o 的大小来进行判断。其中 R_o 的定义为:

$$R_o=\frac{U}{f_0L} \qquad (7\text{-}2\text{-}2)$$

式中,U,f_0,L 分别为水平速度尺度、地转参数尺度和水平尺度。当 $R_o\ll1$,水平惯性力相对科氏力的量级要小得多,水平气压梯度力与科氏力的量级相同,平衡流场为地转风场;当 $R_o\sim1$,则水平气压梯度力与科氏力和水平惯性力的量级相同,平衡流场为梯度风场;当 $R_o\gg1$,则水平惯性力远大于科氏力,水平气压梯度力与水平惯性力的量级相同,平衡流场为旋衡运动。根据热带气旋内各特征尺度的量级,可以计算出 R_o 的分布特征,其中 f_0 参考 15°的地转参数值 $f=4\times10^{-5}\,\mathrm{s}^{-1}$,因此 $f_0\sim10^{-5}$。表 7-2-1 给出了热带气旋不同区域罗斯贝数与流场性质。从图 7-2-1 可以看出对于热带气旋而言,可以用梯度风平衡关系近似描述其运动特征。

表 7-2-1 热带气旋不同区域罗斯贝数与流场性质

区域	U	L	R_o	流场性质
眼墙区	$\sim10^1$	$\sim10^4$	$\sim10^2$	旋衡运动
内核区	$\sim10^1$	$\sim10^5$	$\sim10^1$	梯度风
外区	$\sim10^0$	$\sim10^6$	$\sim10^{-1}$	地转风

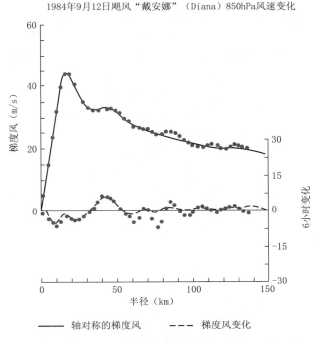

图 7-2-1　热带气旋梯度风(实线)与实测风(点)(引自 Willoughby,1990)

7.2.2　成熟热带气旋的结构

　　发展成熟的热带气旋—热带风暴及以上等级,是近于圆形和具有暖心结构的涡旋,其范围通常以最外围近圆形的闭合等压线为准,直径一般为 600~1000 km,大的可达 2000 km 以上,小的仅 100 km 左右(称为"豆台风");垂直伸展一般到对流层上部,气旋性环流可垂直伸展到 300~100 hPa(9~16 km),个别可以达到平流层下部(15~20 km);垂直尺度与水平尺度之比约为 1∶50,因而发展成熟的热带气旋是一个扁圆形的气旋性涡旋。成熟的热带气旋强度是以近地层中心附近最大风速、中心海平面最低气压和台风尺度为依据,近中心风速愈大、中心气压愈低和台风尺度愈大,则热带气旋强度愈强。

7.2.2.1　热力结构

　　热带气旋热力性质的主要特征是具有暖中心结构。这是由于在流入热带气旋中心区的辐合上升气流中具有充沛的水汽,当其凝结时释放出大量潜热,加上成熟的热带气旋眼内下沉气流引起的绝热增温,使热带气旋中心附近强烈增温,形成暖中心结构。这种暖中心结构在对流层中上层最为明显。成熟的热带气旋在对流层中上层其中心温度一般比周围环境温度高 10 ℃以上。

图 7-2-2 是由霍金斯(Hawkins)和鲁布萨姆(Rubsam)分析制作的 Hilda 飓风对平均热带大气的温度距平垂直分布。图中点线为飞机进行观测的 5 个高度。由于当时没有 180 hPa 以上的观测,那里的温度分布(断线)是估计的。可以看出如下特征。

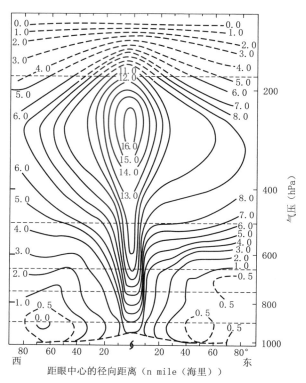

图 7-2-2　飓风 Hilda 中温度距平(单位:℃)的纬向剖面图

(相对于年平均热带大气)

(1)温度距平的最大值出现在 200～300 hPa(10～11 km)的高度上,达 16 ℃。

(2)明显的正距平区广泛地分布在高层,而低层只集中在中心附近的狭窄范围内。

(3)在低层离中心不远的地方(90～150 km)可以看到温度距平极小值(或者为负距平)。

一般成熟热带气旋的暖心结构在对流层上层比较明显,而在 700 hPa 以下的低层尤其是弱热带气旋暖心常不够明显,原因是低层的暖心,在眼壁附近狭小的范围内不容易得到集中的观测,即使在低层出现明显的暖心,通常水平温度梯度最大值也只在眼壁附近,或者在其内侧出现。

应当指出,热带气旋的暖心结构是在发展阶段出现的,且在成熟阶段达到最强。一旦暖心开始减弱消失,热带气旋亦将变性减弱或者填塞消失。不少观测又表明,在对流层的上部和平流层的下部为冷心区,这种冷区是由于 C_b 云顶穿透到对流层顶高度以上和辐射冷却造成的。

7.2.2.2　近地层气压场和水平风场

成熟的热带气旋是个非常强烈的暖性低压系统,气压场在低层表现为最强,中心气压值很低,一般都是在 990 hPa 以下,最低曾观测到 870 hPa;气压场近于圆形对称分布,自热带气旋外围向系统中心气压下降很快,至距中心 100 km 附近气压猛然下降,径向气压梯度 $\dfrac{\partial P}{\partial r}$ 愈近中心愈大;在天气图上,成熟的热带气旋区内等压线密集。热带气旋区空间等压面呈漏斗状分布,热带气旋是暖性系统,从静力学观点考虑,低压环流应随高度减弱,但因低层涡旋太深了,所以低压环流厚度仍可达 300 ~ 200 hPa。

如 1956 年 8 月 1 日的台风(图 7-2-3,微气压计自记曲线),8 月 1 日 23—24 时气压下降 29.5 hPa,台风移速为 20 km/h,可知中心附近 $\dfrac{\partial P}{\partial r} \sim \dfrac{29.5 \text{ hPa}}{20 \text{ km}} \sim 1.5$ hPa/km。若按 2.5 hPa 间隔等压线,相当于 65 根等压线/纬距。

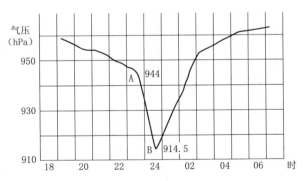

图 7-2-3　1956 年 8 月 1 日 18 时—8 月 2 日 07 时浙江石浦气压逐时曲线

风场与气压场有很好的对应关系(图 7-2-4)。可见水平气压梯度最大的地方也是风速最大的地方。相应的风压分布曲线特征为,自热带气旋外围向中心,气压逐渐减小,近中心附近气压迅速减小。风速自外围向中心逐渐增加,在热带气旋眼壁近中心附近,风速急剧增加,热带气旋中心的台风眼内风速很小。在热带气旋近中心的台风眼壁附近,气压梯度和风速达到最大,往外风速和气压曲线成反向分布。

按风场变化特征,热带气旋区风场分布可分为三个区域。外圈,自热带气旋边缘直到最大风速区,风力一般小于 8 级,呈阵性,向内逐渐增大;中圈,是一个围绕着台

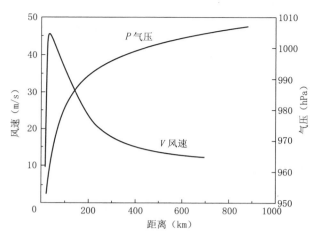

图 7-2-4　25 个中心气压在 950 hPa 左右的热带气旋中的地面气压和风速与距中心距离的关系
（图中横坐标为距离成熟热带气旋中心的距离,纵坐标为风速和气压,图中 P、V 标志的实线
分别表示气压和水平风速在径向的分布）

风眼的最大风速区,这里低层的气压梯度最大、辐合最强,但宽度较窄,平均 8～19 km,中圈通常与围绕台风眼的云墙区相重合;内圈,在热带风暴眼区内,一般直径为 10～70 km,风速向中心迅速减少,近乎静风。

7.2.2.3　热带气旋空间流场分布特征

为能清楚地看出热带气旋空间流场的基本特征,可把各层水平风按极坐标分解成径向风 v_r 和切向风 v_θ。

$$\begin{cases} v_r = \dfrac{\mathrm{d}r}{\mathrm{d}t} \\ v_\theta = r\,\dfrac{\mathrm{d}\theta}{\mathrm{d}t} \end{cases}$$

径向风 v_r 可反映内流外流特征,即径向流入流出,切向风 v_θ 可反映旋转特征。

切向风速 v_θ 的特征是气旋式环流向内向下增加(至眼墙中心为止),或反气旋环流向外向上增加;最大风速出现在距地面 50～100 hPa 高度处(或约 900-850 hPa),近地面受到摩擦影响风速较小。气旋式环流在低层覆盖范围很广,至 900 hPa 处则达到最大;方位角平均的 $\overline{v_\theta}$＝4 m/s 等值线在地面覆盖范围达到半径 5 个纬距以上,至 900 hPa 处则超过 10 个纬距。除了 100 hPa 以上和 900～950 hPa 以下外,切向风在垂直方向呈现反气旋式垂直切变;反气旋式垂直切变区域由中心往外延伸,反气旋式风切最强处约在 200～500 hPa 之间(图 7-2-5a)。

对径向运动方程取方位角平均,并令风场为梯度风平衡且忽略摩擦项,取 $\dfrac{\partial}{\partial p}$ 后可得梯度风平衡下的热成风方程：

$$\overline{f\frac{\partial v_\theta}{\partial p}}+\overline{\frac{2v_\theta}{r}\frac{\partial v_\theta}{\partial p}}=\frac{\partial}{\partial p}\left(\frac{\partial\overline{\phi}}{\partial r}\right) \tag{7-2-3}$$

$$\overline{\left(f+\frac{2v_\theta}{r}\right)\frac{\partial v_\theta}{\partial p}}=\frac{\partial}{\partial r}\left(\frac{\partial\overline{\phi}}{\partial p}\right)=-R\ \frac{\partial}{\partial r}\left(\frac{\overline{T}}{p}\right) \tag{7-2-4}$$

式中 R 为干空气比气体常数。

在北半球 $f>0$，由于热带气旋是暖心结构，故 $\frac{\partial\overline{T}}{\partial r}<0$，所以必然有 $\frac{\partial v_\theta}{\partial p}>0$，即气旋式环流随高度增加而减小，因而热带气旋高层一般为反气旋式环流。

径向风速(v_r)的特征是垂直方向上入流区($v_r<0$)由近地面往上伸展至 $300\sim$ 400 hPa 左右(中心附近较低)，较强入流集中在边界层，其中入流最大值位于 950 hPa 左右。出流($v_r>0$)区集中于 $100\sim300$ hPa，最大出流层约位于 150 hPa，往外延伸超过 1000 km，100 hPa 以上中心附近有内流。由切向运动方程可知，内流一般使气旋加速，出流则造成反气旋风场增加，即两者呈负相关(图 7-2-5b)。

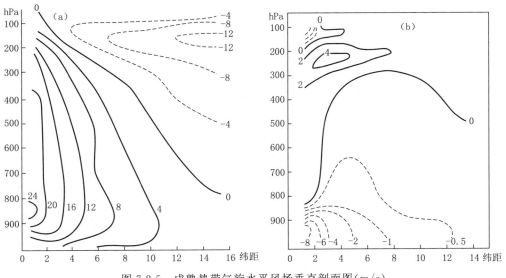

图 7-2-5　成熟热带气旋水平风场垂直剖面图(m/s)

(a)切向风；(b)径向风

根据切向风和径向风的垂直分布特征，可以得到热带气旋内不同高度的水平环流的典型特征。取 950 hPa、500 hPa、150 hPa、100 hPa 为代表性气压层，可知在 950 hPa 高度上为气旋式环流；500 hPa 高度上气旋式环流集中在半径 5 个纬距以内；在 150 hPa 上则主要是反气旋式外流，而中心则由于强对流出现气旋式流出，因此自中心向外呈现气旋式流出转为反气旋式流出的改变;100 hPa上则几乎以东风为主,北侧有西风(图7-2-6)。

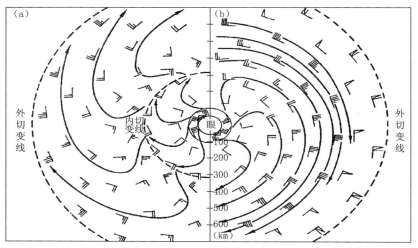

图 7-2-6 成熟热带气旋顶部流场
(a)有外部对流云带;(b)无外部对流云带

垂直运动场(ω)的特征是上升速度在中心附近最大(眼内除外),并在中心向外递减,至4～6个纬距则有微弱的下沉运动,6个纬距以外受外围环流的影响,其非对称性增强。向上的垂直运动最大值一般出现在300～400 hPa之间(图7-2-7)。

7.2.2.4 台风眼

发展成熟的热带气旋,在深厚浓密的云区中往往存在一个直径几十千米的近似圆形的晴空少云区,因其形状如洞眼,故名台风眼,亦称飓风眼、风暴眼。在云图上,台风眼表现为密蔽云区中心附近的一个大黑点,眼外为一环状的云墙与大范围的云区相连接。

台风眼是成熟的热带气旋的中心所在,眼中心气压达最低值,从通过眼区的垂直剖面图可见,眼区的云很少,基本上为晴空少云区,只在低层有少量的层积云。风也很小,常为微风或静风。

眼的周围是一高耸的近于垂直的环状云墙,叫作眼壁,眼壁区风迅速增强,最恶劣的天气就出现在眼壁云墙之中。

台风眼的形成可这样解释。

$r \times$ 切向运动方程(7-2-1),并注意到 $v_r = \dfrac{\mathrm{d}r}{\mathrm{d}t}$,可以得到:

$$\frac{\mathrm{d}}{\mathrm{d}t}\left(v_\theta r + \frac{f_0 r^2}{2}\right) = -\frac{1}{\rho}\frac{\partial p}{\partial \theta} + F_\theta r \qquad (7\text{-}2\text{-}5)$$

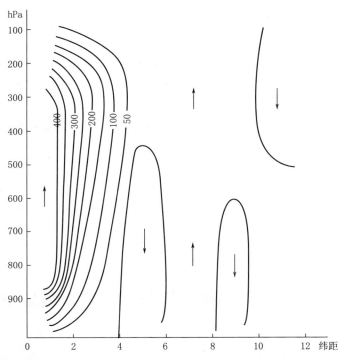

图 7-2-7　成熟热带气旋垂直运动剖面（hPa/d）

取轴对称假设,并忽略摩擦的影响,则:

$$\frac{\mathrm{d}}{\mathrm{d}t}\left(v_\theta r + \frac{f_0 r^2}{2}\right) = 0 \qquad (7\text{-}2\text{-}6)$$

即在轴对称和无摩擦条件下,绕热带气旋中心旋转的空气绝对角动量 $M = v_\theta r + \frac{f_0 r^2}{2}$ 守恒。

令在距台风中心距离为 r_0 处的切向风为 $v_{\theta 0}$,则有:

$$M = v_{\theta 0} r_0 + \frac{f_0 r_0^2}{2} = v_\theta r + \frac{f_0 r^2}{2} \qquad (7\text{-}2\text{-}7)$$

$$v_\theta = \frac{v_{\theta 0} r_0 + \dfrac{f(r_0^2 - r^2)}{2}}{r} \qquad (7\text{-}2\text{-}8)$$

可见,切向风是半径 r 的函数。给定 r_0 和 $v_{\theta 0}$ 后,在绝对角动量守恒条件下,v_θ 将随 r 变化。根据观测 $v_{\theta 0} = 5$ m/s,$r_0 = 400$ km,可以看出该公式计算出的切向风速与观测之间存在巨大的差异,随着半径的减小,风速差越来越大,当 $r \to 0$ 时,$v_\theta \to \infty$。

实际上随着 r 减少和 v_θ 的增大,惯性离心力 v_θ^2/r 会更快增大,所以空气内流到一定程度,即 v_θ 增大到一定程度,就必然会出现一个"阻挡圈",在这个圈上 v_θ 达极大值。圈内空气由于 $-\nabla P$ 的迅速减少,而不足以平衡惯性离心力 v_θ^2/r,出现外流。于是在这个阻挡圈上形成最大的水平辐合,眼内空气出现下沉补偿运动,台风眼形成。

台风眼的形状大小与热带气旋的发展阶段有关,眼区通常呈圆形,也有呈椭圆形或不规则的;发展初期,眼区形状一般为不规则的,范围也较大,当热带气旋强烈发展时,眼区范围缩小呈圆形,并呈轴对称分布。台风眼的平均直径为 45 km 左右,小的仅 10~20 km,大的可达 100~150 km。

7.2.2.5 云墙和螺旋云带

台风眼区外围的一个圆环状的云区称云墙或眼壁。云墙区主要是由强烈发展的对流云组合而成,云墙宽度一般为 20~30 km,云高一般可达 15 km 以上,空气具有非常强烈的上升速度,上升速度可达 5~13 m/s。云墙及其临近区域是风雨最激烈的地区,最强降水及破坏性最大的风常常发生在云墙区域内(图 7-2-8)。

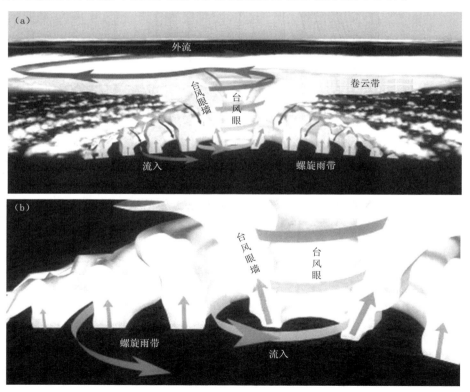

图 7-2-8　成熟热带气旋的云墙和螺旋云带示意图(附彩图,见封三)

(引自 https://www.meted.ucar.edu)

　　云墙内侧的眼壁不是垂直的。眼壁随高度向外倾斜,愈往高层倾斜愈快,到高层变成准水平状态。眼壁倾斜是由台风的温压场结构决定的,由于台风是暖心的,所以径向气压梯度向上必然减小。在低层,旋转空气环的离心力和科氏力与气压梯度力平衡,当空气环上升到某一高度以后,离心力与科氏力之和超过高空较弱的气压梯度力,于是空气将外流,从而台风眼壁随高度升高而向外倾斜,台风眼成为上大下小的漏斗状。眼壁实际上是台风眼内外不同状态空气间的一种过渡区,具有类似锋面要素分布的某些特征。

　　热带气旋的螺旋云雨带是气旋结构中的重要特征,它由对流云和层状云组成,一般在雨带的上风方云系是对流性的,在下风端多为层状性而较少对流。和眼壁区相比,螺旋雨带没有像眼壁区雨带那样有强的组织化上升气流和强回波中心。大量观测事实表明,成熟的热带气旋内的云区分布,是由一条或几条螺旋云带逆时针旋向中心眼壁的或顺时针旋离热带气旋中心。一般说来,成熟的热带气旋螺旋云带的云型特征可分三个阶段:在螺旋云带的发展初期,云带呈非对称分布,螺旋云带主要出现在热带气旋中心某一象限。在螺旋云带发展强盛期,其围绕热带气旋中心分布呈圆形对称,螺旋云带数也增加。热带气旋减弱期,螺旋云带数逐渐减少,往往先在某一、二象限消失。

　　螺旋云带的形成是在热带气旋中心附近 100～200 km 以内的地方,由小块对流云作逆时针沿径向逐渐向外演变而成中尺度对流云带的。云带生成后,又有新的对流云区发展成新的云带,以致形成多条螺旋云带。螺旋云带生命期一般维持 1 天以上,有的维持 3 天以上。云带宽度 1～2 纬距。

　　热带气旋螺旋云带的传播方向和速度在不同阶段是不同的,在发展阶段和减弱阶段,内外云带传播是一致的沿着径向方向向外传播,传播速度 0～10 m/s。在成熟阶段,内外云带传播方向则不一致,外云带沿径向方向缓慢传播(或准静止),内云带则向中心旋进。

　　在螺旋云带中,对流活动旺盛,有显著的上升运动。这里是热带气旋内部的热量垂直输送、位能转换为动能的重要地区。螺旋云带是热带气旋内的一种中尺度天气系统。在雷达回波图上,当热带气旋靠近时,首先出现的征象是,距台风中心 200～300 km 处有一条具有飑线外形的外云带,也称热带气旋前飑线,外侧云带宽窄不一,可由十几千米到数百千米,分布疏密不一,都是由对流云群组成的,发展着的热带气旋常拖有很长的尾巴,其实际上也即是水汽输送带。在外云带和台风眼之间的是内云带。另外,螺旋云带常可造成气压曲线的周期振动、地面暴雨呈带状分布特征。

§7.3　热带气旋的发生发展

　　热带洋面上无时无刻不有积云对流在消长,但由热带扰动发展为热带气旋的却很少,且其发展过程也很不相同,有些扰动产生后很快就发展成热带风暴,有些却很慢,有些几经加强和减弱过程,有些则不能发展成热带风暴。所有这些都涉及热带气旋的发生发展条件问题。

7.3.1 热带气旋形成的基本条件

关于热带气旋形成,大都认为原来是由一个冷性的热带扰动(或低压)逐渐变为暖中心热带气旋的过程,而热带气旋的暖中心结构是直接或间接地由凝结潜热的释放而形成和维持的。关于热带气旋形成的必要条件,Gray(1968)的研究结论目前得到比较一致地认可:广阔的暖洋面,发生区域对流层水平风速垂直切变要小,地转参数大于一定数值,低层原来就有一个扰动存在。

7.3.1.1 广阔的暖洋面

海洋是热带气旋生成的源地,海洋向大气输送的热量、水汽和动量通量,是热带气旋发生发展的主要能量来源,成熟热带气旋几乎都发生在热带高海温区(图 7-3-1)。高海温的热带洋面,通过海气交换作用,使得低层大气成为高温高湿的气层,而气层的位势不稳定程度,又取决于低层大气的温度和湿度。当地面气温改变 1 ℃,或空气的相对湿度改变 10%,都可使假相当位温改变 5 ℃左右,而当 500 hPa 等压面上气温改变 1 ℃,或相对湿度改变 10%,却只能使假相当位温改变 1~2 ℃。由此可知,高海温的热带海面,蕴藏着大量不稳定能量,这种不稳定能量在一定条件下,通过水汽凝结而释放出来,能使空气块沿湿绝热上升一直到十几千米高度却始终都比四周为暖,即有足够能量以维持热带气旋的暖心结构和垂直环流。因此,高海温的热带洋面,提供了高温、高湿的空气,是热带气旋发生的一个必要条件。

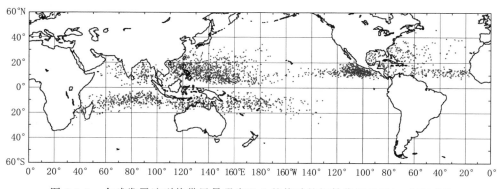

图 7-3-1   全球发展达到热带风暴强度以上的扰动的初始位置(1980—2010 年)

据资料统计,海表面温度(SST)等于 26~27 ℃为热带气旋发生的第一临界海温值,SST 等于 29~30 ℃为热带气旋发生的第二临界海温值。研究表明,当海温大于第一临界值时,有热带气旋发生的可能,而在海温大于第二临界值的区域,如果其他环流条件具备,这个区域就非常有可能发生热带风暴,即小扰动一般总能发展成热带气旋。

同时热带气旋在发展过程中由于其强大的风力,往往会诱使下方的海水形成一个气旋性环流,这个海洋环流并没有被一个相等的向上和向外的水面斜率所平衡。从而在气旋中心降低了的气压可以造成中心部分洋面略为隆起。使得海水辐散发展,出现翻腾。如果海洋只有一浅层暖水,则将有冷水上翻,海面气温下降,丧失维持热带气旋发展所必需的能量。因此,热带气旋的发生发展不仅与海表温度有关,也与海面以下水温的垂直结构有关。在 Leipper 和 Volgenau(1972)的研究中定义了一个重要的参数,并称之为海洋热含量(ocean heat content),简称 OHC,定义如下:

$$OHC = c_p \int_0^{D_{26}} \rho \left[T(z) - 26 \right] \mathrm{d}z \qquad (7\text{-}3\text{-}1)$$

式中,c_p 为定压比容(常数),ρ 为海水密度(一般取为常数),D_{26} 为 26 ℃ 等温线的深度,$T(z)$ 为 26 ℃ 等温线至海面的海水温度廓线。因此 OHC 是海水温度与 26 ℃ 之温差对 26 ℃ 暖水层厚度的积分。理论上,当 $SST \geqslant 26$ ℃ 的暖水层厚度越厚,海洋的 OHC 值越大,越有利于热带气旋的生成或加强。考虑到 OHC 与热带气旋生成之间的关系,有学者也将此值称为热带气旋热潜势(tropical cyclone heat potential,TCHP),由于海洋混合层中海温变化率小,因此,海洋暖水层厚度值是影响 TCHP 大小的主要因子。Gray(1968)指出,$SST > 26$ ℃ 暖水层厚度大于 60m 是热带气旋发生发展的必要条件。

7.3.1.2　对流层风速垂直切变要小

成熟的热带气旋是轴对称的暖性系统,扰动能否发展成成熟的热带气旋,很关键的问题就是看扰动上空能否形成暖核和暖核能否维持,这主要取决于对流层垂直风切变大小。

全风速垂直切变公式为:

$$VWS = \sqrt{(u_{200} - u_{850})^2 + (v_{200} - v_{850})^2} \qquad (7\text{-}3\text{-}2)$$

式中,VWS 表示 200 hPa 和 850 hPa 之间的风速垂直切变,u_{200}、u_{850}、v_{200}、v_{850} 分别是 200 hPa 和 850 hPa 的纬向和经向风速。

从年平均的全球风速垂直切变场(图 7-3-2)看,南北半球中纬度地区存在风速垂直切变的大值区,赤道及热带地区较小。西北太平洋、东北太平洋、南印度洋和西南太平洋风速垂直切变较小,约在 15 m/s 以下;西北大西洋、北印度洋风速切变较大;中太平洋 15°N 附近存在大值中心。统计发现风速垂直切变分布与各海域热带气旋生成频数之间有很好的反位相关,相关系数达 -0.83,可见风速垂直切变是各海域热带气旋生成的重要影响因子。

从 1948—2008 年各季节所有热带气旋的源地及季节平均的风速垂直切变和海

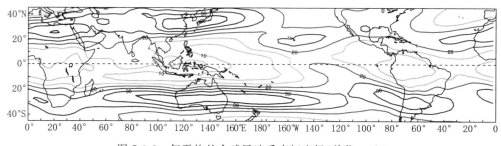

图 7-3-2　年平均的全球风速垂直切变场(单位:m/s)

表温度分布图(图 7-3-3)看,各海域的热带气旋绝大多数发生在风速垂直切变小于 15 m/s 的区域。风速垂直切变等值线由春季向北移动,夏季到达最北后南撤,冬季达到最南。热带气旋主要生成位置也随之南北移动。由于各大洋的风速垂直切变型不同,使得热带气旋生成位置的分布也各不相同。西北太平洋的 15 m/s 等风速垂直切变线覆盖面积较广,因此热带气旋生成频数较多且生成位置分布较广;东北太平洋 15 m/s 等风速垂直切变线较西北太平洋的偏南,使得东北太平洋热带气旋生成在一个较小的范围内,该区域是全球单位面积内热带气旋活动最多的海域(Molinari, 2000);北大西洋在冬春两季风速垂直切变都在 15 m/s 以上,很少有热带气旋生成,在夏秋两季由于存在一个风速垂直切变大值区从非洲大陆一直延伸到大西洋中部,使这个区域很少有热带气旋生成,热带气旋大多生成在这个大值中心的南北两侧,使得大西洋的热带气旋生成位置较为分散。

　　风垂直切变与热带气旋生成和强度之间的负相关主要与"通风效应"使热带气旋上层凝结潜热被平流出去有关,对流层垂直风切变大,通风良好,不易形成暖核,不利扰动发展;对流层垂直风切变小,积云对流加热集中,有利暖核形成。只有暖核出现,地面才会降压,暖核发展愈强,降压愈快,促使初始扰动的气压不断下降,形成热带风暴。

7.3.1.3　地转参数 f 大于一定值

　　由图 7-3-1 可见,热带气旋主要出现在南北纬 5°以外的低纬热带海洋上。热带气旋是个旋转极快的低压涡旋,强大的旋转流场是其最基本的特征。在热带气旋形成过程中,必须有气旋性涡度的产生,主要由强烈的水平辐合运动造成的。由涡度方程:

$$\frac{\mathrm{d}\zeta_a}{\mathrm{d}t} = -\zeta_a \,\mathrm{div}_2 \boldsymbol{v}$$

由于热带风暴形成前,扰动的南北位移很小,$\frac{\mathrm{d}f}{\mathrm{d}t} \sim 0$,$\zeta \sim 0$,所以涡度方程可简

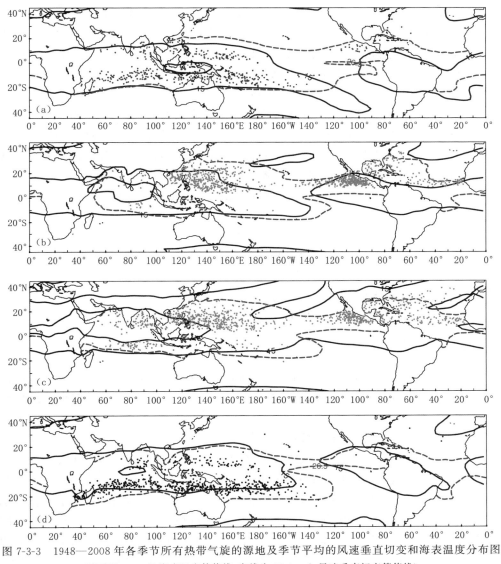

图 7-3-3　1948—2008 年各季节所有热带气旋的源地及季节平均的风速垂直切变和海表温度分布图

（虚线为 26.5 ℃海表温度等值线，实线为 15.0 m/s 风速垂直切变等值线）

(a)3—5 月；(b)6—8 月；(c)9—11 月；(d)12 月—次年 2 月

化为：

$$\frac{\mathrm{d}\zeta}{\mathrm{d}t} = -2\Omega\sin\varphi\,\mathrm{div}_2\boldsymbol{v}$$

显然，在赤道附近地转参数 $f = 2\Omega\sin\varphi$ 趋于 0 的情况下，即使有很强的水平辐合，绝对涡度也不易增加，相应的热带扰动很难发展形成热带风暴、台风。

因此,热带扰动要发展成热带风暴、台风,必须要求地转参数 f 大于一定值。赤道上地转参数为零,即使有热带扰动存在,也很快被辐合气流所填塞,无法进一步发展形成热带风暴、台风。观测事实表明,只有在南北纬 5° 以外,地转参数 f 大于一定值,利于气旋性涡度产生,扰动才能较好发展。

7.3.1.4 热带低层扰动的存在(初始扰动场)

热带气旋的形成与发展,依赖于大面面积云对流的发展,而大面积积云对流又总是与一定尺度的热带扰动联系在一起的,初始扰动是热带气旋的形成的必要条件。

初始扰动的形成可以是多种多样的,根据分析统计,西太平洋和我国南海发展成热带风暴、台风的初始扰动通常以下四类。

(1)热带辐合带上的涡旋,这种扰动发展成热带风暴、台风的数量最多,占热带气旋总数的 80%~85%。

(2)东风波加深后发展成热带气旋的占总数的 10%。

(3)中高纬度大洋上的长波槽中的切断低压或高空冷涡发展成热带气旋的,约占总数的 5%。

(4)海上副热带地区的斜压扰动发展成热带气旋的在 5% 以下。

总之,低层先有扰动存在是热带气旋生成不可缺少的条件。

7.3.2 热带气旋的发展加强

热带气旋在暖的洋面上和有利的大尺度环境场中生成后一般都会经历一段时间的增强过程,只是增强的快慢各异。关于热带气旋加强的机理是热带气旋研究的热点问题之一。

7.3.2.1 第二类条件不稳定发展机制

Charney 和 Eliassen(1964),Oyama(1964)最先提出了热带气旋发生发展的第二类条件不稳定发展机制(CISK,conditional instability of the second kind)。CISK 理论描述了这样一个过程:一个弱的热带低压扰动,通过边界层的摩擦作用造成低层潮湿空气的大量辐合流入和抬升(即埃克曼抽吸),形成积云对流发展,积云释放出的凝结潜热使低压中心气温升高,高层辐散流出,结果使地面气压降低,从而出现指向中心的更大流入,由于绝对角动量守恒关系,切向风速将增大,低层气旋性环流增强。其结果导致低层辐合流入更强,积云对流发展更旺,凝结潜热更大,地面气压更低……如此循环造成积云对流对低压环流间的正反馈,使低压扰动不稳定发展。在整个反馈过程中,边界层摩擦不只是消耗因子,而且通过埃克曼抽吸和积云对流,成为能量的制造机制(图 7-3-4)。

CISK 理论突出了积云对流的作用,抓住了水汽凝结潜热是热带气旋发展的主要能量来源这一本质,因此,该理论对热带气旋的形成过程,特别是其发展过程做出了

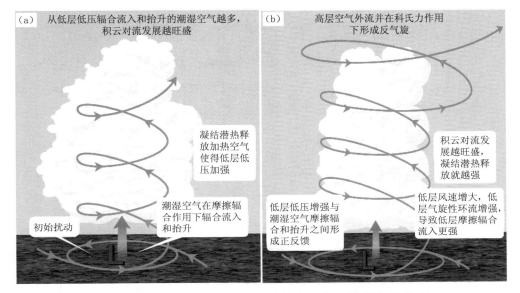

(a) 从低层低压辐合流入和抬升的潮湿空气越多，积云对流发展越旺盛

凝结潜热释放加热空气使得低层低压加强

潮湿空气在摩擦辐合作用下辐合流入和抬升

初始扰动

(b) 高层空气外流并在科氏力作用下形成反气旋

积云对流发展越旺盛，凝结潜热释放就越强

低层风速增大，低层气旋性环流增强，导致低层摩擦辐合流入更强

低层低压增强与潮湿空气摩擦辐合和抬升之间形成正反馈

图 7-3-4　CISK 机制下的积云对流反馈发展过程（附彩图，见封三）
(a)内流摩擦辐合释放潜热过程；(b)气压下降摩擦辐合内流再度增强过程
（引自 https://www.meted.ucar.edu）

较为合理的解释。但该理论也存在一些缺陷，最为明显的是其描述的地转调整方向与热带地区不一致。CISK 理论必须假设在有初始积云对流形成暖心低压系统时方可启动，即风场适应质量场，与热带大气相反，故无法解释初始阶段的暖心是怎样生成的，因此有学者认为，CISK 机制并不能解释热带气旋的生成，只能用以解释具有暖心的热带气旋的发展过程。此外，CISK 理论忽略了海气通量的上传对潜热通量的增加效应，使得对热带气旋发生发展起着重要作用的海气相互作用过程未能考虑。

7.3.2.2　海面风与其引起的热量交换之间的正反馈机制

　　Emanual(1986;1987;1991)以卡诺热机的概念为出发点，提出了一个基于海气相互作用描述热带气旋发展过程的新理论：海面风与其引起的热量交换之间的正反馈机制（WISHE，wind-induces surface heat exchange），着重考虑边界层内流过程中的海气通量上传过程对热带气旋发展的影响，即内核区（主要是眼墙下最大风速半径附近）海面风的增强会增大海面向大气的热量（包括感热和潜热）通量，在对流中性层结的假定下，这些热量被眼墙区的上升气流向上输送，加强眼区的对流，并使上层暖心加强，根据静力平衡条件，热带气旋中心气压将下降，眼墙区气压梯度力增大使低层风进一步加强，这又使得洋面向上的热量通量进一步增大，从而形成一个正反馈过程。WISHE 强调了眼墙附近局地的正反馈过程使热带气旋获得自身的发展和维持（图 7-3-5）。虽然 WISHE 理论看似解决了 CISK 机制中的一些主要缺陷，然而这不

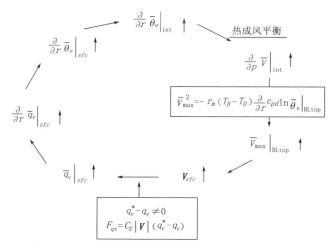

图 7-3-5　WISHE 机制正反馈流程图：一旦表面风速（V_{sfc}）增加→可携带的海气潜热通量（q_v）也
增加→径向水汽及相当位温梯度增加（亦即向内流入更多海气潜热通量）→释放潜热加强眼
墙内相当位温（加强暖心）→为满足热成风平衡，加强暖心之径向温度梯度的同时，台风
本身的反气旋式垂直风切亦会增加→底部边界层内流 V 再度增加，携带更多海气潜
热通量内流，形成正反馈机制，引自 Montgomery 等（2009）

代表此理论就能完整地解释热带气旋发展，如对于初始扰动的形成机制同样缺乏完
整说明，同时也没有考虑海洋整层热力结构对热带气旋发展的影响。

7.3.2.3　卡诺热机和热带气旋最大可能强度

观测和数值模拟研究均表明，即使所有的海洋和大气的热状况都有利于其发展，
但热带气旋发展到一定阶段后就不再继续增强。这是由于热带气旋的发展受到热带
气旋最大可能强度（MPI，maximum potential intensity）的限制。MPI 是在给定的海
洋和大气热状况及有利的大尺度环境场条件下热带气旋可能达到的最大强度（Emanuel，1986；1991；1995；1997；Holland，1997）。尤其是由 Emanuel（1991；1995；
1997）基于卡诺热机理论提出的 MPI 理论（以下简称 E-MPI）不仅可以定量估计热带
气旋的 MPI，而且物理图像十分清晰（Camp 和 Montgomery，2001）。E-MPI 理论的
中心思想是将热带气旋视为一个从相对高温的洋面获取能量（海面熵通量）而在低温
的对流层上层流出层被冷却的卡诺热机，这样眼墙下高能量的空气在沿眼墙上升的
过程中其部分热量被转换成动能（即机械能）。做功效率的高低取决于海面及对流层
顶的温差，并反映在台风的强度上，大致概念如图 7-3-6 所示。

A→B：空气由高压流向低压，故气块会膨胀能量下降造成降温，然而此时有来自海
面的热能以蒸发水汽形式进入气块内部，形成潜热能，正好抵消因气块膨胀的能量耗
损，因此，气块虽然膨胀但不会降温，能量维持在恒定的状态，此过程称为等温膨胀。

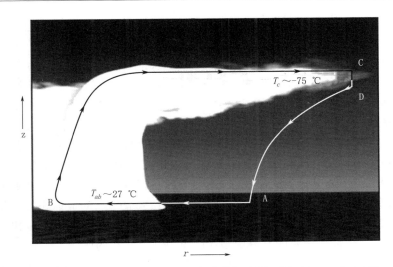

图 7-3-6　理想的热带气旋发展之卡诺热机过程(引自 Emanuel,2005)

B→C：气块在台风眼部分开始向上发展释放潜热，并将其转换成可感热，形成积雨云及暖心结构，以整体环境的角度来看，气块本身虽然释放了大量的潜热，然而转换成的可感热仍保留在台风核心区域并未大幅外逸至大气，故以整体环境来看，气块上升过程之路径上仍属于固定的整体热含量，亦即可视为等熵过程(绝热状态，注意这是以环境角度来看且能量确实被保留在内部核心区域)，此阶段气块以等熵过程上升，称为绝热膨胀。

C→D：外逸辐散的气块下沉后，因气压开始上升，气块被压缩，本应增温，然因位于高对流层可向外辐射长波能量不被过多的水汽吸收，相抵之下温度维持大致恒定，为等温压缩过程。

D→A：气块在对流层中持续下降离开对流层顶进入水汽渐多的周边区域，由于气块本身水汽含量渐少，不论是降水或是向外释放长波辐射能量产生的能量耗损均可忽略，下沉时为绝热过程下降到海面完成卡诺循环，为绝热压缩过程。

气块便以上述的过程完成循环，热机运作过程产生机械能推动空气流动，形成强风，并持续提供能量使热带气旋发展，包含上传的潜热通量以及内流产生的摩擦热能随着边界层空气流入台风内部(此部分占相当小的比例)，主要以潜热释放为主，由于气块从热带气旋边界层流入时对于热带气旋提供的能量主要来自于潜热，因此，海表面温度对潜热通量大小有相当大的影响。

为了定量计算台风发展过程的最大潜在强度，考虑海气之间的热力不平衡程度对于通量的影响、海平面与对流层顶的温差决定大气的稳定度以及海面性质对于风场摩擦造成的影响，将这些物理过程考虑后利用数学方式整理可以得到对于这一环境下热带气旋的可能最大风速：

$$v_{\max}=\sqrt{\frac{C_K}{C_D}\left(\frac{T_s-T_o}{T_o}\right)E}$$

式中，C_K 是海面熵交换系数，可以表示海平面热通量上传的速率，C_D 则是拖曳系数，会随下垫面粗糙度增加而增加，其实就是代表下垫面的摩擦程度大小（由此可知，C_K 越大代表向上通量越大，C_D 越小代表下垫面越平滑，两者比值越大越有利台风风速增强），T_s 为海表面温度，T_o 为对流层顶台风流出层之温度，两者差越大代表大气稳定度越小，越有利对流持续发展。E 则可以指近海大气边界层内的稳定程度，代表海面蒸发量的大小，其表达式较复杂，不过大致可以用海面底层空气和海面的温差（一般很小）和近海底层大气相对湿度，两者的函数共同决定，一般而言空气湿度越低越有利海洋将热通量及潜热通量上传，E 值也越大。透过上式可以决定出一海域所能孕育或支持一热带气旋所能发展的最大强度，此即 MPI 的概念。

对于热带气旋发生发展来说，以上四个基本条件是必须同时具备的，是必要条件，但非充分条件。在实际工作中，则应按不同地区，不同时间和热带气旋发生发展的不同阶段来区别对待，应有不同的侧重。如热力（能源）条件是考虑能否有热带气旋发生发展的首要条件，没有这个条件就一切都谈不上。然而盛夏西太平洋低纬地区热力条件一般总是满足的，因此侧重点往往是初始扰动和初扰动所处的环境条件，但成熟的热带气旋登陆或进入中纬度西风带以后，能否继续维持不消，则又应主要考虑能源条件（下垫面的温湿条件）。

§7.4　热带气旋的移动

长期以来，人们认识到热带气旋的移动是环境场中多个天气系统相互作用的结果，其中环境引导气流起着决定性的影响。在热带气旋路径预报中，人们广泛地根据引导气流原理，用基本气流的方向和速度来预报热带气旋的移动，但在实际业务中，仅考虑引导气流的预报结果仍存在很大的误差，这说明还有其他因素在起作用。本节将结合动力学分析方法，揭示影响热带气旋移动的主要因子，分析诸力合成下的热带气旋移动规律。

7.4.1　涡旋移动方程

在球面上选择两套坐标系：原点固定在地面上的 (o,x,y,z) 坐标系和原点取为热带气旋中心的 (o',x',y',z') 坐标系。若原点 o 和 o' 距离很近，并且坐标原点 o'（即热带气旋中心）在 $oxyz$ 坐标系中水平移动的纬向和经向速度分量分别为 u_0 和 v_0，则空气质点在 (o,x,y,z) 和 (o',x',y',z') 坐标系中的速度分量 u、v、w 和 u'、

v'、ω' 的关系为:

$$u = u_0 + u', v = v_0 + v', w = w_0 + w' \tag{7-4-1}$$

在低纬地区,略去摩擦力和黏性作用,则大气运动方程的两个水平分量在标准坐标系中可写为:

$$\begin{cases} \dfrac{\mathrm{d}u}{\mathrm{d}t} = -\dfrac{\partial \phi}{\partial x} + fv - \lambda w \\[3mm] \dfrac{\mathrm{d}v}{\mathrm{d}t} = -\dfrac{\partial \phi}{\partial y} - fu \end{cases} \tag{7-4-2}$$

式中,$f = 2\Omega \sin\varphi$,$\lambda = 2\Omega \cos\varphi$,$\phi$ 为位势高度。将(7-4-1)式代入(7-4-2)式得到:

$$\begin{cases} \dfrac{\mathrm{d}u_0}{\mathrm{d}t} - fv_0 = -\dfrac{\partial \phi}{\partial x} - \dfrac{\mathrm{d}u'}{\mathrm{d}t} + fv' - \lambda w' \\[3mm] \dfrac{\mathrm{d}v_0}{\mathrm{d}t} + fu_0 = -\dfrac{\partial \phi}{\partial y} - \dfrac{\mathrm{d}v'}{\mathrm{d}t} - fu' \end{cases} \tag{7-4-3}$$

将 f 中所含的 $\sin\varphi$ 对热带气旋中心所在纬度 φ_0 作泰勒级数展开,略去高次项后得到:

$$\sin\varphi = \sin\varphi_0 + \frac{r}{R_e} \cos\varphi_0 \sin\theta \tag{7-4-4}$$

式中,R_e 为地球半径,r 为热带气旋中心到计算点的距离,θ 为热带气旋中心所在纬度与 r 方向的夹角。

将(7-4-4)式代入(7-4-3)式,并且只考虑热带气旋的水平移动,则将(7-4-3)式对整个热带气旋区域积分,可得:

$$\begin{cases} \dfrac{\mathrm{d}u_0}{\mathrm{d}t} - f_0 v_0 = -\dfrac{\partial \Phi}{\partial x} + N_x \\[3mm] \dfrac{\mathrm{d}v_0}{\mathrm{d}t} + f_0 u_0 = -\dfrac{\partial \Phi}{\partial y} + N_y \end{cases} \tag{7-4-5}$$

式中,$f_0 = 2\Omega \sin\varphi_0$,而

$$\Phi = \frac{1}{\sigma} \iint\limits_{\sigma} \phi \, \mathrm{d}\sigma$$

为按热带气旋面积 σ 平均的位势空间平均值,称为大型基本气压场。而

$$\begin{cases} N_x = \dfrac{1}{\sigma} \iint\limits_{\sigma} - \left(\dfrac{\mathrm{d}u'}{\mathrm{d}t} - fv' + \lambda w' \right) \mathrm{d}\sigma \\[4mm] N_y = \dfrac{1}{\sigma} \iint\limits_{\sigma} - \left(\dfrac{\mathrm{d}v'}{\mathrm{d}t} + fu' \right) \mathrm{d}\sigma \end{cases} \tag{7-4-6}$$

将 N_x 和 N_y 称为热带气旋在 x 和 y 方向的内力。可见热带气旋的移动主要受到地转偏向力、大型基本位势高度场的水平气压梯度力和热带气旋内力的影响。

7.4.2 热带气旋移动的引导气流原理和诊断方法

假设热带气旋的移动处于一种平衡态的情况下,即匀速运动。则 du_0/dt 和 dv_0/dt 近似为零,考虑到热带气旋内力要比地转偏向力和大型基本位势高度场的水平气压梯度力小一个量级,略去热带气旋内力,则由(7-4-5)式可得:

$$\begin{cases} u_0 = -\dfrac{1}{f_0}\dfrac{\partial \Phi}{\partial y} \\ v_0 = \dfrac{1}{f_0}\dfrac{\partial \Phi}{\partial x} \end{cases} \tag{7-4-7}$$

此式表明,热带气旋的移动受到基本气压场地转风的引导。(7-4-7)式便是热带气旋引导气流的计算公式。若将热带气旋看作一个点涡旋,引导气流就是指以热带气旋中心为中心,对流层某一厚度内各层的加权平均气流,热带气旋的移速与引导气流风速成正比,移向与引导气流方向相似。由这种平均气流操纵某些天气系统移动的原理称为引导气流原理。

(7-4-7)式是用大型气压场(或位势高度场)来计算热带气旋移动的地转引导气流,应用过程中也可以用实际风场来求得。其中 1000 hPa 至 100 hPa 的加权平均计算公式为:

$$\bar{u} = (75u_{1000}+150u_{850}+175u_{700}+150u_{500}+100u_{400}+75u_{300}$$
$$+50u_{250}+50u_{200}+50u_{150}+25u_{100})/900$$

$$\bar{v} = (75v_{1000}+150v_{850}+175v_{700}+150v_{500}+100v_{400}+75v_{300}$$
$$+50v_{250}+50v_{200}+50v_{150}+25v_{100})/900$$

式中,u、v 分别表示对应等压面上东西方向和南北方向的速度分量,分母为各层权重之和,计算过程中实际参与计算的气压层与热带气旋的强度密切相关,目前通用的选择标准见表 7-4-1。

表 7-4-1 热带气旋中心气压值与所对应的参考引导气流层

热带气旋中心海平面气压 P(hPa)	$P\geqslant990$	$970\leqslant P<990$	$950\leqslant P<970$	$940\leqslant P<950$	$P<940$
引导气流层(hPa)	500~850	400~850	300~850	250~850	200~700

7.4.3 β 效应

不考虑环境基流,并假设热带气旋强度处于定常状态,则在热带气旋区域内涡度守恒,因此:

$$\frac{\mathrm{d}\zeta}{\mathrm{d}t}=\frac{\partial\zeta}{\partial t}+u\,\frac{\partial\zeta}{\partial x}+v\,\frac{\partial\zeta}{\partial y}=0 \tag{7-4-8}$$

在热带气旋中心为涡度最大值,即在此中心有 $\dfrac{\partial\zeta}{\partial x}=\dfrac{\partial\zeta}{\partial y}=0$,$\dfrac{\partial^{2}\zeta}{\partial x^{2}}\neq0$,$\dfrac{\partial^{2}\zeta}{\partial y^{2}}\neq0$。因此将(7-4-8)式分别对 x 和 y 求导数,便可以得到:

$$\begin{cases} \dfrac{\partial}{\partial x}\left(\dfrac{\partial\zeta}{\partial t}\right)+u\,\dfrac{\partial^{2}\zeta}{\partial x^{2}}=0 \\[2mm] \dfrac{\partial}{\partial y}\left(\dfrac{\partial\zeta}{\partial t}\right)+v\,\dfrac{\partial^{2}\zeta}{\partial y^{2}}=0 \end{cases} \tag{7-4-9}$$

由上式可以得到热带气旋中心的移动速度分量 u_0 和 v_0 的表达式:

$$\begin{cases} u_0=-\dfrac{\partial}{\partial x}\left(\dfrac{\partial\zeta}{\partial t}\right)\Big/\dfrac{\partial^{2}\zeta}{\partial x^{2}} \\[2mm] v_0=-\dfrac{\partial}{\partial y}\left(\dfrac{\partial\zeta}{\partial t}\right)\Big/\dfrac{\partial^{2}\zeta}{\partial y^{2}} \end{cases} \tag{7-4-10}$$

由涡度方程

$$\frac{\partial\zeta}{\partial t}=-\beta v-\left(u\,\frac{\partial\zeta}{\partial x}+v\,\frac{\partial\zeta}{\partial y}\right)-(f+\zeta)\left(\frac{\partial u}{\partial x}+\frac{\partial v}{\partial y}\right)+\cdots \tag{7-4-11}$$

可知 $\dfrac{\partial\zeta}{\partial t}\sim-\beta v$。在北半球,$\beta$ 项使热带气旋的西(东)侧涡度增加(减少),这样就有一 $\dfrac{\partial}{\partial x}\left(\dfrac{\partial\zeta}{\partial t}\right)>0$,另外,考虑到在热带气旋中心涡度为最大,既有 $\dfrac{\partial^{2}\zeta}{\partial x^{2}}<0$,因此根据(7-4-10)式,$\beta$ 效应将使热带气旋向西移动。这种由于地转参数 f 南北分布不均造成的 β 效应常被称为罗斯贝漂移(Rossby drift),与罗斯贝波西移机制类似。

由于 β 项使热带气旋的西(东)侧涡度增加(减少),这将在热带气旋西(东)分别激发出气旋(反气旋)式的涡旋,常被称作 β 涡旋对,该涡旋对将使热带气旋向北移动(图 7-4-1)。

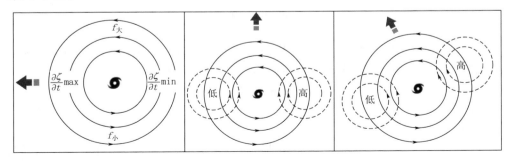

图 7-4-1　β 效应示意图

在上述两种机制的非线性作用下,β 效应将使北半球热带气旋向西北西方向移动,而在南半球,热带气旋将向西南西方向运动。

7.4.4　诸力合成下的热带气旋运动分析

热带气旋的运动方程可写为:

$$\frac{\mathrm{d}\boldsymbol{C}}{\mathrm{d}t}=\boldsymbol{G}+\boldsymbol{F}+\boldsymbol{I}$$

热带气旋运动过程中主要受到三个力的作用,包括地转偏向力($\boldsymbol{F}$)、大型基本位势高度场的水平气压梯度力($\boldsymbol{G}$)和内力($\boldsymbol{I}$)。

热带气旋作定常运动时,$\frac{\mathrm{d}\boldsymbol{C}}{\mathrm{d}t}=0$,即 $\boldsymbol{G}+\boldsymbol{F}+\boldsymbol{I}=0$

这时热带气旋的运动应是三力平衡时的运动。分析各力性质知道,在北半球,$\boldsymbol{I}$ 总是指向北略偏西而且数量较小,$\boldsymbol{F}$ 总是指向 $\boldsymbol{C}$ 的右侧。

下面分别以热带气旋处于均匀西风带和东风带为例,说明通过作图分析热带气旋移动趋势的方法。

如图 7-4-2 先根据大型平均气压场定出气压梯度力 $\boldsymbol{G}$,依热带气旋强度定出 $\boldsymbol{I}$(总是北略偏西,一般取为 $1/3\boldsymbol{G}$ 的大小),再根据 $\boldsymbol{G}$、$\boldsymbol{I}$,再按三力平衡 $\boldsymbol{G}+\boldsymbol{I}+\boldsymbol{F}=0$ 定出 $\boldsymbol{F}$,最后再根据 $\boldsymbol{F}$ 定出 $\boldsymbol{C}$。

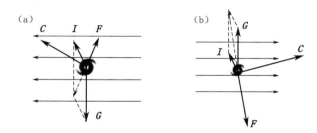

图 7-4-2　热带气旋移动的受力分析
(a)东风带;(b)西风带

从上述作图分析可知:热带气旋在东风带作定常运动时,路径略偏于引导气流右侧;热带气旋在西风带作定常运动时,路径略偏于引导流左侧。

从大量统计看,三个力的量级并不相同,以 $\varphi_0=30°N$ 为例,

$$\left(\frac{\mathrm{d}\boldsymbol{C}}{\mathrm{d}t}\right)_0\sim5\times10^{-5},G_0\sim4\sim8\times10^{-4},F_0\sim7\times10^{-4},I_0\sim10^{-5}。$$

可见,在一般情况下热带气旋的移动可视为定常运动,而且受基本气流的引导为主,考虑到内力的影响稍加订正即可。据分析统计,在东风带方向略偏向高压一侧,

速率为引导气流的 0.8 倍；在西风带方向略偏向低压一侧，速率为引导气流的
1.2 倍。

7.4.5　大型环流与天气系统对热带气旋移动的影响

热带气旋移动过程中常常出现移速和移向的突变，这与环境场的变化密切相关。
容易出现明显非定常运动的场合有：

①大型基本流场微弱，热带风暴处于大型均压场中（停滞，打转）；

②大型基本气流发生突然变化（突然折向）；

③多热带风暴、台风同时存在，距副高较远的热带风暴（打转、摆动）；

④热带风暴与其他尺度相近的系统相互作用（折向、摆动、打转）。

下面简述几种常见的环境流场对热带气旋移动的影响。

（1）副高对热带气旋移动的影响

一般地说，由于副高尺度大而且比较稳定，往往起控制作用。副高呈东西带状，
稳定西移加强时，热带气旋在副高南侧西行；若热带气旋移到副高西南侧，而副高处
于东退减弱期，热带气旋将转向。当热带气旋周围出现多各高压中心时，热带气旋将
出现停滞或打转。例如 7503 台风，6 月 21 日进入湖南桐柏县附近后，在该处徘徊达
20 小时之久，造成该区特大暴雨。

（2）西风带长波调整对热带气旋路径的影响

例如 5612 台风，原处于槽前看似转向，但由于长波调整，沿海槽迅速消失，而代
之以副高西伸，台风登陆。在 1956 年 7 月 30 日到 8 月 1 日 48 小时内，75°E 处长波
槽强烈发展，据长波调整原理，下游距离 65～75 个经距处即 140°—150°E 处应是长
波槽，而在其间 110°—120°E 处应是长波脊，由于这种长波系统的急剧调整，使原在
大陆东部 115°E 处的长波槽迅速填塞，大陆上的高压单体与海上副高打通，形成一个
呈东西带状分布的强大副高单体，阻止了台风转向北上，迫使台风继续西移，在浙江
象山登陆，严重危害我国东南各省。

（3）阻塞高压与切断低涡的影响

①阻塞高压的影响

盛夏 50°—70°N，110°—150°E 常有鄂海阻高形势存在。有阻高存在时，转向路
径占 82%，西行 18%；无阻高存在时，转向路径 15%，西行 85%。

阻高的作用是阻高西南侧（即副高西北侧）多为冷空气活动，使副高减弱，甚至使
长波槽在 30°—40°N，110°—120°E 发展加深，热带气旋在槽前引导作用下转向北上。

②高空切断冷涡的影响

中纬长波槽切断下来的冷涡（300 hPa），特别是在 110°—120°E，附近切断而来的
冷涡，常使移近沿海地区的热带风暴、台风出现特殊路径，如 7203、7303、7416 号台风

等都是在我国沿海一带北上突然西折登陆的。

（4）其他热带天气系统对热带气旋路径的影响

由于热带风暴、台风产生于热带低纬地区，其移动必然受到热带天气系统的影响。

①热带辐合带的影响

热带气旋主要出现在辐合带上，特别是在其加强型阶段，因此，热带气旋的移动自然受到其影响。如辐合带是季风槽型，呈纬向分布，延续数千千米，热带气旋经常出现在辐合带北侧2～4个纬距。热带气旋发生后，也表现为随着副高加强北进，这时辐合带北侧副高和南侧的赤道西风均强。如辐合带为延续型期，热带气旋稳定西移。当季风衰退，热带气旋东侧太平洋副高南落，热带辐合带断裂南落，在偏南气流引导下，热带气旋将北上或转向。当南半球向北半球的越赤道气流加强，赤道反气旋向北推进或副高脊明显北进，这时热带气旋东侧辐合带便北进断裂。这时，北进热带辐合带中常伴有另一个热带气旋向西北或偏北移动，位于西面的那个热带气旋便处于弱气压场中，引导气流很弱，往往出现热带气旋移速突然减慢，停滞或打转的现象。当西风带长波槽强烈经向发展，切断热带辐合带成东西断裂，这时槽前热带气旋向偏北方向移动，槽后热带气旋向西移动。

②东风波的影响

如有一东风波在热带气旋北侧且比热带气旋移动快，则开始时（t_1）在东风波前东北气流引导下向偏西或西南方向移动。在与波槽同位相时（t_2），热带气旋北侧副高南侧的东风显著减弱，气压梯度力减弱，使热带气旋内力相对增强，加上整体所受的地转偏向力不变，气压梯度力减弱，将使热带气旋路径突然北折，移速也相应减慢。东风波移到热带气旋西侧时，在波后东南气流引导下，热带气旋将由与原来东风波重位相时的向偏北移动，折向偏西方向移动。整个移动表现为：开始向西南，再向北，再向偏西的路径，当有东风波在热带气旋北侧快速移过时，热带气旋路径会出现摆动。

7.4.6 双（多）台风相互作用——藤原效应

热带气旋的移动除了受到引导气流、β效应的作用以外，其与周围同（较小）尺度天气系统的相互作用，也会对热带气旋的运动造成很大的影响，其中最著名的就是双台风相互作用。日本气象学家藤原（Fujiwhara）在20世纪20年代初（Fujiwhara，1921，1923）首次指出：两个气旋性涡旋在较近距离内有逆时针方向互旋的特点和彼此接近的趋势，这就是著名的"藤原效应"，也称"双台风效应"。

该效应可总结为如下几个过程（图7-4-3）。

（1）接近和捕捉：两气旋互相接近，并最终使两气旋中心间距离小于1500 km；

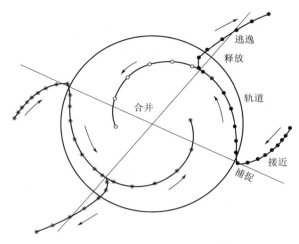

图 7-4-3　双台风相互作用模式

（2）互旋：在互相接近的过程中两气旋会经历互旋过程，这种互旋既可能是气旋的也可能是反气旋式的（互旋过程中两气旋可能互相接近，也可能不接近）；

（3）合并：经过长时间互旋后，会有一个迅速变化的阶段，一个会减弱消亡合并到另一个中；

（4）逃逸：除了合并以外，两气旋还可能迅速逃逸，相互作用停止。

除了双台风相互作用外，也可能出现多个台风共存的现象。吴限等（2011）利用西北太平洋热带气旋最佳路径资料，且满足如下 4 个条件：①只考虑共存期间达到一定强度的热带气旋，即不包括热带低压、变性气旋以及没有命名的那些强度较弱的气旋；②热带气旋共存期间，最近距离小于 1600 km；③两热带气旋的共存时间在 48 小时以上；④一段时间内，若洋面上有 3 个或 3 个以上的热带气旋同时存在，且有一个与其他几个的最近距离都小于 1600 km 时，则把这种多个热带气旋同时存在的情况算做一次多热带气旋相互作用。

统计发现 1949—2007 年西北太平洋上 1483 个热带气旋中，出现过共存情况的共有 1073 对，其中共存时间大于 48 个小时的有 795 对，这其中两热带气旋最小中心间距小于 1600 km 的有 211 组，包括 163 组双热带气旋相互作用和 48 组多热带气旋相互作用。平均每年约发生 3.6 次，仅在 1969 年未观测到双台风相互作用。

对这 163 组双台风相互作用过程的路径资料进行聚类分析，得到 7 种典型的路径分类。包括：

①类型 A（约占 18.2%）：两热带气旋的路径轨迹均为向西偏北方向基本呈直线，且移动速度比较慢，同时两热带气旋的活动范围都在一个狭长区域内（10°—20°

N),相互作用过程中东、西热带气旋的中心间距离也比较稳定。西热带气旋从菲律宾群岛以东洋面向偏西方向穿过菲律宾群岛、经我国南海一直延伸到我国南部海岸或越南地区,东热带气旋的平均路径大约在西热带气旋向东 13 个经距。东西热带气旋路径方向虽然非常相似,但从图中仍可以看到,西热带气旋的移动角度更接近于偏向赤道方向,东热带气旋则更偏向于西北方向,这与两热带气旋间的相互作用有直接关系,因为两个热带气旋都有一个给对方的绕质心逆时针方向的互旋力。

②类型 B(约占 17.6%):东、西热带气旋都是转向路径,呈抛物线型。西热带气旋从菲律宾以东洋面向西北方向移动,到达我国东部海面,然后转向东北方向。东热带气旋与西热带气旋的移动方位十分相似,从西热带气旋向东约 14 个经距的位置向西北方向移动,于 145°E 附近转向东北。尽管两热带气旋都是转向路径,但是东热带气旋的转向速度和转向角明显大于西热带气旋,且相互作用过程中东、西热带气旋的中心间距先减小后增大,这其中也有两热带气旋间相互作用的因素。另外,东热带气旋活动的范围较广,主要逗留在洋面上。

③类型 C(约占 14.5%):东、西热带气旋的路径都为北或东北向,与常规的路径类型有所不同。此类中东、西热带气旋出现的纬度比前两类高,尤其是东热带气旋,其平均纬度在 23°N 附近。西热带气旋的平均路径较直,呈北偏东方向,从菲律宾和我国台湾以东洋面延伸至日本以东洋面。东热带气旋则一直向东北偏东方向轻微转折,并且与西热带气旋的距离逐渐拉大。从图中还可以看到,开始阶段由于两热带气旋距离较近,相互影响较强,使西热带气旋的移速非常缓慢。

④类型 D(约占 12.6%):西热带气旋为西北移路径,东热带气旋为转向路径。这一类型的西热带气旋与 A 类中西热带气旋的路径非常相似,但纬度范围比它更加向北延伸,从菲律宾以东洋面向西北方向,穿过我国台湾岛与菲律宾群岛之间的海域在我国华南沿海或海南岛一带登陆。东热带气旋为背离西热带气旋的转向路径,先向西北方向移动,在东经 140°E 附近海域转向后,迅速向东北方向与西热带气旋分离。

⑤类型 E(约占 12.6%):与类型 D 的情况相反,东热带气旋为西北移路径,西热带气旋为转向路径。西热带气旋主要活动在菲律宾与日本之间,首先从菲律宾和台湾以东洋面向西北偏北方向移动,到达我国东部海面或在我国东部沿海地区登陆,然后转向东北,转向后可能会袭击朝鲜半岛、日本,有的甚至会影响我国的辽鲁沿海。东热带气旋则从菲律宾以东(143°E 左右的位置)一直向西北方向移动,其路径形状与 A 类中西热带气旋的直向路径相比,曲率比较明显。强度较弱的东热带气旋可能会在 120°—130°E 的范围内消失,较强的东热带气旋在西热带气旋转向与之远离后可能会继续西进,影响我国的台湾,福建或浙江一带。这一类型与 Carr 等人提出的间接相互作用模型类似,西热带气旋后面频散出的反气旋对东热带气旋也有一定的影响。

⑥类型 F(约占 13.8%):其中西热带气旋路径常表现出异常路径,一段时间内其移动方向可能发生很大变化,或原地打转或移动缓慢停滞不前,图中的圆形区域即为西热带气旋打转或移动缓慢的多发区域,而这时东热带气旋的平均路径多为转向型路径。东热带气旋路径形状与类型 B 中的东热带气旋十分相似,但活动范围比它偏

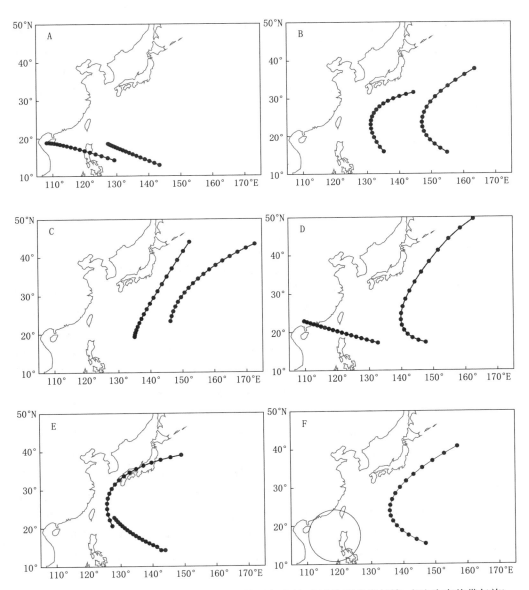

图 7-4-4　双台风相互作用中 6 种类型的平均回归路径(左边为西热带气旋,右边为东热带气旋)

东。东热带气旋的转向经度在 135°E 度附近,转向前与西热带气旋最近中心距离常在 1000 km 以内,两者往往出现较明显的逆时针相互旋转。当东热带气旋转向并与西热带气旋逐渐远离后,西热带气旋的打转、停滞现象也随之结束。此外,当两热带气旋都出现在西太平洋上时,东热带气旋则容易出现与西热带气旋边互旋边向西北方向移动的路径。

⑦类型 G(约占 10.7%):也就是通常所说的"藤原效应"类型,由于两热带气旋距离较近,两者之间常会发生强烈的逆时针相互互旋,每 6 小时互旋角速度通常会达到 20°以上,所以两热带气旋的路径及其异常,不容易得到平均回归路径。此类相互作用一般出现在 15°—30°N 之间,和 145°E 以西的海域。该类只占所有双台风相互作用过程的 10.7%,可见真正满足藤原效应的只是少数。

§7.5 成熟热带气旋的天气和影响

热带气旋的灾害性天气和影响主要表现在大风、风暴潮、雨、大浪四个方面。

7.5.1 大风

一般而言,发展成熟的热带气旋范围越大,中心气压越低时,大风的范围越广、强度也越大。如全球有记录以来最强的西北太平洋热带气旋泰培(7919 号,Tip),在 1979 年 10 月 12 日最低气压为 870 hPa,环流宽 2174 km,最大风速 80 m/s。而6408 号台风过程中心最低气压仅为 980 hPa,最大风速为 40 m/s,8 级风圈范围只有 2°×2°经纬度。也有一些范围小而强的热带气旋,有时连闭合等压线都分析不出来,只有气旋性环流,然而其中心风速也可能极大,破坏力很强,如 7314 号台风,当其在海上时中心风力大于 6 级的记录一个也没有,借助于卫星资料的分析这个台风才未被漏掉。当其在海南岛琼海县登陆时,曾测得 10 分钟平均风速为48 m/s,尔后台风中心移近,风速不断增大,以至把测风仪摧毁。据广东省气象台推算最大风速可达 70 m/s 以上。可见,这种小而强的台风若不注意,同样可以带来巨大损失。

通常当台风接近我国并登陆时,绝大多数都已经减弱,但最大风速也常常可达到12 级以上。如 0608、7314 号台风分别在浙江苍南和海南琼海登陆时,中心最低气压接近 920 hPa,最大风速超过了 60 m/s。台风登陆后,因地面摩擦和水汽通道被切断,台风会很快减弱,风速随之减小。同时风速受地形的影响也很大,一般来说,平原地区比海上小,山区比平原小。所以沿海、平原、湖泊等地区都是台风经过时有利于出现大风的区域。

此外,台风在登陆过程中,由于低层风速比上层减小快,将产生强的垂直风切变。

这种强的垂直风切变将可能诱发龙卷的生成,绝大多数龙卷都发生在台风移动的右前侧(北半球),且主要存在于外雨带中。如 5613 号台风,在长江口出海时,浙江嘉兴和上海都出现了龙卷。

据观测分析,成熟热带气旋的低层大风分布是非对称的,北半球成熟热带气旋的低层大风分布在气旋移动方向的右侧较强,并倾向于右前侧,南半球的情况则相反;个别热带气旋的最大风速可以出现在其他象限,特别是那些移动缓慢的热带气旋。这种分布可原则性地看成为热带气旋的气旋式环流和环境流场叠加的一个结果,但实际上热带气旋的水平风场的分布是更为复杂的,从实际风场中去掉平均气流(或引导气流)后,仍具有部分非对称性,影响这部分非对称性的机制有,热带气旋风场对环境风场水平和垂直切变的响应,热带气旋移动引起的内部风场的重新调整,与边界层的相互作用,对环境强迫和对流非对称性的响应。

关于热带气旋大风的数值估算,一般是按对称分布进行的,即考虑最大风速出现在中心附近内一个环带上。由于环带曲率大,热带气旋中心所处纬度低,因此,在最大风速环带上离心力远大于地转偏向力,所以环带上的空气运动应符合离心力与气压梯度力平衡下的旋转风方程。

$$\frac{v_\theta^2}{r} - \frac{1}{\rho}\frac{\partial P}{\partial r} = 0 \tag{7-5-1}$$

切向风 v_θ 可表示为:

$$v_\theta = \left(\frac{r}{\rho}\frac{\partial P}{\partial r}\right)^{\frac{1}{2}} \tag{7-5-2}$$

显然中心附近风速分布取决于热带气旋内气压的径向分布。

7.5.2　降水和洪涝

与热带气旋有关的降水既可有益于人类,也可造成灾害。如夏季登陆我国的热带气旋,其降水可缓解长江中下游地区的高温伏旱,但当降水量太大以致引起洪涝时就造成灾害。

Gray(1981)用水量收支和综合资料计算了海上热带气旋的平均降水率,计算表明,一个太平洋成熟热带气旋两个纬度内降水率可以超过 80 mm/d,在离中心 2~4 个纬度环中,降水率减至 25 mm/d,在 4 个纬度以外少于 10 mm/d。Gray 对这些海上热带气旋降水情况得出两点结论:降水与平均外层风速的关系要比中心区强度的关系更为密切;降水与热带气旋的移动速度密切相关,并且停滞少动的热带气旋降雨量最大。

登陆热带气旋常常给沿海地区带来 390~400 mm 的特大暴雨。世界上一些惊人的暴雨记录往往与热带气旋有关。1909 年 11 月中美洲牙买加一次飓风过程,4 天总降水量达 2451.1 mm。1951 年 3 月南印度洋上的一次风暴,造成 Reunion 岛三天降水量 3240 mm,日降水量达 1869.9 mm。在我国,1963 年 9 月 10—12 日,6312 号超强台风经过台湾岛造成三天总降水量达 1794 mm,其中 11 日降水量就达 1247 mm,1967 年 11 月 17—19 日,6720 号超强台风给台湾新寮带来的暴雨更为惊人,3 天总降水量高达 2749 mm,日最大降水量为 1672 mm,为我国有记录以来最大值。另外,台风侵入内陆时也能造成大水灾。1975 年 8 月 7503 号台风侵入河南省造成特大暴雨,过程总降水量达 1631 mm,日最大降水量达 1005.4 mm,1 小时最大降水量达 235 mm。

登陆热带气旋产生的降水通常呈非对称性分布,并且在热带气旋移动方向的右侧雨量最大,范围也较宽。但也有的热带气旋登陆后,降水量并不大,范围也较小,称干台风。包澄澜(1980)把与热带气旋有关的暴雨分为四类:①在热带气旋前方的飑线降水,其降雨持续 10～30 分钟,总降雨量可达 30～70 mm;②包括螺旋云带和眼壁的中心对流区降水,最大暴雨几乎总发生在登陆点附近;③热带气旋倒槽降水,在热带气旋跨越海岸线进入内地以后,热带气旋和西风带系统相互作用通常有一个倒槽从中心向北延伸,天气形势是南北向倒槽配合东西向脊的鞍形场,当冷空气侵入倒槽时,大暴雨可出现在热带气旋以北很远的地方,最大暴雨出现在鞍形场中心附近;④热带气旋与其他热带系统的相互作用,包澄澜和黄觉娴(1977)发现,约有三分之二的热带气旋暴雨发生在前半部,在后半部发生的暴雨通常是由热带气旋和低层西南风急流相互作用引起的。

一般热带气旋暴雨受下列因子和天气系统的影响:降水持续时间、移动速度以及能量和水汽的供给;上层辐散和下层辐合;地形;热带气旋外层风强度。归纳起来,热带气旋降水的多寡主要决定于热带气旋系统内的水汽和上升运动。

7.5.2.1 水汽来源

造成大暴雨的热带气旋,其环流系统内水汽含量十分充沛,并有几条自外围流入热带气旋系统的水汽通道。一般热带气旋都有一支或二支来自低纬海面的低空急流。在卫星云图上表现为一条长长的积雨云带,从台风的西南—东南侧卷入热带气旋内部。这支低空急流或积雨云带提供了热带气旋暴雨的水汽和能量。

登陆我国的热带气旋,水汽来源主要有三个方面:一是来自西太平洋上,副热带高压的西南侧,以东南气流的形式流入登陆热带气旋中。第二是来自南海的热带海洋气团或季风气团,以偏南或西南气流的形式流入登陆热带气旋。第三是来自印度洋(或孟加拉湾)的赤道气团,这种气团十分潮湿,对流不稳定层次很厚,以西南气流的形式流向华南及长江流域。实际上,登陆我国的热带气旋暴雨过程,上述三条水汽通道常可以叠加或交替出现。

热带气旋圆柱体内的水汽通量可用下式计算：

$$Q = -\frac{1}{g} \oint_s \int_P^{P_0} q v_r \, \mathrm{d}p \, \mathrm{d}s \qquad (7\text{-}5\text{-}3)$$

式中，q 为比湿，v_r 是气流的径向分量（向外为正），s 为热带气旋周界。设进入单位面积气柱中的水汽量，一部分使气柱中的水汽含量增加，另一部分产生凝结降水，则气柱中的水汽凝结总量，即热带气旋总降水量 R 由下式表示：

$$R = -\frac{1}{g} \int_0^{P_0} \left(\frac{\partial q}{\partial t} + \nabla \cdot q v_r \right) \mathrm{d}p \qquad (7\text{-}5\text{-}4)$$

右边第一项是气柱水汽含量的变化，第二项是通过气柱侧边界的水汽散合通量（略去了通过热带气旋顶面的水汽散合通量）。显然，台风区内气柱相对辐散量愈大，则垂直环流愈强，即进入台风区的水汽也愈多，降水量也愈大。

7.5.2.2　上升运动

上升运动能使低层的暖湿空气抬升，发生绝热冷却，产生凝结或降水。热带气旋区内的上升运动分布很不均匀，这与热带气旋区内的中小尺度系统分布不均、各种地形的动力作用不同有关。

单纯的热带气旋尺度环流引起的上升运动其量级为 10^{-2} m/s，中尺度系统（如螺旋雨带）上升运动的量级为 10^{-1} m/s，而小尺度系统（如对流云群或积雨云单体）造成的上升运动可达 $1 \sim 5$ m/s。强烈的热带气旋暴雨，往往是这三种尺度的上升运动叠加造成的。热带气旋区内的上升运动与低层的强烈水平辐合有联系。热带气旋登陆后，摩擦辐合加强，因而上升运动增强，所以登陆热带气旋往往在消失之前出现一次较大的暴雨。热带气旋区内的一些气旋性曲率较大地区，如台风倒槽、切变线等都容易出现暴雨。热带气旋受山脉影响时，也能使降水强度发生变化。一般总是迎风坡暖湿气流受地形抬升，降水强度加强；背风坡相反，降水强度减弱。

7.5.3　海浪和风暴潮

成熟热带气旋中心的极低气压和云墙区的大风，使海面产生巨大的风浪和涌浪（长浪）。一般风浪的波长和周期都较短，波形不规则，多呈陡峭尖削状。而涌浪的波长和周期较长，波形较规则，波顶呈圆形。大的风浪出现在大风区，浪高与风力的关系如表 7-5-1 所示。由表可见，热带气旋大风区中，浪高都在 5 m 以上，台风（飓风）中心附近浪高可达十几米。强烈的波浪对海上航行带来极大的威胁。如 1780 年美国独立战争期间，美、英军队在安德列斯群岛进行海战恰好遇上强大的飓风，结果双方共沉没战舰 400 余艘，死伤四万多人。

表 7-5-1　风力与浪高对应表

风力等级	相当风速（m/s）	海面波浪/浪高（m）	陆地地面物体征象
0	0～0.2	平静/0.0	静,烟直上
1	0.3～1.5	微波峰无飞沫/0.1	烟能表示风向
2	1.6～3.3	小波峰未破碎/0.2	人面感觉有风
3	3.4～5.4	小波峰顶破碎/0.6	树叶及微枝摇动不已,旌旗展开
4	5.5～7.9	小浪白沫波峰/1.0	能吹起地面灰尘和纸张,树的小枝摇动
5	8.0～10.7	中浪折沫峰群/2.0	有叶的小枝摇摆,内陆的水面有小波
6	10.8～13.8	大浪到个飞沫/3.0	大树枝摇动,电线呼呼有声,举伞困难
7	13.9～17.1	破峰白沫成条/4.0	全树动摇,迎风步行感觉不便
8	17.2～20.7	浪长高有浪花/5.5	微枝折毁,人向前行感觉阻力甚大
9	20.8～24.4	浪峰倒卷/7.0	草房遭受破坏,大树枝可折断
10	24.5～28.4	海浪翻滚咆哮/9.0	树木可被吹倒,一般建筑物遭破坏
11	28.5～32.6	波峰全呈飞沫/11.5	陆上少见,树木可被吹倒,一般建筑物遭严重破坏
12	32.7～36.9	海浪滔天/14.0	陆上绝少,其摧毁力极大
13	37.0～41.4	—	
14	41.5～46.1	—	
15	46.2～50.9	—	
16	51.0～56.0	—	
17	56.1～61.2	—	

　　风浪离开大风区后向四周传播,由于风力减小和能量消耗,波高逐渐减小,波顶变圆,周期变长,形成涌浪。我国黄海和东海沿岸观测到的涌浪,波高一般在 3 m 以下,周期为 10 s 左右。涌浪传播速度比热带气旋移速快 2～3 倍。中心气压在 940 hPa 以下的热带气旋,在影响前 2～3 天(距热带气旋 1500 km 左右),即可在我国东部沿海观测到涌浪。因此,可根据涌浪的传播变化,预测热带气旋的到来。沿海一带流传的"无风起长浪,不久狂风降"就指此而言。

　　热带气旋在沿海登陆时,中心右半圆的强风(通常称为向岸风)把海水不断吹向岸边,并在岸边堆积,导致海面迅速上升,从而引起风暴潮,在热带气旋登陆前后几个小时内,风力达到最大,此时的风暴潮也最高。所以,最大风暴潮往往发生在台风移动方向右侧的岸段,而左侧岸段的风暴潮通常较右侧岸段的偏小。当风暴潮叠加在天文潮上,再加上风浪,由这三者的结合引起的沿岸潮水,常常酿成巨大灾害,通常称之为风暴潮灾害或潮灾。

　　如 1970 年 11 月一个孟加拉湾风暴在天文大潮时登陆孟加拉国,造成了震惊世界的热带气旋风暴潮灾害。这次风暴增水超过 6 m 的风暴潮夺去了恒河三角洲一带 30 万人的生命,溺死牲畜 50 万头,使 100 多万人无家可归。1991 年 4 月的又一次孟加拉湾特大风暴潮,在有了热带气旋及风暴潮警报的情况下,仍然夺去了 13 万人的生命。

　　美国也是一个频繁遭受风暴潮袭击的国家,1969 年登陆美国墨西哥湾沿岸"卡米尔(Camille)"飓风风暴潮曾引起了 7.5 m 高的风暴潮,而 2005 年飓风"卡特里娜"在路易斯安那州、密西西比州、亚拉巴马州和佛罗里达州的滨岸地区掀起 5~9 m 高的风暴潮,造成新奥尔良市防洪堤溃决,致使整个城市 80% 的面积被洪水淹没,造成最少 750 亿美元的经济损失,成为美国史上破坏最大的飓风。

　　风暴潮能否成灾,在很大程度上取决于其最大风暴潮位是否与天文潮高潮相叠,尤其是与天文大潮期的高潮相叠。当然,也决定于受灾地区的地理位置、海岸形状、岸上及海底地形,尤其是滨海地区的社会及经济(承灾体)情况。如果最大风暴潮位恰与天文大潮的高潮相叠,则会导致发生特大潮灾,如 8923 和 9216 号台风风暴潮。1992 年 8 月 28 日至 9 月 1 日,受第 16 号强热带风暴和天文大潮的共同影响,我国东部沿海发生了 1949 年以来影响范围最广、损失非常严重的一次风暴潮灾害。潮灾先后波及福建、浙江、上海、江苏、山东、天津、河北和辽宁等省(市)。风暴潮、巨浪、大风、大雨的综合影响,使南自福建东山岛,北到辽宁省沿海的近万千米的海岸线,遭受到不同程度的袭击,直接经济损失 90 多亿元。据统计,1949—1993 年的 45 年中,我国共发生过程最大增水超过 1 m 的台风风暴潮 269 次,其中风暴潮位超过 2 m 的 49 次,超过 3 m 的 10 次。共造成了特大潮灾 14 次,严重潮灾 33 次,较大潮灾 17 次和轻度潮灾 36 次。可见,制作热带气旋风暴潮预报时,考虑是否有天文大潮的叠加是十分重要的。

第8章 中小尺度天气系统

大气中不但有长波、副热带高压这样的大尺度天气系统,而且存在着像飑线、中尺度重力波、龙卷等中小尺度天气系统。它们的水平尺度较小,生命史也不长,但带来的天气常常比较剧烈,如暴雨,大风,冰雹等,因而对人类活动的影响却不小。它们在一定的大尺度环流背景下形成,又对大尺度系统的演变有反馈作用,而且在全球大气环流的动能、热量和水分平衡中,有相当一部分是通过它们来完成的。本章主要介绍对流性的中小尺度天气系统。

§8.1 概述

8.1.1 中小尺度天气系统的概念

大气运动具有很广的空间和时间尺度,时间尺度短的不足 1 s,如小尺度湍流运动,时间尺度长的可达几周,如行星尺度 Rossby 波。时间尺度越短,往往空间尺度也越小,反之亦然。实际大气中的天气系统尺度有大有小,大到全球半球范围,行星尺度的水平范围可达 20000 km 以上;小到数千米甚至数十米。关于尺度的划分,一般认为表 8-1-1 所列是可取的。

表 8-1-1　天气系统的空间和时间尺度

尺度划分	范围	时间	天气系统
全球尺度	全球、半球	1～3 个月	信风环流、季风环流
行星尺度	3000～8000 km	3～10 d	
			长波、副高、辐合带
天气尺度	1000～3000 km	1～3 d	
			气旋、反气旋、锋、台风、海陆风
中间尺度	300～1000 km	10 h～1 d	
中尺度	10～300 km	1～10 h	飑线、云团、夜间低空急流、积云群、惯性波、山波、湖泊扰动
小尺度	1～10 km	10 min～1 h	雷暴单体、龙卷、城市热岛效应、晴空湍流
微尺度	<1 km	<10 min	边界层湍流

尺度划分的方法:有经验的、实用的、理论的,相应的划分就不完全一致。Orlanski(1975)将 2～2000 km 定义为中尺度,并细分为 α、β、γ 三类,α 中尺度(meso-α)水平尺度为 10^2～10^3 km,时间尺度为 1～5 d,如飓风、锋。β 中尺度(meso-β)水平尺度为 10^1～10^2 km,时间尺度为 3 h～1 d,如夜间低空急流、飑线、惯性波、积云群、山波、湖泊扰动。γ 中尺度(meso-γ)水平尺度为 10^0～10^1 km,时间尺度为 1～3 h,如雷暴单体、重力惯性波、晴空湍流、城市热岛效应。

这些中尺度系统向上邻接大尺度系统,如斜压波(水平尺度 2×10^3～10^4 km,时间尺度 1 周),向下邻接小尺度系统,如龙卷、深对流短重力波(0.2～2 km,10 min～1h),这里的 β 中尺度系统与表 8-1-1 的中尺度系统相对应,而 γ 中尺度与表 8-1-1 的小尺度系统相对应。

对应于中小尺度天气系统的天气主要包括两种不同性质的天气,一是如雷暴、暴雨、大冰雹、雷暴大风、下击暴流等强对流性天气,二是某些低云、浓雾、局地空气污染等稳定性天气。中尺度天气不仅严重威胁飞行和其他军事活动,而且往往造成国民经济和人民生命财产的重大损失。因而对中尺度天气、天气系统自 20 世纪 70 年代后,越来越受到人们的重视。

8.1.2　中小尺度天气系统的基本特征

(1)水平尺度小,生命史短

中小尺度天气系统具有水平尺度小、时间尺度短的特征,然而其垂直尺度并不一定小,对流性中小尺度天气系统垂直尺度一般为 10 km 左右,对大尺度天气系统,垂直尺度与水平尺度之比为 10^{-2}～10^{-3},中小尺度天气系统为 10^{-1}～10^0,由于这一特点,决定了对流性中小尺度天气系统有许多不同于大尺度天气系统的特征。

(2)气象要素的水平梯度大

中小尺度天气系统气象要素水平梯度量值远大于大尺度天气系统,如表 8-1-2。

表 8-1-2　大尺度天气系统、中小尺度天气系统气象要素水平梯度量级

气象要素水平梯度量级	大尺度系统	中小尺度系统
$O(\nabla p)$	10～20 hPa/1000 km	1～3 hPa/km
$O(\nabla T)$	10 ℃/1000 km	5 ℃/10 km
$O(\nabla T_d)$	1～2 ℃/100 km	1～2 ℃/km

(3)非地转平衡和非静力平衡

根据大气运动方程:

$$\frac{\mathrm{d}\boldsymbol{V}}{\mathrm{d}t} = -f\boldsymbol{k} \times \boldsymbol{V} - \frac{1}{\rho}\nabla p$$

$$\frac{\mathrm{d}\omega}{\mathrm{d}t} = -g - \frac{1}{\rho}\frac{\partial p}{\partial z}$$

对各项进行尺度分析可知：对于大尺度运动,加速度项为小项,即满足准地转平衡、准静力平衡；对于中尺度运动,惯性力、气压梯度力、地转偏向力三项具有相同的量级,因此为非地转运动,但在垂直方向上,有些运动是非静力平衡,有些则是准静力平衡；而对于小尺度运动,地转偏向力比其他两项小 1～2 个量级,垂直方向上也是非静力平衡。

中小尺度系统为非地转运动,意味着风斜穿等压线运动强,水平辐合辐散强,在垂直方向上非静力平衡意味着垂直运动速度大(表 8-1-3)。如强风暴、冰雹、龙卷等都是中小尺度系统产生的强对流天气,常给局部地区造成巨大灾害。

表 8-1-3　不同尺度天气系统的散度和垂直速度量级

物理量	散度(s^{-1})	垂直速度(m/s)
大尺度天气系统	10^{-6}	10^{-2}
中尺度天气系统	$10^{-3}\sim10^{-4}$	$10^{-1}\sim10^{0}$
小尺度天气系统	$10^{-1}\sim10^{-2}$	10^{1}

美国是龙卷最多的国家,平均每年发生 1000 多个；1974 年 4 月 3—4 日,24 h 出现龙卷 148 个,每年平均损失几亿美元；2013 年 11 月 17—18 日,美国中西部 24h 出现 81 个龙卷风,12 个州遭受重创,约 5300 万人受灾,损失超过 10 亿美元。

概括起来说,中小尺度天气系统的基本特征是尺度小、变化快、强度大、天气坏、生命短、多灾害。

8.1.3　中小尺度运动控制方程组

描述中小尺度系统运动的动力学方程组与描述大尺度系统的不同,根据中小尺度系统的这些特点,将动量方程、连续方程及热力学方程分别进行简化,可得到如下的中小尺度运动控制方程组。

$$\frac{\mathrm{d}\boldsymbol{V}}{\mathrm{d}t} = -f\boldsymbol{k}\times\boldsymbol{V} - \frac{1}{\rho_s}\nabla p_d \tag{8-1-1}$$

$$\frac{\mathrm{d}w}{\mathrm{d}t} = -\frac{1}{\rho_s}\frac{\partial p_d}{\partial z} - \frac{\rho_d}{\rho_s}g \tag{8-1-2}$$

$$\frac{\mathrm{d}w}{\mathrm{d}t} = -\frac{1}{\rho_s}\frac{\partial p_d}{\partial z} + \frac{\theta_d}{\theta_s}g \tag{8-1-2'}$$

$$\nabla\cdot\boldsymbol{V}_3 = 0 \quad \text{或} \tag{8-1-3}$$

$$\frac{\partial u}{\partial x} + \frac{\partial v}{\partial y} + \frac{\partial w}{\partial z} + \frac{1}{\rho_s}\frac{\partial \rho_s}{\partial z}w = 0 \tag{8-1-3'}$$

$$\frac{\mathrm{d}\theta_d}{\mathrm{d}t}+\frac{\partial \theta_s}{\partial z}w=0 \tag{8-1-4}$$

$$\frac{\rho_d}{\rho_s}=\frac{1}{\kappa}\frac{p_d}{p_s}-\frac{\theta_d}{\theta_s} \quad \text{或} \quad \frac{\rho_d}{\rho_s}=-\frac{\theta_d}{\theta_s} \tag{8-1-5}$$

$$\frac{p_d}{p_s}=\frac{\rho_d}{\rho_s}+\frac{T_d}{T_s} \quad \text{或} \quad \frac{\rho_d}{\rho_s}=\frac{T_d}{T_s} \tag{8-1-5$'$}$$

由(8-1-1)、(8-1-2)、(8-1-3)、(8-1-4)、(8-1-5、8-1-5$'$)式组成的控制方程组习惯上称为包辛内斯克(Boussinesq)近似方程组或准不可压缩近似方程组,由(8-1-1)、(8-1-2)、(8-1-3$'$)、(8-1-4)、(8-1-5、8-1-5$'$)式组成的控制方程组称为滞弹性(anelastic)近似方程组。

$$\frac{\mathrm{d}\boldsymbol{V}}{\mathrm{d}t}=-\frac{1}{\rho_s}\nabla p_d \tag{8-1-6}$$

$$\frac{\mathrm{d}w}{\mathrm{d}t}=-\frac{1}{\rho_s}\frac{\partial p_d}{\partial z}-\frac{\rho_d}{\rho_s}g \tag{8-1-7}$$

$$\frac{\partial p_d}{\partial z}=-\rho_d g \tag{8-1-7$'$}$$

$$\frac{\partial u}{\partial x}+\frac{\partial v}{\partial y}+\frac{\partial w}{\partial z}+\frac{1}{\rho_s}\frac{\partial \rho_s}{\partial z}w=0 \tag{8-1-8}$$

$$\frac{\mathrm{d}\theta_d}{\mathrm{d}t}+\frac{\partial \theta_s}{\partial z}w=0 \tag{8-1-9}$$

$$\frac{\rho_d}{\rho_s}=-\frac{\theta_d}{\theta_s}=-\frac{T_d}{T_s} \tag{8-1-10}$$

由(8-1-6)、(8-1-7)、(8-1-8)、(8-1-9)、(8-1-10)式组成的控制方程组则略去了地球自转的影响的滞弹性近似方程组。以(8-1-7$'$)式代替(8-1-7)式则为静力近似。

其中 $\kappa=c_p/c_v$,方程中的符号为常用符号,方程中略去了连续方程中空气密度的局地时间变化项,滤去了声波。方程中热力变量(p、ρ、T、θ 等)写成带右下标"s"的平均量与带右下标"d"的扰动量之和,而平均量只是高度的函数:

$$f(x,y,z,t)=f_s(z)+f_d(x,y,z,t)$$

Boussinesq 近似的主要特点:一是部分考虑密度扰动,由于运动引起的密度扰动主要取决于热力作用,在方程组中只保留了与温度扰动有关的密度扰动,略去了与气压扰动有关的部分。二是准不可压缩,在连续方程中,将大气看作不可压缩的,相应地略去了由于空气可压缩性而产生的声波,而在垂直运动方程和绝热方程中,密度的变化即大气的压缩性则加以考虑。由于 Boussinesq 近似假定流体只限制在一薄层内,因此主要适用于浅对流中尺度运动。

滞弹性近似与 Boussinesq 近似的主要区别是,在连续方程中不考虑密度的个别变化但保留了平均密度的垂直变化,相应的是质量无辐散,也即是滞弹性的,因而这种近似适用于研究深层运动。滞弹性近似可以看作是 Boussinesq 近似的另一种形式。

对各种中小尺度运动较合适的方程组可选取如下:

浅对流中尺度运动:方程(8-1-1)、(8-1-2)、(8-1-3)、(8-1-4);

深对流中尺度运动:方程(8-1-1)、(8-1-2)、(8-1-3′)、(8-1-4);

小尺度运动,可不考虑科氏力:

浅对流:方程(8-1-6)、(8-1-2)、(8-1-3)、(8-1-4);

深对流:方程(8-1-6)、(8-1-2)、(8-1-3′)、(8-1-4);

对中尺度运动,若要更简单一点,用静力近似关系:

浅对流:方程(8-1-1)、(8-1-2′)、(8-1-3)、(8-1-4);

深对流:方程(8-1-1)、(8-1-2′)、(8-1-3′)、(8-1-4);

中小尺度天气系统有两类:不稳定性的对流性天气与稳定性天气。与对流特别是强对流相联系的天气系统和天气过程,一般都伴有强烈的阵风、阵雨或暴雨、冰雹,甚至或龙卷等灾害性天气,它们不仅对飞行活动有严重影响,而且对人类的一切生产活动都有很大影响。本章主要介绍与强对流天气相联系的中小尺度天气系统和过程,主要是孤立雷暴云、局地强风暴、飑线、雷暴高压、中低压、下击暴流、龙卷等中小尺度天气系统的结构、天气,以及影响强对流活动的主要因子和过程、触发和移动。

§8.2 对流性中小尺度系统

大气中的对流性环流以普通积云对流形式出现,有时伴有阵雨、雷暴等对流性天气,一般情况下没有明显的强烈天气。当一个或多个积雨云对流形成组织化,将形成一类强烈对流性环流—对流风暴,这种组织化的对流系统能持续制造出新的对流风暴,它们的水平尺度较普通雷暴大,生命史也较长。当若干个对流风暴集合在一起,即经常以对流复合体形式出现,则构成中尺度对流系统(MCS)。中尺度对流系统是指水平尺度几十千米到几百千米的具有旺盛对流运动的天气系统,它们的空间尺度和时间尺度有较宽广的谱,在这种系统内则经常出现强烈天气如强雷暴、大风、暴雨、冰雹等。中纬度地区常见的强烈对流性系统有局地对流系统、二维线状(带状)对流系统和近于圆形团状结构的中尺度对流复合体(MCC)。本节主要介绍普通雷暴单体、局地强风暴、中尺度对流复合体、龙卷等对流系统。

8.2.1 普通单体雷暴和局地强风暴

根据 Chisholm 和 Renick(1972)分类,局地对流系统有三种基本类型,即普通雷暴、多单体风暴以及超级单体风暴,后二者又称为局地强风暴。局地强风暴是指在强垂直风切变环境中发展起来的强大对流系统,它常常造成强风、冰雹、暴雨及龙卷等强烈对流天气。由于环境场的垂直风切变的作用以及对流发展起来以后环境场的气流和风暴云内气流的相互作用,使得云内气流组织化,上升气流与下沉气流之间不相互破坏干扰,反而互相支持,所以风暴的成熟期可维持很长。强对流风暴常表现为中尺度组织型式,这些型式常见除多单体风暴及超级单体风暴外,飑线也是强对流风暴。

局地强风暴是在特定的大气环境中发展起来的强大对流系统,环境场的最重要特征是强位势不稳定和强垂直风切变,在这种环境中,对流获得充分发展,并进行组织化,形成庞大而高耸的积雨云体,并可准稳定地维持较长时间。图 8-2-1 为不同风暴的垂直风切变,对于 $0\sim6$ km 的风速差,普通雷暴通常小于 10 m/s,而超级单体风暴则常常超过 20 m/s。局地强风暴包括超级单体风暴、多单体风暴和飑线。近三十年来,人们对强对流风暴作过多方面研究,取得了许多成果,这里首先介绍普通单体雷暴,超级单体风暴、多单体风暴和飑线等局地强风暴在本节后面介绍。

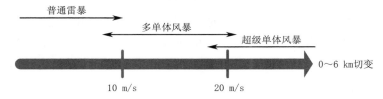

图 8-2-1　不同风暴的垂直风切变(引自 Markowski et al.,2010)

通常把一个上升运动区(其垂直速度大于等于 10 m/s,水平范围从十千米至数十千米,垂直伸展几乎达整个对流层)称为一个对流单体。只由一个对流单体构成的雷暴系统叫作单体雷暴。不同的雷暴,其所伴随的天气现象的激烈程度差别很大。以一般常见的闪电、雷鸣、阵风、阵雨为基本天气特征的雷暴称为"普通雷暴",而伴以强风、冰雹、龙卷等激烈灾害性天气现象的雷暴则称为"强雷暴"。普通雷暴又有单体雷暴和雷暴群之分。其中的单体雷暴即称为普通单体雷暴。

图 8-2-2 是雷暴生命史模式示意图。由图可见单体雷暴的发展经历了塔状积云、成熟和消散三个阶段。

在塔状积云阶段,云内为一致的上升气流,单体向上发展,通过积云边界有干空气被挟卷进来,单体形成后,大量湿空气凝结,降水形成,下沉气流开始出现。

成熟阶段的特点是降水落地,上升气流更加强盛,云顶出现上冲峰突,由于降水质点对空气产生拖曳作用,使对流单体下部产生下沉气流,雨滴蒸发使空气冷却,下沉气流受负浮力作用而被加速,当下沉气流达到地面时,形成地面冷空气和水平外

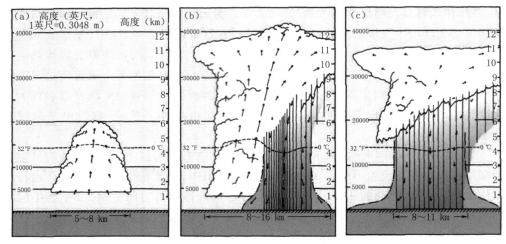

图 8-2-2　雷暴单体生命史及各发展阶段的结构特征(引自 Doswell,1985)

(a)塔状积云阶段；(b)成熟阶段；(c)消散阶段

流,其前沿形成阵风锋,流出气流处有新的单体发展。

消散阶段时云内下沉气流逐渐占优势,最后完全替代上升气流。

一般每个单体的生命史平均为 1 h,单体可随 5～8 km 高度的环境平均风移行 20 km 左右。

8.2.2　多单体风暴

大气中最常出现的一种对流是多单体风暴。多单体风暴是由一些处于不同发展阶段的生命期短暂的对流单体所组成的,这些单体在风暴内排成一列,是具有统一环流的强雷暴系统,其水平尺度为 30～50 km,垂直伸展能达到整个对流层,有时穿入平流层几千米。

在多单体风暴中包含有很多对流单体,每个单体可能都有冷的外流,这些外流结合起来形成大的阵风锋,沿阵风锋前沿有气流辐合,通常在风暴移动方向上辐合最强,这种辐合促使沿阵风锋附近新的上升气流发展,然后每个新生对流单体又经历自身的发展过程。

多单体风暴中的单体呈有组织状态是和新单体仅出现在一个方向有关,否则,如果新单体出现在任意各个方向上,则出现无组织状态,在风暴移动方向的右侧易有新单体产生,每个单体在平均风方向上移动,每个单体直径为 3～5 km,上升速度为 10～15 m/s,新单体并不与风暴合并,而是很快成长为风暴中心,这样,在风暴右前方有新单体发生,而在后方的单体消亡,一般单体每隔 5～10 min 形成并存在 30～60 min,看起来风暴像一个整体向前运动(如图 8-2-3 所示)。一个典型风暴在生命史

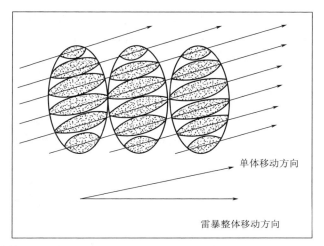

图 8-2-3　新单体在多单体风暴右侧触发产生,左侧单体消亡,整个风暴向气流右前方移行
（引自 Browning,1960）

中,可有 30 个以上的单体发展。

图 8-2-4 是发生在美国科罗拉多地区的多单体风暴垂直剖面图,这是根据常规

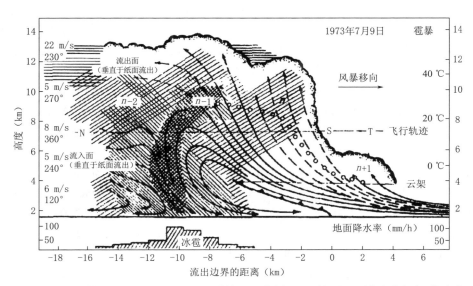

图 8-2-4　沿多单体风暴移向,通过一系列单体的垂直剖面图,剖面沿风暴移动方向,依次穿过
处于不同发展阶段的单体。箭矢线表示相对于风暴的流线;小圆圈代表在云底从一个小水滴
开始的雹块轨迹;波线表示云区范围,三个阴影区的雷达反射率分别为 35 dBZ、45 dBZ 和
50 dBZ。右边为温度标尺,左边为相对于风暴的环境风。7.2 km 高度的水平线 NS 是飞机
探测路径（引自 Browning,1976）

雷达和多普勒雷达、地面和高空观测以及飞机探测等资料概括得到的。这个模式可以用两种方式解释:一是可看作四个处在不同演变阶段的单体在某一瞬时的典型结构,即 $n+1$ 为初生阶段,n 为发展阶段,$n-1$ 为成熟阶段,$n-2$ 为消散阶段;二是可看作某一个单体在其四个不同发展阶段的结构。约在 15 min 以前,单体 n 开始由所谓的"陆架云"增长起来,这种陆架云是一种明显的"子"云($n+1$)。单体 $n-1$ 正处于具有强烈上升和下沉气流的成熟阶段,几乎达到了它的最大反射率。单体 $n-2$ 正在衰亡,多数层次上出现弱下沉气流。前后两个单体之间的时间间隔约 15 min 左右,每个单体的整个生命期约 45 min。

分析表明,风暴内的上升气流起源于云系前方大量的水平流入。在这个模式内整个入流发生在距地面 500 m 范围内,它在风暴前 20 km 内均存在。这支入流没有混合上升到云底,云底以下是片流。实例观测指出,单个单体上升气流的侧向范围约 8 km,在对流层中层减小到 5 km。相继发生的上升气流单体在云底处可以被一个弱的下沉区分隔,而在较高层次它们又连在一起,结果在上面形成一个较宽广的上升气流区。

不同个例上升气流强度变化范围较大,但在云底或云底以下一般为 5 m/s,而在云顶经常为 20～25 m/s。上升气流强度的垂直变化和上升气流与环境空气间的虚温差有密切关系。在图 8-2-4 的模式中,上升气流直接向风暴的左后方流出,形成云砧。整个上升气流斜向风暴的后部,使在一个单体内增长的降水水滴很少甚至没有机会再循环到另一个更年轻的单体内以增长到较大的雹块。风暴区的下沉气流有两部分来源,一部分是从风暴后方进入的对流层中层干空气;另一部分由原先的上升气流转变而成,下沉气流在雷达最高反射率区最大,达 15 m/s。地面流出气流在风暴前方厚达 1 km,它与从东南方流入的气流形成明显的辐合线和飑锋。向前扩展的强下沉辐散气流是一种触发机制,不断启动其前方新单体的形成。这是强而持续的雷暴集合体的特征。

在多单体风暴中,冰雹的增长过程也可分为三个阶段:第一阶段是早期增长阶段,即($n+1$)到 n 阶段,由于有弱上升气流支托,胚胎有足够条件成长,可从小云滴增长到 5 mm 直径的胚胎,这是雹胚的发展阶段。云中过冷却小水滴在上升中大部分冻结成冰晶;第二阶段是冰雹增长时期,即 n 到($n-1$)阶段,由于单体演变成有强上升气流的单体 n,小冰雹通过与过冷水滴碰并迅速发展成 10～15 mm 直径的雹块,上升气流的起伏可以造成层状结构,在成熟阶段,强上升气流速度与雹块下降速度基本上处于平衡,而没有明显的高度升降;第三阶段是使雹粒含量增加到约 2 g·m^{-3},这是在回波反射率＞50 dBZ 区附近,由于上升气流开始与低 θ_{se} 的中层空气混合,其下部很快变为下沉气流,雹块迅速地下降到地面。由于多单体风暴强度比超级单体弱、范围小、持续时间也短,降雹一般比超级单体弱,常表现为阵性降雹。

8.2.3　超级单体风暴

超级单体风暴是指具有单一的特大垂直环流的巨大强风暴系统。其维持时间一般为 1~4 h，长的可达 8 h。从环流来看，它是单一实体而非一组实体，它的水平尺度可达数十千米，它具有一个近于稳态的，有高度组织的内部环流，并与环境风的垂直切变有密切关系。"超级单体"比通常的成熟单体更巨大，更持久，是对流风暴中发展最强烈最壮观的一类，它造成的天气也最强，每分钟可能产生超过 200 次闪电。超级单体形成后，连续向前传播，沿途都受到它的影响。

超级单体发生的大尺度环境一般具有强的不稳定层结，强的云下层平均环境风，强的环境风垂直切变，风向随高度强烈顺转。

图 8-2-5 为超级单体风暴雷达回波示意图。典型的超级单体有以下主要特征。

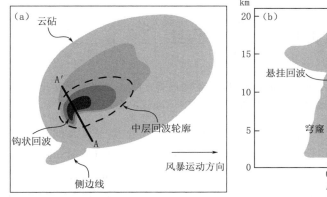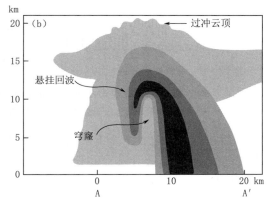

图 8-2-5　超级单体风暴(a)低层，(b)垂直剖面雷达回波示意图，颜色越深，回波越强，
AA′为(b)图剖面位置(引自 Markowski et al.，2010)

(1)在风暴移动的右边有一个持续的有界弱回波区(bounded weak-echo region，BWER)，在 RHI(距离高度显示器)上有穹窿，它的水平尺度 5~10 km，弱回波区(或无回波区)经常呈圆锥形，伸展到整个风暴的一半到三分之二的高度，穹窿是风暴强上升气流处，上升速度达 25~40 m/s，由于上升气流强，水滴尚未来得及增长便被携带到高空，形成弱回波区。

(2)在平面上，超级单体是一个单一的细胞状结构，其外形呈圆到椭圆形。它的水平特征尺度 20~30 km，垂直伸展 12~15 km，并有明显的钩状回波。

(3)最强的回波位于 BWER 的左边，在紧靠 BWER 的一侧有夹杂大冰雹的降水。

(4)风暴中存在从中心向下游伸展的大片卷云羽，长度达 60~150 km。与其相伴的是 100～300 km 的可见云砧。

超级单体风暴是单一的强大环流系统。图 8-2-6 所示的是一个风暴内部气流的二维模式,表明风暴生长在强切变环境中,其内部有组织化的上升气流和下沉气流同时并存,上升气流来自对流层低层,下沉气流来自对流层中层。

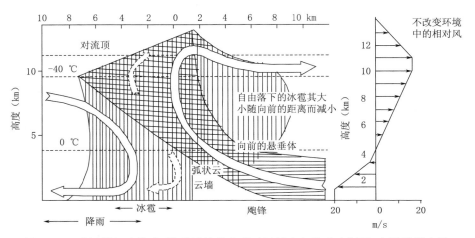

图 8-2-6　强风暴气流模式,沿强风暴移向通过风暴中心的垂直剖面,水平阴影表示
上升气流,垂直阴影为雷达回波区(引自 Browning,1962)

超级单体风暴包含两个下沉区域(图 8-2-7)。第一个下沉区位于风暴的后部,雷达回波上表现为钩状回波。这股下沉气流被称为后侧下沉气流(rear-flank down-draft,RFD)。其形成的主要原因是中高层的干空气冲击上升气流的后部,造成蒸发冷却,产生负浮力,而后下沉气流加速造成的。但是,多大程度上是由动力和热力强迫作用造成的,目前还不是很清楚。第二个下沉区位于风暴前部,称为前侧下沉气流(forward-flank downdraft,FFD)。由于深层的垂直风切变和高层相对于风暴的风场,大量的水凝物被上升气流推送到风暴前部,水的蒸发和冰的升华产生的负浮力形成前侧下沉气流。

超级单体风暴还有一个典型特征是中层存在中尺度涡旋。图 8-2-8 是风暴内部的气流模式图,最显著的特征是在 6 km 的平面气流图上有两个明显的相反旋转的涡旋,近于南北的排列,北面的是反气旋性的,南面是气旋性的。根据双多普勒雷达的联合观测,在风暴的中间层(3～7 km),有明显的双涡发展。这些风暴内的涡旋在 5 km 和 6 km 高度上发展得最强,气旋性涡度与反气旋性涡度的大小大致相当,中心地区可达 $6 \times 10^{-3} \sim 9 \times 10^{-3}$ s^{-1},主要上升运动集中在双涡之间和气旋性涡旋内部。热力上升气流出现在双涡结构之间,在 6 km 和 7 km 高度上速度最大,可达 10 m/s 以上。反气旋性涡度区有一弱的下沉气流,另一下沉气流区出现在气旋性涡旋的南部,与热

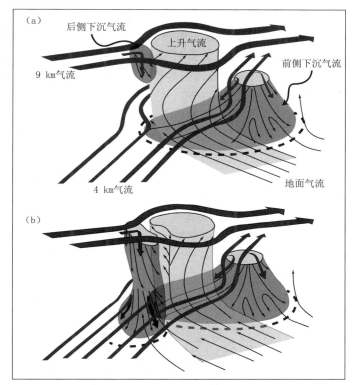

图 8-2-7　超级单体风暴上升和下沉气流的三维结构概念模型,(a)初生阶段;(b)成熟阶段,
　　　　　粗虚线为地面飑锋(引自 Lemon 和 Doswell,1979)

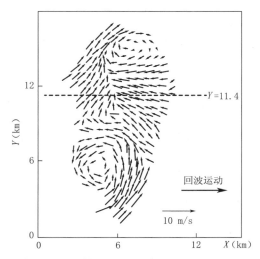

图 8-2-8　强风暴中的双涡结构,6.4 km 高度上相对于风暴运动的水平气流

力上升气流相联系的气流辐合,在风暴中部的 5 km 和 6 km 高度最显著。在气旋性涡旋外缘,与下沉气流相联系,中层有一辐散区。如果高空有急流,气旋性涡旋内部出现动力上升气流,它是由于高空急流穿过涡旋中心时增加了高空气流的流出而突然产生的。通过动力上升气流和气旋环流的作用,在风暴中可能发展出龙卷。

　　为什么一个强风暴中会有双涡结构呢？这是因为在有较强的垂直风切变环境中发展起来的风暴,从低层流入风暴的暖湿空气,它的流向与环境风方向相反,当热力上升气流与迎面的环境相对风相遇时,在风暴的中层便有双涡产生,即气流绕过风暴南边有利于造成气旋性旋转,气流绕过风暴北边有利于造成反气旋性旋转。在风暴中层发展起来的双涡,其旋转方向有助于把环境气流阻塞住,而低层气流由于同环境相对风的方向相反,双涡之间便将吸入更多的空气,能很有效的维持风暴内部的高速上升气流,从而风暴能维持而不受环境风的干扰。图 8-2-9 表示从顶部俯视的对流层中层风暴三维气流平面示意图,大量的热力上升气流出现在双涡旋之间,但体积较小,较强的动力上升气流位于气旋性涡旋内。

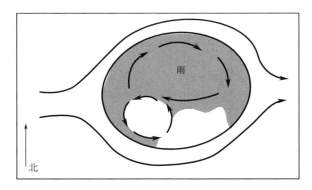

图 8-2-9　强风暴三维流场模式顶部俯视图,环境气流被迫绕过由热力上升气流形成旋转涡旋

　　根据涡度方程

$$\frac{\partial \zeta}{\partial t} = -\boldsymbol{v} \cdot \nabla \zeta + \boldsymbol{\omega} \cdot \nabla w$$

$$= -u\frac{\partial \zeta}{\partial x} - v\frac{\partial \zeta}{\partial y} - w\frac{\partial \zeta}{\partial z} + \xi\frac{\partial w}{\partial x} + \eta\frac{\partial w}{\partial y} + \zeta\frac{\partial w}{\partial z}$$

$$= -u\frac{\partial \zeta}{\partial x} - v\frac{\partial \zeta}{\partial y} - w\frac{\partial \zeta}{\partial z} + \xi\frac{\partial w}{\partial x} + \eta\frac{\partial w}{\partial y} + \zeta\frac{\partial w}{\partial z} \qquad (8\text{-}2\text{-}1)$$

式中,$\boldsymbol{\omega} = (\xi, \eta, \zeta)$ 为三维涡度矢量,公式中不计科氏力和斜压产生的垂直涡度。对式(8-2-1)进行线性化,将 $u = \overline{u}(z) + u'$,$v = \overline{v}(z) + v'$,$w = w'$,$\zeta = \zeta'$ 代入式(8-2-1),忽略扰动项,得到:

$$\frac{\partial \zeta'}{\partial t} = -\overline{u}\frac{\partial \zeta'}{\partial x} - \overline{v}\frac{\partial \zeta'}{\partial y} + \frac{\partial \overline{u}}{\partial z}\frac{\partial w'}{\partial y} - \frac{\partial \overline{v}}{\partial z}\frac{\partial w'}{\partial x}$$

上式可以写成：

$$\frac{\partial \zeta'}{\partial t} = -\overline{\boldsymbol{v}} \cdot \nabla_h \zeta' + \boldsymbol{S} \times \nabla_h w' \cdot \boldsymbol{k} \qquad (8\text{-}2\text{-}2)$$

式中，$\boldsymbol{S} = \partial \overline{\boldsymbol{v}}/\partial z$ 为平均风垂直切变。(8-2-2)式表明，涡度的变化由右边的第一项平流项和第二项倾斜项造成。设风暴的移动速度为 $\boldsymbol{c}$，在这样的移动坐标系里，(8-2-2)式写为：

$$\left(\frac{\partial \zeta'}{\partial t}\right)_{sr} = -(\overline{\boldsymbol{v}} - \boldsymbol{c}) \cdot \nabla_h \zeta' + \boldsymbol{S} \times \nabla_h w' \cdot \boldsymbol{k} \qquad (8\text{-}2\text{-}3)$$

式中，$\overline{\boldsymbol{v}} - \boldsymbol{c}$ 为相对风暴移动的风(storm-relative wind)。$(\partial \zeta'/\partial t)_{sr}$ 为相对风暴移动坐标系里的垂直涡度倾向。

式(8-2-3)右边第一项涡度平流项的作用是，当涡度产生以后在上升运动区对其进行水平平移。而在涡度产生以前，此项为 0。因此第二项倾斜项是涡度产生的主要因子。它通过垂直速度的水平梯度对平均风垂直切变(即水平涡度)的倾斜作用而产生垂直涡度。

在气旋性涡旋南缘有下沉气流，该处常出现钩状回波。下沉空气来源于风暴西缘的环境空气，当它与风暴云体相遇时，即与气旋涡旋的外部环流混合，通过云滴蒸发冷却造成下沉运动，两者混合之后使气旋性环流旋转更强，因而可使更多的吸入空气围绕风暴的南缘运动。这对造成钩状回波是有利的。因而龙卷的生成与中尺度气旋涡旋的气旋性环流以及通过旋转区的动力上升气流有关。在风暴北侧由于反气旋环流把大量的降水带入其中，使其比气旋环流衰亡得更快，这是由于降水拖带作用造成的。因而在风暴出现降水时，时常表现出一边气旋性环流强，一边反气旋环流弱的分布，这也说明了为什么在许多风暴中更常见到一个气旋性涡旋的结构。

超级单体风暴云系是一种最强烈的对流云系，它常常可以造成冰雹。产生冰雹的强雷暴云系叫雹云或雹暴。在它所经过的地区往往造成比较连续的强雹击带。

超级单体风暴中冰雹的增长过程可以用图 8-2-10 来说明。该图是上升气流与雷达回波及降水质点的关系图，由此可以清楚地看到上升气流呈气旋式旋转的情况及其与弱回波区的关系，在上升气流中形成的降水质点在环境水平风影响下会按尺度出现分离和再循环现象，这种现象对风暴内降水或冰雹的形成以及雷达回波结构有明显的影响。由于降水质点的尺度不同，下落速度不同。在水平风影响下，降落慢的小质点比大质点偏离主要上升气流区更远(图 8-2-10b)。例如质点 3 比点 1、2 离开上升气流区更远，由于风向随高度有变化，当上述质点下降时，在不同方向风的影响下其路径会发生不断偏转，在中、高空受西风和偏南风影响，以后在低空又受东

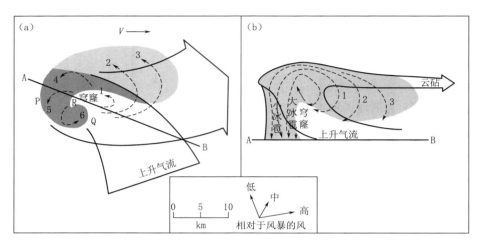

图 8-2-10　以速度 V 移动的超级单体风暴不同部分降水轨迹示意图

(a)水平剖面;(b)垂直剖面

南风影响,结果降水路径是以逆时针形成弯曲。在风暴的主体部分附近大质点(如小冰雹)只被向前带了较短的一段距离,它们可以下落到上升气流区,在那里又被上升气流带向上,通过碰并或撞冻等过程使质点增长,以后又被带向前。大质点的循环进行得更有效,增长也快,所以降水质点是通过这种再循环不断增长,可以达到冰雹的程度。当其中一些大冰雹达到足够大的程度时,降落速度变得很大,上升气流无法托住,它们几乎垂直地穿过上升气流在一有限的部位降落下来,这个降落区即为回波墙的位置,有强的雷达反射率,因而回波墙是与冰雹和强降水及下沉区前缘的强偏西风一致。在回波墙前边的无回波区中常是龙卷发生的地方,据推测这里的上升气流可能最强,达到几十米/秒的量值。

8.2.4　飑线

飑线是呈带状分布的雷暴或积雨云带,是在适当的大尺度环境条件和中尺度条件的作用下发展起来的,常常不是孤立的单体,而是排列成带状的对流云群,比普通雷暴、孤立的强风暴影响范围更大,造成损失更严重的中尺度对流系统。其水平尺度在 $150\sim300$ km,时间尺度为 $4\sim18$ h,在飑线上可出现雷暴、暴雨大风、冰雹和龙卷等剧烈的天气现象,并伴有风向突变、风速剧增、气压骤升、气温陡降的要素变化。

8.2.4.1　飑线的一般特征

(1)飑线上的雷暴云分布特征

飑线上的雷暴云呈带状排列,组成飑线的雷暴云的强度和发展阶段不同,并且这些云体在不断消亡和有新的云体生成,图 8-2-11 是组成飑线的雷暴云体示意图。

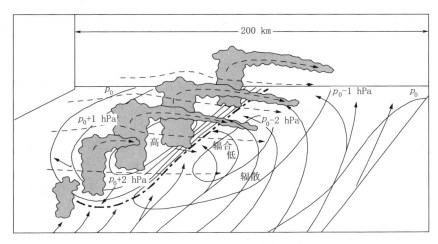

图 8-2-11　飑线上雷暴云分布示意图

(2) 飑线的地面气压场特征

飑线的地面气压场典型的特征是有一个飑前中尺度低压、一个飑线后部中尺度高压以及一个尾流低压(Fujita,1955;Pedgley,1962;Schaefer et al.,1985)。图 8-2-12 是

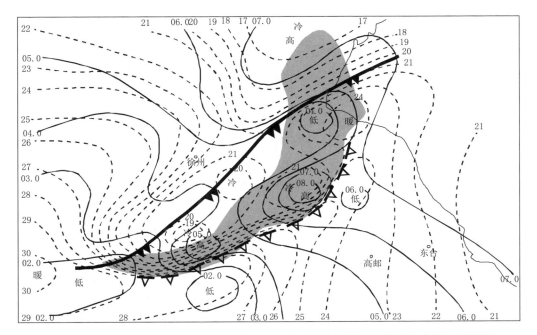

图 8-2-12　1962 年 6 月 8 日 20 时中尺度地面天气图(图中实线为等压线,虚线为等温线)

1962 年 6 月 8 日发生的一次飑线过程的大比例尺地面天气图,由图上可以看出在飑线附近要素场分布是在飑线前为低压区,常可分析出闭合的中尺度低压系统,称为前中低(presquall mesolow),对应的温度场是暖区,为辐合气流。飑线后面是冷性的中尺度高压(mesohigh),称为雷暴高压。对应地面为辐散场。飑线附近等温线很密集,类似于冷锋,但又与冷锋有本质上的区别。在雷暴高压后部还有一个中尺度低压,叫尾流低压(wake low)。在飑线附近还有风向风速的突变。这种地面图上的表现具有典型的意义。

(3)飑线附近的要素场分布特征

飑线附近有非常明显的要素场的差异。从天气图分析上可以看出很强的水平梯度。如 1974 年 6 月 17 日飑线附近的温度梯度达 5 ℃/50 km。更强的飑线温度梯度可达 1 ℃/km。从单站要素的时间演变更可以看出飑线附近要素场的分布特征。飑线过境前天气一般较好,而飑线过境后则天气急剧变坏,如 1974 年 6 月 17 日飑线过安徽天长时 10 min 降水量达 30.6 mm,过南京时最大风速达到 38.9 m/s,接近南京历史上的极大风速值(39.9 m/s,1934 年),同时还伴有冰雹,直径最大的达 10～11cm,重量达 0.6kg。温度和气压的自记曲线上也表现明显的特征(见图 8-2-13)。

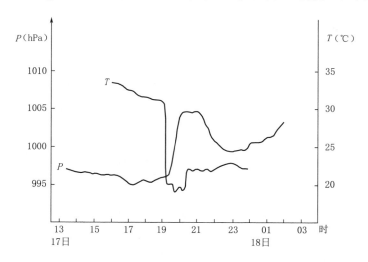

图 8-2-13　1974 年 6 月 17 日飑线经过南京前后的气压和气温变化曲线

(4)飑线的雷达回波特征

一般在飑线的成熟阶段,平显回波云带为带状分布。从 1974 年 6 月 17 日强飑线的雷达回波分析可以看出,此次过程因为是两条飑线相遇,故带状回波呈"人"字形,它是由许多强回波单体组成的。其中每个回波单体结构密实,边缘清晰,显示出组成飑线的每个风暴单体都很强大。高显回波表明飑线上某个强回波单体的高度达

16 km。图 8-2-14 为 1994 年 4 月 15 日 10:35（世界时）美国圣路易斯一次飑线的雷达回波。对流线为许多单体组成，形成强回波带，尺度在 100 km 或者以上，对流线前方为地面飑锋，其后部的拖曳层状云区（trailing stratiform region）与对流线之间被一个低反射率的过渡区隔开。

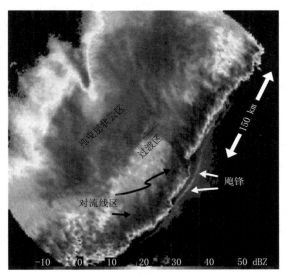

图 8-2-14   1994 年 4 月 15 日 10:35（世界时）美国圣路易斯一次飑线的雷达观测的反射率（dBZ）
（引自 Markowski et al.，2010）

飑线在不同阶段雷达回波特征不同。在形成阶段，是一些孤立的强回波单体，移速较慢，到成熟阶段，小回波不断进入回波带内，故回波带的前沿出现不规则的形状，此时回波移动很快，在衰亡阶段，回波开始减弱，变宽，移速也显著减慢，单体回波的顶高降低。若组成飑线的云体有的为雹云，则其回波也具有雹云的特征。

在飑线的分析中，可以发现飑线和冷锋有很多相似之处。但应该注意两者的概念是不同的。冷锋是两种不同性质气团的界面，是大尺度天气系统，而飑线是在气团内部生成和传播的，是中尺度天气系统，冷锋影响的范围比飑线大，但强度要弱得多；冷锋和飑线附近的要素场分布和要素场的变率在强度上也有很大差异。分析时不要把两者混为一谈。另外，在天气分析业务中，在地面图上分析的飑线，实际上是飑线系统在近地面层的部分，是雷暴高压冷空气和强风外流的前缘，也叫飑锋。因此，有时并不把飑线和飑锋作严格的区分。

8.2.4.2   中纬度飑线的结构

飑线的结构与环境场条件有密切的联系，在中纬度不同条件下，有不同的飑线结构，尽管各飑线间存在细节上的差别，但却显示出常见的特征，飑线是线状中尺度对流系统的概念模式如图 8-2-11 所示。从图中可看到飑线上的雷暴云经常是排列成带状,其流场特征包括中低层上升气流的逆切变倾斜、低层暖湿空气入流和中层干冷空气入侵,以及飑线后方冷的下沉气流等。

图 8-2-15 给出了横截飑线剖面上相对于飑线的 u、v 速度分量、垂直速度 w 以及由 u、v 合成而来的二维流线分布。在低层飑线前部存在强的相对入流,速度约 -15 m/s;后部有同样强度的相对出流,出流和入流之间几乎是静风。在高层,飑线前方约 200 hPa 层有一个出流的极大区,厚度约 250 hPa;后方 300 hPa 层附近也存在一个出流区。在对流层中层,有气流从后部流入(图 8-2-15a)。风暴前低层是偏南风,且正值 v 动量向上和向北输送,形成一条倾斜的正值 v 动量带,这条带的右侧(飑

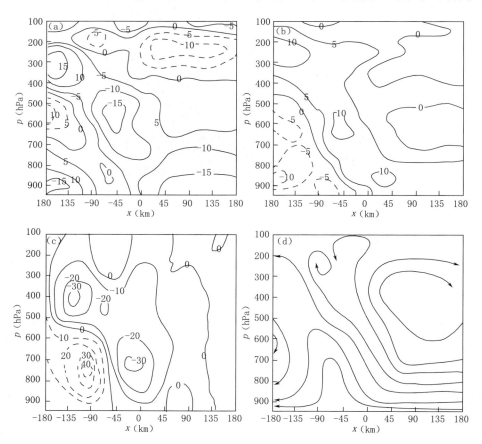

图 8-2-15 中纬度飑线的运动学结构,x 表示相对于飑线前缘的距离,正值为飑线前方
(引自 Ogura et al.,1980)
(a)相对于飑线的东西风分量(m/s);(b)相对于飑线的南北风分量(m/s);
(c)垂直速度(10^{-3} hPa/s);(d)由 u,ω 合成的二维流线

线前部)环境场是偏西风,左侧是偏北风,偏北风区域由强出流所控制(图 8-2-15b)。

由图 8-2-15a,b 可以看出一个很重要的特征:上升气流到达高层出流区前,空气的水平动量 u、v 近于守恒。这个特征和云中的垂直速度足够大有关。散度场表明,低层飑线前缘附近为辐合,后方为辐散,高层也表现出辐散特征。在对流层中层飑线后方约 120 km 的 550 hPa 层附近,由于起源于低层入流层的水平动量向上携带,和中层进入的空气相遇,而产生第二个最大辐合区。与此对应,形成了两个上升气流中心(图 8-2-15c),分别位于飑线后方 700 hPa 和 400 hPa 层附近,量级达 3×10^{-2} hPa/s。在上升气流带的左下方存在下沉气流,中心位于飑线后方 100 km 的 700 hPa 附近,强度大于上升气流速度。飑线区涡度分布的主要特点是中低层为气旋式涡度而高层为反气旋式涡度,显然这种特征受散度场所制约。从二维合成流场(图 8-2-15d)清晰显示出,从地面到 500 hPa 深厚层次内,都是流入飑线的气流,这和环境西风同飑线移速相比较弱,以及环境西风垂直切变较小有关。中层从飑线后部的入侵气流也是明显的。

剖面上的相当位温 θ_e 揭示出,和上升气流对应的是高 θ_e 区,而和后部下沉气流对应的是低 θ_e 空气;沿流线 θ_e 并非常量。水汽混合比场表明,湿舌沿上升气流流线向上和向后延伸,在飑线后部的下沉气流区内,是低值混合比。这些特征反映了飑线区不同属性空气的来源,并和飑线天气特征对应。

图 8-2-16 概括了中纬度飑线的概念模式:对流塔和大部分强回波集中在飑线系统前部,对流线后部为稍弱一些且大范围的回波,并伴随着层状云降水。后部的层状云区与对流线之间被一个低反射率的过渡区隔开(见图 8-2-14)。飑线前方有一支上升气流向后倾斜,经过大约 30 km 的水平距离,到达约 8 km 高度上的飑线的最强单体,然后在单体顶部产生分叉,一支向前,一支向后,强对流单体顶部产生大量冰质

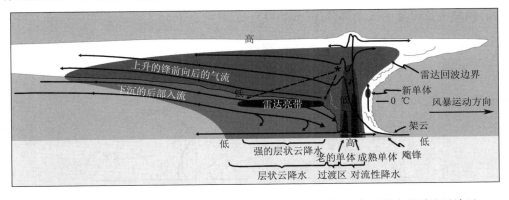

图 8-2-16　飑线剖面结构概念模型,剖线方向正交于对流线,深色区域为强雷达回波区

(引自 Houze et al.,1989)

点,下落时受水平气流影响,朝西平流,最后落到 4～5 km 高度上的急流附近发生融化,因此在飑线后方 55～110 km 的 4 km 高度上形成一个融化层,在雷达回波上表现为一条亮带,这就是飑线的拖曳层状云降水区,其水平范围达 100 km 数量级。

在拖曳层状云区向后的上升气流下方为后部向前的入流,这股气流强度和飑线强度有关,大多数强的飑线都有很强的后部入流。后部入流逐渐下沉到达对流线的前缘,在下沉过程中绝热加热,造成气压下降。在层状云降水区地面,这种增暖效应造成的气压下降超过了降水冷却造成的气压上升,因此产生尾流低压。

8.2.4.3　飑线在近地面层的表现——飑锋

对流风暴中的湿下沉气流到达低空和地面形成雷暴冷堆,并向四周流出。大部分冷而密度大的空气留在雷暴尾部近地面的浅层中,但也有相当大的一部分流向风暴前方。由于这种流出气流具有中层环境空气的较大水平动量,因而在低空可以造成强风,其前缘就是飑锋。地面流出气流(或称雷暴外流),在风暴前的前缘一般较厚,达 1～2 km。在风暴后方冷空气层较浅薄,不到 500m。流出气流中由于有强风及强垂直风切变,对飞机的飞行活动有严重影响,以致造成飞行事故。

风暴低层的流出气流是一浅层冷空气堆。由于其密度比周围空气大,通常也认为是一种密度流或重力流。在流体力学中密度流是指一团密度大的流体沿着水平底面流动,并代替周围密度较小流体的稳定平行流动现象。这种流体的流动是由作用于两种流体侧边界上的水平气压梯度力造成。除了雷暴外流具有类似重力流的性质以外,沙暴、冷锋或海风锋等也是重力流。不过,从尺度、生命史、强度和强迫机制上来看,同这些现象有重要差别。例如冷锋后部的冷空气一般比对流风暴的冷空气更深厚,生命期更长,水平范围更宽广,而飑锋重力流,则具有明显的中尺度特征。

(1)飑锋的结构

飑锋大致可分为五个部分(图 8-2-17)。

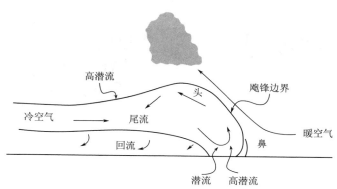

图 8-2-17　流出前缘概略图(云是否出现,取决于抬升凝结高度,气流是相对于飑锋)

最前方的是冷空气鼻。它位于冷空气外流的最前缘,似鼻状突向前部的暖空气中。伸到暖空气的深度因个例不同而有差异。有的鼻状最前端位于 750 m 高度,处于地面冷空气边界前 1.3 km,有的鼻状最前端为 100 m 高,只伸向暖空气 400 m,但也有一些观测结果表明,冷空气是向后倾的。这些情况意味着前突的冷空气鼻是呈周期性地崩溃和重建的。

第二部分是冷空气头。在冷空气堆前部,空气垂直隆起,这叫冷空气头。一些个例表明,头顶高度为 1700 m。在头的前部,出现强上升运动,到了冷空气头的后部,变成较弱的下沉运动,再后面就进入了尾流区,即头后边的冷空气部分。

第三部分是底流区。这是飑锋正后方向前流动的高速气流。它位于头部的下方,离地面 100 多米。这一高速"底流",在鼻中向上方偏转,然后在上界附近转向后方,最后下沉到头的后部。

第四部分是冷空气回流。这是一支由地面阻力引起的离开飑锋的贴地面气流。

第五部分是飑锋。这是冷空气流出与被抬升的暖空气的界面。这个界面与相对水平风(u)零线一致。但是要把飑锋和重力流边界区分开,两者并不一致。飑锋由等风速线分析得到,而重力流边界由等熵分析得到,这是由冷空气出现或爆发情况决定。一般飑锋边界常比热力边界明显,所以目前多用前者表征雷暴外流前缘的运动学特征。

需要指出,在飑锋结构中的一个重要的特征,是重力流(冷气流)中的阵风浪涌现象。观测事实表明,雷暴重力流是以浪涌的形式向外推进的,因而冷气流中的阵风风速分布很不均匀,往往出现多个大风中心。图 8-2-18 是由北京 323 m 气象铁塔观测到的 1979 年 9 月 7 日冷锋雷暴重力流中风速随高度和时间的变化图。从图可见,在 18:34 飑锋过境后,出现最密集的等风速线,表明这里是风速的最大突变区。18:39 在 240~280 m 高度出现 18 m/s 的第一个大风速中心,随后相继出现了四个大风速中心,在大风速中心之间,则为相对的弱风区。第一个大风速中心位于冷空气头部,那里有强上升气流,因而它的位置最高。以后,大风速中心高度随时间不断降低,在头的后部(18:50)达到最低点。但当进入尾流区以后,大风速中心的位置又升到 120~140 m 高度,中心强度随时间逐渐减弱。

在冷气流中,由于大风速中心的存在,100 m 以下的低空有很强的垂直风切变,它会给飞机的起飞和着陆造成严重危害。以 0.1 s^{-1} 和 0.2 s^{-1} 分别作为对飞行有危险和严重危险的垂直风切变标准。从图 8-2-18 看出,飑锋过境后,风的强垂直切变区始终存在于 100 m 以下的贴地层,其厚度和强度都随时间呈起伏波动状变化。在头的后部,大于 0.1 s^{-1} 的垂直风切变可到 100 m 高度,这是重力流中强切变最厚的区域,但时间尺度最短,然后在整个尾流区垂直风切变大于 0.1 s^{-1} 的厚度,波动于 50 m 上下,强度相对减弱。垂直风切变最强的区域,发生在头的前部和后部大约

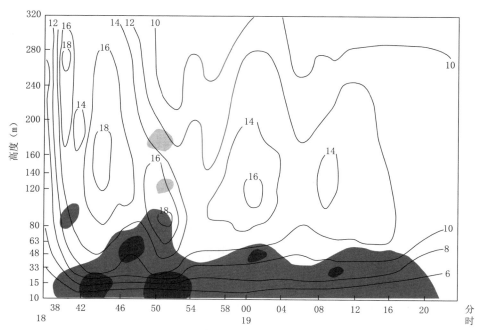

图 8-2-18　1979 年 9 月 7 日冷锋雷暴重力流中风速和垂直风切变随时间和高度的变化，
图中实线为等风速线（单位：m/s），阴影区由浅到深分别表示
$\partial v/\partial z < -0.1\ \mathrm{s}^{-1}$、$\partial v/\partial z > 0.1\ \mathrm{s}^{-1}$、$\partial v/\partial z > 0.2\ \mathrm{s}^{-1}$

30 m 以下的低层，尤其是头的后部，不但强度强，持续时间也长，另外，头的后部，负的垂直风切变强度也是最强的，约可达到 $-0.11\ \mathrm{s}^{-1}$。因而在头的后部 $100 \sim 120\ \mathrm{m}$ 高度是一个正负垂直风切变的强突变区，这些区域里出现的强湍流和风速的突变，对于飞行活动是特别危险的。

　　另一个重要特征是上升运动和下沉运动呈交替分布。最强的上升运动发生在冷空气头的前部（18：39），上升气流速度达 $2\ \mathrm{m/s}$，最强的下沉运动发生在头的后部（18：46—18：52），下沉气流速度达 $0.72\ \mathrm{m/s}$。雷暴重力流中的这种垂直运动分布特征，也可以从流函数的时间和高度图上得到印证（图 8-2-19）。可以见到，xz 平面上（将时间换成空间）的二维气流呈波状运动，强的上升和下沉气流，明显地出现在头的前部和后部。

　　重力流中的垂直运动的不均匀分布，又直接影响它的温度结构。在强烈的下沉运动区，一方面空气下沉绝热增温，另一方面又可以将重力流外部的较暖空气挟卷进来，因而在头的后部和尾流区内，可以出现下沉逆温。逆温层的建立和强垂直风切变的作用，是有利于重力内波发展和传播的条件，因而在低层的重力流中常会有重力波活动。

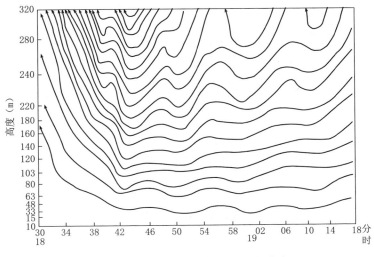

图 8-2-19　流函数随高度和时间的分布

以上是飑锋内部的结构,而在飑锋前部暖区中,随着重力流的向前推进,在飑锋的强迫抬升作用下,在暖区内形成沿飑锋边界的上升运动,上升速度可达 5~10 m/s。一些个例分析表明,在高度为 450 m 的地方,这个强上升气流带很狭窄,只有 1~1.5 km 宽。以后随高度加宽,但最大值也只有几千米。如果上升气流足够潮湿,抬升作用可足以在飑锋头部的正上方产生小块滚轴状云。从卫星云图上看,表现为一条不断向前扩展的弧状云线,在雷达回波上,由于飑锋常扩展到降水前缘几千米或几十千米处的地方,因而在大面积雷达回波前方,常观测到一条细线回波,同样也呈弧状。这里应该指出的是不要把飑锋的上升气流与雷暴的主要上升气流相混淆。只有当流出空气的前缘接近风暴中心时,两种上升气流才合并在一起。这时由飑锋强迫抬升形成的云系,常常是雷暴母云前的陆架,上升气流中心就从这种云的下方通过。

8.2.4.4　雷暴高压

在成熟阶段的雷暴(包括锋面上的雷暴,飑线和局地强风暴)云的下方,一般都会出现一个冷性的中尺度高压,叫雷暴高压。

(1)雷暴高压的结构

雷暴高压的生成是和雷暴云体的存在相联系的。当雷暴云为对流单体时,其下方表现为一个雷暴高压,若对流系统为飑线时,在加密观测的地面中尺度天气图上,常常可以分析出几个雷暴高压。

强的雷暴高压一般能维持 6~12 h,初生时范围较小,强度较弱,以后逐渐扩大增强,其水平范围在几十到二三百千米,垂直范围一般不超过 1500 m,温度场为冷区,为浅薄系统。高压范围内,大都有雷雨,在整个降水过程中,雷暴高压总是随着主要的降水区而移动。因为雷暴高压是近地面层的冷性高压系统,必然与周围形成气压梯度,因而有空气向外流出,形成辐散流场,风向与等压线交角较大。雷暴高压外流的边缘就形成了伪冷锋或飑锋。图 8-2-20 是雷暴高压示意图。

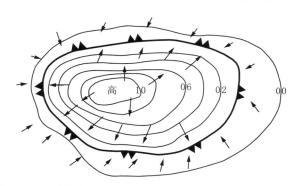

图 8-2-20 雷暴高压示意图(等值线为气压扰动(单位:hPa))

雷暴高压形成后,散度场和涡度场的分布如图 8-2-21 所示。从图中可以看出整个高压区内的流场都是辐散的,地面最大辐散达 160×10^{-5} s^{-1}。在涡度场上,反气旋式涡度区围绕着气旋式涡度区,其值向上减小,到 1500 m 的高度,几乎是无旋的。因此,在这次雷暴过程中可以认为下降冷空气的涡度主要在接近地面时才获得的。由散度算出其顶部(1500 m)的下降速度约为 0.9 m/s。

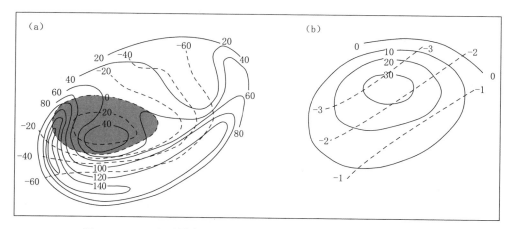

图 8-2-21 一次雷暴高压的散度和涡度分布图,(a)地面;(b)1500 m
(实线为散度,虚线涡度,单位为 10^{-5} s^{-1},图中的阴影区为气旋式涡度区)

图 8-2-22 是这次暴雷高压的垂直剖面图。图中高压北边湍流逆温层的顶,可以

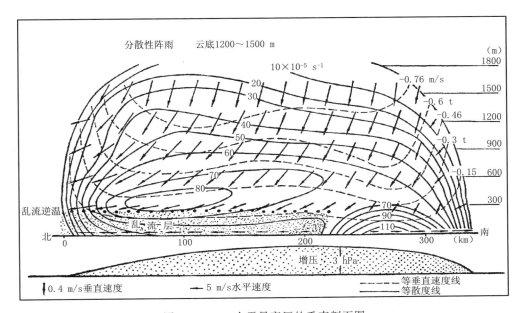

图 8-2-22　一次雷暴高压的垂直剖面图

（↓表示 0.4 m/s 垂直速度，←表示 5 m/s 水平速度，虚线为垂直速度，实线为散度）

假想为固体界面，它迫使下降气流在达到地面之前，就在逆温层附近辐散，这可能是湍流逆温层上有强大辐散出现的原因。一般雷暴高压超压值为 2～10 hPa，与基本场的值偏差较小，在分析中常被当成异常记录所忽略，实为雷暴高压，分析时应注意。

（2）雷暴高压的形成

图 8-2-23 给出了由飞机观测的 1.5 km 和地面的温度的水平分布，在地面下降气流区温度显著下降，在 1.5 km 高度上，上升气流区和下降气流区的温度差异不大，因而可以说雷暴冷堆的形成是与云下雨滴的蒸发和降水区内外增温不同有关。

雷暴高压的强度与雷暴云的强度既然和降水的蒸发量有关，而降水的蒸发量又和总降水量以及云底高度有关。

若假定未受下降冷空气影响的地面气压为 p_{0s}，受到这种影响的地而实际气压为 p_0，则由于下降冷空气的影响，地面气压的变化为：

$$\Delta p = p_0 - p_{0s} \qquad\qquad (8\text{-}2\text{-}4)$$

式中，Δp 为冷空气堆中的气压增量。和这个气压增量相对应的冷空气柱的质量增量为：

$$\Delta m = \Delta p / g \qquad\qquad (8\text{-}2\text{-}5)$$

在面积为 s 的整个冷空气堆中的质量增量总量为：

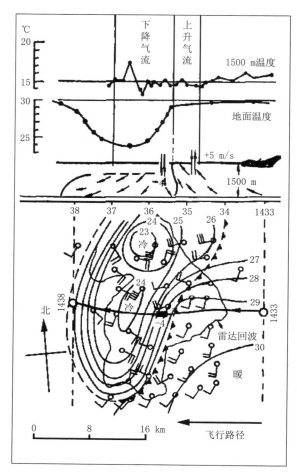

图 8-2-23　雷暴云的地面温度分布和 1.5 km 上空的温度分布

（在下图中的飞机航线以粗实线表示，1433 表示 14 时 33 分）

$$\Delta M = \iint_s \Delta m \, \mathrm{d}s = \iint_s \frac{\Delta p}{g} \mathrm{d}s \qquad (8\text{-}2\text{-}6)$$

对于每一个确定的雷暴系统来说，它的质量增量总量 ΔM 值是一定的，因此，在冷空气堆已完全形成而它的范围还不太大的时候，雷暴高压表现得最强，当冷空气堆向更大的面积上延展的时候，雷暴高压便逐渐减弱，如果没有新的下降冷空气补充，就会逐渐消失。

根据 Fujita 的研究，在冷空气堆的发展阶段，ΔM 与系统范围内的地面降水总量 R_s 成正比，即：

$$\Delta M = \Psi(H) R_s \qquad (8\text{-}2\text{-}7)$$

式中,比例系数 $\Psi(H)$ 为冷空气形成率。它的大小同云底高度 H 有关,大气底层越干燥,云底愈高时,由于降水而形成的冷堆愈强大,从而使得雷暴下方易于出现和发展中尺度高压。据统计,在云高为 $1\sim3$ km 时,$\Psi(H)$ 的数值为 $0.5\sim10$。这说明了即使在同样的降水量 R_s 的情况下,由于云底高度不同,$\Psi(H)$ 也不同,因此 ΔM 也就不同。在飑线雷暴降水的情况下,由于云底较高,$\Psi(H)$ 较大而易于形成雷暴高压,在某些云底低的系统中(如台风),即使降水量较大,但由于 $\Psi(H)$ 较小而不易形成雷暴高压。

下降气流区出现的气压升高,也有动压效果,但主要是由下降气流区比上升气流区冷造成的静压差造成的。云底下的气温,上升气流区按干绝热变化,下沉气流区按湿绝热变化,并且假设云底高度上的上升和下沉区温差较小。这样云底高度 1 km 约可产生 4 ℃ 的地面温差值,将产生约 0.8 hPa 的地面气压差。云底高度越高,雷暴高压就越强。

最大气压增量 Δp 与云底高度 H 的函数关系为:

$$\Delta p = 0.8H^2 \tag{8-2-8}$$

式中,Δp 的单位为 hPa,H 的单位为 km。这也反映了云下雨滴的蒸发作用。

雷暴高压的形成机制,主要是雷暴云发展到成熟阶段,开始出现降水和下沉气流,由于下沉气流中水滴的蒸发作用,使下沉气流几乎保持饱和状态,所以下沉气流由上层到下层(包括云底以下),是按湿绝热增温的,升温率小,而上升气块在上升过程中,云下未饱和时,温度按干绝热下降,因而在云底以下直到地面,下沉空气的温度比四周要冷,在雷暴云的下方形成一个冷空气堆,气压较高,这个高压就是雷暴高压。

8.2.4.5　中尺度低压

在雷暴云或飑线过境前在气压上常表现为一个降压过程,在中尺度天气图上与雷暴云体对应的雷暴高压前部常常有一个低压带,其中有时能分析出低压中心,这个低压属中尺度系统,叫中尺度低压。有时把中尺度低压和雷暴高压合称为"气压偶"。在雷暴高压的后部也常伴有一个中尺度低压叫"尾流低压"。这种中尺度低压与强烈天气的关系密切,大多数强天气(如冰雹、暴雨和龙卷)都发生在这个中尺度低压或邻近地区。对于中尺度低压的生成,有三种看法:一是认为地面中尺度低压是由飑线前方平流层下部和对流层上部的补偿下沉气流引起的增暖造成的(Williams,1963;Fankhouser,1974;Williams,1975;Johnson 和 Hamilton,1988);二是认为由积云对流的凝结潜热释放过程产生的;三是认为中尺度低压是同重力内波的不稳定相联系的(Brunk,1953;Pedgley,1962;Koch et al.,1988)。下面主要讨论第一种机制。

(1)飑线前中尺度低压

许多观测事实都表明,在飑线前方或飑线通过前,在对流层的中上部都观测到几摄氏度的增暖,对流层上层温度变化尤其明显,在飑线到达前 200 hPa 上的增暖有的

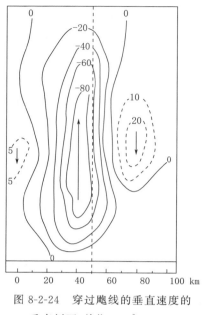

图 8-2-24　穿过飑线的垂直速度的
垂直剖面（单位：10^{-3} hPa/s，
飑线位置用垂直断线表示）

可达 13 ℃。引起这种高空增暖的机制可能有以下几种：长波辐射的吸收、凝结潜热的释放、暖平流以及下沉绝热增温等等，但据许多个例分析表明，下沉运动是造成增暖的主要因子。据 Fankhouser(1974)研究所得的结果，在飑线上升气流区下风方 20～40 km 处，对流层中部的下沉运动超过 20×10^{-3} hPa/s(图 8-2-24)。Williams(1975)应用绝热法计算另一个例的垂直运动，发现在飑线过境前 1～2 h，对流层上部出现 50 cm/s 以上的下沉运动。

从湿度分析中又发现，在飑线过境前，由于对流层中上层的下沉运动在高空出现相对湿度 ≤30% 的干区，其范围从高层不断向下移动，因而在强对流区前 25～100 km 经常出现积云的消散过程。下沉运动引起的气柱增暖使得地面气压下降。实际形成中尺度低压时的地面降压为 3.5 hPa/h，所需的气柱平均增温率为 0.4 ℃/h；如果增温出现在 100～500 hPa 气层内，则气层的平均温度约增加 1 ℃/h。为达到这个增温量所需的垂直运动在 500 hPa 为 -25 cm/s，300 hPa 上为 -10 cm/s，在 150 hPa 上为 -5 cm/s。根据前面所说实例的计算结果，所需的几十厘米每秒的下沉运动值是可以满足的，因而在高空下沉运动和暖区下方地面上出现中低槽或中低压。

至于这种下沉运动产生的原因与两种过程有关：一是对流周围的补偿下沉运动，它可以在下风方由环境气流组织起来；二是雷暴体对于环境气流可看作一种障碍物，其中一些环境气流可强迫上升到云体上方到达对流层顶或平流层下部，以后在下风方下沉，由背风波作用造成明显的增暖。

图 8-2-25 是处于中到强垂直风切变环境中大型雷暴及其附近的垂直环流示意图，在雷暴云体前有大范围的下沉运动，在离主要上升气流的下风方向 40～80 km 的地方，这是对流云和有垂直切变的环境气流相互作用的结果。另外，可以看到环境空气受迫在对流层附近和平流层低层超越云体，在那里造成背风波的效应。

在边界层内为南风，随高度风向顺转，风速增大，到对流层上层转为西南西风或西风，在风的垂直切变明显积雨云附近，可假设云随对流层中层的气流移动，而产生在对流层上层和平流层下层的暖空气，则随着对流层上层的风移动。这样，下风方下沉运动场中一旦形成更暖的空气，它就更快地向单体的右边移动，在下沉运动的下方

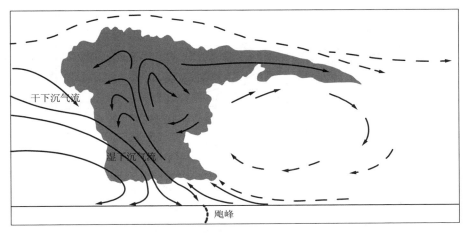

图 8-2-25　在中到强的切变中大块积雨云内和附近垂直环流示意图

相应的地面上形成中尺度低压槽或中低压。它们一旦在低层形成后,就使得位于原单体前面和右边的边界层辐合加强,这就有利于在老单体东南面(右侧)发展新的单体。

把上边描述的结果可以引伸到飑线的情况,由云体组成的飑线三维显示可见图 8-2-11,图中表明在云砧区和云周围空气中都存在下风方下沉。下风方的下沉运动是在切变环境气流(天气尺度)和对流云(小尺度)的相互作用下造成的。在边界层内,由于中低压的发展,低压区的辐合加强,从而加强了从低层向飑线供应的水汽,有利于形成更强的对流活动,使飑线得以维持。同样重要的是下沉运动对该区域内对流的抑制。它使得飑线前边暖湿区内的对流不稳定能储存和积累,而不致在飑线到来之前零星地释放,然后在飑线自身的触发下,爆发强的新对流活动,飑线就在这种自我传播的情形不断维持。

综上所述,在积雨云的下风方,100～500 hPa 气层内,可形成每秒几十厘米的下沉运动,下沉增温的作用使地面产生每小时 2～4 hPa 的地面降压,形成中尺度地面低压或低压槽,对流云和有垂直风切变环境气流的相互作用,在云的下风方构成下沉运动场,导致中尺度环流的形成。中尺度的气压扰动引起的边界层风,使得雷暴单体前面的质量和水汽辐合加强,从而维持和增强对流活动。另外,下沉可以抑制对流,直到飑锋抬升使对流不稳定突然释放,因而它又起到使能量集中和积累的作用,这些过程就组成了积雨云和中系统之间的中尺度不稳定。

(2)尾流低压

尾流低压是飑线后部入流急流(rear-inflow jet)下沉运动在地面的表现(图 8-2-26),这里处于降水区边缘,下沉增温强于蒸发和升华的降温。当后部入流急流在向飑锋

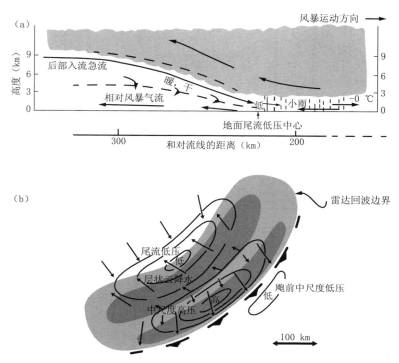

图 8-2-26 (a)通过尾流低压的垂直剖面图,(b)成熟飑线的地面气压、风和降水分布
(a)中的风是相对风暴移动的风,虚线表示相对风暴移动风速为 0,(b)中为实际风,注意两张图的标尺不同
(引自 Johnson 和 Hamilton,1988)

方向倾斜下沉过程中受到阻滞而不能继续向前穿过层云区时,其下方地面上就会产生很强的气压梯度,强气压梯度区后部是尾流低压。

在层状云降水区外,观测到对流层中层的下沉后部入流急流。最强的干暖空气出现在紧邻层状云降水后部 1 km 高度。这里出现的最低气压可以认为是增暖造成静力气压降低而形成的(Williams,1963)。当下沉气流进入降水区,强的蒸发冷却和大量增湿,抵消了下沉增温的变干,地面气压下降变得很少。尾流低压后部高空也存在升华和蒸发的降温,但由于降水较少,其降温量并不大。

8.2.5 下击暴流

8.2.5.1 下击暴流的特征

对流风暴发展到成熟阶段后,其中雷暴云中冷性下降气流能达到相当大的强度,到达地面形成外流,并带来雷暴大风,这种在地面引起灾害性风的向外暴流的局地强下降气流,称为下击暴流(downburst)。

产生下击暴流的雷暴云,在雷达回波显示器上常常反映两种类型的回波:钩状回波和弓状回波,如图 8-2-27 所示。下击暴流位于回波钩内或钩的周围。这种钩状回波在低空扫描(一般低于 3000 m)的平显上可以探测到,它是在雷暴旋转上升气流中形成的,随着仰角的增加,反射率中心移向旋转中心,旋转中心的顶部是一高回波圆盖。相对于高层 PPI 回波,下击暴流通常产生在反射率中心的右边。弓状回波常嵌在线状或圆形回波内,在线状或圆形回波首先出现凸出部分,这部分的回波比其附近两边的回波移动得快,结果造成弧状结构。而后,又发展为箭状或逗点状回波。最强的下击暴流就发生在弓状回波前进中心的附近。

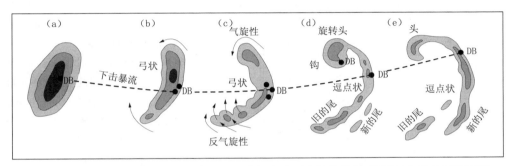

图 8-2-27　钩状回波和弓状回波,标注 DB 的黑点为下击暴流位置,阴影区为雷达回波强度

(引自 Fujita,1978)

图 8-2-28 是 1976 年 6 月 23 日 17:06,17:12 和 17:17 分(美国东部时间)美国费城机场雷达回波照片。17:06 的雷达回波照片上显示有一个正在向弓状发展的小圆形回波,这是一个雷暴单体,到了 17:12 这个回波迅速演变为一箭头状回波。5 min

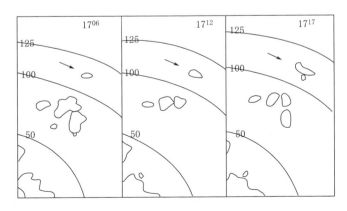

图 8-2-28　美国费城机场上空正迅速发展的箭头状回波,图中距离 50,100,125 单位为海里

(引自 Fujita,1981)

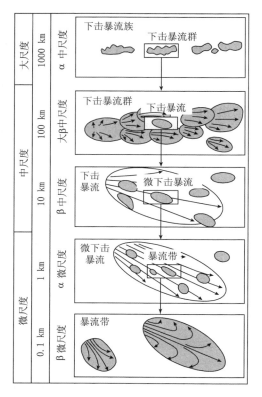

图 8-2-29　五种中尺度的下击暴流型

后,这个回波增大为宽 13 km,长 27 km。当时机场正下着大雨,在雷暴云内产生了下击暴流。这时有一架飞机在跑道入口处着陆,突然遇到了强烈逆风切变,逆风增大到 25～30 m/s,飞机的地速下降到 50 m/s 以下。飞机在跑道入口附近离地约 18 m 时,飞机开始爬高,打算复飞。当飞机上升到 79 m 高度时,逆风消失,飞机坠毁在雷暴云雨墙后的跑道上,造成一起严重的飞行事故。

8.2.5.2　下击暴流的分类

下击暴流是局地性强下沉气流,其垂直速度超过飞机降落和起飞时的垂直速度,在 91 m 处的垂直速度约 3.6 m/s,根据下击暴流对建筑物破坏状况分析,发现其破坏范围是多样的,可分为五种尺度,其水平范围从几十米到几百千米,如图 8-2-29 所示。

(1)β 中尺度下击暴流

一般情况下,下击暴流的下降气流的速度在离地面 100 m 处为 1～10 m/s 的数量级,在地面附近能引起 18 m/s 的大风,这种风是从雷暴母体云下基本上呈直线型向外流动的,其水平尺度一般 4～40 km,是 β 中尺度的。

(2)微下击暴流

在整个直线气流中,嵌有宽度只有 3～5 km 的小尺度辐散型气流,这些小尺度外流统称为微下击暴流,它的水平尺度为 0.4～4 km(α 微尺度)。地面风速在 22 m/s 以上,由此引起的水平辐散气流值为 10^{-1} s^{-1},在离地 100 m 高度上的下降气流可达 10～100 m/s。图 8-2-30 为微下击暴流概念模型。下沉气流到达地面后产生翻卷,形成一个涡环。

(3)下击暴流爆发带(暴流带)

在微下击暴流中往往还嵌有水平尺度更小(<400 m)的下击暴流爆发带(β 微尺度)。它是有更强辐散和极值风速出现的地方,在其中心线两侧,分别具有气旋和反气旋环流。这种微下击暴流或下击暴流爆发带,能诱发出强的垂直风切变和水平风切变,

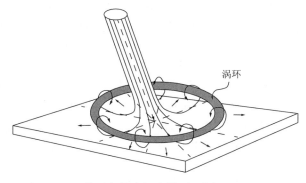

图 8-2-30　微下击暴流概念模型（引自 Fujita,1985）

对飞行的威胁特别大,它们所带来的强风,对地面农作物和建筑设施会造成严重破坏。

（4）下击暴流群

在被强风破坏的整个区域内,包含了两个或更多个的下击暴流,可称为下击暴流群,其水平尺度为 40～400 km（是大 β 中尺度）。

（5）下击暴流族

当一个强风暴系统移动数百千米时,所产生一连串的下击暴流群,水平尺度 1400 km（α 中尺度）,故又称为下击暴流族。这种下击暴流族和下击暴流群,必然会在更大范围内带来严重的灾害。

8.2.5.3　下击暴流的形成

在下击暴流区内,出现中尺度高压,与它相联系的直线风前缘为飑锋,通常可远离雷暴体向外伸展 20 km 以上。在微下击暴流区内出现小尺度高压,当它经过某地时,在气压自记曲线上表现为鼻状的气压变化,称为雷暴鼻。与微下击暴流相联系的辐散型气流的前缘,又可出现如图 8-2-31 所示的下击暴流锋。这些中尺度锋系不仅带来了地面强风,而且都是对流进一步发展的触发机制。

下击暴流的形成是与雷暴云顶的上冲和崩溃紧密联系着的。从卫星云图分析可

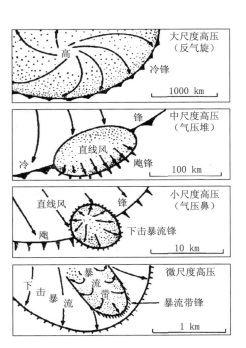

图 8-2-31　与下击暴流联系的中小尺度锋系模型（引自 Fujita,1981）

知,当对流风暴发展成熟,有时可以见到从云砧上突起的上冲云顶。这是雷暴中的上升气流携带的空气质点,由于运动的惯性,穿过对流高度,上冲进入稳定层结大气的结果(有时能越过对流层顶)。上升气流在其上升和上冲的过程中,从高层大气运动中获得了水平动量。随着上冲高度的增加,上升气流的动能变为位能(表现为重、冷的云顶)而被储存起来。以后,一旦云顶迅速崩溃,位能又重新变成下降气流的动能。

重、冷云顶的崩溃取决于雷暴云下飑锋的移动。飑锋形成后,它加速朝前部的上升气流区移动。随着飑锋远离雷暴云母体,维持上升气流的暖湿气流供应逐渐被飑锋切断(图8-2-32),于是,上升气流迅速消失,重、冷云顶下沉,产生下沉气流。下降空气由于从砧状云顶以上卷挟了移动快、湿度小的空气,增强了下降气流内部的蒸发,同时,这个下降气流的单体,由于吸收了巨大的水平动量,而迅速向前推进,这样,下降气流到达地面时,就可以形成下击暴流。

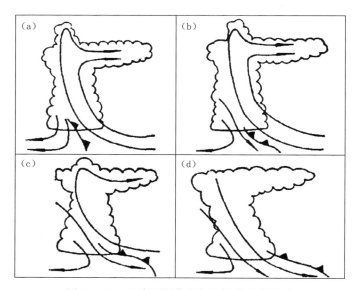

图 8-2-32　上冲云顶崩溃与飑锋移动的关系

近年来,根据多普勒雷达测定所得雷暴内部的空气运动,证实了上冲云顶崩溃产生强下降气流的解释,如图8-2-33所示,在迅速瓦解的云顶部分,气流从砧状云顶一直下沉到地面,这种下降气流就能形成下击暴流。

8.2.6　中尺度对流复合体(MCC)

上面介绍的飑线是中尺度对流系统的一个表现形式,后来发现的一种圆形团状结构的中尺度对流系统,也称中尺度对流复合体(MCC,mesoscale convective com-

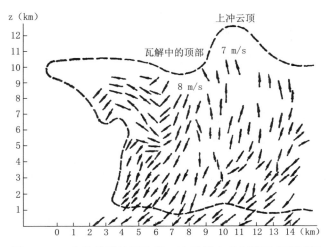

图 8-2-33　多普勒雷达测定的一次雷暴中的气流垂直剖面图

plex)，对广阔地区的天气变化有重要影响，这是中尺度对流系统的另一个表现形式。

8.2.6.1　MCC 的一般特征

中尺度对流复合体(MCC)是 20 世纪 80 年代初从增强显示卫星云图分析中识别出来的一种中尺度对流系统。它是由很多较小的对流系统，如塔状积云，对流群或 β 中尺度飑线组合起来的。MCC 的卷云罩范围比单体雷暴大两个量级以上，它的突出特征是有一个范围很广、持续很久、近于圆形的砧状云罩。图 8-2-34 是 MCC 的代表性个例，可见，MCC 的高层云罩覆盖了美国 4 个州的部分地区，其最冷云顶表示对流云伸展达 19 km。

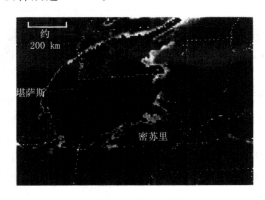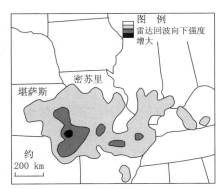

图 8-2-34　美国中部地区 MCC 个例图示(引自 Maddox,1980)

MCC 会以各种形态出现，但 MCC 具有一些公认的特征。

在雷达图像中：

(1)最强的回波呈窄带状分布在冷空气外流边界的前沿；

(2)沿上述前沿有显著的低层辐合；

(3)活跃的回波区会呈现出弓形且伴有地面强风；

(4)伴随其后的是宽广的降水区。

在卫星图像上：

(1)MCC 表现为大的椭圆形系统；

(2)活跃的对流云区通常在 MCC 的前沿；

(3)卷云砧(掩盖了其下的中云)向活跃云区的下风方扩散；

(4)虽然有时最冷的云顶也出现在 MCC 的中心附近,但较冷的云顶经常在 MCC 的前沿一带检测到。

为了能通过卫星云图对其识别,又可以应用日常的高空、地面观测资料研究这类中尺度系统。根据增强红外卫星云图分析,概括出如表 8-2-1 的定义和物理特征(Maddox,1980)。

表 8-2-1　MCC 的定义和物理特征

尺度	A.红外温度≤−32 ℃的云罩面积必须＞100000 km²
	B.内部≤−52 ℃的冷云区面积必须＞50000 km²
开始	A 和 B 的尺度条件首先满足
持续时间	符合 A 和 B 尺度定义的时段必须≥6 h
最大范围	邻近的冷云罩(红外温度≤−32 ℃)达到最大尺度
形状	最大范围时的偏心率(短轴/长轴)≥0.7
结束	A 和 B 的定义不再满足

由表 8-2-1 可见,MCC 是一种生命期长达 6 h 以上,水平尺度比雷暴和飑线大得多的近于圆形的巨大云团。它的内部红外温度很低,表示它的云塔很高,经常可达十几千米以上。

MCC 的形成有一个过程。它的生命史一般包括四个发展阶段。

(1)发生阶段。表现为一些零散的对流系统在具有对流发生条件的地区开始发展。

(2)发展阶段。各个对流系统的雷暴外流和飑锋逐渐汇合起来,形成了较强的中高压和冷空气外流边界线,迫使暖湿空气流入系统。由于外流边界和暖湿入流的相互作用,使系统前部的辐合加强,因此出现最强对流单体,并形成平均的中尺度上升气流,于是对流云团开始形成并逐渐加大。

(3)成熟阶段。在这一阶段,中尺度上升运动发展旺盛,高层有辐散,低层有辐合,并有大面积降水产生。

（4）消亡阶段。MCC 下方的冷空气丘变得很强，迫使辐合区远离对流区，暖湿入流被切断，强对流单体不再发展，MCC 逐渐失去中尺度有组织的结构。在红外云图上，云系开始变得分散和零乱。但还可以看到有一片近于连续的云砧。

由此可见，MCC 在成熟以前主要是强对流的发展阶段，而在成熟阶段以后则过渡到一个层状的减弱阶段。

8.2.6.2 MCC 的结构

研究表明，成熟阶段的 MCC 具有相对稳定的中尺度统一环流，成熟的 MCC 结构有如下特点（图 8-2-35）。

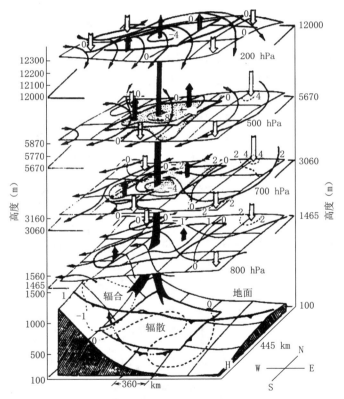

图 8-2-35　成熟 MCC 及其附近的环境的示意图（引自 Maddox,1981）

细箭头线为流线，黑箭头为上升运动，空心箭头为下沉运动，垂直尺度作了放大

（1）在对流层下半部（尤其是 700 hPa 附近），有从四面八方进入系统的相对入流。

（2）在对流层中层，相对气流很弱，因为系统几乎是随对流层中层气流移动的。在对流层上层，相对气流向系统周围辐散，下风方的辐散比上风方更强。

（3）最强的β中尺度对流元通常出现在系统的右后象限，有时呈线状，排列方向平行于系统移向。

（4）大面积的轻微降水和阵雨，通常出现在强对流区的左边的平均中尺度上升区内。

（5）MCC出现在低空偏南气流最大值前的强暖平流区及明显的辐合区中。

（6）系统在浅边界层中是一个冷核，贯穿于对流层中层大部分的则是暖核。然后在对流层上层又是冷核。

（7）由热力结构在边界层中产生一个中尺度高压，其上则有中尺度低压，到对流层上层，又有中尺度高压盖在系统之上。中尺度低压起了增强进入系统的入流的作用。而高层的中尺度高压则加强了系统北部边缘的高度梯度，并加强了反气旋性弯曲的外流急流。

MCC，特别是那些大而活跃的MCC，经常会与其所处的大尺度环流相互作用而使环境有所改变，这一改变经常会在MCC消亡后的很长时间内影响到其下游地区的天气。上述相互作用的过程主要是通过热量和水汽的传输来完成，其结果导致了在成熟的MCC中一般有下述特征（图8-2-36）：一个由冷空气倾泻在地表而产生的边界层中的中尺度高压；一个由上层加热、下层降温、空气柱被拉伸而产生的中层中尺度低压；一个由层状云降水区中大范围上升气流，对流层顶抬升和冷却而在靠近对流

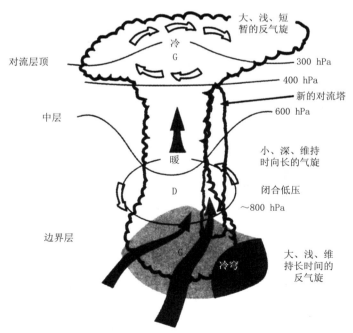

图 8-2-36　成熟 MCC 垂直结构的简图（G 和 D 分别是高压和低压）

层顶的地方产生的中尺度高压。

对于那些特别巨大的 MCC 而言,上述特征以及与之相伴的环流常常能够在 MCC 已经消散后还滞留在原地,并且会导致如下现象:边界层中的高压产生一条大的外流边界,它能够触发二次对流;位于中层的低压发展成一个典型跨度为 100～300 km 的气旋性环流,这种环流能够维持数天;在 MCS 的北部边缘,高层的高压会使环境西风增加 20～80 knot;在中尺度对流系统(MCS)的南部边缘,高层的高压降低了西风的风速。

中层气旋性环流常常会对大尺度环境产生显著的影响。随着 MCS 云砧的缩小,在卫星图像上会出现清晰的螺旋带结构。这种系统被称为中尺度对流涡旋(mesoscale convective vortex,MCV)。中尺度对流涡旋的重要性体现在当它移动到对流易发生区时,强的二次对流常常发展起来。如果没有对流发生,中尺度对流涡旋会慢慢减弱,数天后便会混合在大尺度气流中。

图 8-2-37 表示 MCC 生命期各阶段平均的散度和垂直速度。在 MCC 发展前低层(地面～750 hPa)存在强辐合,辐合层以上的深厚对流层为弱辐散,与此对应,对流层内的环境平均皆为上升运动,最大值在 700 hPa 左右,表明 MCC 生成在有利于辐合上升的环境区中。MCC 成熟时,地面至 500 hPa 的对流层中低层有显著的辐合,200 hPa 附近则为浅层的强辐散区。上升速度比形成期增大约 5 倍,而且最强上升运动上移至 500 hPa 附近。消散期低层(地面到 850 hPa)转为弱辐散,而高层 300 hPa 则转为弱辐合,与其匹配的垂直运动是对流层中低层转成下沉气流,而高层仍存在弱的上升运动。显然,这种在降水减弱及残余云覆盖区下方的下沉气流指示了 MCC 的消散。

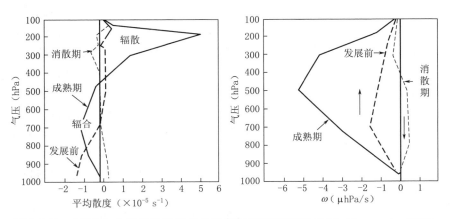

图 8-2-37　MCC 生命期各阶段平均的散度和垂直速度(引自 Maddox et al. ,1986)

8.2.6.3　MCC 的活动规律和天气

中尺度对流复合体具有"夜发性",即大部分发生在夜间。中尺度对流复合体夜间最强的原因,从发展过程来讲,由对流发展起来的积云到组织成复合体需要一个发展过程,而这个过程恰好要到夜间才能完成。另一方面,从条件来讲,夜间常常存在逆温和低空急流的加强现象,同时夜间没有短波辐射加热,长波辐射冷却作用较大。夜间逆温可以有效地消除摩擦层的活跃对流,以抑制飑线等系统的发展。夜间急流为夜间逆温层紧上方提供了稳定高速的低空水汽流量。另外,在白天和夜间,天气系统与其无云的环境的辐射冷却不同(从而引起的散度廓线不同)。这是造成对流强度的周期调整的原因。在大陆性的 MCC 的情况下,多云区和无云区之间的差别要比海洋性系统的情况下更大,这是由于地面能量收支也受到强烈调整的缘故。

MCC 的出现常常不是孤立的,在不少情况下,MCC 常常在一段时间内连续数日地反复出现。有的不断有新生的 MCC 发展东移,有的则基本上是同一系统减弱后又重新加强。

中尺度对流复合体造成的天气主要是暴雨,有时可造成洪水,有时出现冰雹、龙卷以及灾害性大风。

8.2.7　龙卷

龙卷是一种与强烈对流云相伴出现的具有垂直轴的小范围强烈涡旋,是大气中最猛烈的对流风暴,其最大风速可达 $100\sim200$ m/s,破坏性极大。

8.2.7.1　龙卷的基本特征

龙卷表现为强旋转、长而细的气柱,其平均直径约为 100 m,从积状云延伸到地面。当有龙卷时,往往有一条漏斗状云柱从对流云云底盘旋而下,有的能伸达地面,在地面引起灾害性风的称为陆龙卷;有的未及地面或未在地面发生灾害性风的称为空中漏斗;有的伸达水面,称为水龙卷。水龙卷与陆龙卷实质上是相同的,但不如陆龙卷那么猛烈,但它经常发生,易由浓积云线和积雨云形成。龙卷的漏斗云柱一般是垂直向下的,但有时因空中风比地面风大,它的上部会顺着气流方向倾斜。

龙卷漏斗云可有不同形状,有的呈圆柱形或圆锥形的一条细长绳索状,有的呈粗而不稳定且与地面接触的黑云团,有的呈多个漏斗状。漏斗云外形也明显有多种,有呈尖楔形的,也有呈粗而参差不齐的,这说明龙卷中的气流或许是平稳的,或许是高度湍流的。几乎所有龙卷都是气旋性旋转,但反气旋性的也可发生。在漏斗面上及其紧贴外侧的气流总是近乎螺旋形上升。

在龙卷生命期内,漏斗云形状和大小经历相当大的变化,生命史可分为五个阶段。

(1)尘旋阶段:尘埃由地面向上旋转,或有短漏斗云从云底下垂,有轻度破坏。

(2)组织化阶段:漏斗云整个向下沉,龙卷强度增大。

(3)成熟阶段:龙卷达到它的最大宽度,而且几乎呈垂直状,破坏最激烈。

(4)缩小阶段:漏斗云宽度减小,倾斜度加大,有一条狭而长的破坏带。

(5)减弱阶段:由于垂直风切变或地面拖曳的影响,涡旋拉成绳索状,漏斗云变得越来越扭曲,直到消散。

龙卷生命史很短,一般为几分钟到几十分钟,空中漏斗生命史更短。根据观测记录统计,陆龙卷持续时间多在 15～30 min 左右,空中漏斗平均持续时间是 12 min。有些可以达到 1 h 甚至更长时间。龙卷的直径和维持时间一般随其强度增大而增加。

龙卷的水平尺度很小。在地面上,根据龙卷的破坏范围来推测,其直径一般在几米到几百米之间,最大可达 1 km 左右;在空中,根据雷达探测资料判断,在高度 2～3 km 处的龙卷直径大多为 1 km 左右,再往上,直径更大,可达 3～4 km,最大可达 10 km。

龙卷在垂直方向上伸展的差别很大,有的能从地面一直伸展到母云(产生龙卷的对流云)的顶部,其高度一般都超过 10 km,最高可达 15 km,有的从地面伸达母云中部为止,其垂直高度为 3～5 km;有的仅在母云中部出现龙卷涡旋,而在云顶和地面都看不见。

龙卷的直径虽小,但其风速却极大,大部分龙卷的风速小于 50 m/s,最大可达 100～200 m/s。其风速分布自中心向外增大,在距中心数十米的区域达到最大,再往外,风速便迅速减小。龙卷的垂直涡度非常大,对于直径量级为 10^2 m 的龙卷,量级可达 10^0 s^{-1}。

龙卷的垂直速度也非常大,特别是在浅的流入层(约 5～50 m 高度)上升速度可达到 75 m/s,径向流入的速度一般为 20～60 m/s。龙卷内部垂直速度分布不均匀,许多观测事实和理论研究证明,龙卷内部为下降气流,外部是上升气流。如图 8-2-38 所示,龙卷漏斗是由内层气流和外层气流这样的双层结构所组成,内层气流即对流云底部向下伸展并逐渐缩小的涡旋漏斗,外层气流即地面向上辐合合并逐渐缩小的涡旋气柱。漏斗的内层发展着下沉运动,外层发展着上升运动。上升气流常自地面卷起沙尘或自水面卷起水滴。

由于龙卷中心附近空气外流,而上空往往又有强烈辐散,因此,龙卷中心的气压非常低。据估计,龙卷中心处的气压可低至 400 hPa 以上,甚至达到 200 hPa。由于龙卷内部气压的剧降,造成了水汽的迅速凝结,龙卷才由不可见的空气涡旋变为可见的漏斗云柱。由于龙卷中心的气压非常低,再加上龙卷的水平尺度又非常小,因此,龙卷内部具有十分强大的气压梯度。据推测,水平气压梯度最大的地方,是距中心 40～50 m 的区域,气压梯度为 2 hPa/m,而在大尺度系统中,气压梯度为 1～2 hPa/

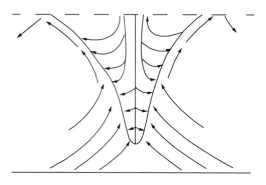

图 8-2-38　龙卷中气流分布示意图(引自 Hoecker,1960)

(100 km),可见龙卷中水平气压梯度之大。

龙卷的移动路径多为直线,移动速度平均为 15 m/s,最快的可达 70 m/s,路径尺度一般为 5~10 km,短的只有 300 m,个别长的可达 300 km。

8.2.7.2　龙卷与母体风暴

一个龙卷核心在水平尺度上比一个雷暴小两个数量级。母体风暴的总能量和环流大大超过龙卷。因此,母体风暴已经具备产生龙卷足够的能量与环流量,需要了解的是龙卷产生期间起作用的物理过程,而这些过程将导致产生很高的能量密度(单位体积内的能量)和涡度。

一个典型龙卷雷暴的基本气流如图 8-2-39 所示。暖湿空气在低层由其右侧流入风暴,在其右后部以旋转上升气流形式升起,在砧状云中流出风暴。在上升气流周围来自环境的中层干空气因降水蒸发而冷却。当其下沉到地面并向外扩展时,这种因雨致冷的部分气块在上升气流周围呈气旋性抽吸,并在其前缘形成"伪冷锋"或"阵风锋"。当其前进时,锋面抬升其前面湿而不稳定的空气,不断产生新的上升气流。这种锋面过境的特征是迅速变冷,气压陡升和强阵风。因为环境风随高度增大,所以另一下沉气流可在风暴后部产生。这种下沉与低层上升气流旋转增强和近地面气压下降有联系。

按照中尺度母体环流(直径 3~19 km)存在与否,龙卷可归划为两类。

(1)母体环流不存在(A 型)

这类龙卷形成于新单体侧翼线下的阵风锋上,新单体不断在激烈的雷暴右后侧发展起来(图 8-2-40)。在涡旋形成时云顶部仅在上空 4 km,尽管母体云通常靠近较高的云系。这些龙卷离母体风暴的主要降雨区可有相当大的距离(达 20 km)。直径达 l km 的涡旋有时可在与这些龙卷相联系的云底部见到,但由于太小太弱,雷达难以有效地识别它们。

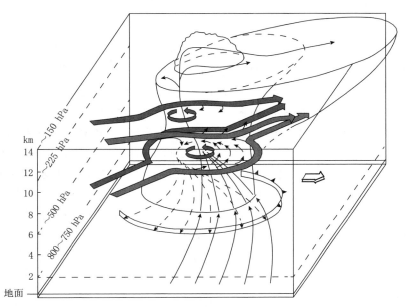

图 8-2-39　产生龙卷的对流风暴内外三维气流相互作用示意图。向内和向上的细实线表示起源
于低层(地面到 750 hPa)的湿空气。虚线描绘潜在的冷而干的中层(700 hPa 到 400 hPa)空气
的进入和下沉，以及并入下冲的和辐散的下沉气流。内流和下沉气流之间的地面边界层以倒钩带
示出。内环带表明净的上升气流的旋转。分开的外带形状和方向表示中层(～500 hPa)和上层
(～225 hPa)典型的垂直切变以及这些高度上大气相对水平气流的特征。近似的气压、高度关
系表示在透视箱的左前角。右部宽而平的箭头代表移动方向(引自 Fankhauser,1971)

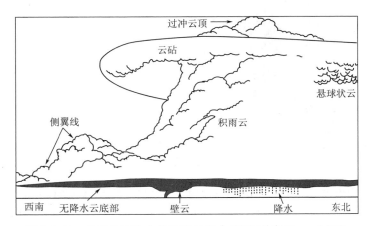

图 8-2-40　典型的产生龙卷积雨云的合成图(引自 Bates,1968)

（2）母体环流存在的（B型）

这类龙卷起源于中尺度涡旋（产生龙卷的中尺度涡旋称为龙卷气旋），在空间上是同上升气流相联系的。图 8-2-41 为龙卷型超级单体风暴的地面特征。主要的气旋性龙卷大多在波顶部，而弱小的气旋性龙卷可能在冷锋突出部位（南部的 T），此处也是产生新的中尺度气旋的有利位置。即使有反气旋性龙卷发现也是在冷锋线上更南的部位。在钩状回波所在处，地面有一个非常类似于天气尺度锢囚波动的中尺度波动。这是一个与地面中尺度气旋相联系的强烈环流。龙卷通常形成在"锢囚"点附近（在钩状回波边缘上），在上升和下沉过渡带上（但在上升气流之中）。在"伪冷锋"和"伪暖锋"（后者是图 8-2-41 波顶前面阵风锋的一部分）处可以观测到风有明显的气旋性变化。龙卷可在波顶形成，也可在中尺度气旋前缘形成，因为"伪冷锋"是一个有利于龙卷形成的位置。中尺度气旋有时可存在几小时，它可产生几个龙卷。龙卷由较大尺度的中尺度气旋环流所引导，龙卷则嵌在其中。

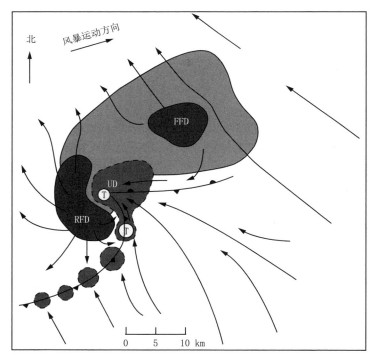

图 8-2-41　龙卷雷暴在地面上的示意图，图中浅色阴影为雷达回波（近似为降水区，反射率＞30 dBZ），上升气流（UD）、前方侧翼下沉气流（FFD）和后侧翼下沉气流（RFD）用较深的阴影表示。矢线为相对于风暴的流场，雷暴波状的"阵风锋"结构用实线和锋的符号示出，龙卷可能位置用 T 表示（引自 Lemon 和 Doswell，1979）

　　有时一个超级单体风暴可以依次形成几个龙卷,造成"龙卷簇"。其原因是超级单体中的中尺度气旋在一定的条件下,可能出现多次锢囚和新过程。

　　一个龙卷风暴可能包含几种不同尺度的涡旋,在一个尺度较大的中尺度气旋之中,可能包含几个龙卷气旋,每个龙卷气旋之中又可能有几个龙卷,它们围绕龙卷气旋的中心轴旋转。而每个龙卷周围也可能有几个吸管涡旋,围绕其中心轴旋转。

8.2.7.3　龙卷的形成

　　龙卷的形成需要地面垂直涡度的加大。强垂直涡度的形成,一般可以通过如下两种过程。

　　(1)下沉气流的作用

　　如果初始时近地面涡度小到可以忽略,那么近地面涡度的伸张项也可以忽略,垂直涡度的增加要么通过水平涡度的倾斜,要么通过空中向地面的涡度平流。仅仅通过上升气流中,垂直速度的水平梯度对水平涡度的倾斜,使得地面的垂直涡度增加是不够的,因为水平涡度倾斜后气流是流向空中。但是如果有下沉运动参与到倾斜作用的过程中,倾斜产生的垂直涡度就可能垂直平流到地面,从而形成龙卷(图 8-2-42a)。因此,在地面初始垂直涡度很小时,下沉运动对龙卷的形成是必要的。一旦龙卷形成,龙卷中强垂直速度的水平梯度对近地面层水平涡度的倾斜,将可能对近地面的垂直涡度起很大的贡献。

　　下沉气流对龙卷的重要作用已被大量的观测事实和数值模拟所证实。观测表明,在靠近龙卷的地方存在后侧下沉气流(RFD)、钩状回波和晴空隙(clear slot)。有少量的超级单体观测的空气质点轨迹分析和数值模拟表明,至少有一部分空气在进入龙卷前经过了后侧下沉气流区(图 8-2-43)。

　　(2)近地面的辐合作用

　　如果地面已经存在垂直涡度,下沉运动就不是必需的。由于原先存在垂直涡度,通过近地面的辐合,可以加强垂直涡度到龙卷的强度(图 8-2-42b)。

　　龙卷是小尺度的强风暴,其动力学机制涉及不同尺度扰动相互作用及复杂的动力和热力学理论。随着大气探测手段和数值模式的发展,将进一步完善对龙卷发生发展机制的理论解释。

8.2.8　重力波

　　天气分析表明,一些大振幅的次天气尺度或中尺度的重力波(重力惯性波)与天气的发生有密切关系。下面讨论重力惯性波的特征、结构及其对天气的影响。

8.2.8.1　重力惯性波的动力学特征

　　采用非弹性近似(推广的 Boussinesq 近似)的方程组:

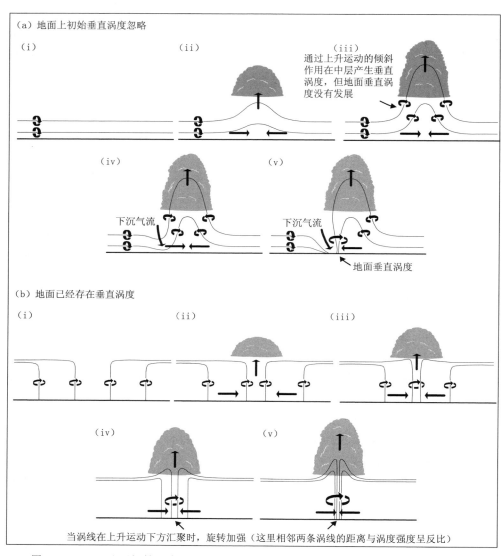

图 8-2-42　(a)地面初始垂直涡度可以忽略时,下沉气流对龙卷形成的作用,(b)地面已经存在垂直涡度时,通过辐合产生龙卷,图中细线条为涡线,箭头为气流,阴影区为云
(引自 Markowski et al.,2010)

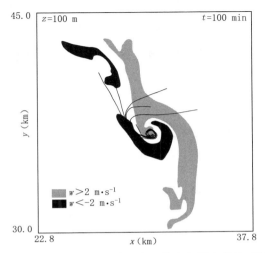

图 8-2-43　龙卷数值模拟近地面最大垂直涡度区的空气质点轨迹,浅和深的阴影区分别
表示垂直速度大于 2 m/s 和小于－2 m/s(引自 Wicker 和 Wilhelmson,1995)·

$$
\begin{cases}
\dfrac{\mathrm{d}\boldsymbol{V}}{\mathrm{d}t} = -f\boldsymbol{k}\times\boldsymbol{V} - \dfrac{1}{\rho_s}\nabla p_{\mathrm{d}} \\[2mm]
\dfrac{\mathrm{d}w}{\mathrm{d}t} = -\dfrac{1}{\rho_s}\dfrac{\partial p_{\mathrm{d}}}{\partial z} + \dfrac{\theta_d}{\theta_s}g \\[2mm]
\dfrac{\partial u}{\partial x} + \dfrac{\partial v}{\partial y} + \dfrac{\partial w}{\partial z} + \dfrac{w}{\rho_s}\dfrac{\partial \rho_s}{\partial z} = 0 \\[2mm]
\dfrac{\mathrm{d}\theta_d}{\mathrm{d}t} + w\,\dfrac{\partial \theta_s}{\partial z} = 0
\end{cases}
$$

考虑静止大气中的运动,即无基本气流,用小扰动法将上述方程线性化,作变换:$u' = \rho_s u$,$v' = \rho_s v$,$w' = \rho_s w$,$\theta' = \rho_s \dfrac{\theta_d}{\theta_s}$,可得滤去声波、仅含重力惯性波的线性化方程组:

$$
\frac{\partial u'}{\partial t} - fv' = -\frac{\partial p_{\mathrm{d}}}{\partial x} \tag{8-2-9}
$$

$$
\frac{\partial v'}{\partial t} + fu' = -\frac{\partial p_{\mathrm{d}}}{\partial y} \tag{8-2-10}
$$

$$
\frac{\partial w'}{\partial t} - g\theta' = -\frac{\partial p_{\mathrm{d}}}{\partial z} \tag{8-2-11}
$$

$$
\frac{\partial u'}{\partial x} + \frac{\partial v'}{\partial y} + \frac{\partial w'}{\partial z} = 0 \tag{8-2-12}
$$

$$
\frac{\partial \theta'}{\partial t} + w's = 0 \tag{8-2-13}
$$

式中，$s = \dfrac{N^2}{g} = \dfrac{1}{\theta_s}\dfrac{\partial \theta_s}{\partial z}$，$N$ 为 Brunt-Vaisala 频率，$N^2 = gS$。

为求得非静力平衡重力内波的频散关系及相速，将上方程组消元，可得到关于 w' 的方程：

$$\left[\left(\frac{\partial^2}{\partial t^2} + f^2\right)\frac{\partial^2}{\partial z^2} + \nabla^2\left(\frac{\partial^2}{\partial t^2} + N^2\right)\right]w' = 0$$

令上方程有如下形式的波动解：

$$w' = w_0 \exp\{i(k_x x + k_y y + k_z z - \sigma t)\}$$

可得到频散关系：

$$\sigma^2 = \frac{k_z^2 f^2 + k_H^2 N^2}{k_z^2 + k_H^2} = \frac{f^2 + N^2 m^2}{1 + m^2}$$

当 $N^2 > f^2$ 时，

$$\sigma^2 > f^2 \qquad\qquad\qquad (8\text{-}2\text{-}14)$$

式中，$k_H^2 = \left(\dfrac{2\pi}{L_x}\right)^2 + \left(\dfrac{2\pi}{L_y}\right)^2 = k_x^2 + k_y^2$，$k_z = \dfrac{\pi}{H}$，$L_x$、$L_y$ 为水平波长，H 为扰动厚度，$H \geqslant 10\ \text{km}$，$\sigma$ 为频率，$m = \dfrac{k_H}{k_z}$ 表示扰动水平尺度与垂直尺度的无量纲数。

水平相速为：

$$c = \frac{\sigma}{k_H} = \left[\frac{k_z^2 f^2 + k_H^2 N^2}{(k_z^2 + k_H^2)k_H^2}\right]^{1/2} \qquad\qquad (8\text{-}2\text{-}15)$$

考虑中尺度重力惯性波，取 $L_H \sim 100\ \text{km}$，扰动的厚度 $H \sim 10\ \text{km}$，$k_H \ll k_z$，由式 (8-2-9)～(8-2-15) 有：

$$c \approx \left[\frac{f^2}{k_H^2} + \frac{N^2}{k_z^2}\right]^{1/2}$$

考虑 $N \sim 10^{-2} \sim 10^{-3}\ \text{s}^{-1}$，$f \sim 10^{-4}\ \text{s}^{-1}$，于是：

$$c \approx \frac{N}{k_z^2} \approx \frac{10^4}{\pi}N \qquad\qquad\qquad (8\text{-}2\text{-}16)$$

即在重力波尺度较小时，可近似不考虑地球自转效应对波速的影响，可见：

当层结不稳定时，$N^2 < 0$，c 为虚数。重力惯性波不稳定，没有水平传播的重力波，而是扰动就地发展。

当层结稳定时，$\gamma \sim 0.67\ ℃/100\ \text{m}$，$N \sim 10^{-2}\ \text{s}^{-1}$，$c \sim 10^{-1}\ \text{m/s}$。

当层结接近中性时，$N \sim 10^{-3}\ \text{s}^{-1}$，$c \sim 10^{0}\ \text{m/s}$。

需要强调的是，以上在估计波速大小时，略去了表示地球自转作用的项 f^2/k_H^2，对于尺度小的重力波波速值来说，地球自转影响是不大的，但地球自转改变了重力波的物理性质。不考虑地球自转作用，重力波波速和波长无关，是非频散波。考虑地球自转作用,重力波就成为频散波,这时波速是波长的函数,它的群速度可由 $c_g = \mathrm{d}\sigma/\mathrm{d}k_H$ 确定。

当有基本气流且存在垂直风切变时,其平均动能可转化为重力内波发展的动能,这时可以证明,当风速垂直风切变强时,尽管层结稳定,重力波仍是不稳定发展的,其判据是:

$$Ri \equiv \frac{\dfrac{g}{\theta_s}\dfrac{\partial \theta_s}{\partial z}}{\left(\dfrac{\partial V_s}{\partial z}\right)} < \frac{1}{4} \sim \frac{\text{克服稳定层结做功}}{\text{由}\,\overline{V}\,\text{转换来的能量}}$$

这时波长短的重力波增幅,并将破碎为湍流,而 $Ri \geqslant \dfrac{1}{4}$ 时,波长短的重力波稳定传播。

8.2.8.2　重力惯性波的结构及其对天气的影响

为讨论重力惯性波的结构及其对天气的影响,根据实际情况,取边界条件:$z=0$,$z=H$,$w=0$。相应重力惯性内波方程组的垂直运动解可表示成为:

$$w' = -w_0 \sin k_z z \sin(k_x x + k_y y - \sigma t) \tag{8-2-17}$$

将式(8-2-17)代入式(8-2-13)积分得:

$$\theta' = \frac{s}{\sigma} w_0 \sin k_z z \cos(k_x x + k_y y - \sigma t) \tag{8-2-18}$$

将式(8-2-17)代入式(8-2-12)得:

$$D' = k_z w_0 \cos k_z z \sin(k_x x + k_y y - \sigma t) \tag{8-2-19}$$

由原方程组可得涡度方程:

$$\frac{\partial \zeta'}{\partial t} = f \frac{\partial w'}{\partial z}$$

将式(8-2-17)代入上式积分得:

$$\zeta' = -\frac{f k_z}{\sigma} w_0 \cos k_z z \cos(k_x x + k_y y - \sigma t) \tag{8-2-20}$$

积分式(8-2-11)可求得:

$$P_d = -\sigma\left(1 - \frac{f^2}{\sigma^2}\right)(k_x^2 + k_y^2)^{-1} k_z w_0 \cos k_z z \cos(k_x x + k_y y - \sigma t) \tag{8-2-21}$$

还可求得:

$$P_d = -\frac{k_z w_0}{\sigma(k_x^2 + k_y^2)} \sqrt{k_x^2 \sigma^2 + f^2 k_y^2} \cos k_z z \cos(k_x x + k_y y - \sigma t + \varphi) \tag{8-2-22}$$

式中,$\varphi = \arctan \dfrac{f k_y}{\sigma k_x}$。

由(8-2-17)~(8-2-21)式可以清楚了解重力惯性波的结构。在对流层中,地面气压扰动和流场的涡度、散度最清楚，P_d、ζ' 和 D' 正比于 $\cos(k_z z)$，在地面振幅大向上减弱。而位温 θ' 与 w' 相似，正比于 $\sin(k_z z)$，在地面没扰动，向上逐渐明显。气压扰动与涡度扰动（ζ'）同相，即高压中心与气旋涡度中心重合，低压中心与反气旋涡度中心重合。散度 D' 和垂直运动 w' 较 P_d、ζ' 相差 $\pi/2$ 位相。散度 D' 和垂直运动 w' 位相同相，即在波动的下半部，上升气流与辐合位相同相，比低压中心落后 $\pi/2$；下沉气流与辐散位相同相，比高压中心落后 $\pi/2$。如图 8-2-44 所示。

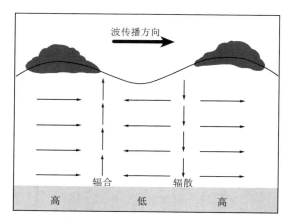

图 8-2-44　重力惯性波气流模式

低压扰动前部、高压后部为辐散下沉运动区，低压扰动后部、高压前部为辐合上升运动区，相应的高压移向辐合区，低压则移向辐散区，扰动沿气流方向传播。如果大气是对流不稳定的，则在重力惯性波波槽移过之后，在上升运动区，对流应当发展，最强的对流发生在气块最大的位移处，即与波脊一致。重力惯性波出现在对流天气发展之前，它起着一种触发机制的作用。在已经产生对流天气的区域，当有重力惯性波通过时，对流强度会出现周期性变化，在波槽后，雷暴单体或雷暴群加强发展，最强的对流活动出现在脊区，当下一个波槽接近时，对流强度减弱，以后当另一个波脊接近时，对流又重新加强。

§8.3　影响对流运动的主要因子和过程

对流运动和中小尺度系统的活动在一定的大尺度环流背景下形成，它们的发生发展与一定的因子和大尺度条件有关，大尺度环流条件为对流活动提供背景条件，在一定的程度上制约着对流的发生发展。发展起来的对流活动和中尺度系统也会互相作用，对大尺度环流条件和大尺度系统的演变产生反馈作用。对流的发生发展是一个复杂的过程。本节着重讨论这种作用和过程。在讨论中采用 Boussinesq 近似。

8.3.1　静力稳定度

大气是层结流体,大气对流与一般对流不同的地方就在于大气层结特性对于对流发展有着重要作用,而静力稳定度是表征大气层结特性的一个重要参数,它表示了大气层结对对流影响的趋势和程度。因此,分析影响对流发展的主要因子和过程,首先从静力稳定度开始。

8.3.1.1　稳定度的意义和作用

对稳定度的意义和作用的讨论,可以分别用气块法和能量法来讨论。

(1)气块法

如果近似地把对流云看成是一孤立气块,这种对流模式称为气块模式。在假定气块中的压力随时同其周围空气压力相适应的准静态条件前提下,垂直运动方程可写为:

$$\frac{\mathrm{d}w}{\mathrm{d}t} = -\frac{\rho_d}{\rho_s}g = \frac{\theta_d}{\theta_s}g \tag{8-3-1}$$

上式对 t 求导数后与绝热方程联立即得:

$$\frac{\mathrm{d}^2 w}{\mathrm{d}t^2} = \frac{g}{\theta_s}\frac{\mathrm{d}\theta_d}{\mathrm{d}t} = -\frac{g}{T_s}(\gamma_d - \gamma)w$$

或写成

$$\frac{\mathrm{d}^2 w}{\mathrm{d}t^2} + N^2 w = 0 \tag{8-3-2}$$

式中, $N^2 = \frac{g}{T_s}(\gamma_d - \gamma)$ 为静力稳定度参数,该方程的解为:

$$w = A\,\mathrm{e}^{\pm iNt} \tag{8-3-3}$$

从上面的解容易看出:

当大气层结为稳定时,即 $\gamma < \gamma_d$ 时, $\frac{g}{T_s}(\gamma_d - \gamma)$ 为正值, N 为实数,则此方程的解代表振动。气块受外力上升后,将恢复到原位置,并在原位置附近作上下简谐振动,其振幅为 A ,圆频率为:

$$N = \sqrt{\frac{g}{T_s}(\gamma_d - \gamma)} = \sqrt{sg} \tag{8-3-4}$$

这就是 Brunt-Vaisala 频率。若 $\gamma = 0.6\ ℃/100\ \mathrm{m}$, $T_s = 300\ \mathrm{K}$,则 $N \approx 1.1 \times 10^{-2}$ s^{-1} ,其振动周期为 $\tau = 2\pi/N = 9\ \mathrm{min}$ 。

当大气层结为不稳定时,即 $\gamma > \gamma_d$ 时, $\frac{g}{T_s}(\gamma_d - \gamma)$ 为负值, N 为一虚数,则(8-3-3)式这个解代表随时间作指数增大的运动,因而上升气块将一直向上作浮升运动,有对流运动发展,这就是静力不稳定情况。

(2)能量法

静力稳定度的作用,也可以进一步应用能量方程来分析。

把(8-1-2)式运动方程和速度矢量 V 作数量积,此后对整个对流活动区域 τ 积分,再应用式(8-1-3′)的连续方程,并设在区域边界上的法向速度为零,这样使得动能积分为:

$$\frac{\partial}{\partial t}\int_{\tau}\frac{1}{2}(u^2+v^2+w^2)\mathrm{d}\tau=\int_{\tau}\frac{g}{\theta_s}\theta_d w\mathrm{d}\tau \qquad (8\text{-}3\text{-}5)$$

同样地,把(8-1-4)式的热量方程乘上 θ_d,应用上面相同的运算后,便得到内能的积分为:

$$\frac{\partial}{\partial t}\int_{\tau}\frac{1}{2}\theta_d^2\mathrm{d}\tau=-\int_{\tau}a\theta_d w\mathrm{d}\tau \qquad (8\text{-}3\text{-}6)$$

式中,$a=\gamma_d-\gamma$,由(8-3-5)和(8-3-6)式可得总能量的积分为:

$$\frac{\partial}{\partial t}\int_{\tau}\frac{1}{2}(u^2+v^2+w^2+\frac{g}{\theta_s a}\theta_d^2)\mathrm{d}\tau=0 \qquad (8\text{-}3\text{-}7)$$

或者

$$\int_{\tau}\frac{1}{2}(u^2+v^2+w^2+\frac{g}{\theta_s a}\theta_d^2)\mathrm{d}\tau=E_0 \qquad (8\text{-}3\text{-}8)$$

式中,E_0 是初始时刻对流运动的总能量。(8-3-8)式指出,在所给定的条件下,对流运动中的总能量是不随时间改变的。

由(8-3-8)式还可以看出,当层结为稳定时,即 $a=\gamma_d-\gamma>0$,如果对流运动中的动能增加,则内能减小,或者反之。任何时刻对流运动的总动能 E_0 为:

$$E_0=E_V-E_\theta \qquad (8\text{-}3\text{-}9)$$

式中,E_θ 为总内能。

另一方面,如果层结是不稳定的,即 $a=\gamma_d-\gamma<0$,那么,由(8-3-8)式容易看出,对流运动中的动能和内能可以同时增加,则其总动能为:

$$E_v=E_0+E_\theta \qquad (8\text{-}3\text{-}10)$$

因此如果初始能量是一样的,那么,比较(8-3-9)和(8-3-10)两式,就可以看出,在不稳定层结下的总动能要大于稳定层结下的总动能。由此也可以看出,不稳定层结是有利于对流发展的。

8.3.1.2 阻挡层的双重作用

等温、逆温或温度递减率很小的气层统称阻挡层。阻挡层是稳定层结,一方面能限制对流的发展,但另一方面如果在对流层的中、低层有阻挡层,特别是有强烈下沉逆温的存在,对于大气低空不稳定能的储存和积累有重要的作用。逆温层阻碍了湿空气向上穿透,再通过平流和日间加热,使逆温层以下的气层变得更暖更湿。同时,对流层中间和上层可以变得更冷。这样,在阻挡层以下的气层里,对流不稳定继续增大,积累更多的潜在不稳定能量,一旦有某种机制使阻挡层消失,强烈的对流就会爆发。从这个意义上来讲,阻挡层的存在则可作为强对流发生发展的一个前期条件。

例如,1974 年 6 月 17 日南京地区有一条强飑线过境时,出现了持续 1 h 之久的 20 m/s 以上的大风,瞬时风速达 38.9 m/s,10 min 最大降水量为 18.6 mm,有的地方还下了大冰雹。这种强烈对流天气,在南京历史上是罕见的。当天,在南京 07 时和 13 时的层结曲线上,在 800 hPa 附近可以,可见到一个相当强的下沉逆温,抑制着对流的发展。江苏省其他一些地方,也有类似情形。从 17 日 07 时的探空曲线可以清楚地看出(图 8-3-1),南京和徐州两地在 800~700 hPa 之间,均有一下沉逆温,逆温厚度为 250~600 m,顶底温差约 2 ℃,逆温上部 $\gamma \approx \gamma_d$。在 700 hPa 附近形成了一个干区,温度和露点的差值达 20 ℃ 以上。17 日清晨,这些地方大雾弥漫,上午地面辐射雾消散以后,由于有下沉逆温存在,只出现了矮小的积云或层积云。从南京的天气实况看到,雷暴发生在 19 时以后,19 时的地面气温为 29.8 ℃,可是 13 时的气温已达 30.8 ℃,16 时气温又增至 32.5 ℃,这时不但没有发生雷暴,甚至连浓积云也看不到,只有少量的碎积云。

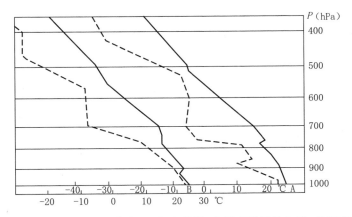

图 8-3-1　17 日 07 时徐州(A)和南京(B)探空曲线,实线表示层结曲线,虚线表示露点曲线,横坐标上一行是 A 的温度,下一行是 B 的温度(引自齐力,1975)

下沉气流造成的下沉逆温是抑制对流发展的,但是在对流未发生之前,在下沉逆温下面储存了大量的不稳定能量。在对流已经发生后,周围的下沉气流一方面抑制着强对流云体周围新的对流发展,另一方面也促使对流云外的暖湿空气从底部源源不断地流入对流云中,使对流云继续加强发展。这种作用就是使不稳定能量不至于零散释放,到处都发生对流,而是使不稳定量集中在具有强大触发机制的地区释放,造成剧烈的对流天气。由此可见,在分析预报强烈对流天气的出现与否,应当充分注意中、低空阻挡层的存在及其对不稳定能量积累的作用。

8.3.2 云外下沉气流

观测表明,在对流云的四周有补偿下沉气流存在。完整的对流的概念应该是由上升、下沉和相应的水平运动组成,云内上升气流和云外下沉气流是对流环流的统一整体。因此,上升空气从不稳定层结中所取得的能量,并不完全都用在加强上升运动的本身,其中有一部分是消耗在维持下沉运动上的。从这个意义上讲,云外补偿下沉气流是上升气流的一种阻力。如果云体以上升气流区为界,那么,云外下沉气流对云的发展就会有影响。

皮叶克尼斯最早注意到这种影响。为了数学分析的方便,在一个单位厚度的空气薄层上处理了这一问题。因此,所求得的对流发展判据,称为薄层法判据。

下面用能量守恒的原理来推导这一判据。将能量力程(8-3-8)。用在一薄层气层上,则有:

$$\iint_s \frac{1}{2}\left[a(u^2+v^2+w^2)+\frac{g}{\theta_s}\theta_d^2\right]\mathrm{d}s = \widetilde{E}_0 \qquad (8\text{-}3\text{-}11)$$

式中,S 是在这一薄层上的对流活动区。$\widetilde{E}_0$ 是总能量。

如果设初始总能量为零,那么上式变为:

$$\iint_S a(u^2+v^2+w^2)\mathrm{d}s = -\frac{g}{\theta_s}\iint_S \theta_d^2\,\mathrm{d}s \leqslant 0 \qquad (8\text{-}3\text{-}12)$$

按薄层法的假定,设上升运动面积(云的面积)为 S_b,垂直速度为 w_b,下沉运动面积为 S_c,速度为 w_c,并设大气是条件性不稳定的,即在上升区中取 γ_m,下沉区中取 γ_d。如果不考虑水平运动,那么由(8-3-12)式得:

$$(\gamma_m-\gamma)w_b^2 S_b+(\gamma_d-\gamma)w_c^2 S_c \leqslant 0 \qquad (8\text{-}3\text{-}13)$$

引进质量连续性条件:

$$S_b w_b + S_c w_c = 0 \qquad (8\text{-}3\text{-}14)$$

应用(8-3-14)式消去(8-3-13)式中的 w_c,则得

$$S_b w_b^2\left[(\gamma_m-\gamma)+(\gamma_d-\gamma)\frac{S_b}{S_c}\right] \leqslant 0 \qquad (8\text{-}3\text{-}15)$$

由于云的面积不会是负的,所以 $S_b \geqslant 0$。这样,对流存在就必须有下列关系:

$$\frac{S_b}{S_c} \leqslant \frac{\gamma-\gamma_m}{\gamma_d-\gamma} \qquad (8\text{-}3\text{-}16)$$

此即皮叶克尼斯最早给出的薄层法判据。

(8-3-16)式也可改写成:

$$\gamma \geqslant \gamma_m + \frac{S_b}{S_c}(\gamma_d - \gamma) \qquad (8\text{-}3\text{-}17)$$

这是考虑了云外下沉补偿气流影响后对流云发展的层结条件,可见对流发展所要求的临界垂直温度梯度变大了。从(8-3-14)和(8-3-16)式还可以看出,在对流云发展的过程中,随着对流运动的加强和 γ 向 γ_m 接近,S_b 和 S_c 的比值减小,云外下沉运动区变宽,云中的上升运动区变窄。

中低纬度对积云对流的实际观测表明,在对流云体附近和云块之间的晴空,有明显的干下沉气流区。一般来说,在云的中上部,云外的下沉气流速度约为云内主要上升气流速度的 25%～50%,在紧邻上升空气边界的地方,下沉气流最强,离开上升气流而逐渐减弱。按照空气质量连续性原理,受干下沉气流影响的区域必定比湿上升气流区大,约为湿上升气流区的两倍,因此,云的中上部约为 50% 的空气质量被局地干下沉气流所补偿。在对流云的周围晴空区中,出现异常的增温,一般认为这是由于下沉空气绝热压缩的结果。

应当特别指出的是,云周围的晴空区,并不全是云外补偿下沉气流区,由于对流云体直接造成的环流是有限的,而离对流云距离较远的区域,则应是大尺度的下沉运动区,它的出现,可能是由高一级的环流所决定的。假设存在湿对流区(A 区)和没有对流的较大环流区(B)区。A 区由向上的湿环流和向下的干环流组成。由于湿区中的潜热释放和干区的下沉增温,形成了一个相对暖区,于是在 A 区和 B 区之间,有一相对暖的积云对流区而引起的中间尺度的环流(与第二类条件性不稳定环流相似)。如图 8-3-2 所示,用断线包围的 A 区,表示有许多对流单体组成的活跃对流云群区。对流单体的局地上升气流和周围的下沉补偿气流用小的正负号表示;大的正负号,则表示 A、B 区内的平均垂直气流。这种中间尺度环流说明在对流云周围可以有更大范围的晴空下沉气流存在,并且这一过程所引起的低层水汽辐合,也是促使对流云群进一步维持加强的机制。

8.3.3　挟卷过程

云内空气上升的过程中,还会将云外空气大量卷入云内。云外的空气同云内相比是干而冷的,云中空气由于混合和云中水分进入卷进来的空气里部分蒸发而变冷了,这样就不能不使云中空气受的浮力减小,从而使云的发展受到影响。观测事实指出,云内温度递减率一般要比湿绝热递减率大,而云内实测的含水量

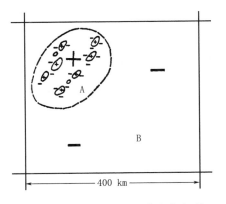

图 8-3-2　对流云区和环境空气间的中间尺度环流(引自 Fritsch,1975)

值也总比该高度上云中空气绝热上升所凝结出来的水量(绝热含水量)小。这些事实表明云内外空气存在着强烈的混合过程。如果将云中质量增加的百分率定义为挟卷率,对于发展旺盛的对流云,在 500 hPa 高度挟卷率至少要达 100%。这表明在 500 hPa 高度从云四周进入的空气量与从云底进入的相等。

挟卷过程产生的物理原因,一方面是由于湍流混合的水平交换,另一方面是质量连续性所要求的必然结果。因为在云内,由于不稳定能量的释放,空气将加速上升,如果上升气柱的外形不变,那么在云柱内任意二个相邻截面所包含的体积元中,从上截面流出的质量,要比从下截面进入的多,于是空气必须从四侧流入以补偿这一体积元中空气质量之不足。由于这种原因引起的挟卷,称为动力挟卷;对湍流混合的挟卷作用,则称为湍流挟卷。一般来说,对流云的水平范围越小,湍流挟卷的相对贡献越大。在大块浓积云中,特别是积雨云中,动力挟卷起主要作用。

8.3.3.1 稳气泡模式

在对流云发展的早期,可以看成是由向上浮升的一些云泡所组成,这就是研究对流云的气泡模式。这种模式认为,当气流发生之后,空气到达凝结高度以上,在干的环境空气里,它以云泡形式向上浮升。云泡在浮升的过程中,是通过圆锥形通道按下式展开的:

$$r = \alpha z \qquad (8\text{-}3\text{-}18)$$

式中,r 是云泡半径,z 为离开对流源的高度,α 是加宽系数,它反映了挟卷作用,大约是 $0.20 \sim 0.25$。

图 8-3-3 表示云泡在上升过程中通过圆锥形通道的情形,图中箭头表示相对于云泡的运动,是由一个在浮升云泡内为向上运动和沿边界为较弱的下沉运动的涡旋环所组成(图 8-3-4)。云泡开始由于与环境空气的混合作用,在干环境里只向上穿透一个有限的距离而趋于消失,这样会使其占据的空间变暖变湿。后面从同一云泡源上升的气泡,在穿过原先的环境时,由于这时的环境性质与其本身没有多大差别,因而通过同一通道的云泡,在被干空气腐蚀之前,可以一个比一个升得更高,从而使对流云发展起来。

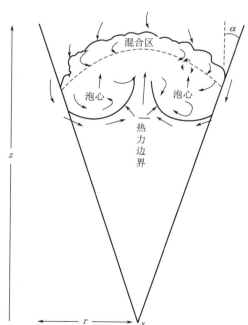

图 8-3-3　云泡在圆锥形通道中展开的
情形(引自 Scorer,1958)

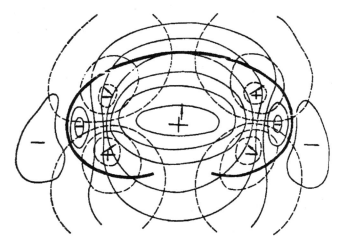

图 8-3-4　云泡中的气流速度分布,实线为垂直速度,

粗实线为云泡轮廓,虚线为水平速度(引自 Scorer,1958)

云泡上升速度 W,取决于浮力与阻力之间的关系,根据实验的结果,

$$W = C(g\overline{B}r)^{\frac{1}{2}} \qquad (8\text{-}3\text{-}19)$$

式中,C 是常数,$g\overline{B}$ 是平均浮力,类似于(8-1-2′)式中的 $\dfrac{\theta_d}{\theta_s}g$,(8-3-19)式表明,垂直速度随浮力的加大而增加,也随云泡的尺度而增加。实际观测表明,对于开始产生的对流云泡或刚从母体生出来的孤立的积云塔,是相当好地遵守这一关系的。

云泡中的垂直加速度与重力浮力、形状阻力和云泡同环境空气之间的交换有关:

$$\frac{\mathrm{d}W}{\mathrm{d}t} = \frac{\theta_d}{\theta_s}g - \frac{3}{8}\left(\frac{3}{4}K + C_D\right)\frac{W^2}{r} \qquad (8\text{-}3\text{-}20)$$

这里的 W 是云泡质量中心的垂直速度,C_D 为阻力系数,K 表示云泡同环境空气的交换系数。从上式可见,当上升对流云泡的尺度增大时,挟卷和形状阻力(等式右端第二项)的影响减小。因而对于有较大发展的对流云体,垂直加速度更接近于由方程(8-1-2′)所描述的情况。

8.3.3.2　气柱模式

高耸的积云塔一般呈柱状,强大的对流风暴更是如此,而它们的云底位于凝结高度,均平坦少变。这一事实表明,云下气层中不断有空气向上输送。考虑云外空气侧向挟卷入云之后,与云内空气的相互作用。图 8-3-5 表示射流与挟卷环境空气的情形。向上的空气运动看作射流,而两侧环境空气以正比于射流速率并入射流,它们的关系是:

$$u = \alpha w \qquad (8\text{-}3\text{-}21)$$

式中，w 是射流速率，u 是从下部进入射流的空气的径向速率，α 是射流张角（jet spread），相当（8-3-18）式中的 α，对于一个从对流源产生的"云柱"或射流，由实验给出的 $\alpha \sim 0.1$，比（8-3-18）式中的加宽系数要小。

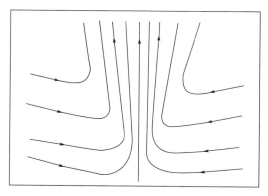

图 8-3-5　进入射流的挟卷（引自 Stommel，1947）

在对流云发展的稳定阶段，上升运动随高度增加，按质量连续性要求，需要有水平穿过圆柱体壁的空气吸入，即动力挟卷过程，其挟卷率可从质量连续性关系得出。对于上升气柱半径为 r 的水平截面，其连续方程式为：

$$\frac{\mathrm{d}}{\mathrm{d}z}(\pi r^2 \rho w) = 2\pi r \rho u \tag{8-3-22}$$

这里不考虑密度随时间的变化，并假定云内外空气密度是相同的，而 w 为云中的垂直速度，u 为水平截面半径方向水平风速分量，以指向截面的中心为正。（8-3-22）式右端表示在单位时间内从单位厚度云柱外壁流入的空气量，等式左端括号中的 $\pi r^2 \rho w$ 为对流云中上升气流在单位时间内通过水平截面的空气质量，可以用 M 表示，再由（8-3-21）式将（8-3-22）式改写为：

$$\frac{\mathrm{d}}{\mathrm{d}z}(\pi r^2 \rho w) = 2\pi r a w \rho \quad \text{或} \quad \frac{1}{M}\frac{\mathrm{d}M}{\mathrm{d}z} = \frac{2a}{r} \tag{8-3-23}$$

方程（8-3-23）就是挟卷率的表达式。这个方程表明，挟卷率是随着云柱直径的增加而减小的。因而在强大的对流云体中，可以忽略挟卷的作用。

下面再进一步分析一个简单情况下挟卷对于对流云发展的层结条件的影响。由于对较大的对流云，动力挟卷是重要的，因此这里只是从动力挟卷的作用来加以讨论。把云看成是常定的对流气柱。于是由（8-1-2），（8-1-5′）式，垂直运动方程可写成：

$$u\frac{\partial w}{\partial x} + v\frac{\partial w}{\partial y} + w\frac{\partial w}{\partial z} = \frac{T_d}{T_s}g - \frac{1}{\rho_s}\frac{\partial p_d}{\partial z}$$

或将上式写成：

$$\frac{\partial w^2}{\partial z} + \frac{\partial uw}{\partial x} + \frac{\partial vw}{\partial y} - w\left(\frac{\partial u}{\partial x} + \frac{\partial v}{\partial y} + \frac{\partial w}{\partial z}\right) = \frac{T_d}{T_s}g - \frac{1}{\rho_s}\frac{\partial p_d}{\partial z}$$

利用准不可压缩近似，并且同浮力相比略去垂直气压偏差梯度力项，则有：

$$\frac{\partial w^2}{\partial z} + \frac{\partial uw}{\partial x} + \frac{\partial vw}{\partial y} = \frac{T_d}{T_s}g \tag{8-3-24}$$

如果非绝热加热只考虑凝结潜热的影响，热流量方程可写成以下形式：

$$\frac{\partial T}{\partial t} + u\frac{\partial T}{\partial x} + v\frac{\partial T}{\partial y} + w\frac{\partial T}{\partial z} + \gamma_m w = 0$$

考虑到定常条件，并改变上式前四项的形式有：

$$\frac{\partial wT}{\partial z} + \frac{\partial uT}{\partial x} + \frac{\partial vT}{\partial y} - T\left(\frac{\partial u}{\partial x} + \frac{\partial v}{\partial y} + \frac{\partial w}{\partial z}\right) + \gamma_m w = 0$$

在准不可压缩近似的情况下，最后得到：

$$\frac{\partial wT}{\partial z} + \frac{\partial uT}{\partial x} + \frac{\partial vT}{\partial y} + \gamma_m w = 0 \tag{8-3-25}$$

取对流柱的一个小段，设其体积为 τ，它的面积为 S，则对（8-1-3′）式的连续方程取体积分，即

$$\int_\tau \frac{\partial w}{\partial z}d\tau = -\int_\tau \nabla\cdot\mathbf{V}d\tau = \iint_s v_n\,\mathrm{d}s \tag{8-3-26}$$

式中，v_n 是侧边界上的法向风速，向内为正，如果体积 τ 很小，可近似地将上式写成：

$$v_n\Delta S = \frac{\partial w}{\partial z}\Delta\tau \tag{8-3-27}$$

定义 $\Delta m = \rho v_n\Delta s/\tau$ 为单位体积、单位时间内从气柱侧边界流入的空气量，于是（8-3-27）式成为：

$$\Delta m = \rho\frac{\partial w}{\partial z} \tag{8-3-28}$$

这一式子给出了挟卷作用和气柱内气流分布的关系。

同样地，由（8-3-24）式得到：

$$\frac{\partial w^2}{\partial z}\Delta\tau - v_n w_s = \frac{g}{T_s}T_d\Delta\tau$$

如果假定云外空气垂直速度 $w_s = 0$，则得：

$$\frac{\partial w}{\partial z} = \frac{g}{2w}\frac{T_d}{T_s} \tag{8-3-29}$$

此外，由（8-3-26）式得到：

$$\frac{\partial wT}{\partial z}\Delta\tau - v_n T_s\Delta s + \gamma_m w\Delta\tau = 0$$

应用(8-3-27)和(8-3-29)式消去式中的 v_n 和 $\dfrac{\partial w}{\partial z}$，上式写成：

$$T\frac{g}{2w}\frac{T_d}{T_s}\Delta\tau + w\frac{\partial T}{\partial z}\Delta\tau - T_s\frac{g}{2w}\frac{T_d}{T_s}\Delta s + \gamma_m w\Delta\tau = 0$$

经过整理最后得：

$$-\frac{\partial T}{\partial z} = \frac{1}{2w^2}\frac{g}{T}T_d^2 + \gamma_m \qquad (8\text{-}3\text{-}30)$$

对于常定状态，可以把 $\dfrac{\partial T}{\partial z}$ 看成就是云柱内空气温度的递减率，表示成 $\dfrac{\delta T}{\delta z}$。由此得：

$$-\frac{\delta T}{\delta z} = \frac{1}{2w^2}\frac{g}{T_s}T_d^2 + \gamma_m \qquad (8\text{-}3\text{-}31)$$

由此可见，当考虑了挟卷作用后，云内空气的温度递减率不等于湿绝热递减率，两者之差值，即为(8-3-31)式右端第一项。由于这项总为正，因此，云内温度的实际递减率要比湿绝热递减率大。

如果云外空气温度的垂直分布为 $-\dfrac{\partial T_s}{\partial z} = \gamma$，那么，按静力稳定度判据，云发展时，

$$-\frac{\partial T_s}{\partial z} > -\frac{\partial T}{\partial z}$$

将(8-3-31)式代入上式后，得到云发展的条件为：

$$\gamma > \gamma_m + \frac{1}{2w^2}\frac{g}{T_s}T_d^2 \qquad (8\text{-}3\text{-}32)$$

可见，挟卷过程使云发展所要求的递减率变大。不过，由(8-3-32)式可知，只有当云内外温差大而云内垂直气流弱时，挟卷影响才是重要的。

8.3.4 垂直风切变

一般认为风的垂直切变是阻碍对流云发展的，因为在垂直切变作用下，垂直发展的云向下风方倾斜，而不能直立。在这种情况下，由于对流上升的路径加长，环境空气卷入对流空气的作用增强，另外，对流空气不易走相同的路径，以形成有利于以后对流上升的环境，这些作用使得对流受到抑制。但是，风的垂直切变对云塔倾斜的影响，只是对小的云塔，如积云、浓积云以至小积雨云等才重要，对体积庞大的雷雨云，这种效应并不显著。

不少观测结果发现，有些大雷暴或强风暴在强垂直风切变或高空急流存在的环境下发展，并能直立维持数小时，这表明垂直切变对积云或小积雨云和强对流系统的影响是不同的。对于强对流风暴，风的垂直切变不但不是阻碍因子，而且是维持和增

强风暴的因子。在出现强热力不稳定的层结条件下,风的垂直切变是有助于雷暴组织成持续性强雷暴。风的垂直切变条件是区别强风暴动力学与积云动力学的基本条件之一。

关于风的垂直切变和急流对于对流发展的影响,主要有以下三个问题:一是垂直切变通过什么物理过程影响对流云的发展;二是急流的作用是什么;三是环境风的垂直切变与对流云如何相互作用影响对流云的传播。这里先分析前两个问题,环境风的垂直切变与对流云如何相互作用影响对流云的传播将在下节介绍。

8.3.4.1　高空垂直风切变的影响

对流云经常在高空急流的下方有猛烈的发展,有时云顶甚至能穿透对流层顶进入平流层中。下面讨论风速垂直切变影响对流发展的动力过程和条件。

对于有限振幅的对流运动,如果当环流中存在的盛行风只是高度的线性函数,那么,类似于(8-3-5)和(8-3-6)式的推导,有下面能量方程(在此只研究 xz 平面的二维问题):

$$\frac{\partial}{\partial t}\iint_S \frac{1}{2}(u^2+w^2)\mathrm{d}s = -\widetilde{U}'\iint_S uw\,\mathrm{d}s + \beta\iint_S w\theta_d\,\mathrm{d}s \tag{8-3-33}$$

$$\frac{\partial}{\partial t}\iint_S \frac{1}{2}\theta_d^2\,\mathrm{d}s = -\alpha\iint_S w\theta_d\,\mathrm{d}s \tag{8-3-34}$$

式中, $\beta = \dfrac{g}{\theta_s}$, $\widetilde{U}' = \dfrac{\mathrm{d}U}{\mathrm{d}z}$ 为风速垂直切变,并假设为常数。

下面从(8-3-33)和(8-3-34)式出发,来讨论风的垂直切变对对流发展的影响。

将扰动速度场用流函数 Ψ 表示成:

$$u = \frac{\partial \Psi}{\partial z}, \quad w = -\frac{\partial \Psi}{\partial x} \tag{8-3-35}$$

设在所讨论的时间间隔中,对流的结构不变,而振幅可以变化。这样可以假定:

$$\Psi = A(t)\Phi(x,z), \quad \theta_d = B(t)\theta(x,z) \tag{8-3-36}$$

于是,

$$u = A\frac{\partial \phi}{\partial z}, \quad w = -A\frac{\partial \phi}{\partial x} \tag{8-3-37}$$

将(8-3-36)和(8-3-37)式代入(8-3-33)式有:

$$\frac{\partial}{\partial t}\iint_S \left[\frac{1}{2}A^2\left(\frac{\partial \phi}{\partial z}\right)^2 + \frac{1}{2}A^2\left(\frac{\partial \phi}{\partial x}\right)^2\right]\mathrm{d}s = \widetilde{U}'\iint_S A^2\left(\frac{\partial \phi}{\partial x}\right)\left(\frac{\partial \phi}{\partial z}\right)\mathrm{d}s + \beta\iint_S -A\left(\frac{\partial \phi}{\partial x}\right)B\Theta\,\mathrm{d}s$$

或写成

$$\frac{1}{2}\frac{\mathrm{d}A^2}{\mathrm{d}t}\iint_S (V^2+W^2)\mathrm{d}s = -\widetilde{U}'A^2\iint_S WV\,\mathrm{d}s + \beta BA\iint_S W\Theta\,\mathrm{d}s$$

于是

$$\frac{\mathrm{d}A}{\mathrm{d}t} = -\widetilde{U}'K_1 A + \beta K_2 B \tag{8-3-38}$$

式中,

$$K_1 = \frac{\iint\limits_S WV \mathrm{d}s}{\iint\limits_S (W^2 + V^2)\mathrm{d}s}, K_2 = \frac{\iint\limits_S W\Theta \mathrm{d}s}{\iint\limits_S (W^2 + V^2)\mathrm{d}s} \tag{8-3-39}$$

而

$$V = \frac{\partial \phi}{\partial z}, W = -\frac{\partial \phi}{\partial x} \tag{8-3-40}$$

将(8-3-36)和(8-3-37)式代入(8-3-34)式有:

$$\frac{\partial}{\partial t}\iint\limits_S \frac{1}{2}B^2\Theta^2 \mathrm{d}s = aB\iint\limits_S AW\Theta \mathrm{d}s$$

即得,

$$\frac{\mathrm{d}B}{\mathrm{d}t} = -a l_1 A \tag{8-3-41}$$

式中,

$$l_1 = \frac{\iint\limits_S W\Theta \mathrm{d}s}{\iint\limits_S W\Theta^2 \mathrm{d}s} \tag{8-3-42}$$

由(8-3-38)和(8-3-41)两式消去 B 后,便得描写流场振幅变化的方程:

$$\frac{\mathrm{d}^2 A}{\mathrm{d}t^2} + \widetilde{U}'K_1 \frac{\mathrm{d}A}{\mathrm{d}t} + K_2 l_1 \alpha \beta A = 0 \tag{8-3-43}$$

这个常系数齐次线性微分方程的解为:

$$A = C_1 \mathrm{e}^{\sigma_1 t} + C_2 \mathrm{e}^{\sigma_2 t} \tag{8-3-44}$$

式中,$\sigma_{1,2}$ 为增长率,由(8-3-43)式的特征方程可得 $\sigma_{1,2}$,即

$$\sigma^2 + \widetilde{U}'K_1\sigma + K_2 l_1 \alpha\beta = 0$$

$$\sigma_{1,2} = -\frac{\widetilde{U}'K_1}{2} \pm \sqrt{\left(\frac{\widetilde{U}'K_1}{2}\right)^2 - \alpha\beta K_2 l_1} \tag{8-3-45}$$

根据特征根(8-3-45)的性质,对流发展的条件如下。

(1)对流的振幅成指数增长

①$\alpha < 0$(静力不稳定),或者②$\alpha > 0$(静力稳定),$\widetilde{U}'K_1 < 0$,并且

$$\alpha\beta K_2 l_1 \leqslant \frac{\widetilde{U}'^2 K_1^2}{4}, Ri \leqslant \frac{1}{4}\frac{K_1^2}{K_2 l_1} \tag{8-3-46}$$

（2）对流的振幅成指数地振荡增长

$$\alpha > 0, \widetilde{U}'K_1 < 0 \text{ 而 } Ri > \frac{1}{4}\frac{K_1^2}{K_2 L_1} \tag{8-3-47}$$

（3）对流的振幅成指数地衰减

$$\alpha > 0, \widetilde{U}'K_1 > 0 \text{ 而 } Ri \leqslant \frac{1}{4}\frac{K_1^2}{K_2 L_1} \tag{8-3-48}$$

（4）对流的振幅成指数地振荡衰减

$$\alpha > 0, \widetilde{U}'K_1 > 0 \text{ 而 } Ri > \frac{1}{4}\frac{K_1^2}{K_2 L_1} \tag{8-3-49}$$

以上各式中，$Ri = \dfrac{\alpha\beta}{\widetilde{U}'^2}$ 是理查森（Richardson）数。

由此可见，除了不稳定层结是有利于对流发展的一个因子之外，对于有一定结构的对流环流，风速垂直切变也可以是一个有利因子。

在大气中，特别是高空急流的下方，经常出现的情况是 $\widetilde{U}' > 0$，即风速随高度增加。在这种情况下，如果对流流场的结构具有 $K_1 < 0$ 的性质，那么，风速垂直切变对这种对流的发展将是有利的。

$K_1 < 0$ 的条件，也就是：

$$\iint_S WV \mathrm{d}s < 0 \tag{8-3-50}$$

的条件。这表明对流的扰动流场中，垂直速度和水平速度之间需要具有净的负相关。

图 8-2-8 和图 8-3-6 是由美国国家海洋与大气管理局（NOAA）应用双多普勒雷达观测到的成熟和消散阶段强雷暴内部的三维气流结构，图 8-2-8 是 6.4 km 高度上的水平的相对气流，其 Y 轴指向北方。图 8-3-6 是沿着图 8-2-8 中 $Y = 11.4$ km 虚线剖面上的气流型式。图中清楚地表明进入雷暴云体的气流，逆着切变气流方向倾斜上升，然后从高空流出，与云体周围的干下沉气流形成一个后倾的环流圈。具有这种内部流场结构的对流云，除了对流不稳定能提供其发展能量之外，在其发展过程中，还能从高空急流中获得动能，使其进一步向高空伸展，甚至成为穿透对流层顶的强大对流云。

从实际情况看，强对流风暴的发展常与高空急流的存在分不开的。例如，1975年 5 月 30 日，由安徽的定远、凤阳间开始，直到上海地区，发生了一次强冰雹过程。17 时南京也出现了冰雹，雹云的雷达回波顶高达到 14 km 以上。但从探空资料来看，南京 30 日 08 时 300 hPa 以上 $\gamma < \gamma_{\mathrm{m}}$ 为绝对稳定层结。11 时按气块法作状态曲

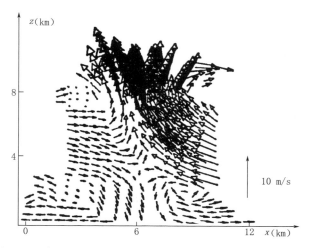

图 8-3-6　如图 8-2-4 所示的 $Y=11.4$ km,xoz 面上的垂直气流

线,对流上限也只达 10 km 左右。雹云之所以能够大大超出由热力层结确定的对流高度,与高空存在急流是分不开的。30 日 08 时 300 hPa 急流轴附近最大风速为 54~56 m/s。南京上空急流下方 8~9 km 的风垂直切变达到 2.1×10^{-2} s^{-1}。这样强的风切变影响对流的发展是显著的。高空强风区所提供的能量,不仅可以弥补高层热力层结稳定的缺陷,而且还能助长对流冲到对流层顶或以上。图 8-3-7 中给出

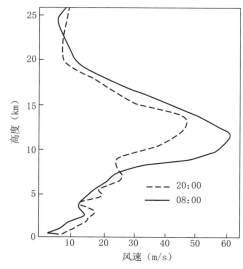

图 8-3-7　1975 年 5 月 30 日
南京高空风速廓线

了 5 月 30 日 08 时和 20 时的南京高空风速廓线。可以看出,在南京降过冰雹之后,上空 8~14 km 间的高空风速明显减小,在 12 km 高度减得最多达 22 m/s,这是强大冰雹云从高空强风中获得发展动能的证据。

8.3.4.2　中低空垂直风切变的影响

中低空垂直风切变对于普通雷暴演变成持续性强对流风暴有着特别重要的意义。如果低层大气层结为条件不稳定的湿空气,上面覆盖着干空气,在干湿空气之间存在着如图 8-3-8 所示的垂直风切变。在中层以上就有干冷空气自云体后部流入,与云中饱和空气混合,因水分的蒸发而进一步冷却下沉,下沉中按湿绝

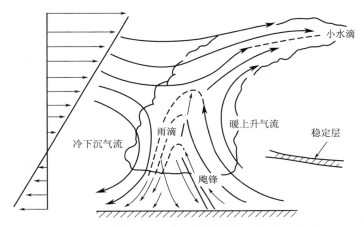

图 8-3-8　中低空风垂直切变对对流发展的影响(引自吉琦正憲,1977)

热过程变化,在云体后部形成湿下沉气流,进入下沉气流和环境空气具有中层环境较高的动量,就使下沉气流到达低层穿过风暴向前流动,并与前方的暖湿空气辐合。再加上达到地面的空气温度低,成为冷的出流,并抬升前方的暖湿空气,使强烈的上升气流呈倾斜状态,这种倾斜的上升气流是逆切变方向的。在具有逆切变倾斜上升气流的环流条件下,低层的暖湿空气被抬升凝结释放能量。此后,上升的气流在高空转为与盛行风一致离开云体向远处流去。在这样的环流系中,由于上升气流是倾斜的,对大小水滴有分离(筛选)作用。由于水滴大小的差别和环境风的影响,使水滴的速度矢量偏离所处的空气速度矢量,其偏离程度依水滴大小的差别和环境风的量值而不同。水滴越大,环境风越强,偏离越大。考虑到这些偏差,造成在强对流中上升气流和水滴的路径有明显的不同。大水滴(雨滴)因偏离大而累积在上升气流逆切变的一侧,并离开上升气流落向低层。小水滴偏离小,基本上随上升气流被带向高空并形成云砧。大水(雨)滴在下落过程中,由于它们的拖带和蒸发冷却作用,加强云体内的湿下沉气流,而不至于由于降水的拖带减弱上升气流。这样,顺切变的湿下沉气流与前方逆切变倾斜的上升气流,通过各自的通道下沉与上升,两者之间呈准片流状态,这就在对流风暴和环境之间形成了能量供给和释放形成有组织的环流系。冷的地面出流造成的强低空辐合把前方低空空气抬升,使新的上升气流不断形成,并释放不稳定能量,对流活动就能长时间的维持。因而有组织化的环流系出现,犹如一部高效率的天然热机,将短生命的普通雷暴演变成长生命、持续不断的对流风暴。

总的来说,中、低空之间风的垂直切变对对流云的发展和转化有三方面的作用。

(1)环境场的垂直风切变,可以造成温度和湿度的差动平流,对位势不稳定的建立和维持有重要作用。由于位势不稳定的建立和维持,可为对流的进一步发展提供不稳定能量。

（2）切变环境场的气流和云中气流的相互作用,可以使得云中气流组织化,组织化的气流对水（雨）滴的分离作用,可以增强对流的活力,增强了的中空干冷空气的入流,又可加强风暴中的下沉气流和低层冷空气外流,抬升前方的暖湿空气。

（3）在低层造成一定的散度分布,有利于风暴在其适当的部位不断再生,使风暴得以传播。

从中纬度来说,风的垂直切变对于对流云发展是有利因素,这是与风的垂直切变一般很弱的热带对流之间的一个很重要的动力差别。但其也有不利的一面,即环境风的垂直切变可使云塔倾斜,影响新云塔的生长,不过这种影响对体积庞大的雷暴云并不显著。另外,垂直切变有利于对流系统的发展和维持,但是否垂直切变越强,对风暴的发展和维持越有利呢?目前认为并不是切变愈强对风暴愈有利。因为在太强的垂直切变情况下,会使大量的雨滴带至空中更大的地区蒸发,但这种冷却并不集中在主要下沉区（最强冷却还与下沉气流中心不一致）,所造成的下沉气流强度反不如中等切变情况下强。相应地对暖湿空气的抬升作用,也没有中等切变情况下强。还应指出的是,风暴的降水效率,即流入总水汽量中变成地面降水的百分数,受环境风的垂直切变影响很大,风切变增大时,由于随高空气流带走的水滴增多,降水效率明显减小。

8.3.5　对流云的合并

观测和研究表明,当几块对流云合并为一块大的积雨云系时,上升气流迅速增强,云体猛烈发展,对形成对流天气和暴雨有重要作用。这种作用,不但在中纬度常常见到,而且在热带地区也有发生。例如,1976 年 7 月 31 日 16 时在安徽当涂附近出现了雷暴大风和冰雹,就是对流云合并加强的结果。在南京 15:23 的雷达回波照片上,在南京西南 50 km 处有数块呈西北—东南排列的对流云回波。回波在对流层中层气流作用下。在向西移的过程中,后面的回波赶上前面的回波。合并后猛烈发展,回波强度达 30 dBZ 以上,水平尺度达 30 km,比原来增大了一倍,回波顶高由 10 km增至 17 km。最后在当涂以东发展成为多单体的局地强风暴,地面雷暴大风在 10 级以上,气温在 90 min 内急降 7 ℃,有的地方降了蚕豆大的冰雹,或者出现了暴雨。

云合并后降水增大的效应,在热带更为显著,当两个中等规模的积雨云彼此合并时,常会形成一个巨大的积雨云系统,其降雨量比两块彼此分离的云的降雨量大10～20 倍。

对流云的合并常常同对流线的碰头或相交联系,这种情况从地球静止气象卫星云图上可看得特别明显。沿着中高压边缘的对流云线和以后在其暖湿空气区中又发展出新的对流云线碰头时,在碰头处可出现强对流活动。这些对流云线在天气图上的表现通常是雷暴高压边缘、飑线、中尺度切变线等。有时冷暖锋上的雷暴云系与中尺度对流云线碰头,同样会出现雷暴云体的猛烈发展。

对流云合并为什么能使云体猛烈发展呢? 目前认为,对流云体的合并或对流云线的碰头、相交主要是出现在低层辐合区内,因而在合并过程中有大量的水汽和能量的集中,造成了对流云中的浮力增加,从而推动了对流的发展。例如,1974 年 6 月 17 日冷锋前发生的强飑线南移至南京附近又与苏南地区产生的另一条弱飑线发生碰头。在它们相向而行碰头的过程中,它们之间构成了气流和水汽输送的强辐合区。分析穿过飑线南部暖区中低压中心的垂直剖面图上水汽输送散度和相对涡度等值线,可以看出,在两条飑线碰头过程中,它们之间近地面层有强度为 -20×10^{-3} g · $\text{kg}^{-1} \cdot \text{s}^{-1}$ 的水汽输送辐合区。并且中低压内为负涡度区,从散度方程分析,这种气压场和流场间的不平衡,会进一步增强其辐合强度。在行星边界层的上部有强度为 -12×10^{-3} g · $\text{kg}^{-1} \cdot \text{s}^{-1}$ 的另一个水汽输送辐合中心,这是与飑线以南的边界层急流有关的。在上下两个辐合中心之间却是一个水汽辐散区。这种水汽输送散度的垂直分布,有利于形成多层对流不稳定的结构,结果当近地面层的对流不稳定能量被激发释放后,又会使上层的对流不稳定能量释放,造成更强的对流运动。当时的天气实况表明,两条飑线碰头以后,产生强烈的对流天气,达到这次天气过程的最高峰。

对流云合并使对流增强的另一个原因是当合并形成更大的云体时,可使阻力减小。从(8-3-20)式可知,对流发展的阻力来自两个方面,一是挟卷作用,二是形状阻力。按照气泡模式所得到(8-3-20)式的挟卷部分其挟卷率为:

$$\frac{1}{M} \frac{\mathrm{d}M}{\mathrm{d}z} = \frac{9}{32} \frac{K}{r} \tag{8-3-51}$$

式中,M 为对流云中上升气流在单位时间内通过水平截面的空气质量,r 为对流云泡的半径,K 为交换系数。挟卷作用随云体半径的增大而减小。对于单位质量对流云块的形状阻力:

$$f = \frac{3}{8} C_D \frac{W^2}{r} \tag{8-3-52}$$

式中,C_D 为阻力系数,W 为垂直速度。当云体增大后,形状阻力同样也要减小。由此可见,云的合并从阻力减小来说,也是有利于对流云发展的。

对流云体合并加强,在一定的环境条件下,有时也可以是不同发展阶段的雷暴相互接近的结果,合并的对流云内上升和下沉气流有组织化。两块不同发展阶段的对流云单体。一块已发展至成熟阶段,低空暖湿气流从其后部进入,前部因雨滴拖带作用产生下沉气流。整个云体向顺切变方向倾斜。另一块为刚发展起来的积云,处在初生阶段,云内为上升气流,当两个处于不同发展阶段的云体相互接近时,新对流云的上升气流与老对流云体中的下沉气流可以组合一起,形成类似局地风暴的强对流系统,造成更为激烈的天气。

　　对流云合并时,并不是所有情况都是加强的,雷达回波分析表明,两块衰亡着的对流云或其中一块处于衰亡阶段的对流云合并,由于不能增加整个云体的正浮力,合并后的对流云不会加强。例如,1975 年 8 月 5—8 日(简称"75·8")河南特大暴雨的中尺度雨团分析也表明了这一点。分析逐时雨量图,将 1 h 雨强 10 mm 的等雨量线内的雨区作为中尺度雨团,研究雨团的移动及其中心强度变化,发现暴雨区内有中尺度雨团的频繁活动。分析结果表明,雨团活动与雷暴活动一致。每个雨团其实就是一个或几个贴近的强烈发展的雷暴云,这些雷暴群随着中尺度系统发生发展和移动。雨团活动过程中经常出现合并的现象,合并往往导致中心强度的增强。8 月 5 日 19—21 时有 2、3、4 号三个雨团在板桥水库地区先后两次合并成一个雨团,雨强由 40 mm/h 猛增至 143 mm/h,以后该雨团又继续发展,强度达 173 mm/h。几个强烈雨团经过,造成板桥水库附近特大暴雨。但是,雨团合并也有雨强减小的情况,例如在这场特大暴雨将要结束前,在 8 日 03 时 8 号雨团(雨强 148 mm/h)与 9 号雨团(雨强 161 mm/h)合并,04 时它的雨强减小为 144 mm/h,05 时继续减小为 133 mm/h,随即降水停止,说明雷暴云体处于衰亡阶段时,合并的对流云不能加强。

8.3.6　对流活动的反馈作用

　　由前面的讨论知道,大尺度天气形势造成的环境条件,对对流的发展有着重要作用,对流云的合并也影响着对流的发展。对这些问题的研究无疑是重要的。但是当对流发展起来以后,对于大气当中的动量、热量和水汽的垂直输送和混合作用很强,这种对流输送势必使环境场的风场、温度场、湿度场以及大气层结分布受到影响而发生改变,这种对流活动对环境场的影响叫作反馈作用。由于环境条件改变,对流的进一步发展也会受到制约。对流活动的反馈作用表现在很多方面,最重要的是凝结潜热的释放。在对流过程中,对流层的中上层有大量的凝结潜热释放出来,加热大气,使云体变暖。由静力学关系,云体变暖必然造成低空气压下降,并加强辐合气流,有利于对流云的继续发展,它们之间这种相互反馈作用,可以导致更为强烈的对流天气的发生。

8.3.6.1　温度场的改变

　　对流天气发生后,大尺度上升运动和积雨云对流向上输送感热和潜热,特别是在暴雨的情况下,有大量的水汽凝结释放潜热,使暴雨区上空增暖,出现暖心。

　　对"75·8"暴雨过程所做的通过暴雨区的垂直剖面图上空气饱和情况和增暖情况分析可见,在暴雨区上空 600～200 hPa 层有明显的增暖,增温最大值在 300～250 hPa,在 200 hPa 以上和 600 hPa 以下是降温的,且增暖区与深厚湿层或饱和层以及上升区相对应,表明增暖是由凝结过程造成。由于增暖区和近饱和层都在对流层中上层,因而高大的积雨云起着重要作用。增暖的结果在暴雨区上空形成一个暖区和高压区。

8.3.6.2 对垂直运动的影响

凝结潜热释放,使气柱增暖伸长,高空出现辐散,低层出现辐合,加强空气的上升运动,有利于对流的进一步发展。取简化的 ω 方程:

$$\sigma \nabla^2 \omega + f^2 \frac{\partial^2 \omega}{\partial p^2} = F_1 + F_2 + F_3 + F_4 \qquad (8\text{-}3\text{-}53)$$

右端为强迫函数:F_1 表示地形和摩擦的作用,F_2 表示绝对涡度平流随高度的变化,F_3 表示温度平流的拉普拉斯,F_4 表示潜热加热项。(8-3-53)式中潜热项的计算,采用水汽辐合的参数化方案。这种方案考虑潜热加热主要与大尺度运动造成的各层水汽净辐合成正比。即:

$$H_L = L g A \frac{I}{q_{SB}} \frac{\partial q_s}{\partial p} \qquad (8\text{-}3\text{-}54)$$

式中,L 是凝结潜热,q_{SB} 是摩擦层顶的饱和比湿,A 为比例系数(应从大量实例计算后统计)得出,在下面的计算结果中取 $A = 20\%$,I 是单位面积气柱水汽净辐合量,$I = I_1 + I_2$,I_1 为水平辐合,I_2 为垂直输送。

$$I_1 = \frac{1}{g} \int_{900}^{0} \nabla \cdot \mathbf{V} q \, \mathrm{d}p \qquad (8\text{-}3\text{-}55)$$

$$I_2 = -\frac{1}{g} \omega_B q_{SB} \qquad (8\text{-}3\text{-}56)$$

计算结果如图 8-3-9 所示,由潜热项造成的 ω_4 是各项中最大的,比前三项的和还大,在 8 月 5 日 20 时,800~400 hPa 层 ω_4 与总 ω 之比为 0.67,约占总 ω 的 1/2,到 7 日 20 时占 0.87,这表明潜热对 ω 的增强作用非常重要,并随着暴雨的增强而加大。

8.3.6.3 对高空流场的影响

由于凝结潜热释放,气柱增温使高层等压面抬高,必然引起高层流场的变化,主要表现在:

(1)高层出现辐散场

由于等压面抬高引起高空质量外流,结果在暴雨区上空形成明显的辐散气流。例如在"75·8"暴雨过程中,暴雨最强时(7 日 20 时),在暴雨上空 250~150 hPa 层中发展一个单独的反气旋环流,200 hPa 散度由 5 日 20 时的 3.8×10^{-5} s^{-1},增至 7 日 20 时的 5.7×10^{-5} s^{-1}。这种高空流出的加强,有利于低空低压的增强和维持,也有利于强对流云的发展。

(2)高空急流的增强

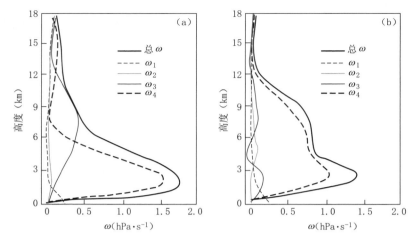

图 8-3-9　ω 垂直分布，(a)8 月 5 日 20 时，(b)8 月 7 日 20 时，粗实线为 $\omega_{1\sim4}$ 的总垂直运动，
灰色虚线为 ω_1 地形摩擦造成的垂直运动，灰色实线为 ω_2 涡度平流造成的垂直运动，
黑色实线为 ω_3 温度平流造成的垂直运动，黑色虚线为 ω_4 潜热造成
的垂直运动(单位为 10^{-2} hPa/s)

　　随着高空暖区的出现，在暴雨区以北水平温度梯度增加。根据热成风关系，高空风速必然加强，结果在暴雨区以北建立一高空强风速带。这支强西南风区，可加速暴雨区的高空流出及把暴雨和其周围高空多余的热量带走，加强暴雨区的对流不稳定和垂直环流。

　　高空流出的增强和高空急流的出现，不只是在如上所述的特大暴雨区的上空见到，在由强雷暴群组成的强对流风暴中，也证实了这种现象的存在。一次强雷暴过程的分析结果表明，雷暴发展以后，由于凝结释放潜热引起明显的对流性增温，对流层中层出现暖中心。暖中心内垂直速度达到 -20 hPa/h，风暴区上空的水平辐散值超过 7×10^{-5} s^{-1}(见图 8-3-10)。在暖中心的西北边缘有强水平温度梯度，相应地在其上层出现了强风带。

8.3.6.4　低空急流的加强

　　低空急流输送着水汽、热量和动量，是预报暴雨或强对流天气出现的一个重要指标，但有时低空急流也是对流活动的结果。暴雨区内强对流活动造成上下层动量混合，使风速垂直分布均匀化，高空风速减小，低空风速增大。如果原来在低空没有急流，则可形成低空急流，在原先就有低空急流的情况下，它起到维持和加强低空急流的作用。

　　对梅雨锋暴雨区的个例分析表明，在有对流的气层中，风速分布基本上是均匀的，在高空急流下游的下方有一支低空急流，正好在持续暴雨区的上空，低空急流在

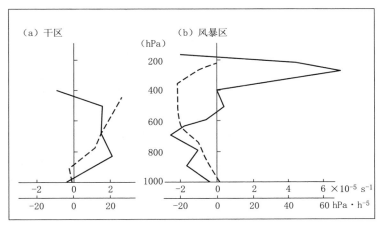

图 8-3-10　风暴区和干区中辐散和垂直速度的分布

实线为散度(上横坐标),虚线为垂直速度(下横坐标)

700～600 hPa 的高度,它是非地转的,平均风速超过对应梯度风风速的 20% 以上,在低空急流中心的下方有强垂直风切变。在 600、700 和 800 hPa 高度上的等风速线分布,表现出最重要的现象是最大风速区在较高层是处在上游位置,即较大动量空气的位置越向下游,则高度越降低,低空急流建立在高空急流之后。除了大暴雨区之外,在一些由雷暴群组成的风暴中,由于对流混合的作用,也可出现类似上面所说的现象。风暴区中的下沉气流把较大的动量从上面的对流层输送到下面的对流层,而上升气流则把低层的较小的动量向上输送。总的来说,垂直切变气流中的对流运动,使高层风速减小,低层风速增大,最大风速出现在强对流气层的底部。由于低空急流中心前方产生了辐合,因而对对流活动的进一步维持和加强有重要的作用。

从饱和湿空气天气动力学可以进一步解释由于对流凝结释放的潜热对于低空风场的影响。因为暴雨或强对流天气的发生是一种空气从未饱和到达饱和的过程,在这种过程中,水汽凝结释放潜热的作用所造成的动力和热力作用,势必对低空风场产生影响。

未饱和空气的大尺度运动满足地转风和热成风平衡,但饱和空气运动却是满足湿地转平衡和湿热成风平衡。在等压面、等熵(等 θ)面和湿熵(等 θ_{se})面上,地转运动方程可分别写成:

$$\begin{cases} fv = \left(\dfrac{\partial}{\partial x}\right)_p (gz) \\[2mm] fu = -\left(\dfrac{\partial}{\partial y}\right)_p (gz) \end{cases} \qquad (8\text{-}3\text{-}57)$$

$$
\begin{cases}
fv = \left(\dfrac{\partial}{\partial x}\right)_{\theta}(c_pT + gz) \\[2mm]
fu = -\left(\dfrac{\partial}{\partial y}\right)_{\theta}(c_pT + gz)
\end{cases}
\tag{8-3-58}
$$

$$
\begin{cases}
fv = \left(\dfrac{\partial}{\partial x}\right)_{\theta_{se}}(c_pT + gz + Lq_s) \\[2mm]
fu = -\left(\dfrac{\partial}{\partial y}\right)_{\theta_{se}}(c_pT + gz + Lq_s)
\end{cases}
\tag{8-3-59}
$$

一般称 gz 为位势，$E_D = c_pT + gz$ 为蒙哥马利（Montgomery）位势或干静力能量；$E_\sigma = c_pT + gz + Lq_s$ 为总湿位能或湿静力能量。从(8-3-57)，(8-3-58)和(8-3-59)式也可称 gz 为等压流函数，E_D 为等熵流函数，E_σ 为等湿熵流函数。

对于大尺度运动，热成风方程写作：

$$
\begin{cases}
f\left(\dfrac{\partial v}{\partial p}\right) = -\dfrac{R}{p}\left(\dfrac{\partial T}{\partial x}\right)_p \\[2mm]
f\left(\dfrac{\partial u}{\partial p}\right) = \dfrac{R}{p}\left(\dfrac{\partial T}{\partial y}\right)_p
\end{cases}
\tag{8-3-60}
$$

在干斜压大气中，利用位温公式，得：

$$
\begin{cases}
f\left(\dfrac{\partial v}{\partial p}\right) = -\dfrac{R}{1000^\kappa}p^{\kappa-1}\left(\dfrac{\partial \theta}{\partial x}\right)_p \\[2mm]
f\left(\dfrac{\partial u}{\partial p}\right) = \dfrac{R}{1000^\kappa}p^{\kappa-1}\left(\dfrac{\partial \theta}{\partial y}\right)_p
\end{cases}
\tag{8-3-61}
$$

在湿斜压大气中，用 θ_{se} 和 θ 的关系代入(8-3-61)式中有：

$$
\begin{cases}
f\left(\dfrac{\partial v}{\partial p}\right) = -\dfrac{R}{1000^\kappa}p^{\kappa-1}\left(\dfrac{\partial}{\partial x}\right)_p\left(\theta_{se}\exp\left(-\dfrac{Lq_s}{c_pT}\right)\right) \\[2mm]
f\left(\dfrac{\partial u}{\partial p}\right) = \dfrac{R}{1000^\kappa}p^{\kappa-1}\left(\dfrac{\partial}{\partial y}\right)_p\left(\theta_{se}\exp\left(-\dfrac{Lq_s}{c_pT}\right)\right)
\end{cases}
\tag{8-3-62}
$$

(8-3-62)式称为湿热成风方程。

如将(8-3-62)式中 e 的指数项展开，只取一项，则(8-3-62)式简化为：

$$
\begin{cases}
f\left(\dfrac{\partial v}{\partial p}\right) \approx -\dfrac{R}{1000^\kappa}p^{\kappa-1}\left(\dfrac{\partial \theta_{se}}{\partial x}\right)_p \\[2mm]
f\left(\dfrac{\partial u}{\partial p}\right) \approx \dfrac{R}{1000^\kappa}p^{\kappa-1}\left(\dfrac{\partial \theta_{se}}{\partial y}\right)_p
\end{cases}
\tag{8-3-63}
$$

(8-3-63)式表明，在饱和湿空气中的湿热成风，平行于该层内的平均等假相当位温线，并正比于它的梯度。这样就可以将未饱和空气中的准地转过程推广到饱和湿空气中去。在饱和湿空气中，也存在着一种类似于地转风、热成风的平衡过程，即湿地转风和湿热成风的平衡过程。

　　当空气从未饱和到达饱和之后,流场会发生明显的变化。假设空气在未饱和时在一个上下均匀的盛行气流(如西南气流)下满足地转风和热成风平衡。当湿空气自未饱和达到饱和后,由于凝结潜热加热气柱的效应,在饱和气柱(设暖湿舌伸展方向与盛行气流一致)的低层,气压下降,产生气流辐合并使气旋性环流加大,故在其右侧的盛行气流(如西南气流)增强,左侧减小或转变为东北气流,在饱和气柱的上层则相反,由于反气旋环流的增强,在饱和气柱的左侧盛行气流增强,右侧减弱。

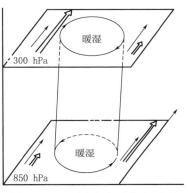

图 8-3-11　湿空气自未饱和到达饱和后气流变化示意图

　　用湿热成风原理可以很好地解释这种风场变化。图 8-3-11 为湿空气自未饱和到达饱和后气流变化的示意图,图中带箭头的实线(直线)为均匀的盛行气流,带箭头的双实线为湿空气达到饱和后的气流,图中的圆柱假设为饱和的暖湿气柱。暖湿气柱的平均 θ_{se} 比周围环境空气要高,因而对饱和湿空气有绕气柱作反气旋环流的湿热成风。在气柱右侧为向南的湿热成风,即低空风速增大,高空风速减小,在左侧为向北的湿热成风,即低空风速减小,高空风速增大。因此,在暖湿饱和气柱低层的右侧和高层的左侧盛行气流增强,容易形成急流。这种气流的配置,在我国华南前汛期暴雨中是经常能够见到的。在华南前汛期暴雨时期,时常有西南风低空急流输送暖湿空气,暴雨就形成在它的左侧,而湿空气的饱和凝结,又反过来增强或维持低空急流,这是低空急流与湿空气饱和凝结相互反馈的物理过程。

　　以上主要从包辛尼斯克方程出发,讨论制约对流运动的主要因子和过程,阐述了环境场与对流运动之间相互制约的动力作用和热力作用,分析了影响对流运动的六个因子。大气不稳定能是对流发展的主要能源,对流云的合并常是有助于对流进一步发展的因子,而阻尼对流运动发展的,主要有补偿性下沉气流,形状阻力和挟卷作用等,这些作用的强度,有的是与对流云中垂直气流的发展直接有关,因此,从这个意义上说,在对流云发展的过程中,就逐步孕育了制约它进一步发展或崩溃的因子。最后,对流活动又通过对环境场的反馈,进一步影响对流自身的发展。大气中的对流运动,就是在这种相互制约的过程中发生、发展的。

　　制约对流运动发展的各种因子,是相互联系而又相反相成的。稳定层结是不利于对流发展的,但从阻挡层可以积累和储存不稳定能来说,又是形成强对流的有利因素;下沉补偿气流是整个对流运动的一环,它消耗了对流运动的能量和抑制了它的发展,但这种抑制,正是可以增加对流进一步发展所需的低层水汽辐合;周围干冷空气挟卷进入云柱,会使对流发展的临界垂直温度梯度要求变高,但从中纬度对流风暴的发展来说,中层干冷空气从对流云后部进入,却是普通雷暴转化为对流风暴的必要热力、动力条件;对流凝结潜热释放对大尺度环境场的反馈,有利于对流运动的发展,但是它又有减小垂直不稳定度的作用,这对中纬度对流风暴的发展来说,又是不利的因素,如此等等。这些都说明大气对流过程是辩证的发展过程,对于制约对流运动各种条件的有利和不利的分析,切不可把它们绝对化起来,而是特别要注意其相反相成的关系。

§8.4   对流性天气的触发、强风暴的形成发展及移动

对流性天气的触发条件就是大气中具有大量的正值不稳定能量以及足以促使这种不稳定能量获得释放的冲击力,除这两个条件外,要在大气中形成强风暴,还要求大气中含有充沛的水汽。如果不具备这一条件,即使在大气中有强烈的对流运动,也不会有庞大的雷暴云出现。因为云中没有足够的水汽可凝结,吸入的干燥空气将抵消云体的增长,甚至使云体消散,而且吸入干燥空气后引起的蒸发过程还会使云内温度降低,阻碍对流的发展。所以,强烈而持久的强风暴多出现在水汽充沛的地区和季节,而缺少水汽的沙漠地区,雷暴是极为罕见的。

8.4.1   对流性天气的触发条件

常见的触发对流性天气的形势和条件有以下几种。

8.4.1.1   天气系统造成的系统性上升运动

多数雷暴或冰雹的形成都与系统性辐合及抬升运动相联系。在对流层中,大尺度上升运动虽只有 $1\sim10$ cm/s 的量级,但持续作用时间长了就会产生可观的抬升作用。如 5 cm/s 的上升气流持续作用 $6\sim12$ h,就可以使空气抬升 $1\sim2$ km,这样强的抬升可把一般的低层逆温消除掉。

锋面的抬升及槽线、切变线、低压、低涡等天气系统造成的辐合上升运动都是较强的系统性上升运动。绝大多数雷暴等对流性天气都产生在这些天气系统中。对流性天气发生的时间、强度、影响范围等往往与这些天气系统的强度和天气系统中各部位的上升运动的强弱,及其未来的发展演变有关。

在水汽及稳定度条件满足的情况下,有时只要有低层的辐合就能触发不稳定能量释放,造成对流性天气。因此,夏季对流性天气与低层的辐合流场紧密相联系。除了上述系统性辐合运动以外,低空流场中风向或风速的辐合线、负变高或负变压中心区都可产生抬升作用,触发对流活动。

8.4.1.2　地形抬升作用

　　山地迎风坡的抬升作用也很大。因此,山地是雷暴的重要源地。一般来说,山区的雷暴、冰雹天气比平原地区要多。所以在有山脉的地区,应经常考虑到山脉对气流的抬升作用。抬升力的大小与风向、风速有关。风速越大,风向越垂直于山脊,或者山坡越陡,则地形抬升作用引起的空气上升运动越强。此外,有时气流过山时,往往会产生背风波。这种波动可以影响到较高的高度。背风波引起的上升运动,往往会促使河谷地区发生新的对流云(图 8-4-1)。在实际预报工作中,为了准确估计山脉的抬升作用,必须注意山脉的走向及风向、风速。图 8-4-1 中箭头表示从消散的雷雨云中流出的气流,它们可能增强风暴前面的波的振幅,引起在盆地上新的雷雨云单体的形成。虚线箭头表示从上游地面释放的一颗气球上升的路线。它的波动形状表明背风波的存在。

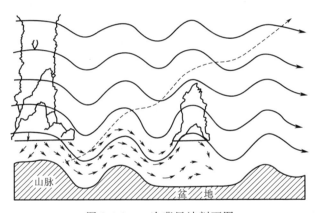

图 8-4-1　一次背风波剖面图

8.4.1.3　局地热力抬升作用

　　夏季午后陆地表面受日射而强烈加热,常常在近地层形成绝对不稳定的层结,使对流容易发展。由这种热力抬升作用为主所造成的雷暴,称为"热雷暴",也叫作"气团雷暴"。热力作用的强弱取决于局地加热的程度,即最高温度的高低。

　　由于地表受热不均,造成局地温差,常常形成小型的垂直环流。这种上升运动也可起到触发机制的作用。例如夏季,湖泊与陆地交错分布的地区以及沿江、沿湖地带,因为白天水面日射增温弱,陆地日射增温强,因此,水陆温差使得陆上空气上升,水上空气下沉。又因白天陆岸上层结一般要比水面层结不稳定,所以在白天陆岸比水面容易发生对流。在飞机上,午后往往可以看到湖泊周围的陆地上对流云密布,而湖面上都是晴空。夏季,上午在大雾笼罩的地区,由于雾区与其四周地区所受的日射不均,往往产生很大的温差。这种情况下,在卫星云图上常常可以看到,当午后雾消时,雾区四周会发生雷暴。

热力抬升作用通常比系统性上升运动要弱,往往只能造成强度不大的热雷暴和对流云。单纯热力抬升造成的雷暴不多。热力抬升作用通常是在天气系统较弱的情况下,才需要加以考虑。

8.4.2 有利强风暴形成和发展的天气形势

8.4.2.1 逆温层

逆温层是稳定层结,一方面起到阻碍对流发展的作用,但另一方面也有利于强对流发展。逆温层对发生强对流有利的作用主要是贮藏不稳定能量。有时在低空湿层上部存在一个逆温层,这个逆温层阻碍了热量及水汽的垂直交换,使低层变得更暖更湿,高层相对地变得更冷更干,因此,不稳定能量就大量积累起来。一旦冲击力破坏了逆温,严重的对流性天气就往往发生。例如,1974 年 6 月 17 日我国东部地区发生的强风暴,这天上午在山东半岛至长江沿岸地区存在一个大范围的逆温层,使不稳定能量得以大量积累,造成了一个大范围的不稳定区。随后因冷空气的冲击,终于爆发了强对流,并使强对流不断地发展,造成了一次大范围的强风暴天气过程。

8.4.2.2 前倾槽

在前倾槽之后与地面冷锋之间的区域,因为高空槽后有干冷平流,而低层冷锋前又有暖湿平流,有利于不稳定度加强,因此,在上述区域内容易产生比较强烈的对流性天气。例如,1962 年 6 月 8 日在鲁南、皖北及苏北地区发生的一次雷暴、冰雹过程中,雷暴主要发生在 700 hPa 槽线与地面锋之间及附近的地区,而冰雹则主要发生在前倾槽与地面锋之间的地区(图 8-4-2)。

8.4.2.3 低层辐合和高层辐散

一般如果在低层辐合流场上空又有辐散流场叠置,那么抬升力更强,常会造成严重的对流性天气。中尺度分析表明,强雷暴天气往往是由地面中低压发展以及高层辐散加强所引起的。在 500 hPa 槽前有正涡度平流(如在"阶梯槽"、疏散槽槽前的情形下),低层有暖舌,地面为高温区,山区摩擦辐合作用较强的地区容易发生中低压。当中低压生成后,如果高空还有加强的辐散场,则垂直上升运动便会加强,强烈的对流性天气便可能在中低压内发展起来。例如,1974 年 6 月 17 日我国东部地区发生的特大风暴就是在"阶梯槽"形势下发展起来的。这一天我国东部沿海地区,高空为槽前的辐散场,低层处在冷锋前部。山东北部有一中尺度低压。由于垂直运动发展,结果在中低压内切变线东段出现雷暴,然后雷暴区向南逐渐移动,造成了一次大范围的强雷暴天气过程。

8.4.2.4 高空急流和低空急流

很多观测事实表明,强大的冰雹云的发展常与较大的风速垂直切变有密切的关

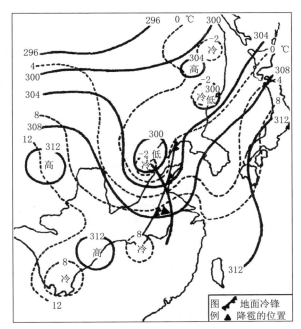

图 8-4-2　1962 年 6 月 8 日 20 时 700 hPa 槽线与地面锋的位置及天气的分布图

系。强的风速垂直切变一般出现在有高空急流通过的地区。全球范围的强雷暴分布的气候分析表明,在中纬地区,强雷暴及冰雹和 500 hPa 急流轴的月平均位置联系十分紧密。

　　除了高空急流以外,低空西南风急流对形成冰雹和其他强雷暴天气也是有利的。低空急流有两种,一种是位于 850 hPa 附近的强西南风带,另一种是高度约为离地面 600～800 m 的强西南风带超低空急流。这两种低空急流对于对流性天气的发展都是有利的。它们的作用主要是造成低层很强的暖湿空气的平流,加强层结的不稳定度,而且可以加强低层的扰动,触发不稳定能量的释放。在这种地区如同时有高空急流通过,则往往会发生严重的对流性天气。

8.4.2.5　飑线形成的大尺度条件

　　飑线是一种线状对流系统,其线状形态的形成与先前有线形大气扰动有关,例如锋线接近不稳定区,并且移速快于不稳定区时,在它与不稳定边界(强对流的线源)交割处就可能产生雷暴,当雷暴移速大于冷锋时,就会产生锋前飑线。大气中可以触发飑线的机制,除锋、干线、重力波外,还有海风锋、地形作用、急流及对称性不稳定等。

　　飑线的形成依赖于有利的大尺度环境条件,主要包括:大气层结呈条件不稳定;低层水汽丰富;高、低层存在强风带(急流),风向通常向上顺转;大气中具有某些动力机制以释放不稳定能量。飑线最可能在发展中的地面低压东南方湿舌附近发生;高、低空急流相交区是最可能发生飑线的落区。

中纬度大陆地区,包括中国和美国中、东部地区,春夏季节经常观测到飑线。中国的江淮地区在春夏季节交替之际,常处于高空副热带急流和温带急流之间,又处于西南低空急流的左前方,是出现飑线一类强对流天气的重要天气类型。图 8-4-3 是美国中部地区有利于飑线等强风暴形成的环境场特征。

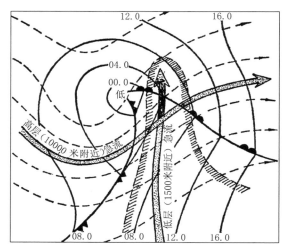

图 8-4-3 有利于飑线发生的环流形势(实线为等压线(单位:hPa),虚线为等温线(单位:℃))

由于天气系统的复杂性,产生飑线的大尺度环境条件有很大的差异。从环境场分析来看,飑线可出现在对流层中上部偏南气流型中,也可出现在偏北气流型中;有的出现在地面冷锋前或气旋波的暖区,有的出现在冷锋后,也有的出现冷、暖锋上或切变(辐合)线附近。在偏南气流型中,位势不稳定的建立主要通过差动的湿度平流;而在偏北气流型中,差动的温度平流对位势不稳定的建立起了主导作用。在中纬度地区,高、低空急流及其有利的配合,对飑线活动有多方面的影响。

8.4.3 对流云的传播和移动

在对流区域中,原来对流单体不断消亡,而在其前方或四周,有新的对流单体形成,这种此长彼消的现象,称为对流云的传播。对于小规模的对流,如热雷暴或雷暴单体,与有组织的如飑线之类对流风暴的传播机制是不同的。雷暴单体的传播主要靠降水拖带下来的下沉冷空气来实现,使冷空气流向前方,使暖湿不稳定空气上升,产生新的对流单体,这种情况下雷暴云通常以前生后消离散地,跳跃式地向前传播。对于对流风暴,随降水下沉的冷气流,自然对风暴的维持和发展有要重影响,但是由于风的垂直切变影响,在风暴前后两侧能产生流体动力学压力,使它以连续移动形式向前传播。

　　当有强的垂直风切变存在且风随高度增加而增大时,云中空气由于湍流混合使上、下层风均匀化,因而云的前部低空有辐合、高空有辐散,产生上升运动,有利于新的雷暴单体出现;而云的后部则相反,不利于新雷雨云单体生成,雷暴云体向下游传播。而当风向上下一致,垂直风切变存在且风随高度增加而减少时,云中空气由于湍流混合使上、下层风均匀化,因而云的下风方低空有辐散、高空有辐合,产生下沉运动,不利于新的雷暴单体出现;而这时云的上风方则相反,有利于新雷雨云单体生成,相应这时雷暴云体表现为向环境风的上游传播。这两种情况把风随高度的变化大大化简了,就是风随高度没有风向变化,只有速度增加或减小。如果风向随高度有变化,例如地面为南风、高空某层为西风(图 8-4-4)。用 V_L、V_H 分别代表低层和高层的风矢量,在云中由于湍流混合,风应近似为 V_L、V_H 合成的方向,令它为 V,在这个例子的情形,V 近似为西南风,这样在高层,周围相对于云的运动方向应为 V_H-V 的方向,而低空则为 V_L-V 的方向,即高层为西北风,低层为东南风。如果把云中的风向 V 近似作为雷雨云前进的方向,由西南移向东北。由图 8-4-4 可见,当风随高度顺转(有暖平流)情况下,在雷雨云前进方向的右侧,低空有辐合,高空有辐散,有利于新雷雨云单体的形成。而其左侧高空辐合,低空辐散,不利于新雷雨云单体的形成。同理可知,如果风随高度逆转(有冷平流),则在雷雨云前进的方向的左侧,有利于新雷雨云单体的形成。

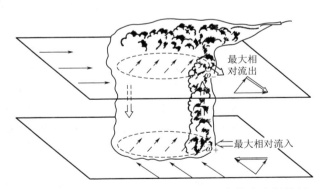

最大相对流出

最大相对流入

图 8-4-4　风随高度顺转时,有利于雷暴云体向右侧传播

　　对于体积庞大的强雷雨云来说,可以把它看作一个云柱,耸立在大气之中。在这种情况下,可以明显地引起外界气流"环绕"云柱流动的效应,犹似流水经过障碍物一样,在其前后产生分流与合流的现象。根据实验的结果,在这样一个障碍物的相对的上风面,观测到正的动压,在驻点具有值:

$$\widetilde{\omega} = \frac{1}{2}\rho V_R^2 \tag{8-4-1}$$

式中,$\widetilde{\omega}$ 表示动压,V_R 是相对速度,ρ 是空气密度。在下风面的一边,观测到大约同一量值的负的动压。在柱体的两侧也出现负的动压。于是在图 8-4-4 的例子里,就会在雷雨云体移动方向的右侧,出现向上的垂直动压梯度,左侧出现向下的垂直动压梯度。垂直动压梯度的出现势必引起对流加速度,这是可以通过垂直方向的运动来加以证明的。

在气流经过障碍物——雷暴云柱的特定条件下,可以设气压 $p = p_h + \widetilde{\omega}$,$p_h$ 和 $\widetilde{\omega}$ 分别为大气中的静压和动压。在对流发生的环境中,大气是准静力平衡的,因而 $p_s = p_h$,$p' = \widetilde{\omega}$。从(8-1-2)式和(8-1-5′)式中不考虑湍流作用的垂直运动方程可得:

$$\frac{\mathrm{d}w}{\mathrm{d}t} = g\left(\frac{T_d}{T_s} - \frac{1}{g\rho_s}\frac{\partial\widetilde{\omega}}{\partial z}\right) \tag{8-4-2}$$

上式右边第 1 项是由热力稳定度引起的浮力,第 2 项是垂直动压梯度的影响。它们的值越大,垂直加速度越大。

在强垂直风切变的形势下,云内与周围风之间的相对运动,可以是 $10\sim20$ m/s 的量级。按这个量级,周围空气绕云柱所产生的动压将在 $0.5\sim2$ hPa 之间。由式(8-4-2),通过云层厚度(约 600 hPa)的平均垂直动压梯度所造成的对流加速度,约相当于云的温度增加(或减小)1 ℃,这对于对流运动的发展可以有相当的影响。在图 8-4-4 中,在垂直动压梯度的直接作用下,雷暴云体的右侧将会有正的对流加速度发展,左侧有负的对流加速度发展,从而使得云体向右传播。

垂直动压梯度的作用在对流云以下表现得更为重要。在雷暴云底下的近地面层里有冷空气外流,外流的空气速度从地面至云底高度是向上减小的。雷暴云越强,地面风速越大,从地面至云底高度就会有更大的负值风速切变。例如,1974 年 6 月 17 日强飑线经过南京时,过境后的地面风为北风 20 m/s,雷暴云底在 $1000\sim1500$ m 的高度,而 1 km 高度的风为北北东风 9 m/s,地面至 1 km 高度的风速垂直切变为 -1.2×10^{-2} s^{-1}。因为动压 $\widetilde{\omega} = \frac{1}{2}\rho V_R^2$,如设雷雨云前空气是静止的,那么,地面风速大,相对气流造成的动压大,而云底高度上的风速小,相对气流造成的动压也小。用 17 日 20 时南京高空风计算雷暴云下 900 m 的垂直动压梯度。地面相对气流造成的动压 $\widetilde{\omega}_0 = 2$ hPa,离地 900 m 高度的动压 $\widetilde{\omega}_1 = 0.3$ hPa(见图 8-4-5),因而在雷暴云前外流空气边界上的垂直动压梯度 $-\frac{1}{\rho_s g}\frac{\partial\widetilde{\omega}}{\partial z} = 1.7\times10^{-2}$。用这个垂直动压梯度值算出的垂直加速度 $\frac{\mathrm{d}w}{\mathrm{d}t} = 0.17$ m·s^{-2}。这大致相当于气块温度比环境温度高 5 ℃

时所造成的垂直加速度。这样大的加速度可使气块 1 min 上升 300 m,2 min 上升 1000 m 以上。可见,雷暴云低层垂直风切变诱导出的垂直动压梯度,对它自身的传播和增强都起着重要的作用,甚至在低层层结稳定浮力为负的情况下,也可以使雷暴云前方有新的对流云体发展起来。

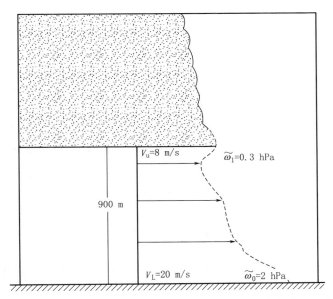

图 8-4-5　1974 年 6 月 17 日 20 时南京雷暴云下部垂直动压梯度

　　风暴云形成后,一方面会自行传播,另一方面必然会受到大范围的基本气流的吹送和运载作用,同时还受到天气系统和自然地理条件的影响,风暴云的移动就是这些因素共同作用的结果。

　　大气基本气流的运送作用,总会使风暴沿运送气流的方向移动,在风的垂直风切变比较大的环境场中,由于云内的对流交换会使气流趋于上下均匀,这个平均方向就可以看成云体的运送方向,其大体和 700 hPa 风的方向相一致。综合起来有以下几条。

　　(1)环境风和垂直风切变都很小的风暴将向最大不稳定区移动;

　　(2)切变大且上下风向同向,则沿气流方向以大于气流的平均速率移动;

　　(3)切变大且为暖平流式切变,则移向偏于气流的右侧,平均偏 20° 到 30°,最大达 70°;

　　(4)伴有大天气系统的风暴云,整体移速和系统移速相当;

　　(5)由于白天江面冷,晚间江面暖,这一下垫面性质使得气团内的风暴有白天不过江,夜间过江将增强的现象。

第 9 章　大型降水过程

§9.1　概述

大型降水主要是指范围广大的降水。降水区可达天气尺度的大小,包括连续性或阵性的大范围雨雪以及夏季暴雨等。

大型降水带来充沛的降水,对干旱地区是十分有益的,但由于过多的降水,又经常造成大面积的洪涝灾害,不仅对人民的生命财产带来严重的损失,而且对经济建设、军事活动造成极大的破坏。

我国东半部都属于明显的东亚季风气候区。冬半年受东北季风控制,气候寒冷略干燥,夏半年受西南和东南季风控制,气候炎热多雨。从春到夏,随着夏季风的向北推进,多年平均的雨带也分阶段地自南往北推移。4—6 月雨带徘徊于华南地区,即华南前汛期雨季,6 月中、下旬至 7 月上、中旬,雨带北跳至江淮流域,即江淮流域梅雨季节,7 月下旬至 8 月中旬,雨带再北跳到华北,即华北盛夏暴雨季节。

由于降水量受距离海洋的远近及地形等条件的影响很大,所以单凭降水量多寡的分布,不容易定出各个时期主要降雨带的位置,例如按降水量的多寡来说,在各个时期中国南部总比北部要多。这里改用降水量的百分比图来表示。图 9-1-1 是 5—8 月每半个月降水量占 5—8 月总降水量的百分比分布图(陶诗言等,1958)。百分比数值最大的地区,就相当于该时期降水最集中的地带。从图中看出,从 5 月到 6 月的上半月,大陆上主要的降雨地带,徘徊在南岭山地,但 6 月下半月,最多降雨区移到了长江流域,7 月的上半月,最多降雨地带位于长江与淮河之间。6 月的下半月和 7 月的上半月正是长江中下游的梅雨季节。到了 7 月的下半月,最多降雨地带移至黄河以北,这时候长江的南岸已经是降雨最少的地区。

本章主要阐述我国主要几个大型降水过程的大尺度环流背景、影响大型降水的天气尺度及中尺度系统、暴雨产生的各种尺度天气系统的关系以及高低空急流对暴雨的作用等。

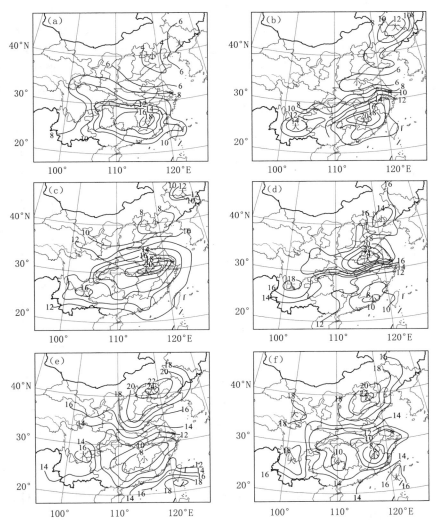

图 9-1-1　我国初夏时期每半个月降水量占夏季 4 个月降水总量的百分比分布图
(a)5 月下半月；(b)6 月上半月；(c)6 月下半月；(d)7 月上半月；(e)7 月下半月；(f)8 月上半月

§9.2　大型降水过程的基本条件

9.2.1　一般降水形成的基本条件

　　降水是云中的水分以液态或固态的形式降落到地面的现象，包括雨、雪、雨夹雪、米雪、冰雹、冰粒和冰针等降水形式。降水是云的产物,但只有云发展到一定程度时,才有降水发生。从降水的机制来分析,某一地区降水的形成大致有三个条件:一是水汽条件,要有水汽由源地水平输送到降水地区;二是垂直运动的条件,水汽在降水地区辐合上升,在上升中绝热膨胀冷却凝结成云;三是有足够的凝结核形成云,并有云滴增长的条件。使云滴增长、云层增厚的过程有两种,即冰晶效应和云滴的碰撞合并作用。图 9-2-1 为降水形成过程的示意图。

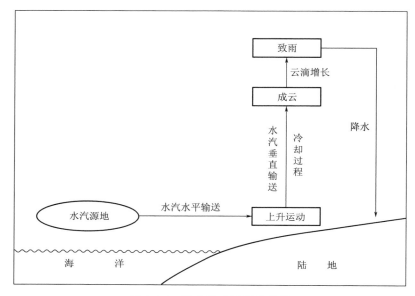

图 9-2-1　降水形成过程示意图

9.2.2　暴雨形成的条件

除上述一般降水所必须满足的条件外,形成暴雨还必须满足如下的条件。

9.2.2.1　充沛的水汽供应

大气中的水汽含量越充沛,越有利于成云降水。暴雨是在大气饱和比湿达到相当大的数值以上才形成的。据统计(朱乾根等,1992),北京、上海、汉口、昆明、广州五站 1960—1967 年 7 月份出现大、暴雨时,当天 07 时 700 hPa 上比湿分级出现的频次(见表 9-2-1)。从表中可以看出:上海、汉口、广州、昆明等地大雨和暴雨绝大多数出现在比湿≥8 g/kg 的日期,北京大雨和暴雨大致出现在比湿等于或大于 5～6 g/kg 的日期。值得注意的是汉口 10 年内有三次大雨或暴雨出现时,比湿在 5～5.9 g/kg 的范围内,而比湿小于 5 g/kg 时,一次大雨或暴雨也没有出现过。

需要指出的是,单靠大气中现存的水汽含量要产生较大的降水量往往是不够的。

在含水量较多的积雨云中,即使云中降水量全部降落,也只有 10～20 mm。造成我国暴雨以上的气团,一般来自太平洋、南海或印度洋上的热带海洋气团或赤道气团,即使把这些最潮湿的气团丝毫没有变性地搬到陆地上,并使其强烈抬升,将其中所有水汽全部凝结下落到地面,所得到的最大可降水量也只有 50 mm 左右,而实际大气是没有这么高的造雨效率的。因此,暴雨的形成,必须要有源源不断的水汽供应。通常要求在外围(面积至少比暴雨区大 10 倍)有大范围的水汽辐合,即有水汽的输送和累积,并集中到小范围的暴雨区内,以供应暴雨所需的水汽。

表 9-2-1　出现大、暴雨时比湿分级频次表

站名 \ 比湿(g/kg)		4.0～4.9	5.0～5.9	6.0～6.9	7.0～7.9	8.0～8.9	9.0～9.9	10.0～10.9	11.0～11.9	≥12.0
北京	≥25		2	8	8	3	4	1	1	
	≥50			1		1	2	1		
上海	≥25			1		1	2	4	2	
	≥50							1	2	
汉口	≥25		2		2	6	3	4	3	
	≥50		1		1	3	3	2	2	
昆明	≥25					1	7	9	5	
	≥50						2	2		
广州	≥25			1		3	8	5	3	1
	≥50					1	3	1	2	1

9.2.2.2　强烈的上升运动

大气中有了充沛的水汽,还必须有使水汽冷却凝结的物理过程,才能形成云和降水。空中冷却凝结过程主要是铅直上升运动的绝热冷却。铅直上升运动对于成云降水的重要作用在于:一是使空气绝热上升,首先未饱和湿空气将以干绝热递减率上升,并且冷却降温,在这同时空气所含的水汽量不变。当上升空气到达抬升凝结高度时,空气温度已冷却而达饱和。以后饱和空气继续上升时,将以湿绝热递减率冷却降温。同时过饱和的水汽将不断地凝结成水滴。如果空气上升到 0 ℃层以上,甚至 -20 ℃层以上,水汽将凝华为冰晶。这些水滴和冰晶就组成为云。在条件合适时,云中水滴下降到地面就成为降水。二是上升运动可将低层水平输送进来的大量水汽源源不断地向上输送,使得绝热冷却凝结成云降水的过程得以持续循环进行。对于暴雨过程来说,这种循环过程特别重要,而且要求有足够强烈而持久的上升运动,以及较强的"低层辐合—铅直上升—高层辐散—云外下沉—低层辐合"的铅直环流圈循环过程,以保证云柱的不断发展和增强,从而产生足够大强度的降水。

对某地暴雨中的垂直速度作大概估算,设地面饱和比湿为 14 g/kg,如果 50 mm 降水量在一天之内均匀下降,那么降水时的最大上升运动约为 10.8 cm/s;若 50 mm 降水量在 5 h 内降完,则降水时的最大上升速度约为 54 cm/s;若 50 mm 降水量在 1 h 内降完,则降水时的最大上升速度为 260 cm/s。上面三种上升速度,反映了三种不同尺度系统的降水。第一种属于大尺度系统,第二种属于中尺度系统,第三种属于小尺度系统。实际上一般暴雨,尤其是特大暴雨都不是在一天之内均匀下降的,而是集中在一小时到几小时内降落的,所以降水时的垂直运动是很大的,是由中小尺度天气系统所造成的。如此大的垂直运动,只有在不稳定能量释放时,才能形成。

与降水有关的大气垂直上升运动大致可分类如下。

(1)锋面抬升(爬升)作用引起的大范围斜压性上升运动。

(2)低层辐合——高层辐散引起的大范围动力性上升运动。这主要是指大尺度天气系统的作用,既包括锋面、气旋、低涡、切变线、高空槽等西风带低值天气系统,也包括热带气旋、ITCZ、东风波等热带天气系统,以及低空急流,气流汇合带等流场系统以及热带云团等系统。

(3)中尺度系统引起的强烈上升运动。中尺度系统如飑线、重力波、中尺度对流复合体(MCC)、中尺度辐合线等都能在 100~200 km 以下的活动范围内引起强烈上升运动,其数值比大尺度天气系统引起的大范围上升运动大一个量级。这种中尺度系统正是造成局地大暴雨和强烈风暴的主要原因。

(4)小尺度局地对流活动引起的上升运动。当大气中具备了大量的不稳定能量,遇有大、小尺度天气系统的激发,可以引起大范围降水和中尺度暴雨。小尺度的热力扰动,日射增温可引起局地热雷雨,但由于为时短促,一般不致达到 50 mm 以上的暴雨程度。

(5)地形引起的上升运动。

9.2.2.3　较长的持续时间

降水持续时间的长短,影响着降水量的大小。降水持续时间长是暴雨(特别是连续暴雨)的重要条件。这包含两种情况:第一种是降水天气系统移动缓慢甚至停滞不动;第二种是多次重复出现降水天气系统。中小尺度天气系统的生命期较短,一次中小尺度系统的活动,只能造成一地短时的暴雨,必须要有若干次中、小尺度系统的连续影响,才能形成时间较长、雨量较大的暴雨。然而中、小尺度系统的发生、发展又是以一定的大尺度系统为背景的,暴雨总是发生在大范围上升运动区内。因此,要讨论暴雨的持续时间,就必须讨论行星尺度系统和天气尺度系统的稳定性和重复出现的问题。副热带高压脊、长波槽、切变线、静止锋和大型冷涡等大尺度天气系统的长期稳定是造成连续性暴雨的必要前提。短波槽、低涡、气旋等天气尺度系统移速较快,但它们在某些稳定的长波型式控制下可以接连出现,造成一次又一次的暴雨过程。

在特定的天气形势下,当天气尺度系统移动缓慢或停滞时,更容易形成时间集中的特大暴雨。例如,1954 年 6—7 月的一个月内有 11 次西风槽—气旋波发生发展东移出海,每次都造成长江流域大范围暴雨,造成江淮流域出现特大洪涝;1998 年 7 月下旬鄂东地区在稳定鞍型场内不断产生中尺度气旋,造成了长江流域的特大洪水。

9.2.2.4　有利的地形

暖湿气流遇到山脉和丘陵,被强迫抬升,最大雨量往往出现在 500~1000m 的迎风坡上,尤其是面向暖湿气流来向的喇叭口形山谷中,迎风坡有抬升作用,又有地形辐合上升,往往出现特大暴雨。地形还可起到触发作用,抬升运动促使潜在不稳定能量释放。所以,迎风坡多雨,背风坡少雨。

§9.3　华南前汛期降水

华南地处低纬度,北面以南岭山脉和武夷山脉为界,南面濒临广阔的南海,北回归线横贯其中。东西跨经度在 104°—121°E。东部为浩瀚的太平洋,西部和云贵高原接壤,西南部则与越南相邻。境内山地占 36.6%,丘陵占 46.5%,平原占 16.9%。华南地区所在的纬度即副热带纬度,正是全球主要的沙漠地带以及干旱半干旱地带出现的纬度。然而,华南却是我国典型的副热带、热带海洋性季风气候区,平均年雨量最大,雨期也最长,从 4 月一直持续到 9—10 月。可分为二个不同的雨季:一是华南前汛期,它是西风带环流系统与热带季风环流相互作用的降水,开始于 4 月,但雨季盛期和暴雨集中期都出现在 5—6 月;二是华南后汛期,副热带高压第一次北跃后,我国主要雨带依次推移到长江流域与华北地区,华南的降水主要由副热带高压以南的热带气旋、ITCZ 等热带天气系统造成。

统计资料表明,华南前汛期平均降水量约为 670 mm(4 月、5 月、6 月降水量分别为 160、240、270 mm),占全年总降水量(约 1600 mm)的 42%(薛纪善,1999)。图 9-3-1a 是 1971—2000 年华南大陆地区 4—6 月降水量的多年平均值分布,图 9-3-1b 是 4—6 月降水量占平均年降水量的比例。全区降水量在 500~900 mm 之间,是全国雨量最丰沛地区,且大部分地区 4—6 月总降水量占年总降水量的比例都超过 40%。

华南暴雨的分布受到明显的地形影响。可以看出华南的降水空间分布有两个大降水带:一个在武夷山至南岭山脉,另一个则在广东沿海。在这两个大降水带上,整个华南大陆部分,有 6 个暴雨中心,即武夷山区、粤中山区(清远—佛冈)、桂东北山区(桂林)、粤东沿海(海陆丰地区)、粤西沿海(阳江—恩平—江门)、北部湾沿海(东兴—钦州)。这些暴雨中心都与大尺度地形背景下的局地地形有关。常常是在暖湿气流的迎风坡,并且在局地地形条件有利于冷空气扩散南下并与暖湿空气交汇之处。

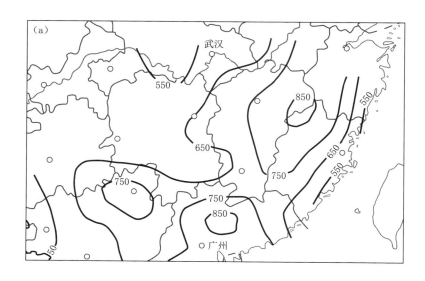

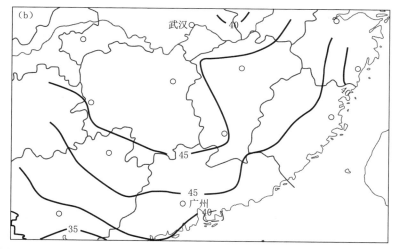

图 9-3-1 1971—2000 年华南 4—6 月(a)平均总降水量分布(mm),(b)4—6 月
总降水量占年总降水量百分比(%)(引自周秀骥等,2003)

9.3.1 华南前汛期降水的环流特征

华南前汛期的 4—6 月,尤其是前汛期盛期的 5—6 月中旬,东亚地区正值从春到夏的过渡月份,东亚环流处于急剧的变化之中。西太平洋副热带高压北移,夏季偏南季风开始活跃,将洋面上大量热带的暖湿空气源源不断地输送到华南地区;西风带的冷空气活动逐渐减弱,但还频繁地侵袭华南地区。在两者共同作用下。这个特定的

季节、特定的地区便形成一个季节性雨带,因而它的出现是在一定的大尺度环流背景下发生的。

　　许多气象学家指出 6 月和 10 月分别是亚洲—西太平洋大气环流突变的季节。事实上,从春到夏的环流季节变化开始于 4 月,而于 6 月完成突变。位于青藏高原南侧的副热带急流(即南支西风急流)在 6 月初突然北撤,南亚季风雨季来临,长江流域梅雨开始,这三者密切相关。这些也正是全球大气环流季节变化的一个反映。4—6月的华南前汛期正发生在这个大气环流季节性变化的时期之中。黄士松等(1986)归纳了华南前汛期的大气环流特征。

9.3.1.1　低纬环流特征

　　从冬到夏的过渡季节,高层对流层的 100 hPa 南亚高压也有明显的变动。1—4月高压中心在 13°—15°N,5 月份突然跳到 21°N,6 月进一步北跳到 24°N。其东西向位置 1—3 月在 130°E 两侧,4 月明显西伸到 110°E,5 月急剧西进到 102°E,6 月进一步西进到 90°E。5 月 100 hPa 平均图上首次出现南亚高压,中心位于中南半岛北部,6 月跃上青藏高原。由于南亚高压的建立、维持和北上,它不仅改变了亚洲南部高层大气环流,促使其南北两侧东风和副热带西风急流的加强和北跳,而且高层辐散流场的形成对于东亚季风(包括华南前汛期)的开始起着重要作用。从冬到夏的季节转换中副热带急流实际有两次北跳,一次发生在 3—4 月,北移 7 个纬距;另一次在 7—8月,北移 4 个纬距;4—6 月都稳定维持在 34°—35°N。而副高轴线 5 月发生一次急剧北跳达 7 个纬距;6 月和 7 月又分别北跳 5 个纬距。华南 4—6 月的雨带就是在200 hPa 副热带急流和副高轴线出现同时显著北跳的情况下而发生的。

9.3.1.2　中高纬环流特征及冷空气活动

　　华南前汛期降水是在一定的中高纬和低纬环流背景下生成的,大多数中高纬低槽的活动,都同时伴有低纬低槽的活动,在它们的共同作用下导致华南前汛期降水的发生。因此,研究华南前汛期降水的环流特征,不仅要研究低纬环流背景,还要研究中高纬环流背景,以及它们的配置关系。

　　尽管每次降水过程,东亚地区的 500 hPa 上中高纬和低纬几乎都有低槽活动,但每次具体环流特征又是不一样的,根据 500 hPa 流场可以分为三种类型。

　　(1)两脊一槽型

　　此型的特征是乌拉尔山以东的西伯利亚西部和亚洲东岸的中高纬地区为高压脊(图 9-3-2a),贝加尔湖地区为低槽。沿着乌拉尔山以东的高压脊前不断有冷空气自北冰洋南下,使贝加尔湖切断低压发生一次又一次的替换。在长波槽替换过程中,原来的长波槽蜕变为短波槽,引导冷空气南下。这时副热带高压平均脊位于 15°N 以南。南支槽与副热带高压的稳定维持把大量暖湿空气输送到华南地区上空,与北方频繁南下的冷空气相交绥,为华南暴雨提供了有利的环流条件。

例如,1977 年 5 月 27 日—6 月 1 日华南出现了一次暴雨过程,广东省海丰和陆丰地区出现了历史上罕见的特大暴雨,最大过程降水量达 1461 mm,24 h 最大雨量达 884 mm。其环流特征是在中高纬出现了少见的波长很短振幅很大的两脊一槽形势,持续引导冷空气南下。同时,印度季风低压发展,引起一次强烈的西南季风爆发,大大加强了低空西南气流的作用。正是在这样极其有利的环流背景下,导致了这场特大暴雨。

(2)两槽一脊型

本型特征是中亚地区为脊,乌拉尔山以东的西伯利亚西部和亚洲东岸为低槽。亚洲东岸的低槽槽底可南伸到 25°N 以南地区,槽后冷空气可直驱南下,从东路侵入华南地区。副热带高压脊稳定在 15°—20°N 之间,我国华南沿海一带西南季风活跃,西南低空急流活动频繁。

例如,1978 年 6 月 5—8 日华南沿海出现的一场大暴雨,暴雨中心的陆丰县白石门水库附近,过程总雨量达 677 mm,24 h 最大雨量达 401.2 mm。其 500 hPa 环流型属两槽一脊型(图 9-3-2b)。

(3)多波型

本型特征是中高纬环流呈多波状,振幅较小,在欧亚大陆范围内,高纬地区至少有 2 个以上的低压中心;与低压中心相对应的移动性低槽活动相当频繁;与此同时,南支波动也较频繁。北方冷槽带来的冷空气和南支波动带来的暖湿空气在 110°E 附近的华南地区相遇,从而造成暴雨。1967—1976 年 10 年间前汛期 35 次连续暴雨过程中,本型占 40%(图 9-3-2c)。

尽管各型的具体环流特征不同,但进入华南前汛期盛期环流的共同特征是:副热带高空西风急流北跳稳定在 30°N 以北,副热带高压脊稳定在 18°N 附近或其以南地区,华南上空为平直西风带,低层常存在南北两支低空急流。在这种形势下,北方不断有冷空气南下与活跃的东亚季风气流交绥于华南地区。与此同时,南亚高压进入中南半岛,使得华南高空维持辐散的西北气流,为前汛期暴雨提供了有利的高空辐散条件。

9.3.2　影响华南前汛期降水的天气系统

在华南 4—6 月的多雨期,除了偶然的热带天气系统,如热带低压、热带气旋或中层气旋造成暴雨外,绝大部分的暴雨是冷空气和热带暖湿气流的适当配置引起的。它们与华南的特定地理、地形的条件相结合,其特征与长江流域的梅雨及华北盛夏暴雨有许多差异,与挪威学派的气旋波动学说在许多方面也迥然不同。气旋波动模式中的主要天气现象为锋系活动,雨水降在冷空气一侧,暖区多晴好天气。而华南暴雨往往发生在锋前暖区中,比锋际锋后冷区暴雨强度大得多。暖区暴雨往往发生在地

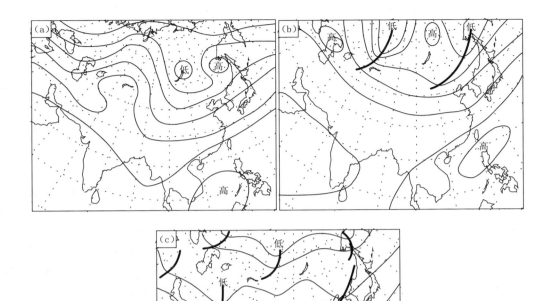

图 9-3-2　华南前汛期暴雨 500 hPa 环流型
(a)两脊一槽型;(b)两槽一脊型;(c)多波型

面锋面系统前 200～300 km 处,有时则发生在西南风和东南风汇合气流中,甚至无切变的西南气流里。华南前汛期暴雨尽管发生在暖区,但一般与冷空气有关,因此,西风带系统仍然起着关键作用。

影响暖区暴雨的环流系统可划分为三大类型(陈翔翔等,2012),即切变线型、低涡型和偏南风风速切变辐合型(简称偏南风型)。切变线型在南海夏季风爆发前以冷式切变为主,季风爆发后以暖式切变为主;低涡型在季风爆发前的发生次数远少于季风爆发后,在低涡中心的东北,东南方向最易产生暖区暴雨;偏南风型总体以西风风速切变辐合为主,而南风风速切变辐合在季风爆发后的比例有所增加。对影响暖区暴雨的高空槽分析发现,高原槽对暖区暴雨影响明显,其次为南支槽。低涡型最易受高空槽影响。对各种类型暖区暴雨的合成分析发现,各类型暖区暴雨 500 hPa 高空槽的位置特点均不相同,暴雨辐合中心均在 850 hPa 以下的低层,副高脊线距雨区约 6～8 纬距是产生华南暖区暴雨的重要天气形势。此外,华南地区也常见锋面移来,并没有暴雨发生,或者锋面一来到,已存在的暴雨立即结束的现象。

造成华南前汛期暴雨的天气系统包含地面天气系统、低层系统、中高层系统。其中地面天气系统主要是有一定表征的斜压区、辐合区和暖湿区,这里主要介绍低层及中高层系统。

9.3.2.1　低层系统

低层系统对华南暴雨的贡献最明显,其特征如下。

(1)低空急流

经多年的资料分析,华南前汛期暴雨,大约有 75%～80% 的暴雨存在与低空急流的对应关系(黄士松等,1986)。据 1971—1978 年 40 次暴雨过程统计分析,有 75% 对应有低空急流在暴雨发生一天以前出现;有 20% 急流与暴雨同时出现;无急流出现的只占 5%。三年暴雨实验分析的 12 次过程,全部有低空急流相对应。这三种不同分析统计材料所得的结论,认为绝大多数华南前汛期暴雨与低空急流是密切相关的,低空急流是形成暴雨的重要天气系统。在华南前汛期对暴雨有贡献的低空急流主要是指低层西南风或偏南风强风带。前者通常是天气尺度或中间尺度的,后者通常是中尺度或中间尺度的。低空急流的左侧低层为气旋性切变区和辐合区,高层为反气旋切变区和辐散区;右侧全层为反气旋切变区和辐散区;最有利产生暴雨的地点为大风核的左前方和湿舌前端。低空急流轴在空间是倾斜的,而且是随时间变化的。因它有时是对流层多层急流结构的一部分,与其他层存在相互转化和相互作用。低空急流的强度有日变化,通常早晨最强,傍晚最弱。即使在某些短时间内,还是可以分析到风速脉动。这可能导致重力波及相应的雨量振动。低空急流与其他大尺度天气系统相互作用的结果,会由北向南或由南向北移动,或停滞摆动,并与华南的不同地理位置的地形及海陆分布结合,形成不同特点的低空急流。低空急流作为大气低层的水汽和不稳定能量的输送带,其自西南向东北伸的暖湿舌特征及位势不稳定区的分布均吻合。

1982 年 5 月 9—14 日,北江中下游和绥江地区普降大暴雨至特大暴雨,暴雨中心位于北江中游的清远、英德地区,最大过程雨量为清远 875 mm(图 9-3-3a)。这次过程是典型的锋前暖区降水,西南风低空急流是暴雨形成的主要影响系统。这支急流自 9—12 日持续在华南地区活动(图 9-3-3b),稳定位于阳江、连平到赣州一线,且风速强劲,急流中心(2000 m 高度)最大风速达 19.7 m/s。粤北地区始终处于低空急流附近或其左前方,而这正是急流暴雨的主要落区。由于这支急流将水汽和不稳定能量向暴雨区持续输送,加之地面西南倒槽的发展东移,更加强了这种偏南暖湿气流的输送,因而北江流域暴雨区能不断获得充足的水汽和不稳定能量。此外,北江中下游向南开口的喇叭口地形,极有利于北上的偏南暖湿气流辐合,有利的地形作用进一步增强了这次暴雨过程。正是这样一些极有利的环境条件促使北江流域发生了一场罕见的特大暴雨。

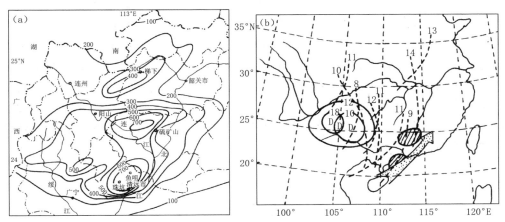

图 9-3-3　(a)1982 年 5 月 9—14 日总雨量(mm);(b)暴雨天气系统动态,虚线为高空槽,实线为西南热低压,矢线为低空急流,阴影为暴雨区,数字为日期(引自薛纪善,1999)

（2）低涡和切变线

天气尺度的低层切变线(850 hPa 或 700 hPa)通常是纬向的分布,伴随地面锋从北向南移动,但位于锋的北方与锋保持一定的距离。当移到南岭附近时,850 hPa 切变线与地面锋线的位置靠近。暖区暴雨通常发生在切变线上低涡的东南侧。冷区暴雨则在锋后 700 hPa 切变线以南,有时雨区在 850 hPa 与 700 hPa 切变线之间的位置上更加明显。

除了切变线上的低涡外,在华南很少出现单独完整东移的低涡。但是西南低涡的发生发展和东移,对华南前汛期低空急流的发生发展及暖湿气流的向东北输送是十分重要的。切变线上的低涡也存在同样的作用。

例如 1998 年 6 月 2—6 日广东出现一次连续暴雨过程。降水主要分布在广东中部、南部和东北部。2 日 08 时,低层江南冷切变线南移到达广东和广西的偏北地区,广西西部一条东北—西南向切变线也正向南移。20 时两条切变线合并南移到达广东中南部和广西南部,在广西南部和广东、福建交界的切变线上分别形成中尺度低涡,水平尺度约分别为 250 km 和 200 km。在这两个低涡形成的同时,在低涡的南部分别有中尺度的对流云团产生和发展。以后冷切变线转为暖切变线并缓慢北移,广西南部的低涡北移并逐渐减弱,广东、福建的低涡向偏东移并逐渐消失。3 日 20 时开始北方有弱冷空气补充,在 975～900 hPa 华南出现冷暖两条切变线。4 日 08 时,

850 hPa 广东北部形成低涡(图 9-3-4)。4 日 14 时随着南支槽东移,冷空气再次补充南下,冷切变线南移,同时 850 hPa 阳江出现短暂的中尺度西南急流并向东传。4 日20 时在 975～925 hPa 冷暖切变线在广东中南部合并,切变线上再次产生中尺度低涡环流,在 850 hPa 低涡环流东南部出现短暂的中尺度西南急流,香港西南风加大达14 m/s。以后随着切变线南下入海,低涡沿着切变线向东移减弱,5 日 14 时进入粤东海面。低涡水平尺度约 300 km,低涡持续了约 18 h,垂直高度上 975～850 hPa 有环流对应。卫星云图上,低涡东南部强烈发展的对流云团在 4 日 20 时演变成涡旋云系。5 日 14 时受 500 hPa 南支槽的影响,在 1000～950 hPa,雷州半岛东侧海面切变线上又有中尺度低涡产生。6 日 02 时低涡环流上升到 500 hPa,低涡水平尺度达300 km。低涡持续了约 36 h,在缓慢东移减弱过程中,垂直高度逐渐下降,并在珠江口西侧海面消失(周秀骥,2003)。

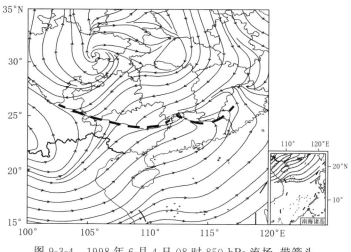

图 9-3-4　1998 年 6 月 4 日 08 时 850 hPa 流场,带箭头
实线为流线,粗虚线为切变线

图 9-3-5 为 2000—2009 年低涡型暖区暴雨在低涡中心方位的示意图。从暖区暴雨处于低涡中心的位置来看,影响系统为低涡的暖区暴雨主要发生于低涡两条切变线之间。低涡中心的西北、北和西方向没有产生暖区暴雨,这与该区域有大量冷空气侵入,易产生低涡锋面暴雨有关。一般低涡附近有冷式或暖式切变线存在,由表 9-3-1可见,2000—2009 年 5 月、6 月低涡影响型暖区暴雨主要发生在季风爆发后,季风爆发前的低涡型暖区暴雨仅 9 次,占该型暖区暴雨总数的 10%。处于低涡暖式切变线附近的暖区暴雨占主要地位,占低涡型暖区暴雨的总次数的 40%,这类暖区暴雨主要发生于低涡中心东北—东南方向;处于低涡冷式切变线附近的暖区暴雨占 35%,

这类暖区暴雨主要发生于低涡中心南与西南方向。25% 的低涡型暖区暴雨处于冷暖式切变线之间,在低涡的东南方向。总体来说,有 65% 的低涡型暖区暴雨发生在低涡中心东北—东南方向,位于低涡的暖输送带中。该区域最易发生暖区暴雨。

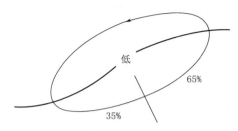

图 9-3-5　低涡影响型暖区暴雨中心与低涡中心的位置示意图(引自陈翔翔等,2012)
带箭头环流为低涡环流,粗实线为切变线,百分比数值表示对
应区域内发生低涡型暖区暴雨的概率

表 9-3-1　5—6 月低涡型暖区暴雨与低涡冷暖切变关系的统计(引自陈翔翔等,2012)

暖区暴雨所处位置	爆发前	爆发后	总计	比例(%)
低涡冷式切变附近	5	27	32	35
低涡暖式切变附近	1	36	37	40
低涡冷暖式切变之间	3	20	23	25
总计	9	83	92	100

（3）边界层辐合线

华南前汛期在华南地区边界层发生的辐合线,通常是变性冷高压脊后部的东南风与暖湿西南风的辐合线。当达到一定强度时,就可能触发暴雨发生。这种暖切变偶尔也可维持较久,移行很远一段距离。例如,1973 年 4 月 21 日 20 时一条暖切变形成于越南沿海逐渐东移增强,22 日 20 时移到厦门以南海区,造成广东、福建沿海暴雨,厦门 3.5 h 雨量达 240 mm。

9.3.2.2　中高层系统

（1）南支槽和西风槽

以 500 hPa 层为代表的中层槽,通常指南支槽和西风槽。前者是南支西风上的波动,后者是中纬度西风上的波动。对华南来说,后者要比前者有较大的振幅才有较明显的影响,或者是二者相连时,振幅才较大。

中层槽的贡献在于槽前输送正涡度,槽后带来冷平流,有利于槽前的辐合上升运动和形成或加强气柱的不稳定度。华南前汛期暴雨实验期间所分析的 12 个暴雨过程中只有 5 个有中层槽移过华南地区。虽然从卫星云图上没有见到与槽相伴的逗点云东移,但从雨量变化的配合上,可以认为 1978 年 5 月 27—28 日和 1979 年 5 月

12—14 日的暴雨过程与中层槽是有联系的。前者是西风带小槽沿高原边缘南下,后者是南支小槽。发生影响的时间均是槽线过境前。

(2)中层气旋

中层气旋又名副热带气旋,是发生在副热带纬度对流层中层的一种气旋。在南亚夏季风活跃期,副热带气旋是一种重要的季风天气系统,也是造成印度西北部和巴基斯坦暴雨的主要系统之一。在南海及其邻近地区(10°—30°N,100°—130°E),夏半年也有中层气旋活动。据统计,1960—1975 年 5—9 月共出现 44 个,平均每年 3 个。其大多数(约 68%)集中出现于 7—8 月(5—6 月偶有出现)。中层气旋主要发生在700、600、500 hPa 上,以后逐步向上、向下发展。在许多情况下,中层气旋可以只出现在某一个等压面上,范围也较小,水平半径一般仅 200~300 km。它的移动路径很不规律,几乎可往各个方向移动,还有不少是打转、折向的,所以预报比较困难。但一旦在连续 2~3 h 的图上都出现了中层气旋,都会给华南带来大范围降水,雷暴等天气,个别甚至出现特大暴雨。

(3)副热带高压脊

副热带高压脊主要是影响大尺度辐合区,而不是暴雨的直接形成。副高脊适当的位置,对低空气流的发展、水汽输送的路径和锋面移动都有影响。据 1973—1975年 5—6 月 10 次广东连续性暴雨的统计,副高脊线处于 16°—18°N 之间时,锋进入25°N 以南的机会为 71%。脊线偏北或偏南时,锋较少进入 25°N 以南。因此,脊线在16°—18°N 时对暴雨是有利的。1977—1979 年 5—6 月的 12 次过程大多数在 15°—20°N 之间。

(4)副热带急流

在 4 月和 5 月中旬前副热带急流还比较明显。5 月下旬以后副热带急流不明显。但随着一次明显的冷空气进入华南,500 hPa 以上的强风带的风向还是偏西风。因此,高空急流的南侧存在反气旋切变的配置,有利于维持低层辐合上升区的存在。另外,作为暴雨期大规模对流凝结潜热的疏散机制,副热带急流及锋区上的高空强风带是重要的。因为没有潜热的疏散,大气中上层增暖,难以维持对流的继续存在。

(5)高层辐散流场

高层辐散是维持低层辐合的补偿机制,也是暴雨区对流凝结潜热的疏散机制。据亚洲和太平洋热带地区的对流层上层 200 hPa 平均流场,4 月份华南处于脊的北侧西风区。5 月份反气旋中心在泰国上空,华南在其东北方的西北气流区。6 月份反气旋中心在西藏高原,华南处于脊线附近。从流线型判别,5—6 月份华南是经常具备高层辐散流场的。在华南前汛期暴雨试验分析的 12 次过程中,有 11 次华南高层是辐散流场。1974 年 4—6 月 16 次低空急流过程中,11 次广东大到暴雨全可定性判别为华南高层辐散流场。

§9.4　江淮梅雨

梅雨(plum rains)是中国长江中下游至日本南部一带,初夏冷暖空气交汇时出现的较长时期的湿热阴沉多雨天气。此时正值梅子黄熟,又称黄梅雨,连阴雨易使衣物受潮霉变,又称"霉雨"。梅雨开始称为"入梅",结束称为"出梅"。中国历书上有梅雨始日、终日的记载,但与气象上确定的梅雨期不尽一致。梅雨的年际变率较大,不同年份,入梅早晚、梅雨期长短及降水强弱均会有较大差别。长江中下游地区梅雨期平均雨量约 300 mm。在少数年份,雨带从华南迅速越过江淮地区进入黄河流域,江淮地区不出现梅雨,这就是人们常说的"空梅"。

日本和朝鲜半岛也有与我国梅雨类似的降水集中时段,它们分别被称为"Baiu"和"Chang-Ma"。日本的 Baiu 既可以和我国江淮流域的梅雨同时发生,也可以和江南的梅雨相联系,朝鲜半岛的 Chang-Ma 不仅和淮河流域的梅雨相联系,也和黄河流域甚至华北的雨带相连,因此,其时间概念扩大到了 7 月中下旬,甚至 8 月。

梅雨是东亚大气环流在春夏之交季节转变期间的特有现象。它产生于西太平洋副热带高压北部边缘的锋区(梅雨锋)附近,是极地气团和副热带气团相互作用的产物。梅雨期内,滞留在长江中下游至日本一带的梅雨锋上,多中间尺度和中尺度天气系统活动,降水强度不均,往往是小雨、中雨、暴雨和特大暴雨相间出现,也可短时间停歇,这种情况可重复出现。梅雨的雨带大体呈东西走向,其位置和稳定性,与副热带高压的位置(脊线一般稳定在 20°—25°N 之间)和强度密切相关,还与西风带的环流形势有关。正常情况下,当大气环流形势在 6 月初产生比较大的调整后,西太平洋副热带高压脊线跳到 20°N 以北,开始入梅。但各地入梅有先后之分,赣南和浙江一般在 5 月底至 6 月初,沿长江一带在 6 月中旬,淮南多在 6 月底入梅。当西太平洋副热带高压脊线进一步北跳,越过 25°N 时,梅雨期结束。各地从 6 月底至 7 月中旬自南而北先后出梅。梅雨持续时间一般约 1 个月,淮南约为 20 天。出梅之后,长江流域进入伏旱期。

9.4.1　梅雨的气候概况

梅雨天气的主要特征是:长江中下游多阴雨天气,雨量充沛,相对湿度很大,日照时间短,风力较小,降水一般为连续性,但常间有阵雨或雷雨,有时可达暴雨程度。梅雨结束以后,主要雨带北跃到黄河流域,长江流域的雨量显著减小,相对湿度降低,晴天增多,温度升高,天气酷热,进入盛夏季节。

长江中下游可出现两类梅雨:典型梅雨和早梅雨(又称迎梅雨)。所谓典型梅雨,一般出现于 6 月中旬到 7 月上旬,出梅以后,天气即进入盛夏。典型梅雨长约 20~24 天。在 1885—1963 年中,有 7 年没有出现梅雨,即空梅,又有两年梅雨期长达两个月之久。入梅日期大多在 6 月 6—15 日,最早和最晚可相差 40 天。出梅日期大多在 7 月 6—10 日,但最早和最晚可差 46 天。一般来说,梅雨期愈长,降水量愈多。每年梅雨的起讫时间、长度、降水量等相差很大。例如 1954 年梅雨期长达 40 天,超过平均数半个月之久,因此造成 1954 年长江中下游的洪水。而 1958 年,主要雨带从华南一跃至华北,未在长江流域停滞造成空梅。1959—1961 年梅雨期也极短,造成这几年长江中下游地区连续的严重干旱。

所谓早梅雨,是出现于 5 月份的梅雨,平均开始日期为 5 月 15 日,梅雨天数平均为 14 天,它的主要天气特征与典型梅雨相同,不同的是梅雨期较早,出梅后主要雨带不是北跃,而是南退,以后雨带如再次北跃,就会出现典型梅雨。因而在一年中可能出现两段梅雨。在 1885—1963 年中,长江中下游的早梅雨出现 17 次(如 1949 年,1954 年,1963 年等)。1998 年夏天我国长江流域发生了 1954 年以来最大的洪水,其中长江流域自 6 月 11 日进入梅雨期后,各地暴雨频繁。汛期长江流域共出现 74 个暴雨日,其中大暴雨为 64 天,占暴雨日总数的 86%,特大暴雨日为 18 天,占暴雨日总数的 24%。这一年梅雨即分为两段,即 6 月 11 日—7 月 3 日、7 月 16—31 日。

图 9-4-1 是 1954—1983 年共 30 年梅雨期的平均降水量。大于 200 mm 的区域包括鄂、皖、苏等省和湘、赣、浙 3 省的北部以及豫南,大约是受梅雨所影响的地区。

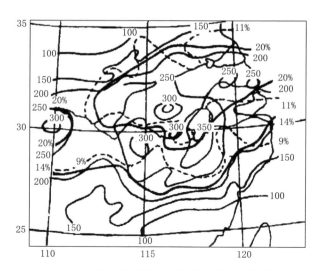

图 9-4-1　1954—1983 年梅雨期的平均降水量(实线,单位:mm)和
占年雨量的百分率(虚线)(引自朱乾根等,2007)

该地区梅雨期雨量约占年雨量的 $14\%\sim20\%$，而梅雨期降水日数仅占年降水日数的 $9\%\sim11\%$。多年梅雨期平均雨量≥250 mm 的地区包括皖、鄂、赣北和江苏长江沿岸，占年降水量 $25\%\sim30\%$，大于 300 mm 的雨量中心，分别位于长江中下游 4 个山区，即鄂西山区、大别山区、皖南山区和两湖之间的九岭山区。

9.4.2　梅雨期的大尺度环流特征

梅雨期的开始不是局地现象，而是与大范围的环流变化相联系，并且在亚欧大陆与北半球上空有一定的长波形势(陶诗言等，1958)。一般来说，梅雨主要集中于 6 月中旬到 7 月中旬，但是不同年份其降水很不相同，除了天气系统不同外，环流特征差异也很大(丁一汇，1993；孙建华等，2003)。

9.4.2.1　高层大尺度环流特征

梅雨期开始时，高层(100 或 200 hPa)的南亚高压从高原向东移动，位于长江流域上空(高压脊位于 30°N 以南)，当高压消失或东移出海时，梅雨即告结束。图 9-4-2 是 2011 年 6 月 14 日 08 时 200 hPa 流场。在华南上空有一个强大的反气旋，其北部为强盛的西风急流，南部存在弱一些的东风急流(最大风速超过 20 m/s)，江淮流域处于明显的发散流场中。这种流场造成的辐散是梅雨锋降水重要的高空流出机制。

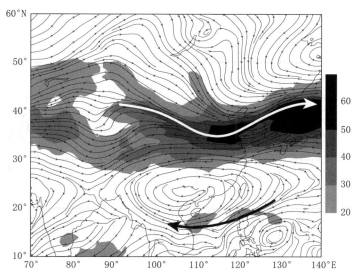

图 9-4-2　2011 年 6 月 14 日 08 时 200 hPa 流场，阴影区风速大于 20 m/s 的区域，
白色和黑色箭头分别表示高空西风和东风急流轴

9. 4. 2. 2　中层大尺度环流特征

梅雨期中层(500 hPa)环流形势也是较稳定的。虽然每年梅雨期或同一梅雨的不同阶段,高空环流形势有所不同,但基本情况是一致的。就副热带地区来说,西太平洋副热带高压呈带状分布,其脊线从日本南部至我国华南,略呈东北—西南走向,在 120°E 处的脊线位置稳定在 22°N 左右。在印度东部或孟加拉湾一带有一稳定低压槽存在。这样就使长江中下游地区盛行西南风,与北方来的偏西气流之间构成一个范围宽广的气流汇合区,有利于锋生并带来充沛的水汽。中纬度巴尔喀什湖及东亚东岸(中国河套到朝鲜之间)建立了两个稳定的浅槽,而高纬则为阻高活动的地区。此处阻高可分为以下三类。

(1)三阻型

在 50°—70°N 的高纬地区,常有三个稳定的阻塞高压或高压脊。东阻高位于亚洲东部勒拿河、雅库茨克一带;西阻高位于欧洲东部;中阻高位于贝加尔湖附近。在这些阻高南部亚洲范围 35°—45°N 间是一个平直强西风带,且有锋区配合,其上不断有短波槽生成东移,但不发展。冷空气路径有两支:一支从巴尔喀什湖冷槽内分裂出来,随短波槽东移,经我国新疆和河西走廊南下;另一支从贝加尔湖南下(图 9-4-3a)。

(2)双阻型

在 50°—70°N 范围内有两个稳定阻塞高压(高脊)维持。西阻高位置已较第一类偏东,位于乌拉尔山附近,东阻高在雅库茨克附近,在这两个阻高之间是一宽广的低压槽,35°—40°N 是一支较平直的西风。在贝加尔湖西面的大低槽内,不断有冷空气南下。冷空气的路径有二支:一支从巴尔喀什湖附近的低槽中分裂出小股冷空气经河西走廊南下;另一支从贝加尔湖南下(图 9-4-3b)。

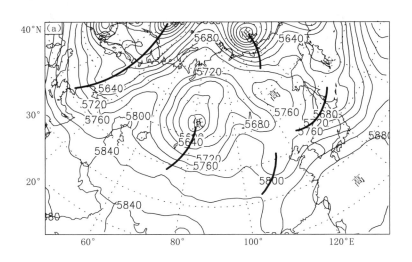

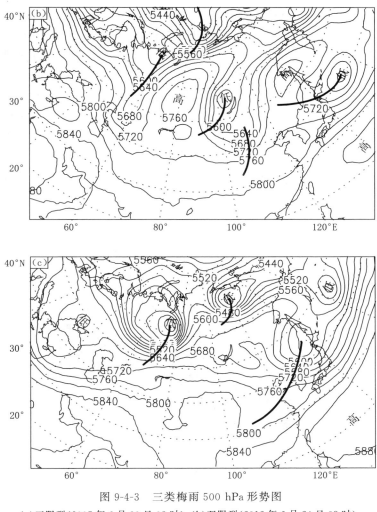

图 9-4-3　三类梅雨 500 hPa 形势图

(a)三阻型(2007 年 6 月 30 日 08 时);(b)双阻型(2012 年 6 月 24 日 08 时);

(c)单阻型(2011 年 6 月 14 日 08 时)

（3）单阻型

在 50°—70°N 的亚洲地区有一个阻塞高压,其位置在贝加尔湖附近,此时我国东北低槽的尾部可伸到江淮地区。冷空气主要是从贝加尔湖以东沿东北低压后部南下,到达长江流域。有时也有小股弱的冷空气从巴尔喀什湖移来(图 9-4-3c)。

在梅雨期间,上述三类 500 hPa 西风带环流型是互相转换的,不过在多数年份,梅雨的中期和后期容易出现第二类,即一般所称的"标准型"。

9.4.2.3 低层大尺度环流特征

对流层低层的大尺度环境为梅雨降水提供水汽来源,并为中尺度天气系统的发生发展提供有利的环流条件。在地面图上,在江淮流域有静止锋停滞。在对流层低层,梅雨锋除了表现为相当位温梯度的密集带外,在流场上表现为切变线。图 9-4-4为 2011 年 6 月 14 日 08 时 850 hPa 流场,长江流域有一条近东西向的切变线延伸到东海洋面上,切变线南侧为大范围西南气流,北侧为偏东气流。切变线南侧的西南气流来自两个源地,一路来自南海季风,即副热带高压西南侧的东南风转变为西南风,流向长江流域,并有风速超过 18 m/s 的低空急流。另一源地来自印度季风,经过孟加拉湾和缅甸流向长江中上游。季风气团中的高温高湿空气被西南气流携带到切变线附近造成大量的水汽辐合,低空急流前端的辐合最强,是主要的暴雨发生区,雨带主要位于低空急流和 700 hPa 切变线之间。在切变线上分布着一些尺度约 500 km的 α 中尺度气旋以及尺度约 200 km 的 β 中尺度气旋。

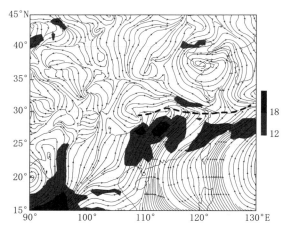

图 9-4-4 2011 年 6 月 14 日 08 时 850 hPa 流场,粗虚线
为切变线,阴影区为风速大于 12 m/s 区域

综合上述高、中、低层的环流形势,概括为图 9-4-5 的概念模型。地面为江淮梅雨锋,对流层低层为江淮切变线,其北侧东北风或西北风与南侧西南风形成辐合上升区,切变线上分布着中尺度低涡,切变线南侧存在低空急流;对流层中层环流形势较为稳定,西太平洋副热带高压呈带状分布,印度东部或孟加拉湾一带有稳定低压槽存在,中纬度巴尔喀什湖及东亚东岸建立了两个稳定的浅槽,而高纬有阻塞高压稳定维持;对流层高层南亚高压位于长江流域上空,北部为强盛的西风急流,南部存在弱一些的东风急流,江淮流域处于明显的辐散流场中,是梅雨锋降水重要的高空流出机制。

9.4.3 影响梅雨的天气系统

梅雨期大尺度环流的特征主要是高纬度稳定的阻塞形势和中纬度多短波槽脊活动,加上副热带高压西伸到长江以南的大陆上。这段时期大陆上冷空气活动很频繁,但是冷空气的势力削弱很快,而且常不能到达长江以南地区。对流层低空到 3000m 附近有切变线维持在江淮流域。地面上准静止锋位于切变线以南,一般称它为梅雨锋,雨区分布在地面锋与切变线之间。降水就产生在大范围梅雨锋内。引起梅雨的天气尺度系统为:

(1)从巴尔喀什湖沿河西走廊和高原北部移入我国东部的高空短波槽

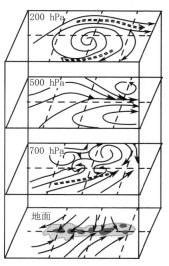

图 9-4-5 梅雨期各层环流概念模型(引自朱乾根等,2007)

这种短波槽在移过河套地区以后,使江淮流域的切变线有一次加强,甚至在这一带有一个低涡生成,就有一次暴雨产生。

(2)从西藏高原或高原东侧移出的气旋性涡旋

这类涡旋一种是高空槽经过高原时切断而成的,另一种是印度季风辐合线北移至高原上空引起的。当辐合线停留在高原上空时,如果从河西走廊同时有高空槽东移,则辐合线上便形成气旋性涡旋。当低涡沿着江淮流域东移时,多半引起梅雨锋上一次大雨或暴雨过程。

在梅雨季节,长江流域是极地冷空气和热带暖湿空气频繁交绥的地带,此时在梅雨锋上中间尺度天气系统很活跃,它们的活动不仅维持了梅雨期持续性的降水,而且给暴雨的产生创造了十分有利的条件。暴雨的生成需要充沛的水汽供应,暖湿的不稳定空气层结,以及强烈的低空辐合来加速垂直环流,使大量暖湿空气得到抬升凝结产生降水。梅雨期活跃的中间尺度天气系统就具有这些作用。江淮流域切变线使低空辐合的条件在这一带经常具备。当有气旋性低涡出现,低空辐合就进一步加强。在梅雨锋的南面,低空西南风急流把低纬度的湿热海洋空气输送到长江中下游,因此,水汽的供应总是很充足的。低空暖湿空气平流,造成空气的不稳定层结。这些条件都是梅雨锋上出现暴雨的有利条件。切变线、低涡和低空急流等这些天气系统虽然在其他季节亦有活动,但是在梅雨季节有其特殊性,它们比其他时期出现得更频繁。

9.4.3.1 江淮梅雨锋

梅雨的降水分布具有狭长的带状特点,与锋面的形状很类似,因此,把它称为梅雨锋雨带。从降水的性质看,梅雨降水属于夏季风降水。涂长望(1937)从极锋学说出发,指出梅雨是变性的极地大陆气团与变性的赤道气团,或变性的太平洋气团交汇而引起的,从而形成了"梅雨锋"的概念。因此,梅雨不是季风内部的降水而是季风前沿的雨带。20世纪50年代初期,陶诗言(1958)和叶笃正(1958)进一步指出东亚梅雨是季风现象之一,梅雨的开始与东亚大气环流的季节变化,特别是夏季风的爆发相联系。东亚夏季风深入中国大陆东南部,并在30°N附近与北方冷空气交汇形成梅雨锋,东亚进入梅雨期。梅雨锋是西南季风和北方冷空气之间的交界面,因此,梅雨锋两侧的风向切变非常显著。它表现为夏季风的西南风和北面的偏东风之间的风向切变。

梅雨锋具有以下几个共同和必备的条件(赵思雄等,2004)。

(1)梅雨锋具有一条数千千米长的横贯东亚和西太平洋地区的雨带;

(2)梅雨雨带随季风的进退而进退,梅雨锋是季风气团和其他气团之间的锋面;

(3)梅雨锋区是位于夏季风对应的来自低纬的高温高湿舌北侧的相当位温强梯度带。

梅雨锋在水平风场和温度场结构方面主要表现为对流层低层风场中的切变线和相当位温场中的等值线密集带。图9-4-6给出了根据探空资料绘制的从2002年6月26日20时到28日08时每隔12 h的850 hPa的测站风和温度及相当位温分布等值线图。图中还用阴影区给出了从探空资料客观分析计算得到的500 hPa上升速度大于零的区域,它基本上可以代表梅雨雨带的位置。

在梅雨锋开始发展的26日20时,从印度到长江上游有一个很强的高相当位温区,其东部为偏南气流所控制,其中在偏南风和东南偏东风之间有一条暖锋式的切变线。这时虽然高相当位温区东北部的等相当位温线非常密集,和梅雨锋所具有的特征相同,但等相当位温线密集带的走向呈西北—东南向,和切变线的西南偏西—东南偏东的走向几乎垂直,因此两者并不重合。但是,从图中给出的500 hPa上升运动区的分布看,相当位温的锋区与上升运动区相配合。

27日08时,高相当位温区向东伸展到长江中游,成为一个东西向的高相当位温舌。切变线的性质已发生转变,北侧为偏东风,南侧为西南季风,其最大风速达到18 m/s,成为很强的西南风低空急流。另一个明显的变化是相当位温的锋区也转为东西走向,锋区和切变线已接近重合。到27日20时和28日08时,长江中下游已形成一个典型的东西向的高相当位温舌,其北侧的相当位温锋区和东西向的切变线及上升运动带相配合,成为一种比较典型的梅雨锋。梅雨锋南侧始终存在很强的西南风低空急流。

图9-4-7是2002年6月27日20时梅雨锋成熟期的经向垂直剖面图。850 hPa上的高相当位温舌及其北侧的强相当位温梯度、500 hPa上纬向的上升运动带都很

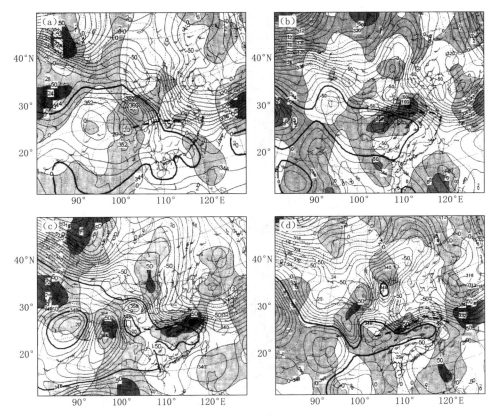

图 9-4-6　2002 年 6 月 26 日 20 时—28 日 08 时 850 hPa 相当位温、温度和
测站风及 500 hPa 垂直速度分布图(引自赵思雄等,2004)

((a)26 日 20 时,(b)27 日 08 时,(c)27 日 20 时,(d)28 日 08 时。实线为等相当位温线,间隔 2 K;虚线为等温线,
间隔 2 ℃;粗虚线为切变线;阴影区为 500 hPa 上升运动区,间隔 50 mm/s)

明显,具有最典型的梅雨锋特征。此时,梅雨云带上的中尺度对流系统发展得非常强
大。500 hPa 以下对流层下半部的梅雨锋和高空的副热带锋是分离的。梅雨锋的坡
度比副热带锋更陡,说明梅雨锋的斜压性相当弱。而且,此时在 1 km 以下的行星边
界层中,梅雨锋是向南倾斜的,它显示出低空梅雨锋已具有赤道锋的性质。图中对流
层下部的梅雨锋表现为东、西风之间的切变线及相当位温锋区,对流层上部副热带锋
与高空副热带西风急流相配合。上升运动位于梅雨锋前,并有垂直方向的高相当位
温舌相配合,说明梅雨雨带主要位于梅雨锋的南侧。

9.4.3.2　江淮切变线

江淮切变线是指在 850、700 hPa 图上,活动在江淮流域(黄河以南至南岭一带地

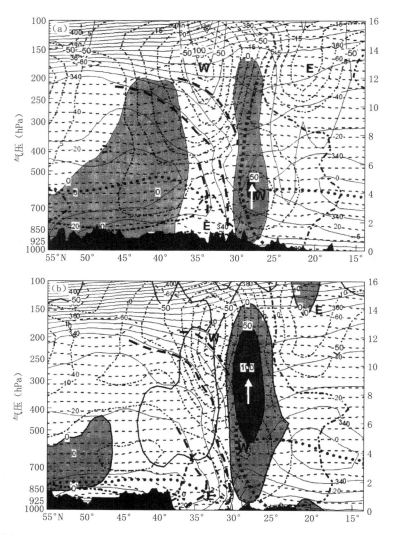

图 9-4-7　2002 年 6 月 27 日 20 时的经向垂直剖面图(引自赵思雄等,2004)

((a)沿 110°E;(b)沿 115°E,图中细实线为 θ_e 等值线,间隔 2 K;细虚线为等温线,间隔 2 ℃;
点划线为风速西风分量等值线,间隔 5 m/s(零值线加粗);粗实线为垂直速度等值线,间隔
50 mm/s(阴影区为上升运动区,上升速度越大阴影越深)。图中用粗虚线标出锋区,用方
点线标出高 θ_e 舌的垂直轴线,用圆点线标出低 θ_e 的水平轴线)

区)的近于东西向的风的不连续线(图 9-4-8)。它常与华南准静止锋、西南涡、江淮气
旋等天气系统联系在一起,是造成江淮流域下半年降水,特别是暴雨的天气系统
之一。

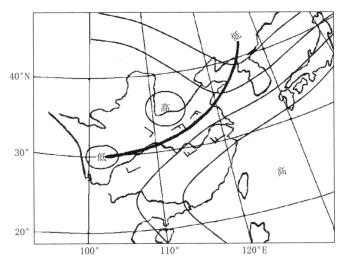

图 9-4-8　江淮切变线风场、气压场示意图

　　江淮切变线南侧的系统是西太平洋高压伸向华南地区的暖脊,北侧为西风带中的小冷高压。切变线北侧多为偏东风,南侧多为偏西风,二者之间构成气旋式切变。高度场上切变线表现为一横槽。多数情况下,切变线上有锋区对应。因此,可以按切变线附近的风场型式将其分为三种类型:冷锋式切变、暖锋式切变和准静止锋式切变(图 9-4-9)。

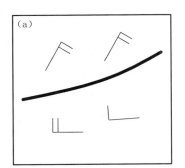 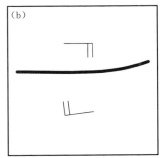 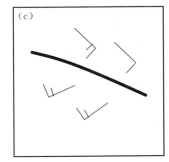

图 9-4-9　常见的切变线类型
(a)冷锋式切变;(b)准静止锋式切变;(c)暖锋式切变

　　在实际天气图中,同一条切变线的型式不是一成不变的,三种型式可以相互转化。此外,由于切变线常常延伸近千千米,在同一条切变线上,随着各段两侧形势配置不同,而各段切变线的型式也往往不同,尤其是当切变线上有低涡形成,或有低涡自西向东沿切变线移动时,则低涡前方的切变线就成为暖锋式的,低涡后方的切变线就成为冷锋式的(图 9-4-10 中的实线)。

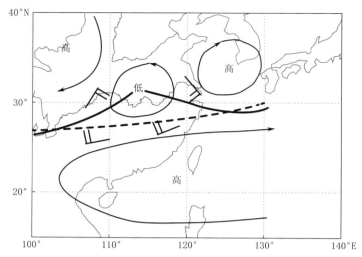

图 9-4-10　伴有低涡的切变线(虚线为产生低涡之前的切变线)

江淮切变线往往在 850 hPa 和 700 hPa 图上表现明显,500 hPa 图上一般都不存在。它常常与地面准静止锋或缓行锋相配合,但并不都是如此,有时只有切变线而无锋面。

江淮切变线活动相当频繁,一年四季皆可出现,5 月出现最多,平均达 5～6 次,8月最少,平均 2～3 次。切变线形成后一般可维持 3～5 天,长的可达 10 天以上。

(1)江淮切变线的天气

江淮切变线的主要天气是云和降水。它是造成江淮流域夏半年(4—9 月)降水,特别是暴雨的重要系统之一。在夏半年,由于江淮切变线产生的暴雨,占全部暴雨日数的 41%,就整个江淮地区统计,有暴雨的切变线过程占全部切变线过程的 76%,6月、7月份更甚,占 90%以上。1961—1972 年 6 月、7 月出现在安徽地区的暴雨属于切变线波动的占 66%(表 9-4-1)。大多数江淮切变线过程都能带来暴雨。一个切变线过程有时还会带来连续 5～7 天的暴雨日。

表 9-4-1　安徽省 6—7 月暴雨分类

	低槽冷锋	切变波动	低压	台风
6 月个例数	9	17		
7 月个例数	6	25	4	3
合计	15	42	4	3
百分比	23%	66%	6%	5%

江淮切变线的降水多位于地面锋线的北部、700 hPa 切变线以南的地区。这是

因为 700 hPa 切变线以南的偏南气流一方面可将南方的水汽不断输送过来;另一方面这股气流沿着锋面向上滑升,使水汽冷却凝结成雨。因此,如风速偏南分量愈大,锋面坡度愈陡,则上升运动愈强而降水量愈大。但这种大范围的上升运动,仅能造成连续性大片降水,降水量并不大。如果切变线没有锋面配合,一般以中低云为主,降水不大。冬半年锋面坡度较小,水汽供应也较少,大气较稳定,因而多连续性降水,雨区较宽而雨量较小。夏半年则不同,由于锋面坡度陡、水汽供应多,大气又不稳定,切变线上常出现雷阵雨,降水区窄而降水量大。

由于切变线的性质、风场结构、水汽来源以及地理条件和季节的不同,都会使降水的分布和强度存在很大差别。

① 冷锋式切变

偏北风占主导地位。冬季,因水汽条件差,而且切变线南移比较快,所以一般降水量都不大,维持时间也不长。夏季,由于冷锋坡度大,暖区水汽来源充沛,多雷阵雨,但雨带比较狭窄。

② 暖锋式切变

多发生在有江淮气旋存在的情况下,一般气旋式环流比较强,又由于偏南气流占主导地位,水汽充沛,因而云层较厚,降水量较大,降水区也较宽,维持时间也较长。

③ 静止锋式切变

如果地面没有华南准静止锋存在,尽管风切变表现很强,但辐合作用较弱,因而一般云层较薄,降水不大,但维持时间较长。当有华南准静止锋存在时,雨区一般都出现在 700 hPa 切变线与地面静止锋线之间,而且凡有华南准静止锋存在,低空必有切变线与之对应。在这种情况下,与其说切变线的天气,还不如说是华南准静止锋的天气。由于华南准静止锋的坡度小(尤其是冬春季节),在近地面层常呈准水平状态,因而降水区常在锋后一段距离产生,而不是紧靠地面锋线。此外,降水区南北向的宽度、强度和地理位置,随季节也有不同。

(2)江淮切变线的形成和移动

当太平洋高压的西伸脊在华南一带稳定存在时,从西部经河套一带东移的近于南北向的西风槽,南端就受到副热带高压的阻挡,槽线停滞或移动缓慢,而北段则继续东移,于是槽线顺转而成为东西向的切变线(图 9-4-11)。在这种形势下,槽后常有小高压中心形成并向东移动。切变线就处于此小高压与副热带高压之间。小高压主要是在平直西风环流下,由于高原的侧向摩擦作用而产生的。

江淮切变线的移动主要与其南北两侧的天气系统强度有关。一般来说,当北方系统占优时,切变线南移;反之,南方系统占优时,切变线北上;双方势均力敌时,切变线呈准静止状态。

切变线南移主要发生在北方势力居于主导地位之时,经常在以下场合中出现。

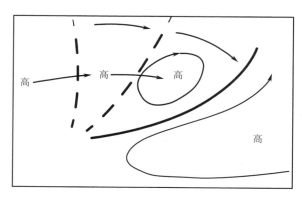

图 9-4-11　700 hPa 上江淮切变线的形成

① 当空中低压槽和地面气旋东移入海并发展加深,导致后部冷空气大量南下,北侧高压加强,偏北风加大,切变线南移。

② 当切变线北侧高压南下,或切变线上空 500 hPa 有大槽刚过,偏北气流因而加强,切变线南移。

③ 700 hPa 切变线上如有低涡发展,涡后偏北气流携带冷空气南下,这时涡后部的切变线将向东南方向移动。

④ 当西太平洋高压势力减弱并向东或向南撤退时,切变线则随之南移。

切变线的北进则是发生在南边势力居于主导地位之时,通常发生在下列情况下:

① 太平洋高压西伸脊加强北上时,切变线亦随之北上。

② 在 500 hPa 上当我国西部有低槽(低压)迫近切变线,或 700 hPa 上有低涡沿切变线东移时(地面往往有气旋发展),使东段切变线南侧的偏南气流加强,引起东段切变线北进,而西段则南移。

③ 当切变线北方小高压东移至华东附近并与西太平洋高压合并时,江淮切变线西段常变成暖锋式切变向北移动。

江淮切变线有时可维持很长时间(或在一段时间内连续发生),以致江淮流域维持较长时期的连阴雨大气。这种情况和大型流场的稳定有关。夏季这种稳定形势是:在西太平洋高压脊呈东西向而且相当稳定;在中高纬度地区,乌拉尔山和鄂霍茨克海都有阻塞高压存在,在西西伯利亚地区和我国东北地区上空分别是低压槽和切断低压。在这种稳定形势下,从西伯利亚进入蒙古的冷空气,受东北低压后部偏北气流的引导,经河套地区源源不断地进入江淮地区,达到西太平洋高压脊的北部边缘,可使江淮切变线呈准静止状态维持较长时间,有时可达 10 天以上。

(3)江淮切变线的转换

旧的切变线消失,新的切变线建立过程,即切变线的新陈代谢过程,一般称之为切变线的转换。当旧切变线在江淮地区维持时,如果从河西走廊又有一个新的较强的西风槽东移(图 9-4-12a),则新槽前的旧小高也东移,并逐渐与副热带高压合并,于是旧冷式切变线的东段南压消失。而旧小高后部还有低涡东移,这时旧切变的西段由于处于旧小高后部与涡前部的偏南气流中,就变为暖式切变线而北上(图 9-4-12b),并逐渐与新槽相接(图 9-4-12c),形成北槽南涡型式。在低槽低涡东移过程中,新槽槽线逐渐顺转,变为新的切变线,而新槽后的小高代替了旧的小高。当旧切变线西段北上时,对应的雨区也北移,但强度减弱,而当新槽与此切变相接时,不管有无明显涡旋,雨区又重新发展,并有暴雨形成。这样,一次江淮切变线的转换过程即告完成。

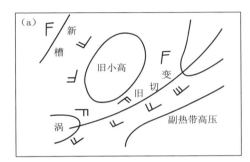
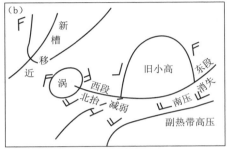
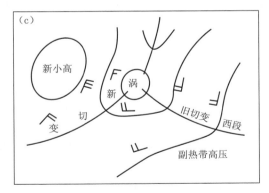

图 9-4-12　江淮切变线的转换

(4)江淮切变线的消失

江淮切变线的消失仍取决于切变线两侧高压的活动情况。常见的消失过程有两种:

① 切变线逆转演变为西风槽而消失

当冷空气增强南进,切变线北部的小高压向东南移动,同时,暖空气减弱东退,西太平洋高压脊也慢慢向东南撤退时,切变线则随之南移并逐渐逆转成东北—西南向(或南北向)的西风槽,切变线随即消失。

② 西风带小高压和西太平洋高压合并,切变线消失

　　这种过程在夏季比较常见。它往往发生在暖空气加强,冷空气减弱,西太平洋高压脊北进之时,其消失过程如图 9-4-13 所示。切变线东段冷锋式切变首先减弱消失,这时其北部小高压常向偏东方向移动,切变线西段暖锋式切变则向北移动,地面图上雨区也相应北移并减弱,当小高压合并于西太平洋高压之后,切变线也就消失了。

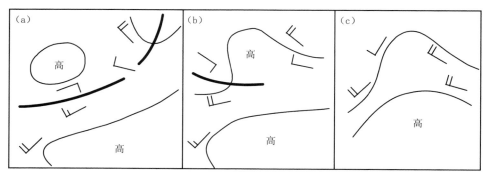

图 9-4-13　　西风带小高压和太平洋高压脊合并,切变线消失过程图
(a)过程前期;(b)过程后期;(c)切变线消失

9.4.3.3　西南涡

　　西南涡是指在青藏高原东南缘特殊地形影响下,出现在我国西南地区 700 hPa 等压面上浅薄的气旋式涡旋,其直径一般在 300～500 km。在地面图上,西南涡有时表现为低压,有时表现为一个向西或西南开口的倒槽。西南低涡在四川时就可在那里引起大范围的暴雨。当它移出四川后,沿途又带来暴雨。西南涡的活动也是梅雨期的特点。

　　(1)西南涡的涡源和频率

　　图 9-4-14 是 1970—1974 年 4—9 月 189 个低涡出涡位置分布图。从图中可以看出,西南涡集中出现在二个地区:第一个地区,在九龙、巴塘、康定、德钦一带,即 28°—32°N,99°—102°E,是西南涡出现最多的地区,共出涡 149 个,约占总数的 79%,其中九龙、巴塘地区出涡 108 个,故称出现在本地区的西南涡为"九龙涡";第二个地区在四川盆地,共出涡 26 个,约占总数的 14%,称为"盆地涡"。此外,还有少数分布在主要区附近。

　　1970—1974 年 4—9 月各月出现西南涡的分布如图 9-4-15 所示,5—6 月西南涡活动最频繁,平均每月 10 个以上,8 月出现最少。

　　(2)西南涡的形成

　　西南涡的生成,通常与下列因子有关。

　　① 地形作用。四川盆地处于西风带的背风坡,有利于降压而形成动力性涡旋。由于高原的阻挡,西风气流从高原的南北两侧绕过。从南侧绕过的西风气流,由于受高原侧向边界的摩擦作用使左方风速远小于右方风速,从而产生气旋性切变,有利于低涡的形成。

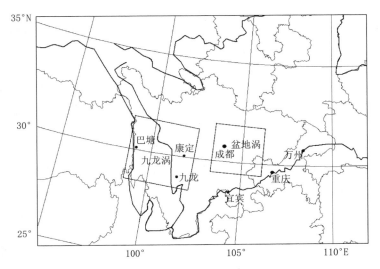

图 9-4-14 西南涡出涡位置分布图

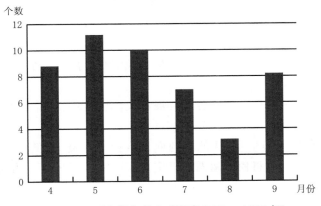

图 9-4-15 西南涡各月出现频率(1970—1974 年)

② 高空正涡度平流。如果 500 hPa 面上没有低槽,一般不会有低涡发生。这表明 500 hPa 低槽前正涡度平流所造成的低层减压,是西南涡形成的一个重要因素。当 500 hPa 有槽移来时,高空有正涡度平流,常常能够导致西南涡的生成。500 hPa 槽主要有以下几类。

第一类是西风大槽。当西风大槽从中亚有规律地移来时,经过青藏高原断裂为南北两段。南段槽到达高原东部,槽前下方往往会有西南涡生成;

第二类是南支低槽。当高空环流比较平直,西太平洋副热带高压位置偏南的形势下,南支低槽的活动频繁。当低槽东移经过青藏高原东南部时,槽前有低涡生成。

这是产生西南涡最常见的一种天气形势；

第三类是高原切变线。其主要特征是青海、甘肃地区为高压带，青藏高原南边为一准静止低槽，其西南气流与高压南面的偏东气流辐合于高原中部，形成东西向的切变线。低涡在切变线西端形成。

③ 700 hPa 图上要有能使高原东南侧的西南气流加强，并在四川盆地形成明显的辐合气流的环流形势。因此，当华北高压脊或高压中心东移时，在其后部的偏东南气流与副热带高压西北边缘的西南气流之间，若在四川构成一个辐合线则易有西南涡形成。另外，江淮切变线的西端也易形成西南涡。

④ 凝结释放的潜热的作用。在西南涡生成之前，一般常常首先有云团、云系聚集，云系释放的潜热有利于产生西南涡。这个作用，特别是在雅鲁藏布江-布拉普特拉河河谷地区作用明显。孟加拉湾冷暖气流产生对流云团，在西风作用下向东运动，导致西南涡的产生。

以上几种作用中，地形的作用是天天存在的，然而西南涡并非天天出现。实际上，地形作用仅能造成一些动力小涡旋，只有在一定的环流形势配合下，才能产生具有天气意义的低涡。因此，日常工作中主要应着眼于 500 hPa 和 700 hPa 图上是否都已具备有利于产生西南涡的环流型，当这两条件同时具备时，就可形成西南涡。

此外，卫星云图的分析表明，与西南涡对应的云团，常可追溯到黑河地区和雅鲁藏布江河谷等高原上空，这也说明西南涡的形成与高原高空系统的移出有关。

(3)西南涡的发展

天气预报实践表明：西南涡在源地发展不大，只有在东移过程中才能发展。其发展与下列因子有关。

① 冷空气活动。如冷空气从低涡的西部或西北部侵入，低涡则东移发展；如冷空气从东或东北部侵入，将使西南涡的气旋式环流减弱，并使低涡填塞。

② 空中槽。500 hPa 上青藏高原低槽发展东移，有利于西南涡的东移和发展。当我国西北地区 500 hPa 上低槽较强，且南伸至较低的纬度时，如西南涡处在槽前，或槽线的延长线上，构成所谓"北槽南涡"形势时，就有利于低涡的东移和发展；相反，当空中槽位置偏北或在减弱中，或低涡位于槽后，则不利于西南涡的发展。

(4)西南涡的移动

统计资料表明，占总数 40% 的西南涡没有移出四川盆地就减弱消失，占总数 60% 的西南涡移出四川盆地并且获得发展。移出的西南涡又可以分为两类，一是西南涡后部有冷空气加入；二是西南涡前部有强暖湿气流加入。其实，这是由于西南涡由对称变成不对称而导致它移出源地。如果冷空气加入就变成了冷性，如果是强暖湿空气加入则成为暖性系统，有时在均温区。

4月到9月，西南涡移动路径主要有三条(图 9-4-16)。

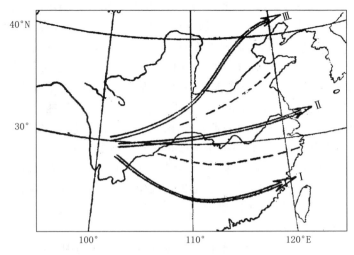

图 9-4-16　西南涡主要移动路径

第一条称为东南路径。西南涡由源地移出,折向东南,经四川南部、云南北部、贵州之后在 25°—28°N 之间地区向东移去,在福建中部、浙江南部消失入海。

第二条称为偏东路径。低涡通过四川盆地,经长江中游,基本上沿江淮流域向东移动,最后在黄海南部至长江口之间入海。

第三条称为东北路径。低涡通过四川盆地,经黄河中游,达到华北北部及东北地区,有的移至渤海,穿过朝鲜向日本海移去。

在这三条路径中,偏东路径最多,其次是东北路径,而东南路径最少。4 月、5 月、6 月份西南涡以偏东路径为主,多数穿过长江中游。7 月、8 月西南涡经四川向黄河中下游移动较多。影响华北平原的西南涡基本上集中在 6—8 月,这与西太平洋高压脊季节性地北跳西进有密切关系。

西南涡在源地附近移动速度较小,移出源地后移速增大。移速和移向有一定关系,一般向东北和向东移动的西南涡,移动速度较快,最大移速可达 14～15 个纬距/24 h,向东南移动的次之,向南或北移动的移速最小。

西南涡的移向与相应的 500 hPa 面上气流方向基本一致,但略偏南些;移速则为 500 hPa 等压面上风速的 50%～70%。

位于切变线上的西南涡,常沿切变线东移。这是因为西南涡位于切变线上时,其长轴方向与切变线一致,而低压是接近长轴方向移动的。而且如 700 hPa 上有切变线存在,而 500 hPa 上又为平直西风气流时,其引导气流方向向东,故低涡是沿切变线而东移。

(5)西南涡的天气

西南涡在源地时,可以产生一些阴雨天气。这种天气有日变化,云雨现象一般晚上比白天多一些。西南涡移出发展时,常在地面图上先有一小块降水区,随着低涡东移,降水区也东移,并逐渐扩大,降水强度也逐渐增强,往往形成暴雨。夏半年的西南涡常引起强烈的阵雨和雷暴。低涡的东移和发展可以引起地面气旋的产生,接着低云、降水、雷暴和大风也随之而来。西南涡的降水区主要分布在低涡的中心区和低涡移向的右前方,在低涡的左前方降水较小,而在低涡的后部,则基本上无雨。

低涡向东北方向移出时,给黄河下游一带带来大片降水区,并能引起气旋的产生。低涡向东南方向移出时,能影响华南一带天气,由此产生的降水量往往比较大,夏季经常引起雷暴和暴雨。西南涡沿长江流域一带东移并发展时,雨区将逐渐扩大,一般移到两湖盆地后,在地面图上常诱生出气旋波,降水量也就大大增加,可以形成暴雨或特大暴雨。不少江淮气旋就是由于西南涡的发展而引起的。通常随着气旋的移动,沿长江流域可形成一个宽 200 km 左右的狭长暴雨带,其中有的地方降水量很大,可达 300 mm。

9.4.3.4　西南低空急流

梅雨季节,副热带高压的西北侧和切变线以南,对流层的中低空有一支稳定的西南风气流,风速在 2000~3000 m 处达到最大,一般在 10 m/s 以上,这就是西南风低空急流。在这股低空急流中,不断有增强和减弱的过程。梅雨锋上的暴雨出现,常伴有低空急流的一次显著增强,这时风速超过 20 m/s,它集中在很狭窄的地带,水平方向和垂直方向的风速切变都很大,暴雨区则位于低空急流北侧的 100~200 km 范围内。急流轴北侧强烈的气旋式切变和正涡度加强使暴雨区和其下风方之间出现强的水平辐合,使水汽、能量和动量向暴雨区集中,这些条件有利于暴雨的形成,反过来暴雨的凝结潜热和不稳定能量的不断释放对于低空急流生成、维持和发展也有重要的作用。

§9.5　华北和东北雨季降水

9.5.1　气候概况

7 月中旬至 8 月下旬雨带移至华北和东北地区形成本地区的雨季。华北与东北雨季降水特点与华南和江淮地区有显著不同,具有自己的特点,概括起来有下列几点。

(1)降水强度大,持续时间较长

华北、东北地处中纬地,夏季暖湿空气北上,同时冷空气活动也很频繁,冷暖空气激烈交绥的结果造成了很强的暴雨。暴雨日雨量常在 100 mm 以上,200 mm 以上的也很多见,个别地区的日降雨量甚至达 400~500 mm。以过程降水量计,一场暴雨达 500 mm 以上的也不少见。例如根据河北省对 1959 年以来 23 次大暴雨的调查,有 10 次都出现 500 mm 的暴雨点。中国暴雨的许多极值纪录都出现在这个地区。山西省曾出现 5 分钟降 53.1 mm 的降水量,这种极强的雨强是国内罕见的。

1975 年 8 月 7 日河南林庄出现 24 h 降 1060 mm 的降水量,5—7 日三天共降 1605 mm,均创国内大陆上的最高纪录。1963 年 8 月 2—8 日河北省獐犰 7 天共降 2051 mm 亦为我国 7 天降水的最高纪录。1977 年 8 月 1—2 日内蒙古与陕西接壤的毛乌素沙漠中的木多才当降水量达 1400 mm,为我国沙漠暴雨中的极值。

另一方面,华北、东北降水持续时间也较长。不少华北大暴雨都在 2～3 天,多的长达 10 天,但与华南、江淮暴雨相比要短得多。降水的过程性较清楚,过程结束天气转晴朗,不像华南和江淮阴雨连续,湿度大,日照少。

(2)降水的局地性强,年际变化大

每年华北、东北雨季的强降水区覆盖面积比华南、江淮地区要小得多。在华南和江淮地区一次强降水过程的暴雨面积东西可长达 1000 km 以上,南北也有 200～300 km 的宽度,其中可有几个暴雨中心。在华北、东北则长宽只有 200～300 km,而且每年降落的地区多不相同,对于一个地区来讲,降水量的年际变化很大。例如,1963 年 8 月河北省的特大暴雨(简称"63.8"暴雨)仅降落在太行山东麓的一个狭长地带内。1975 年 8 月河南省伏牛山特大暴雨(简称"75·8"暴雨)主要降落在伏牛山的迎风面,超过 400 mm 的降水面积为 19410 km^2。1958 年 7 月中旬黄河中游暴雨(简称"58·7"暴雨)集中出现在三门峡到花园口黄河干流区及伊、洛、沁河流域的狭窄地区。1977 年 8 月毛乌素沙漠暴雨(简称"77·8"暴雨)500 mm 以上的雨区范围仅为 900 km^2 左右。每次特大暴雨降落的地区都不相同,年际差异大。再以北京为例,1959 年夏季总降水量达 1169.9 mm,但在 1965 年夏天仅降 184.6 mm,相差约 6 倍。

(3)降水时段集中

华北地区的降水 80%～90% 出现在 6—8 月,而又主要集中在雨季,其中又以 7 月下半月和 8 月上半月最集中,"63·8""75·8""77·8""96·8"(河北 1996 年 8 月 3—5 日特大暴雨)等特大暴雨都发生在 8 月上旬。东北地区暴雨多集中在 7 月中旬至 8 月中旬,几乎集中了全年降水量的 60%。而且一个月降水量的多少常取决于几场暴雨。以河北省的统计为例,一次暴雨过程的日降水量常达月降水量的 50% 以上,由于暴雨在月降水量和季降水量中占很大比重,所以暴雨次数的多少与夏季旱涝有密切关系。如果暴雨多而集中,就会出现严重的洪涝灾害(如 1954 年、1956 年、1959 年、1963 年、1996 年夏季)。如果暴雨次数少,则夏季少雨干旱(如 1960 年、1965 年、1968 年、1972 年)。降水时期的集中是造成华北、东北洪水灾害的一个重要原因。

(4)暴雨与地形关系密切

华北暴雨主要出现在山脉的迎风面和山区。燕山南麓、太行山东麓和南部、伏牛山东麓以及沂蒙山区都是暴雨最多的地区,而在太行山以西、燕山以北以及河北东部地区暴雨出现较小,这反映了地形的影响。根据华北地区平均年暴雨日数分布图,年暴雨日数为 1 天的等值线分布约与 500m 地形等高线分布一致,即从辽宁西部、河北北部、沿太行山东坡到吕梁山、渭北高原一带,在此线以东暴雨日数增多,燕山南麓北京——遵化一带,太行山东麓和南部、沂蒙山区东南、泰山地区等是多暴雨地区。往西往北暴雨日数减少。在内蒙古西部基本上无暴雨。总体看来,暴雨有从南向北减少的趋势。根据河北省 190 个大暴雨中心分布统计表明,山脉迎风坡占 60.4%,平原地区占 34.2%,高原及山脉背风区只占 5.4%。东北地区的暴雨分布也是这样,特大暴雨多分布在平原向山区过渡的大小兴安岭和长白山一带。由此可见地形对华北、东北暴雨十分重要。

9.5.2　环流特征

9.5.2.1　华北暴雨环流特征

根据 1958—1976 年华北地区 33 次暴雨过程的分析,华北暴雨主要发生在东高西低或两高对峙的环流形势下。如图 9-5-1a 所示,巴尔喀什湖一带为一长波槽,当东部长波槽位于 100°—110°E 之间时,对华北暴雨最有利,这时华北暴雨位于长波槽前。长波槽偏东时,华北位于高空西北气流下方,只能出现局地降水,很少出现区域性暴雨。长波槽下游高压脊或副热带高压位置的稳定性是决定降水持续时间的重要条件。当高压脊稳定于 120°—140°E 时,可形成明显的下游阻挡形势,使上游低槽移速减慢或趋于停滞,如果在下游中高纬长波脊与南面副热带高压脊同相迭加时,可进一步加强下游高压的稳定性,有利于形成区域性的暴雨。

当下游有阻塞形势维持,同时在贝加尔湖一带有长波脊发展时,可形成三高并存的环流形势,如图 9-5-1b 所示,这时日本海高压、青海高压、贝加尔湖高压同时存在,从东北至河套为深厚的低槽或切变线;南方的西南气流或低空急流不断把南方暖湿空气向华北输送;西南涡向东北方移动,进入长波槽中,在华北停滞;日本海副热带高压南侧的东南气流将太平洋上的水汽向雨区输送。这是造成华北持续性大暴雨的一种环流形势。"63·8""58·7"等特大暴雨就是出现在这种形势下。

另一种对华北暴雨有利的形势如图 9-5-1c 所示。这是在北面形成高压坝的条件下北上热带气旋深入内陆受阻停滞或切断冷涡稳定少动造成暴雨的形势。不少大暴雨和持续性大暴雨都是由这种形势造成,如"75·8"暴雨和 1966 年 8 月暴雨等。

9.5.2.2　东北暴雨环流特征

与我国东北区夏季暴雨有关的热带环流系统主要是与西太平洋热带辐合带相联系的东南季风环流,与印度季风槽相联系的西南季风以及东南季风与西南季风的汇合带。副热带环流系统主要是西北太平洋副热带高压和青藏高压以及副热带急流。这些系统与西风带环流系统的相互作用是东北区域大暴雨和特大暴雨的环流背景。

西风带 500 hPa 环流形势可以分为四种流型。

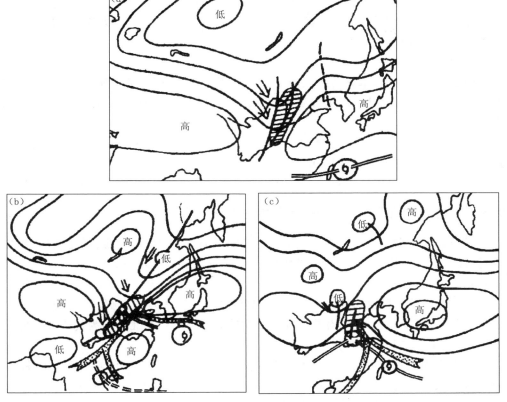

图 9-5-1　华北雨季降水或暴雨的三种基本环流型

（空箭头表示冷空气,黑箭头表示暖湿空气,双线表示热带辐合带,阴影区表示暴雨区）

（1）东高西低型

90°—120°E,40°—70°N 为低压区,主要低压中心在蒙古,低压槽自低压中心伸向华北地区。120°—150°E、40°—70°N 为高压区,高压中心多在雅库次克到鄂霍次克海一带,与西北太平洋副高呈南北向或西北—东南向叠置,形成东亚阻塞高压坝,通常也称为东亚阻高型。本型多热带气旋暴雨和北槽南涡类气旋暴雨,占区域大暴雨的70%左右。

（2）西高东低型

80°—110°E 为阻塞高压形势,高压中心在贝加尔湖北部。110°—150°E 为低压槽。本型多为丁字槽类气旋暴雨,约占区域性大暴雨的 19%。

（3）两脊一槽型

80°—110°E 和 130°—150°E 的中高纬度地区分别为高压脊。110°—130°E 为低压槽,多为切断低涡。在低涡北部的高纬度地区,即在雅库茨克地区常为高压控制,形成北高南低环流形势,因此,也可称为北高南低型或低涡型。本型多连续性的局地暴雨,但仅占区域性大暴雨的 4%。

(4)纬向型

西欧为阻塞高压,东亚高纬度为宽平的低压区,中纬度环流较平直,其上有短波槽活动。本型多为北槽南涡类气旋暴雨和蒙古低压冷锋暴雨,在区域性大暴雨中只占 7%。

由于产生东北暴雨的长波槽与产生华北暴雨的长波槽是同一低槽。因而这两个地区的降水同时发生,属于同一雨季。

此外,高空冷涡也是华北和东北地区夏季降水和暴雨的重要环流型式。

9.5.3　影响华北和东北雨季降水的主要天气系统

影响华北和东北雨季降水的主要天气系统有高空槽、暖切变线、黄河气旋、高空冷涡、日本海高压等,这里主要介绍高空冷涡、黄河气旋和日本海高压。

9.5.3.1　高空冷涡

高空冷涡是大尺度的环流系统,从低空到高空都有表现,是比较深厚的系统,如东北冷涡、华北冷涡等,它们对北方天气影响较大。下面以东北冷涡为代表介绍它的发生、发展规律和天气影响。

东北冷涡是指在我国东北附近地区具有一定强度(闭合等高线多于两根)、能维持 3 天或以上、且有深厚冷空气(厚度至少达 $300\sim400\ m$)高空的气旋性涡旋(图 9-5-2)。它一年四季均可出现,但以 5 月、6 月份为最多,而以 8 月和 3、4 月份为最少。当低层加热时常常发生很强的对流不稳定,产生冰雹、雷暴等强对流天气。

(1)东北冷涡的发生发展过程

东北冷涡形成的天气过程一般有两种情况。

第一种情况是高空西风槽加深,槽的南部断离母体而形成冷涡。这种过程在地面图上常有一锢囚气旋填塞,而在其南部暖区内新生出一个低压来。高空图上在冷涡形成前,等温线振幅比等高线大,而且等温线位相落后于等高线,高空槽后北段有暖平流切入,而在其南部有较强的冷平流(图 9-5-3a)。在冷暖平流的作用下,槽的南部由于冷平流减压,使槽不断加深,而槽的西北部由于暖平流加压,使槽后的脊加强并向东北方向伸展,形成东西向窄、南北向长的深槽(图 9-5-3b),此时槽内仍有冷平流,而槽西北部的暖平流仍较强,使槽后的脊明显东伸,最后暖空气使槽的南部与北部断裂,形成具有闭合环流的冷涡(图 9-5-3c)。

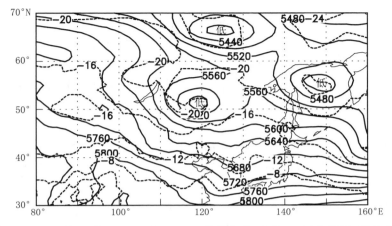

图 9-5-2　2011 年 6 月 7 日 20 时 500 hPa 位势高度(实线,gpm)和温度(虚线,℃)

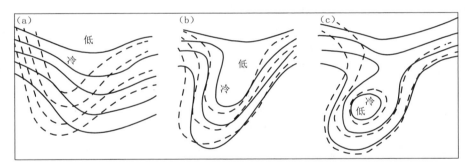

图 9-5-3　东北冷涡形成过程示意图

　　第二种情况是有两个或更多的低压北上与东北低压合并,高空槽不断加深形成冷涡。这样形成的冷涡较少,只有在夏季才出现。北上的地面低压,一般为黄河气旋,但也不尽然,如果热带气旋移到东北地区,与东北地区原有的低压合并,也可以形成冷涡。

　　此外,还有早已形成的高空冷涡,从西伯利亚移到东北地区的。

　　当冷涡后部不断有冷空气进入,冷涡不断加强,当有暖空气平流入冷涡时,冷涡减弱东移。当东北冷涡的东北方雅库茨克或鄂霍茨克海有比较稳定的阻塞高压存在时,则冷涡受阻停滞,持续时间较长。

　　(2)东北冷涡的天气

　　冬季,在冷涡形势下,东北地区是一种低温天气,不仅地面温度低,而且高空温度也低,并会出现冰晶结构的低云,看起来像卷云和卷层云。这是我国东北地区特有的现象。

东北冷涡天气具有不稳定的特点。冬季,它可以有很大的阵雪。阵雪天气还可影响到内蒙古、河北北部及山东半岛。夏季常造成东北、华北和内蒙古的雷阵雨天气。因为冷涡在发展阶段,其温压场结构并不完全对称,所以它的西部常有冷空气不断补充南下,在地面图上则常常表现为一条条副冷锋南移,有利于冷涡的西、西南、南到东南部位发生雷阵雨天气。类似的天气可连续重复出现,从而出现暴雨。

不论冬季或夏季,冷涡的阵性降水都有明显的日变化,一般以午后到前半夜比较严重,这可能是因为东北冷涡上空为很冷的冷空气,日变化小,而低层到地面由于太阳辐射日变化大的缘故。

冷涡与降水的关系与不同月份的冷涡位置有关。图 9-5-4a 给出了 1956—1980年 4—10 月进入 115°—145°E,35°—60°N 范围 5°×5° 网格中吉林省降水天数与同期冷涡出现总天数之百分比。冷涡在 40°—55°N、135°E 以西,降水的概率较大,特别是在 40°—50°N,130°E 以西时,有降水的可能性达 87%～92%。只有 10% 的可能性没有降水。冷涡在其他区域中,降水的概率大大减少。6 月的分布情况和图 9-5-4a 相似。5 月和 8 月的分布,除了在东北方向和西南方向降水概率稍扩大外,中心也和图 9-5-4a 基本吻合。7 月的降水可能性范围最大,冷涡在 115°—145°E,35°—60°N 范围内都有降水的可能,冷涡在 40°N,115°E 附近时有降水的可能性达 100%(图 9-5-4b)。4月、9 月、10 月的降水可能中心大大缩小,只在 40°—50°N,130°E 以西范围内才有67%～89% 的可能。这种高空冷涡位置与可能降水百分比的分布具有明显的季节性,它除了与冷涡本身的能量有关外,很大可能取决于暖湿气流的北进程度。

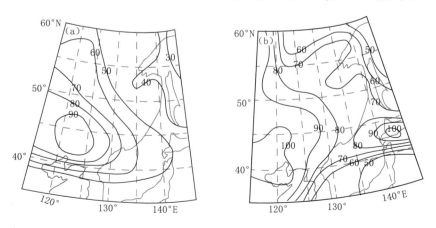

图 9-5-4　吉林省降水天数与冷涡出现天数之百分比分布

(a)4—10 月;(b)7 月

9.5.3.2　黄河气旋

黄河气旋是生成于河套及黄河下游地区的锋面气旋,夏季出现的概率最高。其路径大体沿黄河东移进入渤海或黄海北部,然后经朝鲜半岛进入日本海。它常可造成华北、东北南部和山东等地的大雨或暴雨,入海后有的会产生强烈大风。

黄河气旋有三个不同的生成源地:一是产生在黄河中游,沿着黄河流域移动,从山东半岛出海,它们是引起山东、河南、河北暴雨的天气系统;二是发生在河套地区,这种气旋影响偏北;三是产生在河北、山东两省交界黄河北岸。黄河气旋暴雨一般在 50~150 mm,个别暴雨点可达 200 mm 以上,降水持续时间一般 1 d 左右,有时可持续 2~3 d。在稳定环流形势下有时气旋可连续发生,能造成持续性降水。

1975 年 7 月 29—31 日是一次黄河气旋造成华北暴雨的例子,唐山地区普遍下了 200 mm 以上的特大暴雨。最大暴雨中心在柏各庄,总降水量达 531 mm。这个气旋对东北辽宁省也带来大暴雨,辽宁通化市过程降水量达 250.9 mm。暴雨出现在暖锋附近。在这次暴雨期间,存在着来自西南和东南两支水汽输送带。西南一支来自孟加拉湾,经西南地区和长江中游到达华北平原,而东南一支轴线从日本南部经黄海北部一直伸向渤海湾(图 9-5-5)。它由副热带高压与南侧热带气旋之间的低空偏东急流造成。由垂直运动分布图可以看到上升运动区在唐山地区东北方暖锋附近,这里与冷暖气流辐合区和暴雨区一致。另外,这次大暴雨是发生在低空急流与高空 200 hPa 急流交点附近,高空急流右侧的辐散区为暴雨的发生提供有利条件。在这次黄河气旋暴雨中,热带系统(即热带气旋)对这次暴雨也起着重要作用。

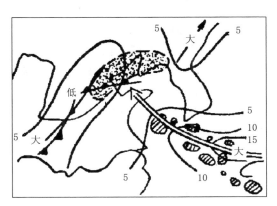

图 9-5-5　1975 年 7 月 29 日 08 时 700 hPa 水汽输送(单位:g·cm^{-1}·hPa^{-1}·s^{-1})
斜线区为云区,点线区为暴雨区

在黄河气旋生成中有一种常见的型式,气旋是由冷暖锋相衔接而成。如从河西一带有冷锋东移,而黄淮地区有暖切变线北移,两者可相接于黄河中游。在 850 hPa 和 700 hPa 上表现为从河套东移的高空槽与黄淮地区的暖性切变线相接。图 9-5-6

是 1976 年 7 月 28—29 日一次河套气旋生成的过程。河套以东地区 700 hPa 有高压存在,它和南面副高之间形成横切变线(图 9-5-6a)。这时在河西地区有一西北涡。低涡跟随 500 hPa 低槽一起东移。当低涡切变线到达河套西部时,与兰州—太原处横切变线相接成"人"字形低涡切变线(图 9-5-6b)。由于高空涡度平流和冷暖平流的作用,华北的气旋迅速发展。

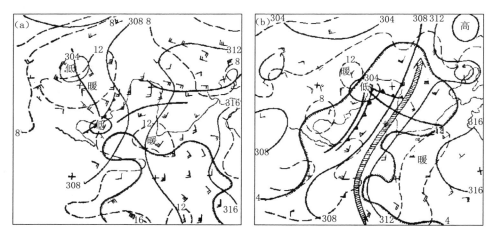

图 9-5-6　1976 年 7 月 700 hPa 形势图

梳状线区:$T-T_d \leqslant 4$ ℃区域;锯齿线:地面冷锋位置

(a)27 日 08 时;(b)28 日 08 时

图 9-5-7 是这个气旋在暴雨最强时的三维气流结构分布。在气旋内有三支气流对暴雨的形成很重要。暖湿的东南气流在暖区内冷锋前 100 km 开始上升,在河套地区通过锋面迅速爬升到 700~500 hPa。由等熵面坡度可以推测,这里垂直速度最大。在这里它与西来的下沉干冷空气相汇合,以后向东北流去,并通过暖锋上升,这里是暴雨中心区,在气旋降水中,暴雨区主要集中在暖锋前部,即气旋中心附近的东北象限里。第三股气流位于第一支气流下方,在暖锋前部。

另外,也有冷锋进入登陆热带气旋北部倒槽形成黄河气旋的。

9.5.3.3　日本海高压

在形成华北暴雨的环流系统中,日本海高压是一关键系统。在上述的华北特大暴雨过程中,日本海高压稳定,高压脊西伸,形成西低东阻的形势,暴雨连续降落在同一地区,形成特大暴雨。日本海高压一般可维持 3~5 天,长者可达 7~10 天。它对暴雨的产生起着两个作用:一是阻挡低槽的东移,并和槽后青海高压脊对峙形成南北向切变线,使西南涡在此停滞;二是日本海高压南侧的东或东南气流可向华北地区输送水汽。如果热带辐合带北移并有热带气旋生成时,则偏东气流可增强和维持。

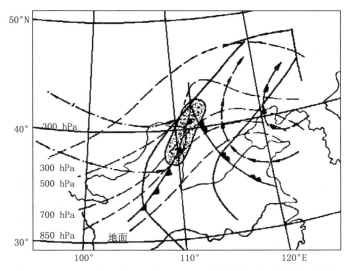

图 9-5-7　1976 年 7 月 28 日 20 时一次河套气旋三维气流分析

阴影区为 6 h 降水量大于 25 mm 区域

日本海高压的形成有不同的方式。一种是由大陆高压东移经过河套、华北地区到达海上，稳定后形成日本海高压。另一种形成方式是北方高压脊与伸入到日本海的西太平洋副热带高压脊合并而成。副热带高压的北移或西伸也可形成日本海高压。当日本海以东有低槽发展时，日本海高压更易维持和稳定，并可西伸。日本海高压的崩溃与周围环流形势调整或变化有密切关系。例如热带气旋可以破坏高压，北部西风槽发展和东移可使日本海高压南退或东撤，与西太平洋副热带高压合并。日本海还可以经渤海、黄海进入到我国大陆上。

日本海高压具有副热带高压的性质，在这样高的纬度（40°N 附近）能稳定维持这样的高压与整个行星风系的季节北移有关，每年夏季行星尺度系统——副热带高压北移于 7 月下半月和 8 月上半月达到最北的位置。因此，华北特大暴雨均发生在这个时期。

§9.6　长江中下游春季连阴雨

每年 3—4 月，在我国长江中下游各省往往会出现持续 5～7 d 或 10 d 以上的阴雨天气，有时一次接着一次，致使阴雨天气持续一个月以上。这种连阴雨一般降水强度不大，降水时温度低，故称低温阴雨。

产生长江中下游连阴雨的环流型大致有两种。

(1)欧亚阻高型

乌拉尔山附近存在阻塞高压,中纬亚欧上空为平直西风环流(图 9-6-1a)。急流分成两支。北支绕道青藏高原北边,从中亚到西伯利亚为一个宽槽,宽槽后的浅脊向华北和长江中下游输送冷空气。南支在北边里海形成切断低涡,绕道青藏高原之南,并在孟加拉湾形成低槽。槽前西南气流一直伸展到长江中下游,并输送暖湿空气。由于南支急流上的孟加拉湾低槽落后于北支槽,有时甚至位相相反,所以南北两支在长江中下游以东汇合,它们所输送的暖冷空气就在此处交汇。在 700 hPa 上形成切变线,在地面则形成准静止锋。

(2)北方低涡型

这类形势的主要特点是,在中高纬度欧亚为一个大型低涡所控制,极涡偏心于欧亚大陆(图 9-6-1b)。在北欧冰岛或大西洋有时有阻塞高压存在,因此,亚洲中纬度大陆上为平直西风环流。这支环流在青藏高原上有分支,北支在我国新疆到蒙古形成一个浅脊,南支在孟加拉湾形成低槽。南北两支在长江中下游以东地区汇合,准静止锋在长江流域到南岭之间摆动,其他情况与欧亚阻高型一致。

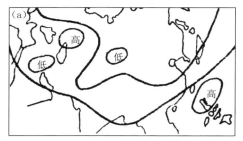

图 9-6-1 连阴雨 500 hPa 环流形势

(a)欧亚阻高型;(b)北方低涡型

以上两种形势的共同特点是南支急流与北支急流上的槽脊在亚洲位相不同,甚至相反,这样南支向长江中下游输送的暖湿空气与北支输送的冷空气在长江中下游得以交汇,形成切变线和准静止锋,有一次小槽的东移活动,就有一次降水过程,当这种形势稳定时,就会不断地有小槽活动,从而造成连阴雨。

这种稳定的形势是由于南支急流上的超长波在长江流域徘徊的结果。这种超长波的波长约为 8000~10000 km,移动缓慢,周期约为 12 天左右,南北方向上振幅为 3000 km 左右。小槽在对流层低层是向西倾斜的,槽前为暖空气上升运动,槽后为冷空气下沉运动,于是在低空形成足够强的锋区,并存在斜压不稳定性,由于这种不稳定性才使得超长波能在此稳定地维持下来。同时青藏高原对气流的分支作用,使得北支上的超长波气流与南支气流在长江中下游交汇,形成了连阴雨。

　　长江中下游秋季(9 月)连阴雨及华南春季(3—5 月)连阴雨与上述长江中下游春季连阴雨的天气过程特点基本上相似。这些阴雨天气都是在准静止锋后产生的。

　　我国其他地区的连阴雨,也都是在稳定的大形势下,中高层西南气流在静止锋上滑升所形成的。如西南地区秋季连阴雨是在昆明静止锋后所形成,西北地区冬季的连阴雨(雪)是由于西南气流在高原东部低层冷空气垫上活跃而形成。华北地区冬半年的连阴雨(雪)是由于高空小槽在低层的回流冷空气垫上(即冷空气从东部海上进入华北)接连东移而形成的。

§9.7　暴雨

　　暴雨是指降雨强度和降雨量很大的雨,是一种常见的灾害性天气。中国气象部门规定:12 h 雨量≥30 mm,或 24 h 雨量≥50 mm 的雨,称为暴雨;为了区分暴雨的强度,又规定 12 h 雨量在 70～140 mm 或 24 h 雨量在 100～250 mm 的雨称为大暴雨,12 h 雨量≥140 mm 或 24 h 雨量≥250 mm 的雨称为特大暴雨(表 9-7-1)。中国幅员辽阔,各地降雨强度差异很大,暴雨的标准也不尽相同,如华南地区规定 24 h 雨量≥80 mm 为暴雨,新疆地区则规定 24 h 雨量≥30 mm 为暴雨。此外,水利部门根据防洪需要,按不同的地区或流域也规定了各种暴雨标准。

表 9-7-1　雨量的等级

降水等级		微量	小雨	中雨	大雨	暴雨	大暴雨	特大暴雨
雨量 R(mm)	24 h	<0.1	$0.1 \leqslant R < 10$	$10 \leqslant R < 25$	$25 \leqslant R < 50$	$50 \leqslant R < 100$	$100 \leqslant R < 250$	$R \geqslant 250$
	12 h	<0.1	$0.1 \leqslant R < 5$	$5 \leqslant R < 15$	$15 \leqslant R < 30$	$30 \leqslant R < 70$	$70 \leqslant R < 140$	$R \geqslant 140$

　　我国位于世界上著名的季风气候区域。在夏季风爆发和盛行的时期,是我国的暴雨季节。图 9-7-1 是我国 24 h 降水量极值的分布,24 h 降水量接近或超过 1000 mm 的暴雨,不仅在沿海地区,而且在内陆地区也出现过。从辽东半岛南部起,沿着燕山、阴山经河套、关中、四川到两广,在这条界线以南以东地区都是容易出现大暴雨的地区。

　　我国的暴雨主要由热带气旋、锋面和从青藏高原东移过来的气旋性涡旋引起的,图 9-7-1 上 24 h 降水量极值的分布也反映了这几类天气系统的活动。台、苏、浙、闽、粤、桂诸省(区)的沿海地区的降水量极值多数由热带气旋引起。其中在桂、粤、闽三省(区)沿海地区的降水极值也有一部分由于 4—6 月有静止锋维持,并有中间尺度低气压系统在锋面上活动引起。西太平洋热带气旋多数在 30°—35°N 转向,在热带气旋转向点附近,移速是减慢的,这时候容易在山东、江苏沿海岸造成大暴雨。有时候热带气旋进入内陆后并不消失,并趋于停滞,会造成内陆地区的严重暴雨,1975 年 8

月3号台风进入河南省造成24 h降水量达1060 mm的暴雨。1975年8月4号台风在安徽省停滞造成24 h降水量达700 mm的暴雨。

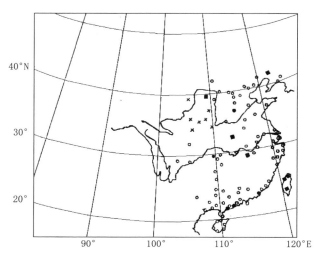

图 9-7-1   1953—1977年24 h降水大于1000、800和400 mm的降水点分布,在110°E以西和
秦岭以北又给出了24 h降水大于200 mm的降水点,图中还补充了1930年的辽西暴雨,
1933年黄河中游暴雨和1934年湖北暴雨,×:24 h大于200 mm,○:24 h大于400 mm,
●:24 h大于800 mm,■:24 h大于1000 mm

长江中下游和淮河流域的暴雨主要由6—7月梅雨锋上的中间尺度气旋性涡旋相互作用所引起的(中间尺度即水平尺度几百到1000 km,介于天气尺度和中尺度之间)。当梅雨锋在江淮流域停留时,如果同时从西藏高原有中间尺度扰动东移,这时在梅雨锋上出现暴雨。引起暴雨的强上升运动,并非由于中间尺度扰动引起,而是在中间尺度扰动附近生成的一个个中尺度强对流系统所引起。因此,在我国梅雨锋上的暴雨是具有中尺度扰动性质的强对流性降水。

在黄河中下游和海河流域的暴雨出现在7—8月。引起暴雨的天气系统主要是从四川移出来的中间尺度气旋性涡旋(简称西南涡)和从青海附近移出来的中间尺度气旋性涡旋(简称西北涡)。如果在华北地区有静止锋停滞,同时从西南方或西方方向有中间尺度涡旋东移,这时暴雨也最强烈。

在长江到华南沿海地区的中间地带,是一条暴雨活动相对要弱一些的地区,这是由于:第一,从青西藏高原移出来的中间尺度扰动大多数沿长江、淮河流域东移,有一些向东北方向移到华北,所以长江以南地区地面低气压活动甚少。第二,东亚大气环流的季节变化是有规律的。4—6月是华南前汛期暴雨时期,静止锋停留在华南。6—7月梅雨锋向北跃进到长江流域,锋面在长江以南到南岭以北的地带中停滞的机会比较少。这与高空急流和副热带高压的北跳有密切关系。

　　暴雨极值同地形有密切关系。华南的暴雨极值出现在十万大山、云开大山和南岭的迎风坡。东南沿海暴雨极值则分布在东南丘陵、武夷山脉的迎风一侧;两湖盆地的特大暴雨多出现在盆地四周的雪峰山、武夷山、巫山、大别山等的迎风坡,华北地区的暴雨极值与地形的关系更为密切,特大暴雨出现在华北平原与四周山区的过渡地带,如北面的燕山南麓,西面的太行山东坡,南面的伏牛山、桐柏山和东面的鲁山、蒙山与沂山一带;东北地区的特大暴雨分布也是这样,分布在平原向山区过渡的大小兴安岭和长白山一带。即使我国的西南、西北地区,暴雨出现的地区与地形也有相当密切的关系。西南地区的特大暴雨多出现在大巴山南麓、邛崃山东侧和苗岭一带;西北地区的特大暴雨分布在阴山的南坡,吕梁山的西坡及贺兰山、六盘山和祁连山一带;西藏地区的暴雨多出现在雅鲁藏布江河谷。台湾的特大暴雨多分布在台湾山脉的迎风坡;海南岛的特大暴雨多分布在五指山的迎风一侧。我国具有最大的 24 h 降水量的新寮、林庄等地区无一不与地形密切相关。

9.7.1　各种尺度天气系统与暴雨的关系

　　大气中存在着各种各样空间尺度和时间尺度的运动,组成大气环流和各式各样的天气系统,如图 9-7-2 所示。

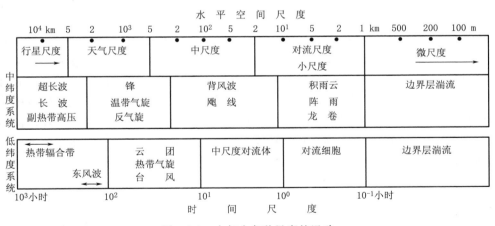

图 9-7-2　大气中各种尺度的运动

　　暴雨是各种尺度天气系统相互作用的产物,尤其是特大暴雨或持续性暴雨都是出现在几种尺度的天气系统(行星尺度、天气尺度、中尺度和小尺度)明显有相互作用的情况下。大范围行星尺度系统制约了天气尺度系统和中间尺度系统的活动,天气尺度系统又制约了直接造成暴雨的中尺度系统的发生发展和移动,而中尺度系统又决定着小尺度系统的活动。另一方面,中、小尺度系统的反馈作用又可使天气尺度系统得到维持和加强。这反过来又影响中尺度天气系统活动的强度。这种复杂的关系,决定了暴雨的维持和强度。图 9-7-3 说明了这种相互作用的关系。中尺度系统是直接造成暴雨的天气系统,它在各种系统相互作用中起着关键性的作用。中尺度系统同天气尺度系统有相互作用,又同小尺度系统有相互作用。因此,抓住中尺度系统的演变规律对了解这种相互作用和暴雨的发生有很重要的关系。

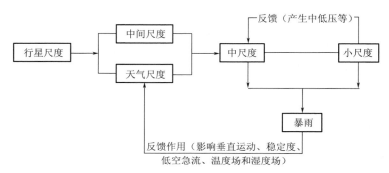

图 9-7-3　暴雨中各种尺度天气系统的关系(引自陶诗言,1980)

9.7.2　暴雨发生的大尺度环流背景

大范围暴雨是出现在一定的大尺度环流形势下。在这种大形势背景下,冷暖空气不断在某个地区交绥,并使得引起暴雨的天气尺度系统或中间尺度系统发展,从而使得某地区出现强而持续的垂直运动和水汽输送等条件,这给暴雨的形成提供了有利条件。例如,在我国某地区出现的暴雨区,不仅与东亚环流形势密切有关系,有时还与欧亚甚至整个北半球的环流形势有关。我国的大范围暴雨不少是发生在中纬环流型出现明显调整的时期,即大形势从纬向流型转变到经向流型,或者从经向流型转变到纬向流型的时期。此外,在我国的一些特大暴雨不仅决定于中高纬环流形势的演变,还与低纬环流有密切关系。暴雨常常是低纬和中高纬环流相互作用的产物。从大形势条件看,暴雨的发生同中高纬度和低纬度的大形势特点都有关系。

表 9-7-2 给出对我国暴雨有影响的大尺度环流系统,其中西风带环流以长波系统或阻塞系统为主,这类系统移动缓慢,变化比较小,使得中高纬度的环流形势在一定时期内保持相对稳定,这使得引起暴雨的天气尺度系统会在同一地区多次出现或者造成天气尺度系统出现停滞。有时候当长波系统出现强烈发展时,造成经向度很大的大尺度形势。这时北方的冷空气能到达较低纬度,暖空气达到很北的纬度,同时较低纬度的气旋性系统(如西南涡、热带气旋)深入北方,在这种大形势下,暴雨最强烈。

表 9-7-2 对我国暴雨有主要作用的大尺度环流系统

地区		主要环流系统
西风带	高压	乌拉尔阻塞高压,贝加尔湖阻塞高压,雅库茨克—鄂霍茨克海阻塞高压,里海高压脊
	低槽	巴尔喀什湖大槽、乌拉尔大槽、贝加尔湖大槽、太平洋中部大槽、青藏高原西部低槽
副热带	高压	西太平洋副热带高压,对流层上部青藏高压
	低槽	南支槽或孟加拉湾低槽
热带		南亚和西太平洋热带辐合区,西太平洋热带气旋(或热低压),孟加拉湾风暴或低压

　　副热带系统同我国暴雨关系十分密切,尤其是西太平洋副热带高压的进退、维持和强度变化同暴雨关系最为密切。暴雨出现在西太平洋副热带高压的西北侧。副热带高压从春到夏,从南向北推进,中国的主要降水带也一起向北移。在暴雨的大形势分型中,副热带高压的位置常常是重要的根据。这是因为副热带高压的位置决定了从海上来的水汽通道。暴雨区的水汽常常是沿着副热带高压西侧的南风或副热带高压西南侧的东南风输送过来的。尤其当副热带高压西北侧或南侧低空有偏南风出现时,水汽的输送更强。对流层上部青藏高压的活动对暴雨影响也很显著,当它向东移动时,会与副热带高压打通,能阻挡热带气旋或西南涡北上,造成热带气旋或西南涡停滞或少动。

　　热带环流系统是暴雨的主要水汽来源。在大陆上一次大暴雨中不少是出现在热带系统向北推进的时期。尤其是盛夏,华北的暴雨常常出现在热带辐合带和热带气旋北上的时期。

　　热带辐合带向北移动时,副热带高压也向北移。孟加拉湾风暴或低压同我国西南地区的暴雨关系最密切。孟加拉湾低压能将大量水汽输送到我国西南地区。

　　副热带高压脊线的位置同暴雨区关系十分密切,在暴雨环流型划分时必须首先考虑。另一方面,西风带流型的划分是第二个依据。西风带环流型可分成纬向型和经向型两类。在分型中有时候还考虑了低纬流型的特征。

　　我国大暴雨的大尺度形势可分为三类:第一类是稳定的经向型。在这种流型中,西风带以经向环流为主,长波系统移动缓慢或停滞少动。副热带高压也比较稳定,但位置偏北。在这种大形势下,中低纬系统容易相互作用。稳定经向型的暴雨常常是最严重的,我国历史上一些有名的特大暴雨都发生在这种环流之下。第二类是稳定纬向型。这时西风带环流(35°—55°N)盛行纬向环流、短波槽活动较多,副热带高压也比较稳定,常呈带状。这类大形势也常带来严重的暴雨和持续性暴雨,但强度上不如第一类。第三类是过渡型。主要特征是副热带高压位置不稳定。在暴雨过程中常出现副热带高压的明显进退。西风带环流是移动性的系统,降水时间比较短,在这类形势下暴雨的强度不如一、二类大。

9.7.3　中尺度天气系统与暴雨

在天气系统的尺度分类中,尺度为 200～2000 km、20～200 km、2～20 km 的天气系统分别称为 α、β、γ 中尺度天气系统(Orlanski,1975)。这些系统是暴雨形成主要天气系统,典型的有中尺度气旋和中尺度切变线等。这些天气系统常常形成中尺度雨团和中尺度雨带。

在一次较大范围的强降水区中,可能镶嵌有 α 中尺度雨带(通称中尺度雨带),中尺度雨带中含有 β 中尺度雨团(通称中尺度雨团)。一次暴雨过程中,可能出现两条或两条以上的中尺度雨带及多个中尺度雨团活动,它们是造成暴雨天气的重要成员。中尺度雨团有如下基本特征。

(1)水平尺度小,通常不超过 200 km。

(2)生命期短,一般在 10 h 以内。

(3)低空辐合强,对流层低层水平散度量级达 $10^{-4}\,\mathrm{s}^{-1}$。

(4)多次发生,一次强降水过程中可出现多个中尺度雨团。

(5)降水强度大,一般 1 h 降水量在 5 mm 以上,大的可超过 50 mm。

1998 年 7 月 21—23 日"二度梅"期间,湖北武汉、黄石等地区突发局地性特大暴雨。从 20 日 20 时至 22 日 20 时的 48 h 小时,武汉、黄石附近有 10 个县(市)降水量超过 300 mm,其中武汉达到 458 mm,黄石超过 500 mm,武汉 21 日 06—07 时的 1 h 降水量达 88 mm。图 9-7-4a 为常规报文提取的 1998 年 7 月 20 日 00 时—23 日 00 时累积降水量,可以看到,梅雨锋上有两片主要雨区,一片位于鄂东地区(115°E 附近),另一片位于鄂西南和湘西北附近(110°E),它们对应梅雨锋上的 α 中尺度扰动。武汉和黄石的突发性暴雨是出现在东面这个 α 中尺度雨区内。这次突发性暴雨过程主要是由 β 中尺度对流系统的发生、发展所引起的。图 9-7-4b 为 7 月 20 日 00 时—23 日 00 时湖北省累积降水量,可以很清楚地看到在湖北省有两个降水中心,一个位

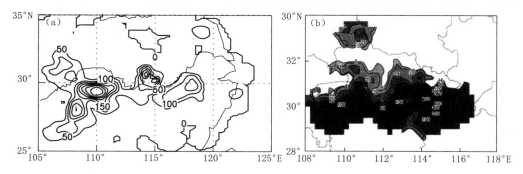

图 9-7-4　(a)1998 年 7 月 20 日 08 时—23 日 08 时累积降水量(mm),(b)7 月 20 日 00 时—23 日 00 时湖北省累积降水量(mm)(图 9-7-4b 引自陶诗言等,2001)

于武汉以南,另一个位于黄石附近。整个雨带呈西北西—东南东的走向,与这一段长江流域河谷的走向比较一致。这两个强暴雨中心的水平尺度均小于 100 km,其宽度约 30 km,而其长度约 60 km,面积约 1800 km^2。从时间上看,两个暴雨中心是先后形成的,表明它们可能由两个中尺度系统引起的。

图 9-7-5 为 1998 年 7 月 21 日 03—08 时 1 h 累积降水量。21 日 03 时,武汉附近开始出现 2 个中尺度雨团,04 时在鄂东的降水基本上未成片出现,形成 3 个中尺度雨团,最大降水中心为 25 mm/h,05 时有成片降水出现,在武汉至黄石有一条中尺度雨带。其后雨带维持了几个小时。06 时,武汉附近出现大于 50 mm/h 的降水,07 时,在武汉附近仍有大于 50 mm/h 的降水区维持。

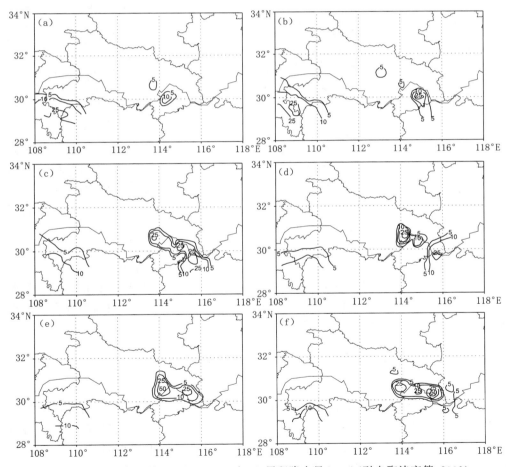

图 9-7-5　1998 年 7 月 21 日 03—08 时 1 h 累积降水量(mm)(引自陶诗言等,2001)

(a)03 时;(b)04 时;(c)05 时;(d)06 时;(e)07 时;(f)08 时

图 9-7-6 是利用四重嵌套网格的 MM5 对该次特大暴雨过程的数值模拟结果（最内层网格分辨率为 2 km）。从 21 日 06 时开始，沿 31.5°N 附近的武汉及其周边地区低空，因西南和西北气流的强烈辐合，一条 β 中尺度切变线正在鄂东沿江 700 hPa 低空生成和发展，该切变线南侧的西南急流中心风速达 13.2 m/s；1 h 后，该切变线强烈发展（图 9-7-6a），其南侧的西南急流中心风速从 06 时的 13.2 m/s 在 1 h 内增强到 17.8 m/s，同时一个辐合中心正在其北侧趋于形成；在 08 时，一个 β 中尺度低涡在武汉附近生成（图 9-7-6b）。在该低涡南侧的西南急流中心风速维持在 17.4～16.3 m/s。该 β 中尺度切变线的形成和强烈发展与 β 中尺度低涡的形成及其后的发展是直接相关的。与图中低涡相应的 700 hPa 位势场是一个水平尺度约 40 km 的 β 中尺度低压。

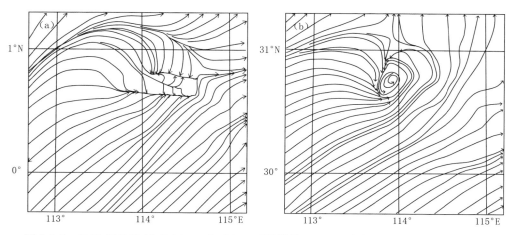

图 9-7-6　1998 年 7 月 21 日(a)07 时，(b)08 时模拟的 700 hPa 流场(引自程麟生等，2002)

以上的研究分析表明，"98·7"鄂东特大暴雨是由典型的 β 中尺度系统引起的。这些 β 中尺度系统在对流层中低层（700 hPa 以下）表现为浅薄的气旋性扰动，位势高度场上表现为低压，在一般的大尺度资料中是难以分析得到的，一般需要加密中尺度观测资料或者中尺度数值模拟资料中才可以分析得到。

9.7.4　高低空急流与暴雨

9.7.4.1　低空急流与暴雨

暴雨和低空急流的密切关系，已经得到很多研究的证实。低空急流强而窄的准水平气流，并具有强的垂直风切变(Ray，1986)，大多属于(次)天气尺度急流，在对流层低层表现为强的西南风、南风或东南风(即偏南风)。中尺度低空急流出现在 900～600 hPa，主要与急流的对流活动或暴雨有关，常常表现为大尺度急流带中的强风速中心，其日变化不明显(丁一汇，2005)。在日常工作中常把 850 hPa 或 700 hPa

等压面上,风速≥12 m/s 的强风带称为低空急流。

（1）低空急流的特征

低空急流是一种动量、热量和水汽的高度集中带,有以下特征。

① 很强的超地转风。在夏季,对流层气压梯度和温度梯度都很小,这种温压结构所造成的热成风不足以维持急流轴以下很强的风切变,实际风速超过地转风 20% 以上。

② 低空急流有明显的日变化。低层风速一般在日落时开始增大,而到凌晨日出之前达到最大值,这时风的垂直切变也最大,急流结构最清楚。

③ Ri 数很小。在低空急流区内,Ri 数往往很小,甚至为负值,这种情况有利于对流或中尺度天气的发展。

④ 强风速中心的传播。沿低空急流轴传播的中尺度风速脉动（低空急流轴上常常还有风速突然加大的现象）或风速最大值甚至比低空急流本身更为重要,这种情况很类似于高空急流中心的急流带。由于低空急流为暴雨区输送暖湿空气,产生位势不稳定层结,急流轴左前方有较大的正涡度,急流轴前部有明显的辐合,产生上升运动,这些都有利于暴雨的形成。在风速脉动地区下游则可能有强度较大的降水产生。这种现象表明,低空急流中存在中尺度甚至小尺度的一种波动。

（2）低空急流环流背景

我国与暴雨相联系的西南风低空急流存在于副热带高压西侧或北侧,它的左侧经常有低空切变线和低涡活动。低空急流多位于高空西风急流入口区的右侧或南亚高压东部脊线附近。在这种环流背景下,与低空急流相伴的强降水区位于低空急流的左侧,低空切变线的右侧。当切变线上有西南涡活动时,每通过一次西南涡都可以使低空急流获得一次加强并伴有暴雨发生。5 月、6 月份大雨带位于华南和江淮地区呈东西向,与其相伴的切变线和副热带高压脊也呈东西向,因而与其相联系的低空急流大致为东西向或东北东—西南西向,吹西南西风。7 月、8 月份大雨带跃至华北和东北地区,雨带及与其相伴的低空切变线呈南北向或东北—西南向,因而与其相联系的低空急流亦呈南北向或东北—西南向,吹偏南风或西南风。雨带位于副热带高压脊的西侧或西北侧。由上可见,南方的低空急流多呈纬向型,北方的低空急流多呈经向型。

1998 年 7 月 20—23 日的鄂东暴雨过程中,低空急流起到重要的作用。图 9-7-7 为 1998 年 7 月 21 日 08 时 700 hPa 流场和风速。鄂东地区西南方为大范围西南风,其中有超过 12 m/s 的大尺度急流区,暴雨区位于低空急流左前方。

暴雨形成和中尺度急流有关,其尺度为几十到几百千米。图 9-7-8 所示的是利用 MM5 模式对 1991 年 6 月 12—13 日江淮流域梅雨锋上一次强对流暴雨过程的数值模拟结果,分析出了和暴雨相联系的中尺度低空急流（mesoscale low-level jet,简

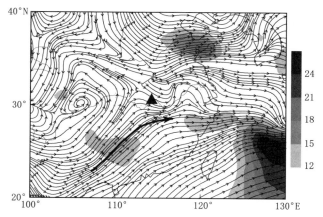

图 9-7-7　1998 年 7 月 21 日 08 时 700 hPa 流场和风速(阴影，m/s)，
(▲为暴雨中心，粗实线为低空急流轴)

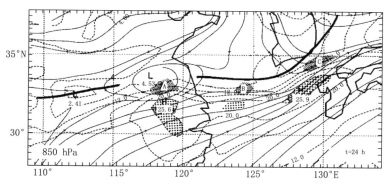

图 9-7-8　积分 24 h 的 850 hPa 流场(实线)和等风速线(虚线，间隔 4 m/s)，
图中 A、B、C 阴影区分别为超过 10 mm 的 1 h 累积降水量，雨区南侧加点
的阴影区为风速超过 24 m/s 区域(引自 Chen et al.，1998)

称 mLLJ)，把其当作暴雨形成的中尺度扰动。通过逐时分析降水和中尺度急流的关系，表明暴雨和中尺度急流的发展几乎是同时的。当降水产生以后，通过凝结潜热释放，产生气柱降压，使流向低压区的气流加速，从而产生中尺度急流。中尺度急流北侧的强辐合以及对流不稳定能量的释放进一步加强了暴雨，同时也加强了中尺度急流本身，中尺度急流和暴雨形成正反馈机制。

　　(3)低空急流的形成与维持机制

　　从上述与暴雨相联系的低空急流的环流背景与结构可以看到，低空急流的形成与维持跟高低空环流的耦合发展有关，是大气环流演变的产物，同时与暴雨的生成有密切的联系。

　　由于在高空急流入口区的右侧有正的涡度平流,按简化涡度方程和位势倾向方程可知,这里高空有气流辐散,低层气压降低。一方面,高空辐散的气流随南亚高压东侧的偏北气流向南流动,由于从高压向外流动,气压梯度力做功使高空东北风加强并在东风急流的北侧辐合下沉。另一方面,低层减压使副热带高压北侧的气压梯度加大,高压中的气流向北流动产生辐合上升气流并有西南涡生成。同时气压梯度力做功又使气流加速,西南气流加强。从高空东风急流北侧下沉的气流与低层向北流动的气流相连接构成了一个垂直反环流(图 9-7-9)。由于大气潮湿不稳定,低层辐合上升气流中将有对流发展,水汽大量凝结产生暴雨,凝结潜热的释放又使低层气压降得更低,南高北低的气压梯度更大,偏南气流加速更快,结果导致低空急流的形成或维持。

　　如果高层存在明显的南支槽时,槽前的正涡度平流同样会形成高空辐散,这时高空辐散气流不是向南,而是随南支槽前的西南气流向北流动,由于这股辐散气流同样是由高压向低压流动,气压梯度力做功将使西南风加强,从而加强了高空西风急流,并在高空西风急流的北侧(即急流入口区的左侧)下沉,至低层后转向南流汇入暴雨区的上升气流中,因而构成一个经向垂直正环流。或者同时还存在一支向南的高空辐散气流,从而出现正、反两支垂直环流并存(图 9-7-9)。在仅出现一支垂直正环流的情况下,低空西南风急流仍是依靠低层由副热带高压中越过等压线向北流动的气流加速而形成。由上可见,低空西南风急流、西南涡、暴雨、高空急流和经向垂直环流等系统是一个相互联系相互作用的统一整体,它们都是在大气环流的演变和适应过程中形成与维持的。

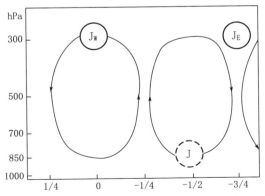

图 9-7-9　不稳定重力惯性波的垂直环流示意图
(横坐标为扰动水平波长)

一般来说,盛夏南亚高压偏北,以高空东风急流与低空急流的耦合为主,其他季节则以高空西风急流与低空急流的耦合为主。

与暴雨相联系的低空急流的另一显著特征是实际风速常常大于地转风速,即为超地转风。根据 1979—1984 年 6—8 月这一时期出现在我国东部地区低空急流的统计,无论是在急流中心或急流轴上的气流,80% 以上均为超地转风。暴雨过程初期为准地转风,降水增强,超地转风也增强,暴雨最强时,超地转风最大。由此可见,这种超地转低空急流的形成与暴雨的产生是分不开的。按照大气地转适应理论,当扰动水平尺度 L 小于特征尺度 L_0 时,就会发生重力惯性波不稳定,地转适应不能成立,气流将不断地加速,使实际风速超过地转风速。用公式表示为:

$$\begin{cases} L < L_0 \ 不稳定(非地转适应) \\ L > L_0 \ 稳定(地转适应) \end{cases} \tag{9-7-1}$$

$$L_0 = R_O / \sqrt{\lambda^2 + 1/4} \tag{9-7-2}$$

式中,$R_O = C_m / f$ 称为 Rossby 变形半径,$C_m^2 = \dfrac{R^2 T}{g}(\gamma - \gamma_m)$,$\gamma$ 为大气垂直递减率,γ_m 为湿绝热递减率,$\lambda = 2\pi / L_\zeta$,L_ζ 为垂直扰动波长,可看成低空急流高度的两倍。扰动水平尺度 L 与南北方向的水平波长 L_y(已设低空急流为东西向)的关系为 $L_y = 2\pi L_0$,因此,(9-7-1)第一式写为:

$$L_y / 2 < \pi L_0 \tag{9-7-3}$$

$L_y / 2$ 可看成为高空西风急流与低空急流之间的水平距离,或低空急流与暴雨区(最大上升运动)水平距离的两倍。结合式(9-7-2)和(9-7-3)可见如下现象。

① 大气层结愈不稳定即 $\gamma > \gamma_m$ 数值愈大时,L_0 愈大,愈易满足重力惯性波不稳定的条件,愈易形成超地转低空急流。

② 纬度愈低(f 愈小),愈易形成超地转低空急流。

③ 低空急流愈高(L_ζ 愈大)愈易形成超地转低空急流。

若在纬度 30° 处,$\gamma - \gamma_m = 0.03 \ ℃/100 \ m$,垂直半波长 $L_\zeta / 2 = 1.214 \ km$,这时 $\pi L_0 = 435.54 \ km$。如果扰动水平半波长 $L_y / 2$ 为 400 km,则可满足式(9-7-3),从而产生超地转低空急流。进一步计算表明,大约 6 h 后风速即可增长一倍。

(9-7-1)或(9-7-3)式的物理意义如下:当低层副热带高压北侧的水平气压梯度的增大超过西南气流的增强,一直保持经向气压梯度力超过地转偏向力(即 $u_g > u$)时,则气流将一直从南向北加速运动,使 v 不断增长,最终使全风速超过地转风速,达到超地转急流。在其他条件相同的情况下,L_y 愈小意味着急流轴距暴雨区的距离愈小,因而气压梯度加大愈快,当 L_y 减小到一定程度使气压梯度力一直超过地转偏向力时,超地转急流即可形成。这个临界尺度即为特征尺度 L_0。大气层结愈不稳定,扰动的垂直尺度愈大,均意味着对流发展愈强愈高,释放的潜热愈多,有利于保持

$u_g>u$,从而使低空急流达到超地转,关于纬度的影响可以理解为在相同的条件下,纬度愈低地转偏向力愈小,相对地,气压梯度力愈大,同样可使气流加速达到超地转的程度。

(4)低空急流对暴雨的影响

据统计,在江淮梅雨期有 70% 以上的天数出现低空急流,其中 79% 的低空急流伴有暴雨,反之,83% 的暴雨伴有低空急流。有低空急流无暴雨或有暴雨无低空急流只占少数。在江淮地区 25 次低空急流的增强中,前 24 h 降雨增大者有 18 次,后 24 h 降雨增大者有 7 次。说明低空急流与暴雨之间有正反馈作用。

简单地说,低空急流与暴雨的相互作用,就是经向垂直环流与暴雨的相互作用。当高空急流入口区右侧产生经向垂直反环流后,低层西南涡东移,在西南涡与副热带高压之间产生弱的低空急流。垂直反环流低层的偏南气流将低空急流南侧的潮湿不稳定空气主要从急流之下的边界层内向北输送,在低空急流北侧生成暴雨。暴雨的生成又加强了垂直反环流及低空急流。如此循环,二者皆得到加强。随着南支槽和西南涡的东移,暴雨和低空急流一起向东发展或延伸。一般认为,暴雨之所以降在低空急流中心的左前方是急流所在层次的水汽在那里强烈辐合上升所造成的。实际上暴雨区内的水汽供应主要是边界层内的水汽通量辐合所造成的,是由低空急流之下的偏南气流所支持的。由于西南涡的右前方为降压最大区,边界层内辐合上升运动强,又吹偏南风,有利于南方的潮湿空气在这里上升凝结降落形成暴雨。低涡中心的南方气压梯度最大,常是低空急流中心所在。西南涡的右前方也就是急流中心的左前方,大多数暴雨在这里生成。

9.7.4.2　高低空急流与暴雨的配置关系

(1)高空急流的作用

高空急流与降水间有密切关系,在许多情况下,高空急流是产生高空辐散的机制之一。高空辐散机制具有两个作用:一是抽气作用;二是通风作用。如果形象地把对流上升气流看作"烟筒",当有高空急流时,这个"烟筒"向上呈倾斜状,"烟筒"顶部的强风起着抽风作用,有利于上升气流的维持和加强。另外,在对流云体发展的过程中,由于水汽凝结释放潜热,会使对流云的中上部增暖,整个气柱层结趋于稳定,从而抑制对流的进一步发展。当有高空急流存在时,对流云中上部所增加的热量,就不断被高空强风带走,起着通风作用,因而有利于对流云的维持和发展。

由于高空急流轴线内风速不均匀,有大风速核的传播。在对流层高层(300~200 hPa),绝对涡度的局地变化 $\partial \zeta_a/\partial t$ 是很小的,因而,涡度方程中的散度项近似地为涡度平流项所平衡,即

$$\nabla \cdot \mathbf{V} \approx -\frac{V}{\zeta_a}\frac{\delta \zeta_a}{\delta s}$$

由上可知,在对流层高层,正涡度平流(PVA)与辐散相联系,负涡度平流(NVA)与辐合相联系。

对于如图 9-7-10a 所示的高空急流,它的大风核左侧为气旋性涡度中心,因此,在其左前方和右后方(Ⅰ、Ⅲ象限)为正涡度平流和辐散区(div);大风核的右前方和左后方(Ⅱ、Ⅳ象限)情况相反,为负涡度平流和辐合区(con)。

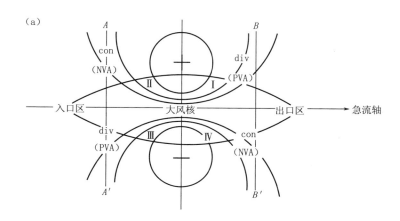

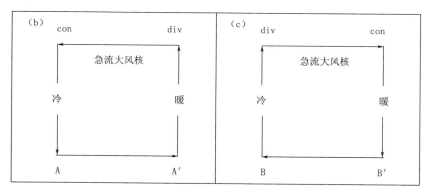

图 9-7-10 高空急流大风核附近的散度和垂直环流

粗实线为等风速线;细实线为等涡度线

(a)散度分布;(b)直接横向环流;(c)间接横向环流

根据图 9-7-10a 的散度分布可以推出,通过入口区(沿 AA′线)的垂直环流圈为一暖空气上升、冷空气下沉的直接(正)环流圈,如图 9-7-10b 所示,在出口区(沿 BB′线)则相反,为一暖空气下沉、冷空气上升的间接(逆)环流圈,如图 9-7-10c 所示。在考虑高空急流出口区的非地转气流所造成的间接环流,其中的垂直运动可大于 0.2 m/s。上层气流的横向分量为 5.8 m/s,它把空气质量从高空急流的气旋性一侧输送到反气旋一侧,使低层反气旋一侧气压升高,气旋一侧气压下降;下层的气流横向分量为 4.7 m/s,它主要是等变压风引起的。由于在这两个垂直环流圈内出现相当强的垂直运动,在高空急流大风核的左前侧和右后侧的两个区域,即在环流圈的上升支内,有利于对流云的发展。

(2)高低空急流的耦合与暴雨

低空急流轴线左前方是正切变涡度区,因此,垂直于急流轴线的次级环流是左侧有上升运动、右侧为下沉运动,当高空急流出口区与入口区形成的次级热力环流与低空急流的次级环流形成不同方式的耦合时,对流天气的影响不一样,如图 9-7-11a 所示。

在高空急流出口区,低空急流轴与高空急流轴相交;而在入口区,低空急流轴与高空急流轴相平行。入口区和出口区的次级环流与高、低空急流之间的联系如图 9-7-11b 和图 9-7-11c 所示,出口区的低空急流是高空急流中心附近间接热力环流的组成部分;而入口区的低空急流则与高空急流分别在两个独立的次级环流中,但两个次级环流的上升支重合在一起。与低空急流相联系的次级环流的上升支都位于低空急流左侧,这是有利于暴雨发生的部位。

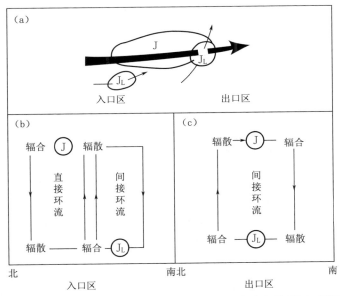

图 9-7-11　高空急流和低空急流的耦合形式及次级环流示意图(引自寿绍文,1993)
J 为高空急流中心,J_L 为低空急流中心

图 9-7-12 概括了三类高低空急流位置与大暴雨关系。图 9-7-12a 是高低空急流平行的情况,这发生在经向环流的时期。1973 年 7 月初北京的大暴雨和 1973 年 7 月中旬的华北大暴雨都属于这种型式,云区位于高空急流与低空急流轴之间,在卫星云

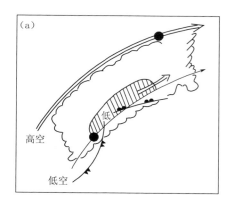

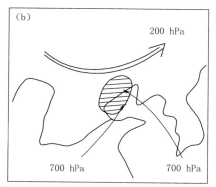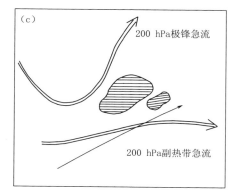

图 9-7-12　急流与暴雨的关系

(a)高低空急流平行的情况;(b)高低空急流交叉的情况;(c)低空急流位于两支高空急流形成的

气流散开区南侧(→低空急流,●急流中心=>高空急流,斜线区为>25 mm/12 h雨区,波纹线代表云区)

图上云区白亮,暴雨区位于高低空急流轴之间,暴雨区的走向与高空急流轴一致。在这种模式中,在低空急流中心的前方,西南风由大值到小值,因此是低空偏南风辐合区。散度和垂直运动计算表明:低空辐合和上升运动中心位于低空急流轴左方和低空急流中心前方。辐合区的走向与低空急流轴的走向是一致的,另一方面,在高空急流入口区南侧是个高空辐散区。所以在高空急流中心后方和低空急流中心前方高低空急流轴之间的区域正是高空辐散区与低空辐合区相配合的地区,这里也是暴雨区所在的范围。图 9-7-12b 是高低空急流交叉的情况,在交叉点附近即是暴雨中心。1975 年 7 月 29 日河北北部的暴雨和 1976 年 7 月 28—29 日河南地区的大暴雨,就是这种情况。在图 9-7-12c 中暴雨区出现在高空两支急流形成的气流散开区下方,低空急流北侧。由于高空气流散开,以及正涡度平流的作用,在气流散开区出现明显的高空辐散,而低空急流北侧又是辐合区,这种配置有利于暴雨发生。1974 年 6 月 17 日有一条强烈飑线在苏鲁皖造成的强烈天气和暴雨就是发生在这种形势下。

9.7.5　地形对暴雨的影响

暴雨与地形有密切关系,夏季中国各地大到暴雨日频数分布和雨量分布都受到地形的影响。图 9-7-13 是中国各地多年平均大暴雨(日雨量≥100 mm)日数图(陶诗言,1980)。我国夏季盛行东南季风,潮湿气流受地形抬升作用,暴雨日数最多的地区大多位于山脉的东南迎风坡,如太行山、伏牛山、大别山、武夷山和南岭山地等,这说明在暴雨的形成中地形的重要作用。

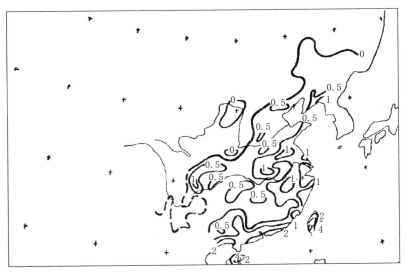

图 9-7-13　中国各地多年平均大暴雨(日雨量≥100 mm)日数图(单位:d)

表 9-7-3 是在 22 个热带气旋个例的 57 次大暴雨中,100 mm 以上雨量集中的地区,可以发现大暴雨中心都是集中在有利地形的地区。如北京地区的暴雨主要分布在山前和偏南或偏东南风迎风坡一带的喇叭口地形谷地,暴雨出现的次数大值区轴向与燕山和太行山山脉走向比较一致。

表 9-7-3　三北地区热带气旋暴雨分布与地形的关系

地区	辽东半岛	渤海西岸	山东半岛	渤海北岸	大别山区	伏牛山东侧
地形特点	长白山西部千山南侧向南开的马蹄形河谷	燕山南麓和太行山东侧	沂蒙山区	燕山以东的窄谷地带	大别山东侧	伏牛山东侧桐柏山北侧
>100 mm 次数	10	9	16	5	4	3
>200 mm 次数	3	5	3	0	1	3

在一定的条件下,地形对降水有两个作用,一是动力作用,二是云物理作用。

9.7.5.1　地形的动力作用

地形与降水关系很密切,在同样的天气形势下,迎风坡的降水要比其他地区大。例如,1963 年 8 月上旬河北发生特大暴雨时,由于低层盛行偏东风,而在太行山的迎风坡(东坡)上雨量最大。从邢台地区和保定地区的两个东西向剖面图(图 9-7-14)可见,在迎风坡的半山腰,地形坡度最大的地方,过程总降雨量最大,达 1000 mm 以上,如图中的獐狔和大良岗两地。其中,獐狔处在向东开口的喇叭形地点,低空偏东风急流沿喇叭形地形向里面辐合,也有利于上升运动加强。

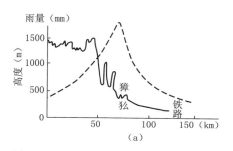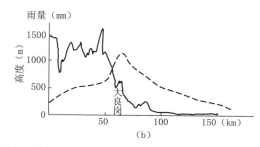

图 9-7-14　1963 年 8 月河北特大暴雨两个地区雨量与地形剖面图(实线为地形,虚线为雨量)

(a)邢台地区;(b)保定地区

(1)强迫抬升

动力作用中主要是地形的强迫抬升。由于地形强迫抬升而引起的地面垂直速度为:

$$w_0 = \boldsymbol{V}_{.0} \cdot \nabla h$$

或

$$\omega_{p_0} = -\rho_0 g \boldsymbol{V}_0 \cdot \nabla z_0$$

由上式可见,当山的坡度愈大,地面风速愈大,且风向与山的走向愈垂直时,地面垂直运动愈强。

将连续方程由地面至大气层顶积分,并考虑在大气层顶处 $\omega_0 = 0$,则得:

$$\omega_{p_0} = -\int_0^{p_0} \nabla \cdot \boldsymbol{V} \mathrm{d}p \tag{9-7-4}$$

此式表示,当地形抬升造成地面上升运动($\omega_{p_0} < 0$)时,其上空整层大气必有辐散气流以进行补偿。由于这种辐散作用,地形上升运动将随高度减弱,一直到大气层顶处减弱到零。同样,地形造成的下沉运动也将随高度减弱。为了利用(9-7-4)式计算地形降水率,就必须了解地形上升运动随高度的分布,其处理方法较多,一般由 ω 方程而得。当不考虑涡度平流、温度干流和非绝热加热时,则 ω 方程可写为:

$$\nabla^2\omega + \frac{f^2}{\sigma}\frac{\partial^2\omega}{\partial p^2} = 0 \tag{9-7-5}$$

上下边界条件为：

$$\omega_0 = 0 , \; \omega_{p_0} = -\rho_0 g \boldsymbol{V}_0 \cdot \nabla z_0$$

取地转近似,得：

$$\omega_{p_0} = -\boldsymbol{k}\frac{g}{f}\nabla p_0 \cdot \nabla z_0$$

如地形坡度与地面风为已知,则可由给出的边界条件 ω_{p_0} 求得上式的解 ω。

为了求出 ω 的解析解,以波长 L 上的周期函数表示：

$$\omega_{p_0} = D(L)\mathrm{e}^{i\frac{2\pi}{L}(x+y)}$$

式中,$D(L)$ 为波长等于 L 的波的振幅。

又设

$$\omega = \Gamma(p)\omega_{p_0}$$

式中,$\Gamma(p)$ 为地形垂直速度 ω 随高度增加的衰减系数。将上两式代入式(9-7-5)中,得：

$$\frac{\mathrm{d}^2\Gamma}{\mathrm{d}p^2} - 2\mu^2\Gamma = 0 \tag{9-7-6}$$

边界条件为：

$$(\Gamma)_{p=0} = \Gamma_0 = 0 , \; (\Gamma)_{p=p_0} = \Gamma_{p_0} = 1$$

式中,$\mu^2 = \left(\frac{2\pi}{L}\right)^2\frac{\sigma}{f^2}$，$\sigma = -\frac{T}{\theta}\frac{\partial\theta}{\partial p}$ 设为常数。式(9-7-6)为二阶线性常微分方程。在上述边界条件下,其解为：

$$\Gamma(p) = \frac{sh\left(\sqrt{2}\,\frac{2\pi}{L}\sqrt{\frac{\sigma}{f^2}}\,p\right)}{sh\left(\sqrt{2}\,\frac{2\pi}{L}\sqrt{\frac{\sigma}{f^2}}\,p_0\right)} \tag{9-7-7}$$

从此式可知,地形垂直速度随 p 的增大而指数地增大,即随高度而指数地减小。同时,L 愈小而 σ 愈大,则 $\Gamma(p)$ 也愈大,即地形尺度愈小而稳定度愈大,则地形垂直运动随高度衰减愈快。取 30°N 处的 $f = 7.29\times10^{-5}\,\mathrm{s}^{-1}$, $p_0 = 1000$ hPa, $K = \frac{g}{\sigma} = 5.2\times10^2\,\mathrm{hPa}^2/\mathrm{m}$,得出不同波长 L 时的 $\Gamma(p)$ 分布如图 9-7-15 所示。由图可见,ω 随高度增大而迅速衰减,当 L 为 100 km 时,从 1000 hPa 到 800 hPa,ω 已衰减到地面 ω_{p_0} 的 1/10。也就是说,地形抬升所造成的垂直速度,向上伸展的范围很小,一般离

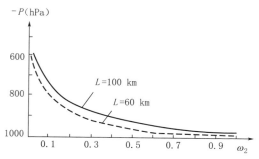

图 9-7-15　单位强度的地形垂直速度对于波长
100 km 和 60 km 地形扰动随高度衰减的情况

地面 1～2 km 处，ω 已衰减到足以忽略不计了。

地形抬升的垂直速度伸展高度虽然很小，但由于低层湿度大，因此它所造成的降水量有时却是不可忽视的。例如，对 7209 号台风的计算表明，在台风登陆前，台风暴雨主要是地形作用形成，而在台风登陆后，则是由系统作用与地形作用相结合所造成。

（2）地形辐合

地形的动力作用还表现在地形使系统性的风向发生改变，从而在某些地方产生地形辐合或辐散，因而影响垂直运动和降水。例如当盛行风朝着喇叭口地形灌进时，由于地形的收缩，常常引起辐合上升运动的加强和降水量的增大。所谓喇叭口地形即是三面环山，一面开口的谷地。例如，1963 年 8 月上旬河北省的大暴雨，太行山东侧的獐㟟站日降水量达到 865 mm 之多，除了地形抬升作用外，喇叭口地形的收缩作用也是很显著的。河南省板桥水库附近地形也是一个典型的喇叭口地形。1975 年 8 月 7 日晚，低层吹偏东风，遂平站为东北风 8 m/s。潮湿空气向喇叭口灌进。当晚在板桥附近即出现了特大暴雨中心（图 9-7-16）。

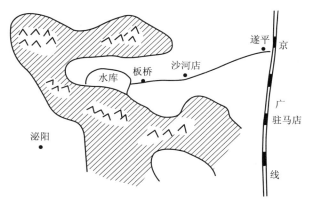

图 9-7-16　板桥水库地形与降水

此外，在山脉的背风面，在一定的天气条件下，还可产生背风波。在背风波的上升气流处，气块抬升，不稳定能量释放，有降水形成。这种降水组成带状，一排排地与山脉平行。

9.7.5.2　地形的云物理作用

地形对降水的影响,除了以上所讲的加强动力上升运动,从而增加凝结量或触发不稳定能量释放,使降水加强外,还表现为地形可以改变降水形成的云雾物理过程,使得已经凝结的水分,高效率地下降为雨,从而增加降水量。

(1)对流层中部层状云和低云的相互作用

当山区上空原先就存在系统性的对流层中部层状云时,由于地形抬升作用在山坡上又会形成低云。这时如有雨滴从上空的云层中落下来而进入低空的云层中时,这些雨滴捕捉了低空云层中的云滴,使地面降水强度加大。这种过程的降水主要是层状云的连续性降水,原降水量就不大,增加的降水也不大。

(2)对流层中部层状云和积雨云的相互作用

当山区原先就存在系统性的对流层中部层状云时,如果低层不稳定,由于地形的动力抬升而释放了不稳定能量,就会产生穿透中部层状云的积雨云。如有冰粒从积雨云上部的卷云砧中落进中部层状云里面,那么因为这种冰粒与层状云里的云滴(雪粒)性质不同,滴谱也不同,而它们的合并过程又很强,就会造成强降水。有时在低层还有云存在,三层云共同起作用,便高效率地造成大量降水。

(3)积雨云和低空层状云的相互作用

由于地形影响在山区形成低层的水平辐合场,在水平辐合场中有层积云生成。当外部的积雨云移入山区进入这种水平辐合场时,一方面积雨云会有所发展,另一方面由于积雨云受层积云所包围,层积云内有水滴不断并入积雨云中,这些水滴大部分是层积云内不能作为雨滴降落下来的小水滴。但因原来积雨云内部的水滴团与从四周层积云收集来的水滴团性质不同,滴谱也不同。这两类水滴团合并在一起,就增强了胶性不稳定性,增强了水滴的合并过程,从而增强了地面降水。在某些地区积雨云的降水效率急剧增大,可能就是上述过程所造成的。

(4)对流层中部不稳定与低云的相互作用

当在山区上空存在两层稳定层时,在山脉的上风方,由于山脉的作用,在两稳定层之间,对流层中层出现位势不稳定能量释放,从对流层中部的云层中有降水形成。而在低空由于地形抬升作用,在山脉的迎风面上形成低云。从上面云层中落下来的降水,在低层云中高效率地捕捉水滴,变成大雨滴落到地面,增加了降水量。

9.7.5.3　摩擦作用

在近地面层中由于摩擦作用,风由高压吹向低压时,在气旋性涡度的地区,便会出现摩擦辐合,并有上升运动形成;而在反气旋性涡度的地区,则出现辐散下沉运动。这种由于摩擦作用而形成的垂直运动,在摩擦层顶部达到最强,其数值为:

$$\omega_f = \frac{-g\rho_0 C_D}{f}\zeta_g$$

因此,在正涡度($\zeta_g > 0$)地区,有上升运动($\omega_f < 0$);在负涡度($\zeta_g < 0$)地区,有下沉运动($\omega_f > 0$)。涡度绝对值愈大,垂直运动愈强。对于 $\zeta_g \sim 10^{-5}$ s^{-1}, $f \sim 10^{-4}$ s^{-1} 和摩擦层厚度为 1 km 的典型的天气尺度系统来说,上式所得出的垂直速度数量级为每秒零点几厘米。这个数值对降水率的贡献是不大的。但是在某些情形下摩擦对于降水仍有较大的影响。例如在海岸线附近,由于海陆摩擦的差别,沿海岸造成了辐合带,于是在海岸附近有强的降水带形成。

摩擦对于降水的重要贡献主要是提供了降水的水汽来源。计算表明,在暴雨区上空,高层的水汽辐合通量是微不足道的,主要是靠 700 hPa 以下的水汽辐合通量来供给水汽。低层辐合的水汽直接在低层凝结成雨的仅占一半,其余一半则通过 700 hPa 面向上输送到高层而后凝结成雨。因此,摩擦辐合有利于将雨区四周摩擦层中的水汽集中地向高层输送,从而使降水加强。例如热带气旋登陆后,由于摩擦影响,中心强度虽然迅速减弱,但由于系统仍有一定的强度,摩擦辐合上升运动较大,所以在系统减弱的同时,仍可发生较大的降水。

参考文献

巴德 M J,福布斯 G S,格兰特 J R,等,1998. 卫星与雷达图像在天气预报中的应用[M]. 卢乃锰,
    等,译. 北京:科学出版社.

包澄澜,1974. 影响长江中下游的东风波个例分析[J]. 南京大学学报(自然科学版),2:80-93.

包澄澜,1980. 热带天气学[M]. 北京:科学出版社.

包澄澜,黄觉娴,1977. 一种低纬分析方法—用压能场分析台风降水[J]. 大气科学,1(2):153-155.

包澄澜,王德瀚,1981. 暴雨的分析与预报[M]. 北京:农业出版社.

北京大学地球物理系气象教研室,1976. 天气分析和预报[M]. 北京:科学出版社.

陈联寿,等,2002. 热带气旋动力学引论[M]. 北京:气象出版社.

陈联寿,丁一汇,1979. 西太平洋台风概论[M]. 北京:科学出版社.

陈烈廷,1977. 东太平洋赤道地区海水温度异常对热带大气环流及我国汛期降水的影响[J]. 大气
    科学,1:1-12.

陈翔翔,丁治英,刘彩虹,等,2012.2000—2009 年 5、6 月华南暖区暴雨形成系统统计分析[J]. 热带
    气象学报,28(5):707-718.

程麟生,冯伍虎,2003.“98・7”暴雨 β 中尺度低涡生成发展结构演变:双向四重嵌套网格模拟[J].
    气象学报,61(4):385-395.

丁一汇,1993.1991 年江淮流域持续性特大暴雨研究[M]. 北京:气象出版社.

丁一汇,2005. 高等天气学(第二版)[M]. 北京:气象出版社.

丁一汇,蔡则怡,李吉顺,1978.1975 年 8 月上旬河南特大暴雨的研究[J]. 大气科学,2(4):276-289.

丁一汇,李吉顺,孙淑清,等,1980. 影响华北夏季暴雨的几类天气尺度系统分析[C]//暴雨及强对
    流天气的研究——中国科学院大气物理研究所集刊,第 9 号. 北京:科学出版社.

符淙斌,1979. 平均经圈环流型的转变与长期天气过程[J]. 气象学报,37:74-85.

国家气候中心,2018. 中国灾害性天气气候图集(1961—2015 年)[M]. 北京:气象出版社.

黄士松,1955. 决定大气环流的基本因子[J]. 气象学报,26:35-64.

黄士松,李真光,包澄澜,等,1986. 华南前汛期暴雨[M]. 广州:广东科技出版社.

黄士松,汤明敏,1977. 夏季海洋上副热带高压的成长维持与青藏高压的联系[J]. 南京大学学报,
    1:141-146.

季劲钧,巢纪平,1982. 热带大气垂直环流对海表温度异常的响应——一个初步理论分析[J]. 气象
    学报,40:195-197.

李英,陈联寿,张胜军,2004. 登陆我国热带气旋的统计特征[J]. 热带气象学报,20(1):14-23.

梁必骐,等,1990. 热带气象学[M]. 广州:中山大学出版社.

辽宁省气象科学研究所,1978. 辽宁特大暴雨与“三带关系”的初步探讨[C]//暴雨文集. 长春:吉
    林人民出版社.

林元弼,汤明敏,陆森娥,等,1988. 天气学[M]. 南京:南京大学出版社.

陆汉城,杨国祥,2004. 中尺度天气原理和预报(第二版)[M]. 北京:气象出版社.

吕美仲,侯志明,周毅,等,2004. 动力气象学[M]. 北京:气象出版社.

钮学新,1992. 热带气旋动力学[M]. 北京:气象出版社.

齐力,1975. 阻挡层与强烈对流天气[J]. 气象,11:10-11.

乔全明,张雅高,1994. 青藏高原天气学[M]. 北京:气象出版社.

锐尔,1958. 热带气象学[M]. 程纯枢,译. 北京:科学出版社.

寿绍文,1993. 中尺度天气动力学[M]. 北京:气象出版社.

寿绍文,2003. 中尺度气象学[M]. 北京:气象出版社.

孙建华,赵思雄,2003.1998 年夏季长江流域梅雨期环流演变的特殊性探讨[J]. 气候与环境研究,8(3):291-306.

陶诗言,2001.1998 年夏季中国暴雨的形成机理与预报研究[M]. 北京:气象出版社:89-95.

陶诗言,1980. 中国之暴雨[M]. 北京:科学出版社.

陶诗言,朱福康,1964. 夏季亚洲南部 100 hPa 流型的变化及其与西太平洋副热带高压进退的关系[J]. 气象学报,34:385-396.

涂长望,1937. 中国之气团[J]. 气象研究所集刊,12(2):175-218.

吴限,费建芳,黄小刚,等,2011. 西北太平洋双热带气旋相互作用统计分类及其特征分析[J]. 热带气象学报,27(4):455-464.

伍荣生,1999. 现代天气学原理[M]. 北京:高等教育出版社.

向元珍,包澄澜,1996. 长江下游地区的四季天气[M]. 北京:气象出版社.

新田尚,1987. 大气环流概论[M]. 北京:气象出版社.

薛纪善,1999.1994 年华南夏季特大暴雨研究[M]. 北京:气象出版社.

杨信杰,钱家声,陆胜元,等,1987. 天气学原理(内部教材). 南京:空军气象学院.

叶笃正,高由禧,等,1979. 青藏高原气象学[M]. 北京:科学出版社.

喻世华,林喜春,等,1996. 南海天气与军事气象水文预报[M]. 北京:解放军出版社.

喻世华,陆胜元,等,1986. 热带天气学概论[M]. 北京:气象出版社.

喻世华,张韧,杨威武,1999. 副热带高压进退机理研究[M]. 北京:解放军出版社.

张丙辰,1990. 长江中下游梅雨锋暴雨的研究[M]. 北京:气象出版社.

张顺利,陶诗言,张庆云,等,2002. 长江中下游致洪暴雨的多尺度条件[J]. 科学通报,47(6):466-472.

张学敏,陆胜元,王树连,1995. 天气分析预报原理(内部教材). 南京:空军气象学院.

赵思雄,陶祖钰,孙建华,等,2004. 长江流域梅雨锋暴雨机理的分析研究[M]. 北京:气象出版社.

郑秀雅,张廷治,白人海,1992. 东北暴雨[M]. 北京:气象出版社.

钟中,1991. 东亚地区加热场对西太平洋副高东西进退影响的数值试验[J]. 热带气象,4:332-340.

周秀骥,等,2000. 海峡两岸及邻近地区暴雨试验研究[M]. 北京:气象出版社.

周秀骥,薛纪善,陶祖钰,等,2003.98 华南暴雨科学试验研究[M]. 北京:气象出版社.

朱乾根,林锦瑞,寿绍文,等,2007. 天气学原理与方法(第四版)[M]. 北京:气象出版社.

吉崎正宪,1977. アメリカの雷雲について[J]. 天気,24(7):351-373.

Ahrens C D,2008. Meteorology Today:An Introduction to Weather, Climate, and the Environment [M]. Cengage Learning.

Anthes R A,1980. 成熟飓风的动力学和能量学[M]. 王志烈,丁一汇,译. 北京:科学出版社.

Anthes R A,et al,1984. Numerical simulation of frontogenesis in a moist atmosphere[J]. J Atmos Sci,41,2581-2594.

Anthes R A,Rosenthal S L,Trout J W,1971. Preliminary results from an asymmetric model of the tropical cyclone[J]. Mon Wea Rve,99:744-758.

Asnani G C,1968. The equatorial cell in the general circulation[J]. J Atmos Sci,25:133-134.

Bates F C,1968. A theory and model of the tornado[R]. Proc Int Conf Cloud Physics, Toronto, Amer Meteor Soc, 559-563.

Bjerknes J,Solberg H, 1922. Life cycles of cyclones and the polar front theory of atmospheric circulation[J]. Geofysiske Publikasjoner, 1922, 3:3-18.

Browning K A,Hill F F,Pardoe C W,1974. Structure and mechanism of precipitation and the effects of orography in a wintertime warm-sector[J]. Quatr Jour Roy Meteor Soc,100(425):309-330.

Browning K A, Pardoe C W, 1973. Structure of low-level jet streams ahead of mid-latitude cold fronts[J]. Quatr Jour Roy Meteor Soc,99(422):619-673.

BrowningK A,Frankhauser J C, Chalon J P,et al,1976. Structure of an evolving hailstorm Part Ⅴ: Synthesis and implications for hail growth and hail suppression[J]. Mon Wea Rev,104: 603-610.

Brunk I W,1953. Squall lines[J]. Bull Amer Meteor Soc,34:1-9.

Camp J P,Montgomery M T,2001. Hurricane maximum intensity:Past and present[J]. Mon Wea Rev,129:1704-1717.

Chang C P,1970. Westward Propagating cloud patterns in the tropicl Pacific as seen from time composite satellite photographys[J]. J Atmos Sci,27:133-138.

CharneyJ G,Eliassen A,1964. On the growth of the hurricane depression[J]. J Atmos Sci,21(10): 909-927.

Chen G T J,Wang C C,Lin D T W,2005. Characteristics of low-level jets over northern Taiwan in Mei-Yu season and their relationship to heavy rain events[J]. Mon Wea Rev,133:20-43.

Chen S J,Kuo Y H,Wang W,et al. ,1998. A modeling case study of heavy rainstorms along the Mei-yu front[J]. Mon Wea Rev,126:2330-2351.

Cunning J B,1986. The Oklahoma-Kansas Preliminary Regional Experiment for STORM-Central [J]. Bull Amer Meteor Soc,67:1478-1486.

Doswell C A Ⅲ,1985. The operational meteorology of convective weather volume Ⅱ: Storm scale analysis[R]. NOAA Technical Memorandum. ERL ESG-15:22-29.

Dvorak V F and Frank S,1996. 卫星观测的热带云和云系[M]. 郭炜,等,译. 北京:气象出版社.

Emanuel K A,1986. An air-sea interaction theory for tropical cyclones. Part Ⅰ:Steady-state maintenance[J]. J Atmos Sci,43:585-604.

Emanuel K A,1987. The dependence of hurricane intensity on climate[J]. Nature,326:483-485.

Emanuel K A,1991. The theory of hurricanes[J]. Annu Rev Fluid Mech,23:179-196.

Emanuel K A,1995. The behavior of a simple hurricane model using a convective scheme based on subcloud-layer entropy equilibrium[J]. J Atmos Sci,52:3960-3968.

Emanuel K A,1997. Some aspects of hurricane inner-core dynamics and energetics[J]. J Atmos Sci, 54:1014-1026.

Emanuel K A,2005. Divine Wind:The History and Science of Hurricanes[M]. Oxford University Press.

Fankhauser J C, 1971. Thunderstorm-environment interactions determined from aircraft and radar observations[J]. Mon Wea Rev, 99: 171-192.

Fankhouser J C,1974. The derivation of consistent fields of wind and geopotential height from mesoscale rawinsonde data[J]. J Appl Meteor,13:637-646.

Ferloeph,1969. Effect of oceanographic media on equatorial Atlantic hurricane[J]. Tellus, 21: 230-244.

Frank W M,1977. The structure and energetics of the tropical cyclone[J]. Mon Wea Rev,105:1119-1135.

Fritsch J M, 1975. Cumulus dynamics:Local compensating subsidence and its implications for cumulus parameterization[J]. Pure and Appl Geophys, 113: 851-867.

Fujita T T,1955. Results of detailed synoptic studies of squall lines[J]. Tellus,7:405-436.

Fujita T T,1981. 下击暴流[M]. 张杏珍,译. 北京:气象出版社.

Fujita T T,Izawa,Watanabe K,et al,1967. A model of typhoons accompanied by inner and outer rainbands[J]. J Appl Met,6:3-19.

FujitaT T, 1978. Manual of downburst identification for Project NIMROD[R]. Satellite and Mesometeorology Research Paper 156, Dept of Geophysical Sciences, University of Chicago, 1-104.

FujitaT T, 1985. The Downburst:Microburst, and Macroburst[R]. Satellite and Mesometeorology Research Project, University of Chicago, 1-122.

Fujiwhara S,1921. The mutual tendency towards symmetry of motion and its application as a principle in meteorology[J]. Quart J R Meteorol Soc,47:287-293.

Fujiwhara S,1923. On the growth and decay of vertical systems[J],Quart J R Meteorol Soc,49:75-104.

Gray W M,1968. Global view of the origin of tropical disturbances and storms[J]. Mon Wea Rev, 96:669-700.

Hartmann D,1994. Global Physical Climatology[M]. Elsevier Science.

Hawkins H F,Rubsam D T,1968. Hurricane Hilda 1964. II. Structure and budgets of the hurricane on October 1,1964[J]. Mon Wea Rev,96:617-636.

Hoecker W H, 1960. Wind speed and air flow patterns in the Dallas tornado of April 2, 1957[J]. Mon Wea Rev, 88: 167-180.

Holton J R, 1992. An Introduction to Dynamic Meteorology[M]. New York: Academic.

Hoskins B, 1997. A potential vorticity viewof synoptic development[J]. Met Apps, 4:325-334.

Houze R A,Biggerstaff M I,Rutledge S A,et al,1989. Interpretation of Doppler weather radar displays of midlatitude mesoscale convective systems[J]. Bull Amer Meteor Soc,70:608-619.

Johnson R H,2001. Surface mesohighs and mesolows[J]. Bull Amer Meteor Soc,82:13-31.

Johnson R H,Hamilton P J,1988. The relationship of surface pressure features to the precipitation and airflow structure of an intense midlatitude squall line[J]. Mon Wea Rev,116:1444-1473.

Koch S E,Golus R E,Dorian P B,1988. A mesoscale gravity wave event observed during CCOPE. Part II:Interactions between mesoscale convective systems and antecedent waves[J]. Mon Wea Rev,116:2545-2569.

Kocin P J,Uccellini L W, 1990. Snowstorms Along the Northeastern Coast of the United States: 1955 to 1985[M]. Meteor Monogr, 44, Amer Meteor Soc, 280PP.

Koteswaram P,George C A,1958. On the formation of monsoon depressions in the Bay of Bengal [J]. J Met Geophys,9:9-24.

Krishnamurti T N,1971. Tropical East-West circulations during the. northern Summer[J]. J Atmos Sci,28:1342-1347.

Krishnamurti T N,1973. Tropical East-West Circulation during northern winter[J]. J Atmos Sci, 30:780-787.

Kuharat J,1970. Seasonal variation of energy sources in the earth surface layer and in the atmosphere over the northen hemisphere[J]. J Met Socof Japan,48:30-46.

Leipper D,Volgenau D,1972. Hurricane heat potential of the Gulf of Mexico[J]. J Phys Oceanogr, 2:218-224.

Lemon L R,Doswell C A III,1979. Severe thunderstorm evolution and mesocyclone structure as related to tornadogenesis[J]. Mon Wea Rev, 107:1184-1197.

Maddox R A, 1980. Mesoscale convective complexes[J]. Bull Amer Meteor Soc, 61:1374-1387.

Maddox R A, Howard K W, Bartels D L, et al, 1986. Mesoscale convective complexes in the middle latitudes. Mesoscale Meteorology and Forecasting[M]. Ray P S, Ed, Amer Meteor Soc, 390-413.

Maddox R A,1981. Satellite depiction of the life cycle of a mesoscale convective complex[J]. Mon Wea Rev,109:1583-1586.

Maddox R A,1983. Large-scale meteorological conditions associated with midlatitude mesoscale convective complexes[J]. Mon Wea Rev,111:1475-1493.

Maddox R A,Chappell C F and Hoxit L R, 1979. Synoptic and mesoscale aspects of flash flood events[J]. Bull Amer Meteor Soc,60:115-123.

Maddox R A,Hoxit L R,Chappell C F,1980. A study of tornadic thunderstorm interactions with thermal boundaries[J]. Mon Wea Rev,108:322-336.

Malkus J S,Riehl H, 1960. On the dynamics and energy transformation in steady-state hurricane [J]. Tellus,12.

Markowski P,Richardson Y,2010. Mesoscale Meteorology in Midlatitudes[M]. Wiley-Blackwell:407.

Miller B I,1967. Characteristics of hurricanes[J]. Science,157:1389-1399.

Molinari J,Vollaro D,2000. Planetary- and synoptic-scale influences on eastern Pacific tropical cyclogenesis[J]. Mon Wea Rev,128:3296-3307.

Montgomery M T, et al, 2009. Do tropical cyclones intensify by WISHE? [J] Quart J Roy Meteor Soc, 135: 1697-1714.

Montgomery M T, Snell H D, Yang Z, 2001. Axisymmetric spin down dynamics of hurricane-like vortices[J]. J Atmos Sci, 58: 421-435.

Nitta T, 1970. Statistical study of tropospheric wave disturbances in the tropical Pacific region[J]. J Met Soc Japan, 48: 47-60.

Nitta T, Yanai M, 1969. A note on barotropic instability of the tropical easterly current[J]. J Met Soc Japan, 47: 183-197.

Nitta, 1970. A study of generation and conversion of eddy available energy in the tropics[J]. J Met Soc Japan, 48: 524-528.

Ogura Y, Chen Y L, 1977. A life history of an intense mesoscale convective storm in Oklahoma[J]. J Atmos Sci, 34: 1458-1476.

Ogura Y, Liou M T, 1980. The structure of a midlatitude squall line: A case study[J]. J Atmos Sci, 37: 553-567.

Oyama K, 1969. Numerical simulation of the life cycle of tropical cyclones[J]. J Atmos Sci, 26: 3-40.

Palmen, Newton, 1969. 大气环流系统[M]. 程纯枢, 等, 译. 北京: 科学出版社.

Pedgley D E, 1962. A meso-synoptic analysis of the thunderstorms on 28 August 1958[M]. British Meteor Office, Geophys Memo, 106: 74.

Ray P S, 1986. Mesoscale meteorology and forecasting[M]. Amer Meteor Soc: 793.

Reed R J, Recker E E, 1971. Structure and properties of synoptic scale wave disturbances in the equatorial western Pacific[J]. J Atmos Sci, 28: 1117-1133.

Riehl H, 1969. Some aspects of cumulonimbus convection in relation to tropical weather disturbances [J]. Bull Amer Met Soc, 50: 587-595.

Russell L, Elsberry, 1994. 热带气旋全球观[M]. 陈联寿, 等, 译. 北京: 气象出版社.

Schaefer J T, Hoxit L R, Chappell C F, 1985. Thunderstorms and their mesoscale environment. Thunderstorm Morphology and Dynamics[M]. Edwin Kessler, Ed., 113-130.

Schreck C, et al, 2014. The impact of best track discrepancies on global tropical cyclone climatologies using IBTrACS[J]. Mon Wea Rev, 142: 3881-3899.

Scorer R S, 1958. Natural Aerodynamics[M]. London: Pergamon Press: 1-180.

Stommel H, 1947. Entraining of air into a cumulus cloud[J]. J Meteor, 4: 91-94.

Takeda, 1977. 从云物理学看地形对暴雨的作用[J]. 天气. 24(1): 43-53.

Wang C C, et al, 2005. A numerical study on the effects of Taiwan topography on a convective line during the Mei-Yu season[J]. Mon Wea Rev, 133: 3217-3242.

Wicker L J, Wilhelmson R B, 1995. Simulation and analysis of tornado development and decay within a three-dimensional supercell thunderstorm[J]. J Atmos Sci, 52: 2675-2703.

Willoughby H E, 1990. Gradient balance in tropical cyclones[J]. J Atmos Sci, 47: 265-274.

Willoughby H E, 1990. Gradient balance in tropical cyclones[J]. J Atmos Sci, 47: 265-274.